全国机械行业职业教育优质规划教材（高职高专）（修订版）
经全国机械职业教育教学指导委员会审定

电气自动化技术专业

AutoCAD 2014 电气工程制图

第 2 版

主　编　王　欣
副主编　王　博　冯海侠
参　编　孙艳秋　孙晓明　王　坤
主　审　刘明伟

机械工业出版社

本书为全国机械行业职业教育优质规划教材（高职高专）（修订版），全书共分 8 章，介绍 AutoCAD 2014 制图基础、电气工程图概述、常用电气元器件的绘制和编辑、机械电气控制图的绘制、电力电气工程图的绘制、电子电路图的绘制、照明控制电路图的绘制、建筑电气工程图的绘制。本书突出的特点是实例丰富。采用典型实例和重点知识讲解相结合的方法，严格遵照电气制图国家标准的要求，在讲解中力求紧扣操作、语言简洁、形象直观，避免冗长的解释说明，使读者能够快速了解 AutoCAD 2014 的使用方法和操作步骤，从而在完成本书的学习之后能够绘制出规范的电气工程图纸。

本书可作为高等职业院校及社会培训机构的电类专业的 CAD 教材，也可作为 AutoCAD 2014 初学者入门和提高的学习教程，还可供从事电气工程设计以及 CAD/CAE/CAM 相关领域的专业技术人员参考、学习。

为方便教学，本书配有免费电子课件、电气设计常用图块集、每章实例的源文件，以及实例演练的源文件，供教师参考。凡选用本书作为授课教材的教师均可登录机械工业出版社教育服务网（www. cmpedu. com），注册、免费下载，本书咨询电话：010-88379564。

图书在版编目（CIP）数据

AutoCAD 2014 电气工程制图/王欣主编．—2 版．—北京：机械工业出版社，2024. 1（2024. 9 重印）

全国机械行业职业教育优质规划教材：修订版

ISBN 978-7-111-74360-6

Ⅰ. ①A…　Ⅱ. ①王…　Ⅲ. ①电气制图-计算机制图-AutoCAD 软件-教材　Ⅳ. ①TM02-39

中国国家版本馆 CIP 数据核字（2023）第 229921 号

机械工业出版社（北京市百万庄大街 22 号　邮政编码 100037）
策划编辑：冯睿娟　　责任编辑：冯睿娟
责任校对：宋　安　　封面设计：鞠　杨
责任印制：张　博
中煤（北京）印务有限公司印刷
2024 年 9 月第 2 版第 2 次印刷
184mm×260mm · 15. 5 印张 · 392 千字
标准书号：ISBN 978-7-111-74360-6
定价：48. 00 元

电话服务　　网络服务
客服电话：010-88361066　　机　工　官　网：www. cmpbook. com
010-88379833　　机　工　官　博：weibo. com/cmp1952
010-68326294　　金　　书　　网：www. golden-book. com

机工教育服务网：www. cmpedu. com

前言

AutoCAD 是由美国 Autodesk 公司开发的通用计算机辅助设计软件包，具有易于掌握、使用方便、体系结构开放等优点，能够绘制二维图形、三维图形、标注尺寸、渲染图形及打印输出图纸等功能，被广泛应用于电气、机械、建筑、航天、造船、纺织、轻工等领域。AutoCAD 2014 贯彻了 Autodesk 公司一贯为广大用户考虑的方便性和高效率，为多用户合作提供了便捷的工具与规范的标准，以及方便的管理功能，因此用户可以与设计组密切而高效地共享信息。

一、主要内容

本书共分为 8 章，第 1 章为 AutoCAD 2014 制图基础，介绍 AutoCAD 2014 基本操作、命令执行方式、绘图环境的设置、图层的设置等；第 2 章为电气工程图概述，介绍电气工程图的分类和特点、制图规范和创建样板图等；第 3 章为常用电气元器件的绘制和编辑，通过本章的学习，读者可以掌握基本电气符号的绘制步骤和编辑方法；第 4 章为机械电气控制图的绘制，以电动机、车床、磨床电气控制电路图的绘制为例，介绍实用机械电气工程图的绘制；第 5 章为电力电气工程图的绘制，对输电、变电和配电工程图的绘制进行讲解；第 6 章为电子电路图的绘制；第 7 章为照明控制电路图的绘制，介绍配电箱照明系统、声控照明电路图等的绘制；第 8 章为建筑电气工程图的绘制。

二、本书特色

（1）专业性强

本书的编者都是高校多年从事电气 AutoCAD 教学研究的一线人员，具有丰富的教学实践经验与教材编写经验。多年的教学工作使他们能够准确地把握学生的心理与实际需求，本书是作者总结多年的设计经验以及教学的心得体会。

（2）丰富的经典案例

本书拥有完善的知识体系、丰富的经典案例。本书每章实例讲解和实例演练都取材于实际工程案例，融入与制图有关的国家规范、标准和方法，具有典型性和实用性，涉及机械电气工程、电力电气工程、电子电路、照明控制电路、建筑电气工程等，使广大读者在学习软件的同时，能够了解相关领域的电气绘图特点和规律，积累实际工作经验。

（3）结构清晰，目标明确

书中各章的工程图实例绘制步骤清晰，目标明确，读者容易掌握绘图的步骤和方法，再配合有针对性的实例演练，加深读者对关键技术知识的理解，章后设有“拓展活动”，落实立德树人根本任务。

（4）实时的技巧提示

本书提供了许多 AutoCAD 2014 绘图的“技巧提示”和“注意”，贯穿全书，使读者在实际运用中更加得心应手。本书从全面提升电气设计与 AutoCAD 2014 应用能力的角度出发，结合具体的案例来讲解如何利用 AutoCAD 2014 进行电气设计，使读者在学习案例的过程中潜移默化地掌握 AutoCAD 2014 软件的操作技巧，同时培养读者的工程设计实践能力，真正让读者懂得计算机辅助电气设计，从而独立地完成各种电气工程设计。

本书由王欣担任主编，王博、冯海侠担任副主编。第 1、4、8 章由王欣编写；第 5、7 章由王博编写；第 2 章由孙艳秋编写；第 3 章的 3.1.1～3.4.5 由孙晓明编写；3.4.6～3.13.2 由王坤编写；第 6 章由冯海侠编写；最后全书由王欣统稿，由刘明伟审稿。

限于编者水平，本书难免有不足之处，欢迎广大读者批评指正。

编　者

目录

第1章 AutoCAD 2014 制图基础

本章概述

本章主要讲解 AutoCAD 2014 的基本操作、文件操作、命令执行方式、图形的显示和图层控制等，为后续的学习打好基础

本章内容

- AutoCAD 2014 的基本操作
- AutoCAD 2014 的文件操作
- 命令的执行方式
- 绘图环境、辅助功能的设置
- 坐标系
- 图形的显示、图层与对象的控制

1.1 AutoCAD 2014 的基本操作

AutoCAD（Auto Computer Aided Design，计算机辅助设计）是美国 Autodesk 公司开发研制的，指利用计算机的计算功能和高效的图形处理能力，对产品进行辅助设计分析、修改和优化。AutoCAD 软件应用广泛，具有绘制平面图形和三维图形、标注尺寸、图形渲染及图形输出等功能，经过不断完善，现已成为国际上流行的绘图工具。

1.1.1 启动与退出

当计算机上已经成功安装好 AutoCAD 2014 软件后，即可以开始启动并运行该软件。与大多数应用软件一样，要启动 AutoCAD 2014，用户可采用以下任意一种方法。

方法 01 双击桌面上的“AutoCAD 2014”快捷图标。

方法 02 单击桌面上的“开始”/“程序”/“Autodesk”/“AutoCAD 2014-Simplified Chinese”/“AutoCAD 2014”。

方法 03 右击桌面上的“AutoCAD 2014”快捷图标，在弹出的快捷菜单中选择“打开”命令。

当用户需要退出 AutoCAD 2014 时，可采用以下 4 种方法中的任意一种。

方法 01 单击工作界面右上角的“关闭”按钮 ×。

方法 02 在 AutoCAD 2014 菜单栏中选择“文件”/“关闭”命令。

方法 03 在命令行输入“QUIT”或“EXIT”命令并按<Enter>键。

方法 04 在键盘上按下<Alt+F4>或<Ctrl+Q>组合键。

通过以上任意一种方法，可对当前图形文件进行关闭操作。如果当前图形有所修改且没有存盘，系统将出现 AutoCAD 警告对话框，询问是否保存图形文件，如图 1-1 所示。

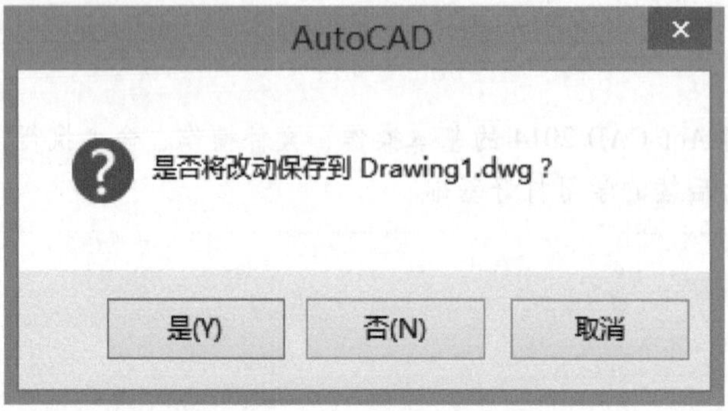

图 1-1　保存窗口

1.1.2　AutoCAD 2014 工作空间的设置

AutoCAD 提供了“草图与注释”“三维基础”“ 三维建模”和“AutoCAD 经典”4 种工作空间模式。

工作空间可以相互切换，只需在快速访问工具栏上，单击“工作空间”下拉列表，然后选择一个工作空间；或者在状态栏中单击⚙按钮，在弹出菜单中选择相应的命令即可，如图 1-2 所示。

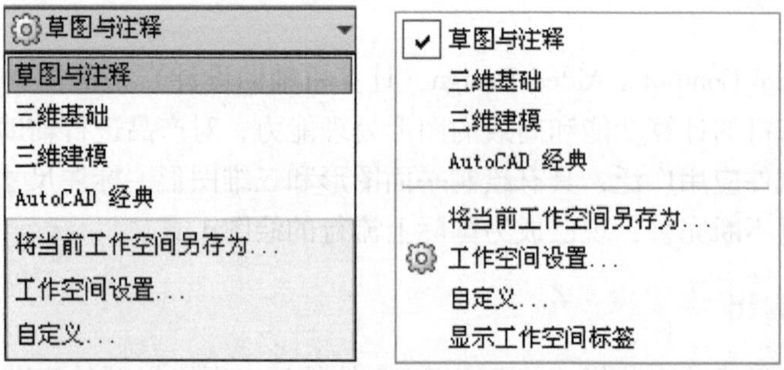

图 1-2　工作空间的切换

在“工作空间”下拉列表中选择“工作空间设置”选项，打开如图 1-3 所示的“工作空间设置”对话框。利用该对话框可以设置默认工作空间，可以设置工作空间菜单的显示及顺序，也可以设置切换工作空间时是否自动保存工作空间修改。

（1）“草图与注释”工作空间　系统默认打开的是“草图与注释”工作空间，如图 1-4 所示。在该工作空间中可以使用“绘图”“修改”“图层”“注释”“块”“特性”等功能区面板方便地绘制二维图形。

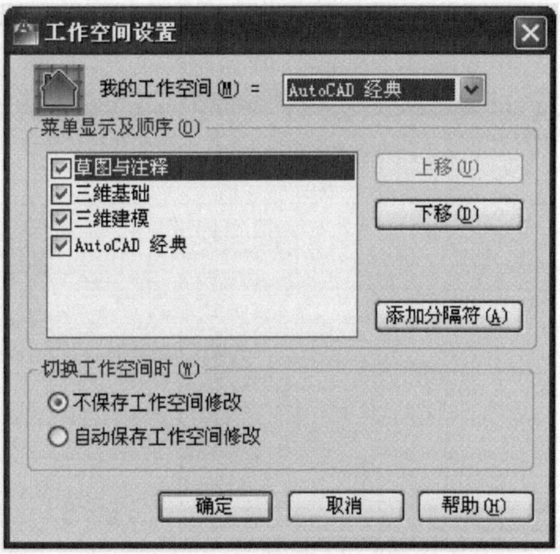

图 1-3 “工作空间设置”对话框

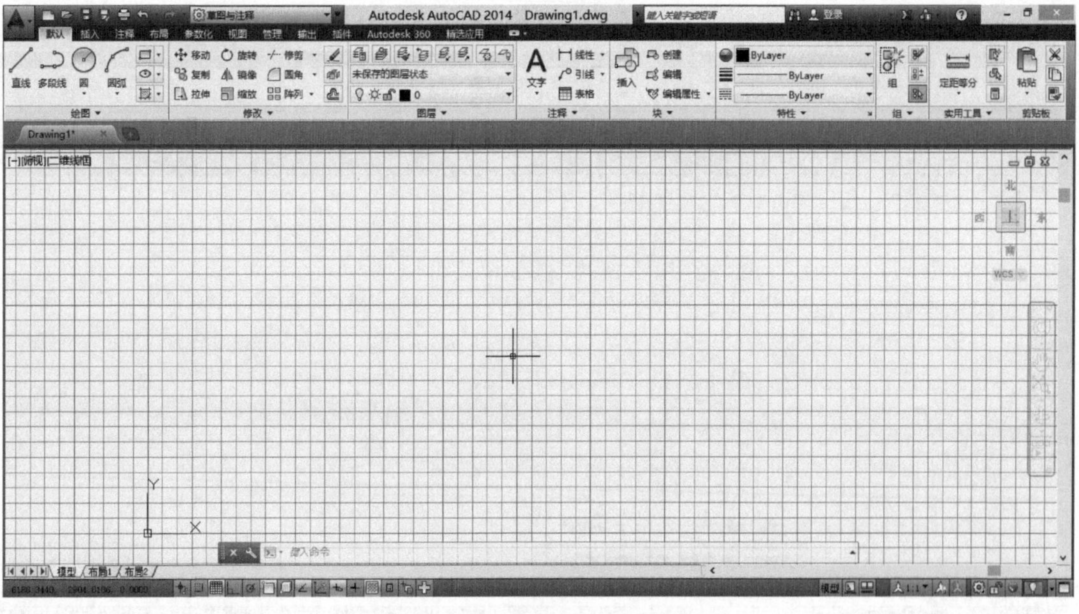

图 1-4 “草图与注释”工作空间

（2）“三维基础”工作空间　“三维基础”工作空间可以显示特定用于三维建模的基础工具，可以更加方便地进行三维基础建模，如图 1-5 所示。

（3）“三维建模”工作空间　“三维建模”工作空间可以显示三维建模特有的工具，可以更加方便地进行三维建模和渲染。在功能区中集中了“三维建模”“视觉样式”“光源”“材质”“渲染”和“导航”等面板，从而为绘制三维图形、观察图形、创建动画、设置光源、为三维对象附加材质等操作提供了非常便利的操作环境，如图 1-6 所示。

（4）“AutoCAD 经典”工作空间　若使用者习惯于 AutoCAD 传统界面，可以使用

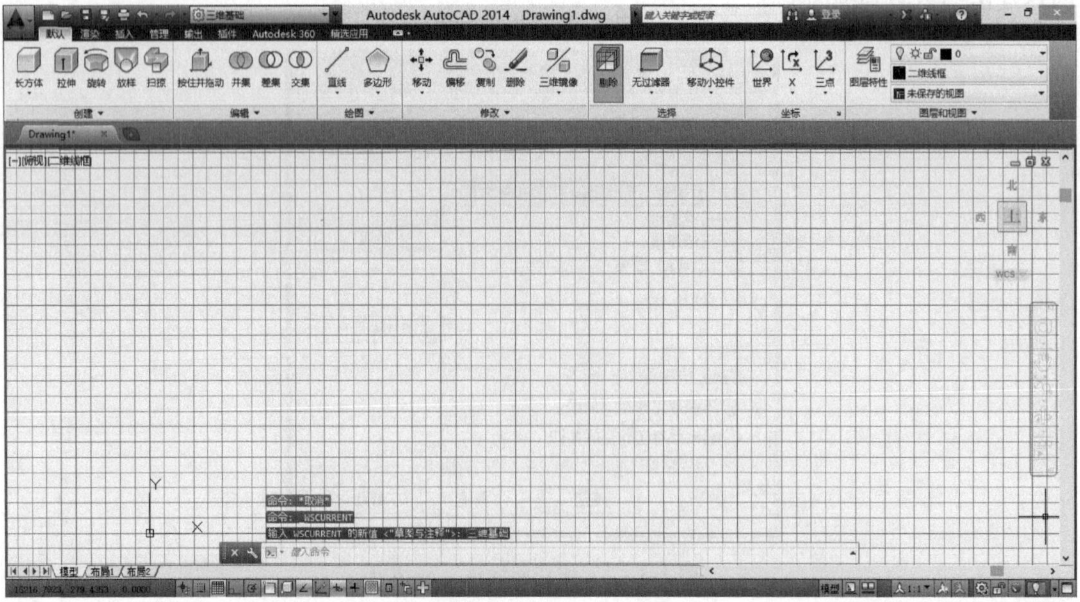

图 1-5　“三维基础”工作空间

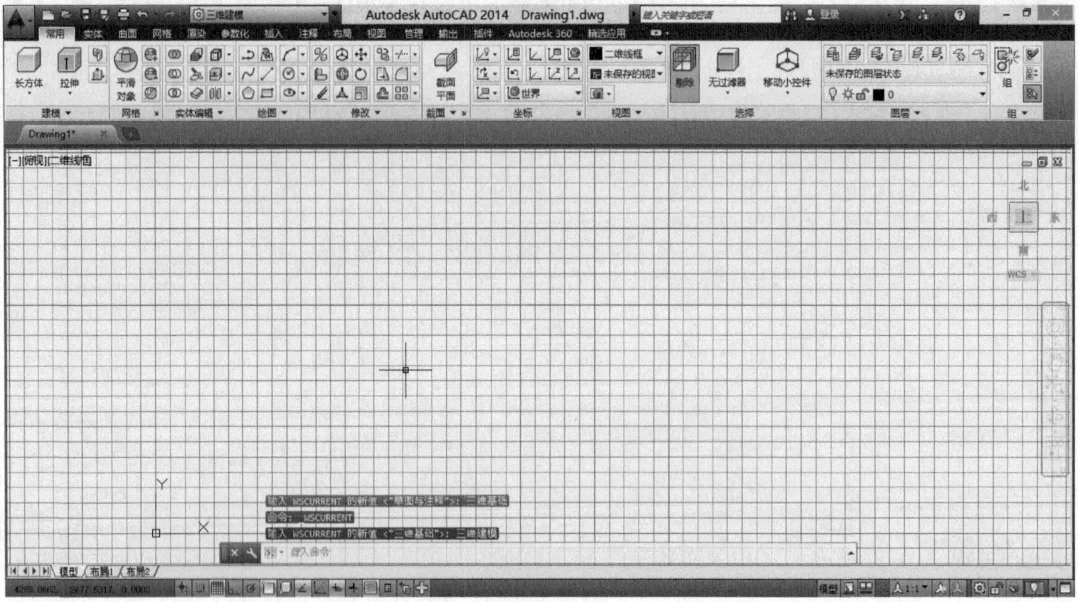

图 1-6　“三维建模”工作空间

“AutoCAD 经典”工作空间，如图 1-7 所示。

1.1.3　AutoCAD 2014 的操作界面

第一次启动 AutoCAD 2014 后，会弹出“Autodesk Exchange”对话框，单击对话框右上角的“关闭”按钮 ×，将进入 AutoCAD 2014 工作界面，默认情况下，系统会直接进入如图 1-8所示的 AutoCAD 2014 初始化界面。

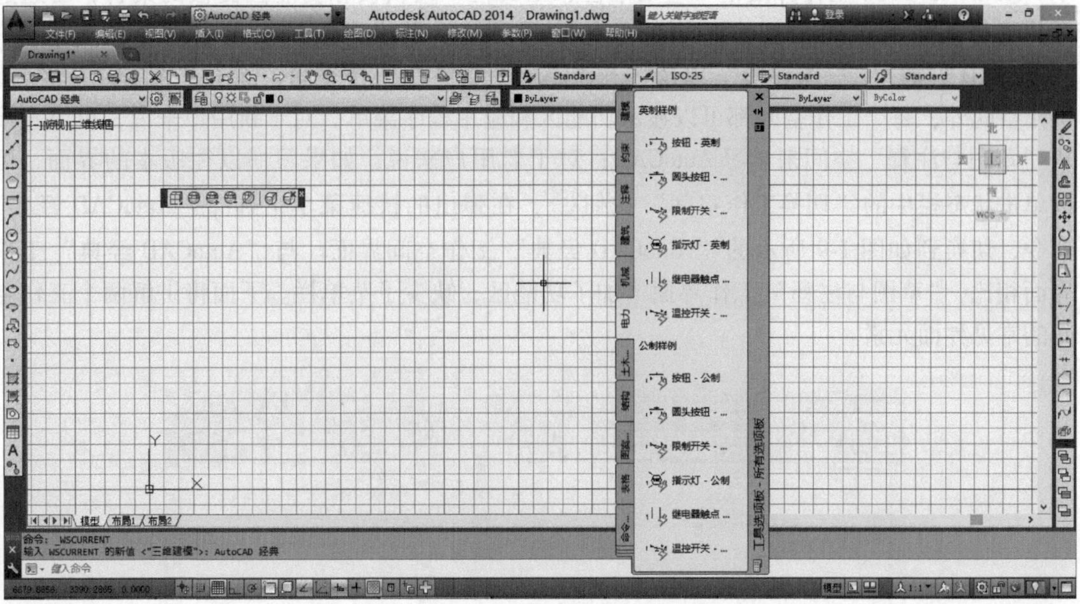

图 1-7　“AutoCAD 经典”工作空间

其界面主要由菜单浏览器按钮、功能区、快速访问工具栏、绘图区、命令行窗口和状态栏等元素构成。在该空间中，可以方便地使用功能区中的绘图、修改、图层、注释等面板来进行二维图形的绘制。

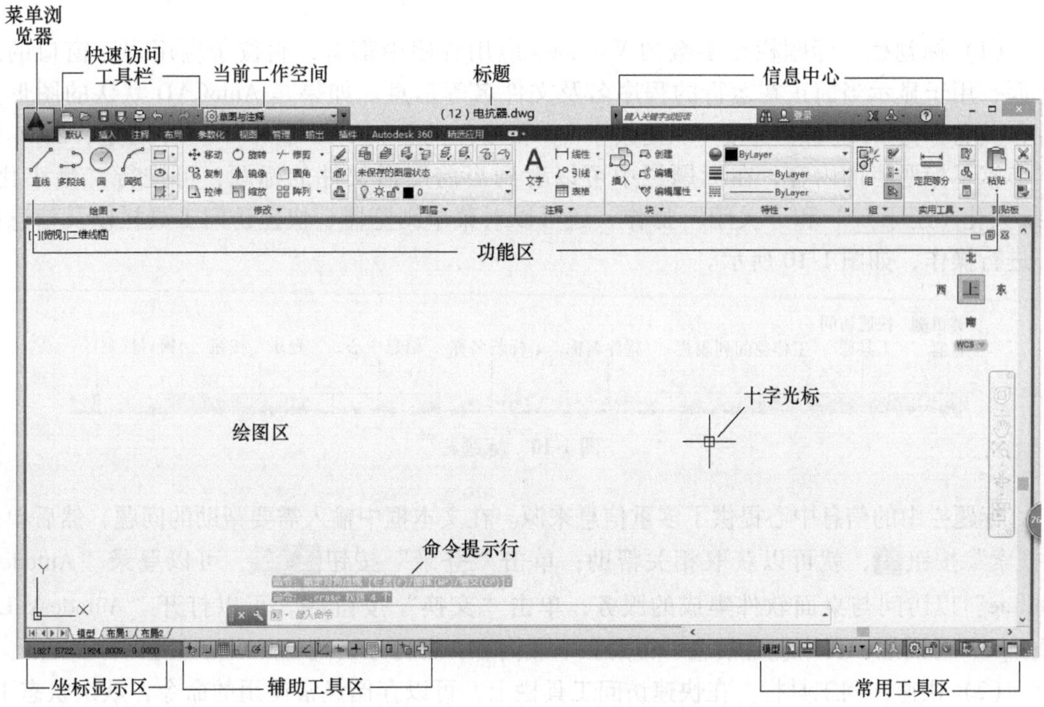

图 1-8　AutoCAD 2014 初始化界面

AutoCAD 2014 工作界面是一组菜单栏、工具栏、选项板和功能区面板的集合，可通过对其进行编组和组织来创建基于任务的绘图环境。系统为用户提供了“草图与注释”“AutoCAD 经典”“三维建模”以及“三维基础”等 4 个工作空间，除了“AutoCAD 经典”工作空间外，每个工作空间都可以显示功能区和应用程序菜单。对于新用户来说，可以直接从“草图与注释”空间来学习 AutoCAD；对于老用户来说，如果习惯以往版本的界面，可以单击状态栏中的“切换工作空间”按钮，在弹出的快捷菜单中选择“AutoCAD 经典”命令，切换到如图 1-9 所示的“AutoCAD 经典”工作空间界面。与“AutoCAD 经典”工作界面相比，“草图与注释”工作界面增加了功能区，缺少了菜单栏。下面将讲解两个工作空间的常见界面元素。

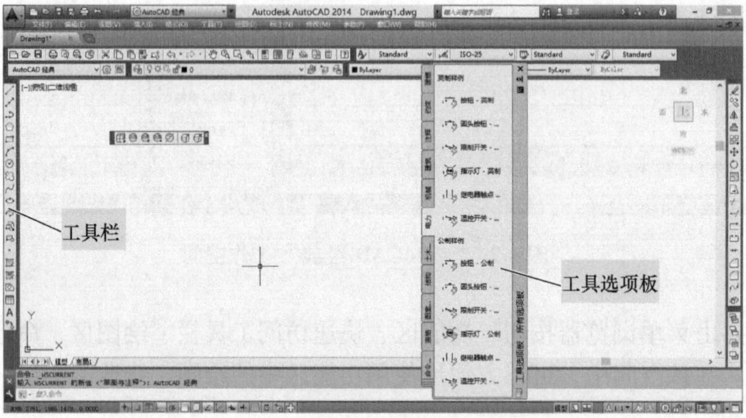

图 1-9 “AutoCAD 经典”工作空间界面

（1）标题栏 标题栏在多数的 Windows 应用程序中都有，它位于应用程序窗口的最上面，用于显示当前正在运行的程序名及文件名等信息。如果是 AutoCAD 默认的图形文件，其名称为 DrawingN. dwg（N 是数字）。和以往的 AutoCAD 版本不一样的是，2014 版本丰富了标题栏的内容，在标题栏中可以看到当前图形文件的标题，可进行“最小化”“最大化（还原）”和“关闭”操作，还可以对菜单浏览器、快速访问工具栏以及信息中心进行操作，如图 1-10 所示。

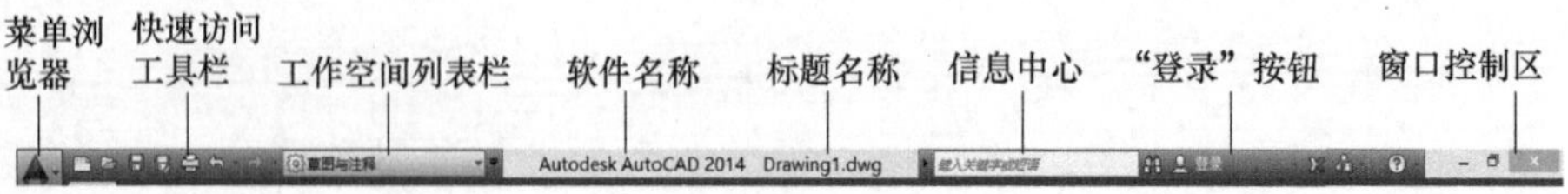

图 1-10 标题栏

标题栏中的信息中心提供了多重信息来源。在文本框中输入需要帮助的问题，然后单击“搜索”按钮，就可以获取相关帮助；单击“登录”按钮，可以登录“Autodesk Online”以访问与桌面软件集成的服务；单击“交换”按钮，可以打开“Autodesk Exchange”对话框，其中包含信息、帮助和下载内容，并可以访问 AutoCAD 社区。

（2）快速访问工具栏 在快速访问工具栏上，可以存储经常使用的命令，默认状态下，系统提供了“新建”按钮、“打开”按钮、“保存”按钮、“另存为”按钮、“打印”按钮、“放弃”按钮和“重做”按钮，主要的作用在于快速单击使用，如图 1-11 所示。在快速访问

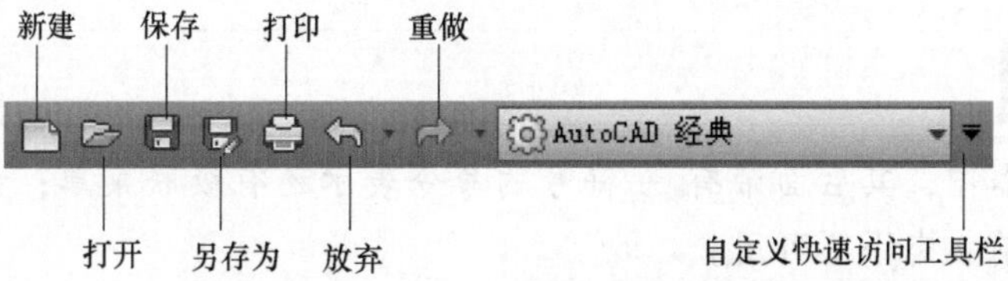

图 1-11　快速访问工具栏

工具栏上右击，然后单击“自定义快速访问工具栏”按钮，打开“自定义用户界面”对话框，用户可以自定义访问工具栏上的命令。

如果单击“倒三角”按钮，将弹出如图 1-12 所示的菜单列表，可根据需要添加一些工具按钮到快速访问工具栏。

（3）“菜单浏览器”按钮　快捷菜单　“菜单浏览器”按钮位于界面左上角。单击该按钮，出现下拉菜单，如“新建”“打开”“保存”“发布”“打印”等，如图 1-13 所示。该菜单包括 AutoCAD 的部分命令和功能，选择命令即可执行相应操作。比如在弹出菜单的“搜索”文本框中输入关键字，然后单击“搜索”按钮，就可以显示与关键字相关的命令。

AutoCAD 的快捷菜单通常会出现在绘图区、状态栏、工具栏、模型或布局选项卡上，图 1-14 是右击绘图区弹出的快捷菜单。

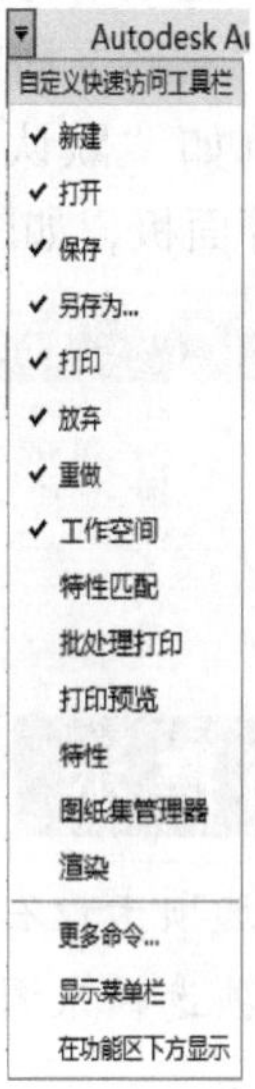

图 1-12　“自定义快速访问工具栏”列表

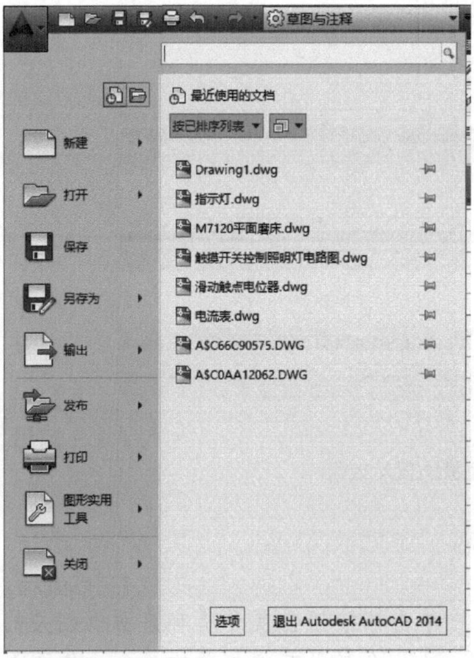

图 1-13　“菜单浏览器”下拉菜单

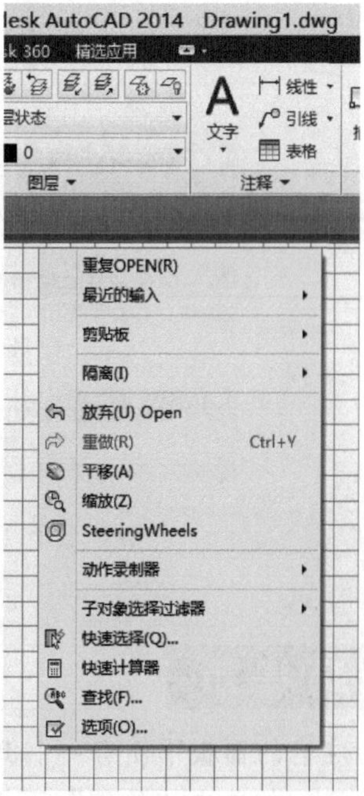

图 1-14　右击绘图区弹出的快捷菜单

技巧提示

在菜单浏览器中，其后面带有 ▸ 符号的命令表示还有级联菜单；如命令为灰色，则表示该命令在当前状态下不可用。

（4）选项卡与面板　标题栏的下侧有选项卡，包括“默认”“插入”“注释”“参数化”“布局”“视图”等。每个选项卡中包含若干个面板，每个面板中又包含许多由图标表示的按钮，例如“默认”选项卡中包括绘图、修改、图层、注释、块、特性、组、实用工具、剪贴板等面板，如图 1-15 所示。

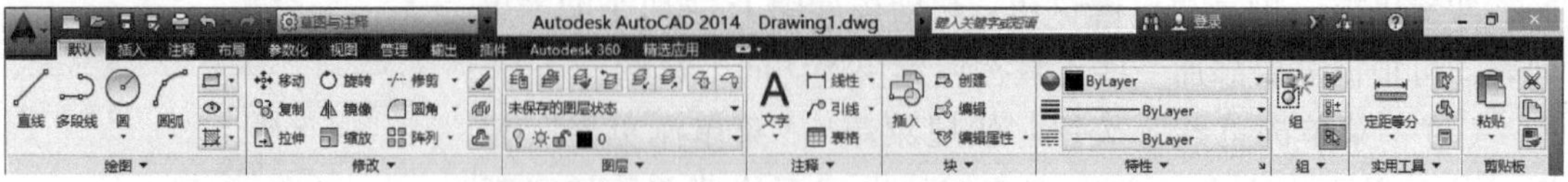

图 1-15　选项卡与面板

技巧提示　选项卡与面板的显示效果

在选项卡最右侧显示有一个倒三角，用户单击 ▾ 按钮，将弹出快捷菜单，可以进行相应的单项选择来调整选项卡与面板显示的幅度，如图 1-16 所示。

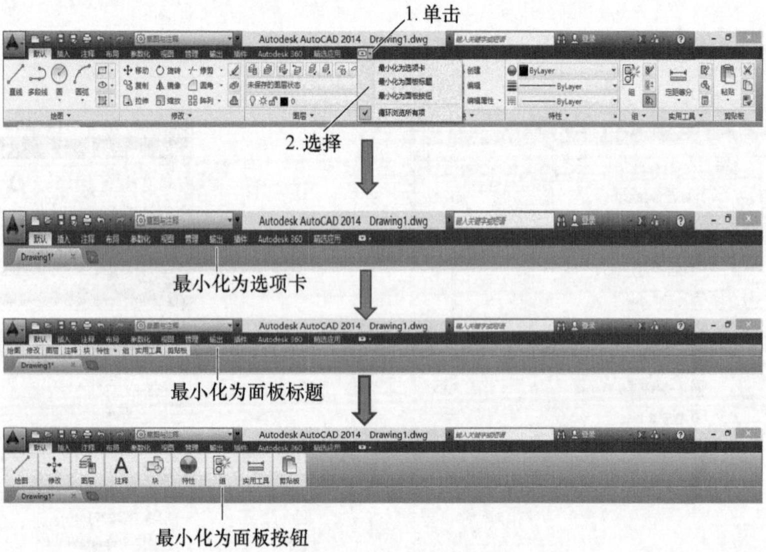

图 1-16　选项卡与面板的显示效果

技巧提示

在有的面板下侧有一个倒三角按钮 ▾，用户单击该按钮会展开所有该面板相关的操作命令，如单击“绘图”面板右侧的倒三角按钮 ▾，会展开其他相关的命令，如图 1-17 所示。

（5）菜单栏与工具栏

1）菜单栏。在 AutoCAD 2014 的环境中，默认状态下其菜单栏和工具栏处于隐藏状态。如果要显示菜单栏，可以在标题栏“工作空间”右侧单击其倒三角按钮，从弹出的列表框中选择“显示菜单栏”，即可显示 AutoCAD 的常规菜单栏，如图 1-18 所示。

菜单栏只有在“AutoCAD 经典”工作空间才会显示，包括“文件”“编辑”“视图”“插入”“格式”“工具”“绘图”“标注”“修改”“参数”“窗口”和“帮助”12 个菜单项，几乎包含了 AutoCAD 的所有绘图和编辑命令。

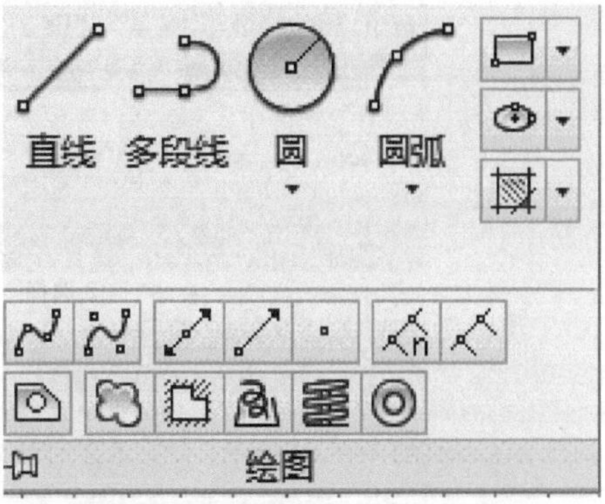

图 1-17 展开后的“绘图”面板

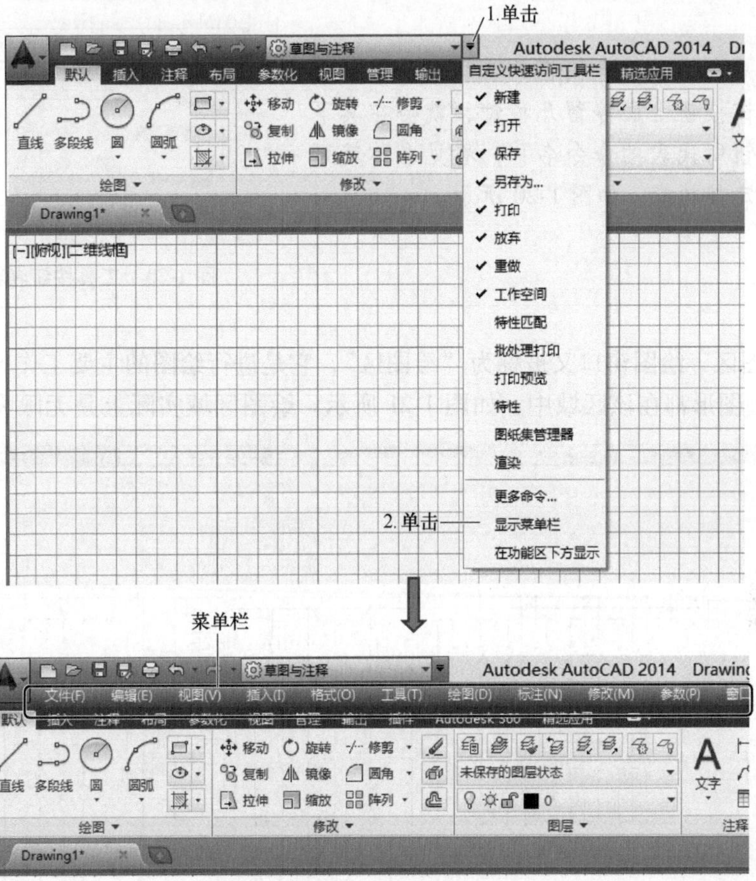

图 1-18 显示菜单栏

2）工具栏。如果要将 AutoCAD 的常规工具栏显示出来，用户可以选择“工具”/“工具栏”菜单项，从弹出的下级菜单中选择相应的工具栏即可，如图 1-19 所示。

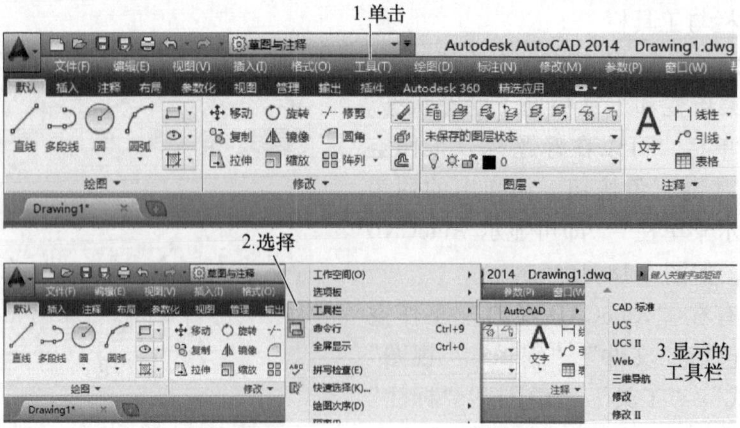

图 1-19　显示工具栏

技巧提示　工具按钮名称的显示

如果用户忘记了某个按钮的名称，只需要将光标移动到该按钮上面停留几秒钟，就会在其下方出现该按钮所代表的命令名称，看见名称就可以快速地确定其功能，如图 1-20 所示。

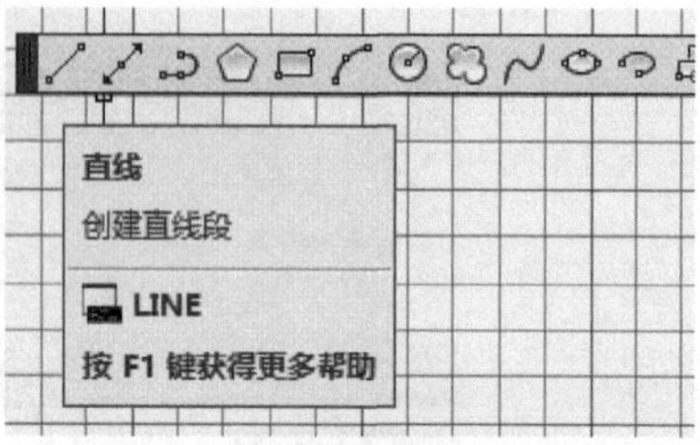

图 1-20　工具按钮名称的显示

（6）绘图区　绘图窗口又被称为“绘图区”，它是进行绘图的主要工作区域，绘图的核心操作和绘制图形都在该区域中，如图 1-21 所示。绘图区域实际上是无限大的，可以通过

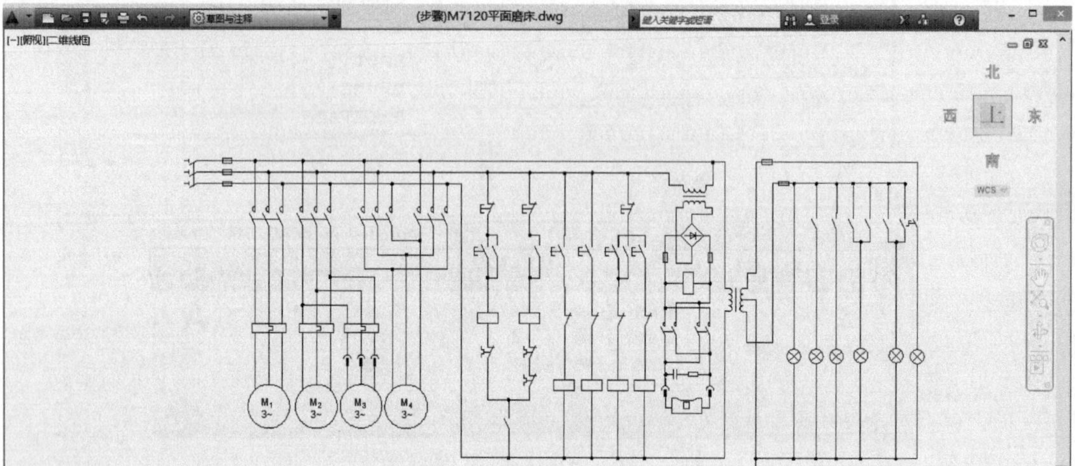

图 1-21　绘图窗口

缩放、平移等命令来观察绘图区域的图形。绘图窗口是用户在设计和绘图时最为关注的区域，所有图形都要显示在这个区域，所以要尽可能保持绘图窗口大一些。使用<Ctrl+0>组合键或状态栏右下角的“全屏显示”按钮，可将绘图区域全屏显示。再次使用命令，恢复原来的界面设置。如果图样比较大，需要查看未显示的部分时，可以单击窗口右边和下边的滚动条上的箭头，或拖动滚动条上的滑块来移动图样。在绘图区域除了显示当前的绘图结果外，还显示当前使用的坐标系类型，原点，X 轴、Y 轴、Z 轴的方向等。

在绘图区左下角显示有一个坐标系图标，默认情况下，坐标系为世界坐标系（World Coordinate System，WCS）。另外，在绘图区还有一个十字光标，其交点为光标在当前坐标系中的位置。当移动鼠标时，可以改变光标的位置。

绘图窗口底部有模型标签和布局标签 模型 布局1 布局2，在 AutoCAD 中有两个设计空间，模型代表模型空间，布局代表图样空间，单击这标签可在这两个空间中进行切换。

（7）命令行　“命令行”是 AutoCAD 与用户对话的一个平台，其窗口位于绘图窗口的底部，用于执行输入的命令，并显示 AutoCAD 提示信息，用户应该密切关注命令行中出现的信息，根据信息提示进行相应的操作。

等待命令的输入状态：表示系统等待用户输入命令，以绘制或编辑图形，如图 1-22a 所示。正在执行命令状态：在执行命令的过程中，命令行中将显示该命令的操作提示，以方便用户快速确定下一步操作，如图 1-22b 所示。

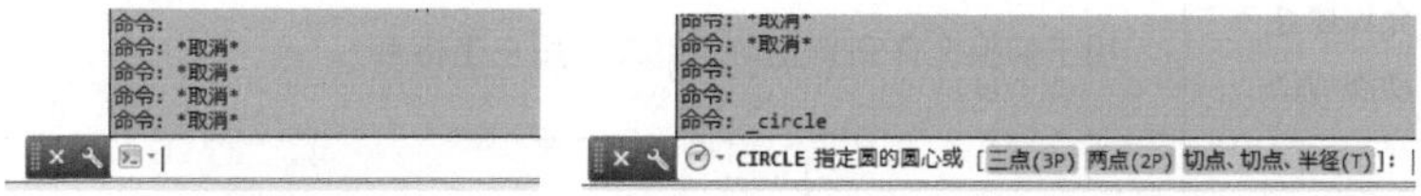

a）等待命令的输入状态　　b）正在执行命令状态

图 1-22　命令行

按<F2>键，可以打开 AutoCAD 文本窗口，在该窗口中能很方便地查看和编译命令的历史记录，也可以在窗口中输入相关的命令和选项，按<Enter>键可以执行相应的命令。再次按<F2>键，则系统关闭 AutoCAD 文本窗口。

（8）状态栏　状态栏位于 AutoCAD 2014 窗口的最下方，用于显示 AutoCAD 当前的状态，如当前光标的坐标值、辅助工具按钮、常用工具区，如图 1-23 所示。

图 1-23　状态栏

状态栏中从左至右的三个数值分别是十字光标所在的 X、Y、Z 轴的坐标值。如果 Z 轴为 0，则说明当前在绘制二维平面图形。其他各个按钮的功能见表 1-1。

表 1-1 状态栏各按钮功能

图 标	名 称	功 能
	推断约束	启用“推断约束”模式，系统会自动在正在创建或编辑的对象与对象捕捉的关联对象或点之间应用约束
	捕捉模式	该按钮用于开启或者关闭捕捉模式，捕捉模式可以使光标能够很容易地抓取到每一个栅格上的点
	栅格显示	该按钮用于开启或者关闭栅格的显示，栅格即图幅的显示范围
	正交模式	该按钮用于开启或者关闭正交模式，正交即光标只能沿 X 轴或者 Y 轴方向移动，不能画斜线
	极轴追踪	该按钮用于开启或者关闭极轴追踪模式，极轴追踪用于捕捉和绘制与起点水平线成一定角度的线段
	对象捕捉	该按钮用于开启或者关闭对象捕捉，对象捕捉能使光标在接近某些特殊点的时候自动指引到这些特殊的点
	三维对象捕捉	控制三维对象的执行对象捕捉设置。使用执行对象捕捉设置，可以在对象上的精确位置指定捕捉点。选择多个选项后，将应用选定的捕捉模式，以返回距离靶框中心最近的点。按<TAB>键可以在多个选项之间循环
	对象捕捉追踪	该按钮用于开启或者关闭对象捕捉追踪。该功能和对象捕捉功能一起使用，用于追踪捕捉点在线性方向与其他对象特殊点的交点
	允许禁止动态 UCS	用于切换允许和禁止动态 UCS（用户坐标系）
	动态输入	用于动态输入的开启和关闭
	显示/隐藏线宽	该按钮控制线宽的显示
	透明度	设定选定的对象或图层的透明度级别
	快捷特性	控制“快捷特性”选项板的禁用或者开启
	选择循环	当选择的对象为重叠对象时，使用选择循环，可以比较快速、准确地选择所需对象
 模型	模型	用于模型与图样之间的转换
	快速查看布局	快速查看绘制图形的图幅布局

（续）

图　标	名　称	功　能
	快速查看图形	快速查看图形
	注释比例	可通过此按钮调整注释对象的缩放比例
	注释可见性	单击该按钮，可选择仅显示当前比例的注释或者是显示所有比例的注释
	注释比例	注释比例更改时，自动将比例添加至注释性对象
	切换工作空间	可通过此按钮切换 AutoCAD 2014 的工作空间
	锁定窗口	用于控制是否锁定工具栏和窗口的位置
	性能调节器	检查图形卡和三维显示驱动程序，并决定使用软件加速还是硬件加速
	隔离对象	通过隔离或隐藏选择集来控制对象的显示
	全屏显示	AutoCAD 2014 的全屏显示或者退出

1.2 AutoCAD 2014 文件操作

AutoCAD 2014 图形文件的管理功能主要包括新建图形文件、打开图形文件、保存图形文件以及图形文件的加密等。

1.2.1 新建图形文件

通常用户在绘制图形之前，首先要创建新图的绘图环境和图形文件，可使用以下方法：

方法 01 单击标题栏左边按钮，在弹出的下拉菜单中选择“新建”按钮。

方法 02 在键盘上按下<Ctrl+N>组合键。

方法 03 单击快速访问工具栏中的“新建”按钮。

方法 04 在命令行输入“New”命令并按<Enter>键。

通过以上任意一种方法，可对图形文件进行新建操作。执行命令，系统会自动弹出“选择样板”对话框，在文件类型下拉列表中一般有“dwt、dwg、dws”三种风格图形样板，用户可根据需要选择样板文件，在该对话框中选择样板文件后，单击“打开”按钮就会以该样板建立新图形文件，如图 1-24 所示。

每种图形样板文件中，系统都会根据所绘图形任务要求进行统一的图形设置，包括绘图

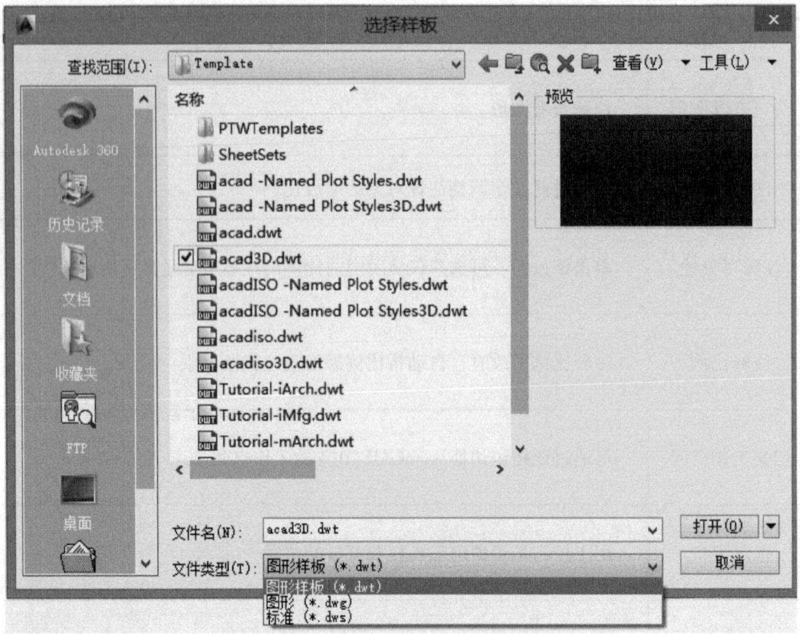

图 1-24 “选择样板”对话框

单位类型和精度要求、捕捉、栅格、图层、图框等前期准备工作。

使用样板文件绘图，可以使用户所绘制的图形设置统一，大大提高工作效率。当然，用户可以根据需要自行创建新的所需的样板文件。

技巧提示　样板文件类型

在一般情况下，.dwt 格式的文件为标准样板文件，通常将一些规定的标准性的样板文件设置为 .dwt 格式文件；.dwg 格式文件是普通样板文件；而 .dws 格式文件是包含标准图层、标准样式、线性和文字样式的样板文件。

1.2.2　打开图形文件

打开图形文件的方法如下：

方法 01　单击标题栏左边按钮，在弹出的下拉菜单中选择“打开”按钮。

方法 02　在键盘上按下<Ctrl+O>。

方法 03　单击左上角快速访问工具栏中的“打开”按钮。

方法 04　在命令行输入“Open”命令并按<Enter>键。

上述命令执行后，系统将自动弹出“选择文件”对话框，如图 1-25 所示。

图 1-25 中的“文件类型”为用户所要打开的文件类型，在“文件类型”下拉列表中有 .dwg 文件、.dwt 文件、.dxf 文件和 .dws 文件供用户选择，默认为 .dwg 文件。.dxf 文件是用文本形式存储图形文件的，能够被其他程序读取。

技巧提示　打开方式选择

“打开”按钮用于打开选定的文件，其右侧有个下三角按钮，单击该按钮可以看到有4种打开方式，如图 1-26 所示。

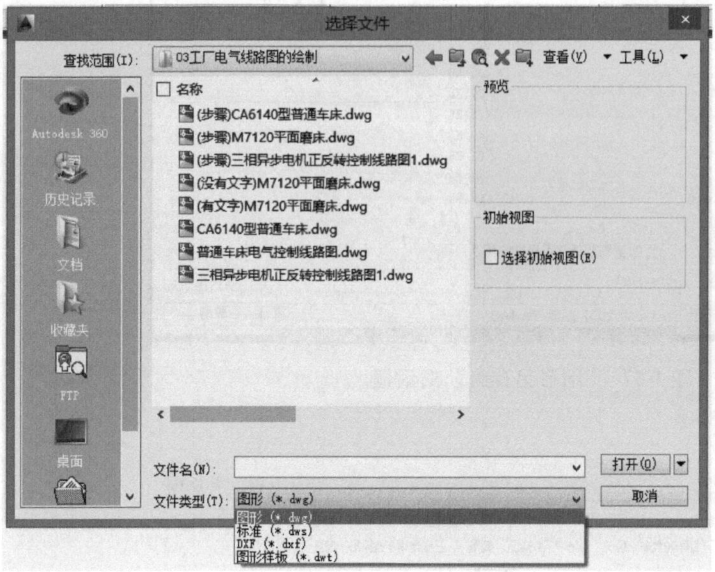

图 1-25　“选择文件”对话框

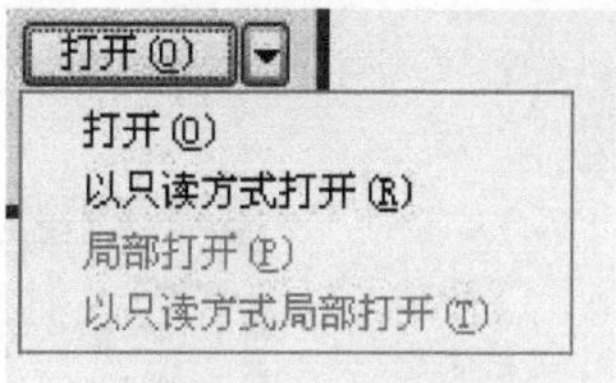

图 1-26　打开方式选择

1.2.3　保存图形文件

对图形文件进行了修改，即可对其进行保存。如果之前保存并命名了图形，则会保存所做的所有更改。如果是第一次保存图形，则会显示“图形另存为”对话框。

保存图形文件的命令如下：

方法 01 单击标题栏左边按钮，在弹出的下拉菜单中选择“保存”按钮。

方法 02 在键盘上按下<Ctrl+S>。

方法 03 单击左上角快速访问工具栏中的“保存”按钮。

方法 04 在命令行输入“Save”命令并按<Enter>键。

执行命令，弹出“图形另存为”对话框，用户可以命名后进行保存，一般情况下，系统默认的保存格式为 .dwg 格式，如图 1-27 所示。

除了可以将图形以“AutoCAD 2014 图形”类型保存外，还可以通过“文件类型”下拉列表选择其他兼容性的图形文件格式，如“AutoCAD 2007/LT 2007 图形”“AutoCAD 2004/LT 2004 图形”。

技巧提示　设置文件自动保存间隔时间

在绘制图形时，可以通过设置自动定时来保存图形。选择“工具”/“选项”命令，在弹出的“选项”对话框中选择“打开和保存”选项卡，勾选“自动保存”复选框，然后在“保存间隔分钟数”文本框中输入一个定时保存的时间（分钟），如图 1-28 所示。

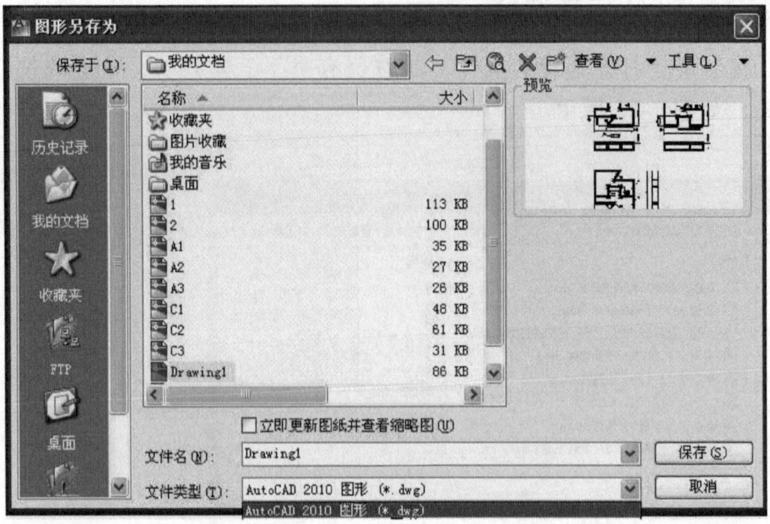

图 1-27 “图形另存为”对话框

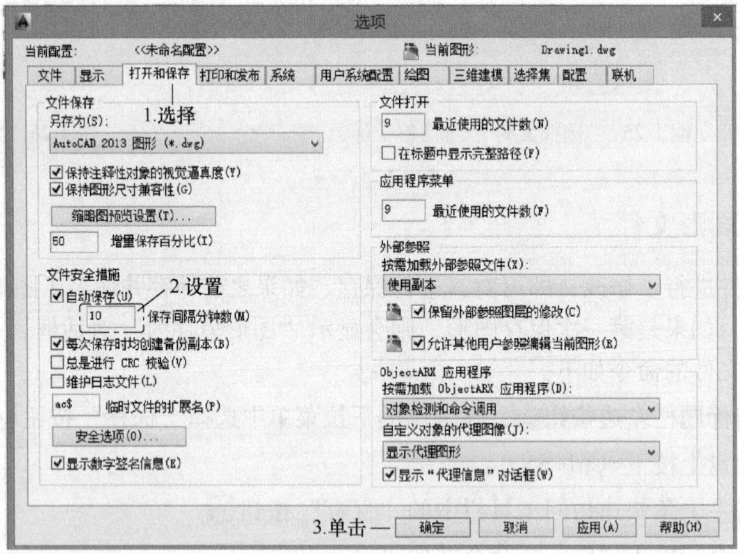

图 1-28　定时保存文件设置

1.2.4　图形文件的加密

如果保存的文件需要加密，可以通过“图形另存为”对话框选择对话框右上方“工具”下拉菜单中的“安全选项”，来给图形添加密码。如图 1-29 所示。

单击“密码”选项卡，在“用于打开此图形的密码或短语”文本框中输入密码。此外，利用“数字签名”选项卡还可以设置数字签名。

为文件设置密码后，当打开图形文件时系统会弹出一个对话框，要求用户输入密码。如果输入的密码正确则能够打开图形；否则就无法打开图形。

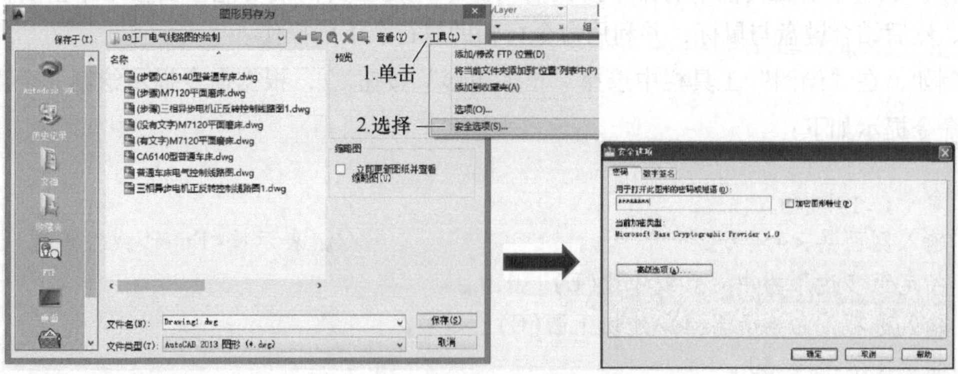

图 1-29　“安全选项”对话框

1.3　命令的执行方式

在 AutoCAD 2014 中，命令是绘制与编辑图形的核心，菜单命令、工具按钮、命令行和系统变量大都是相互对应的。可以选择某一菜单命令，或单击某个工具按钮，或在命令行中输入命令和系统变量来执行相应的命令。

1.3.1　命令的输入方式

（1）在命令行直接输入命令或命令缩写　在命令行中不仅需要输入命令，然后执行命令，还需要在绘制图形时输入指定的参数。例如执行“直线”命令，可以输入 Line 或命令简写 L，然后按<Enter>键或空格键执行命令，接着在命令行中输入“0，0”，按<Enter>键确认直线第一点，再输入“50，100”并按<Enter>键确认第二点，从而由指定的两点绘制一条直线，如图 1-30 所示。

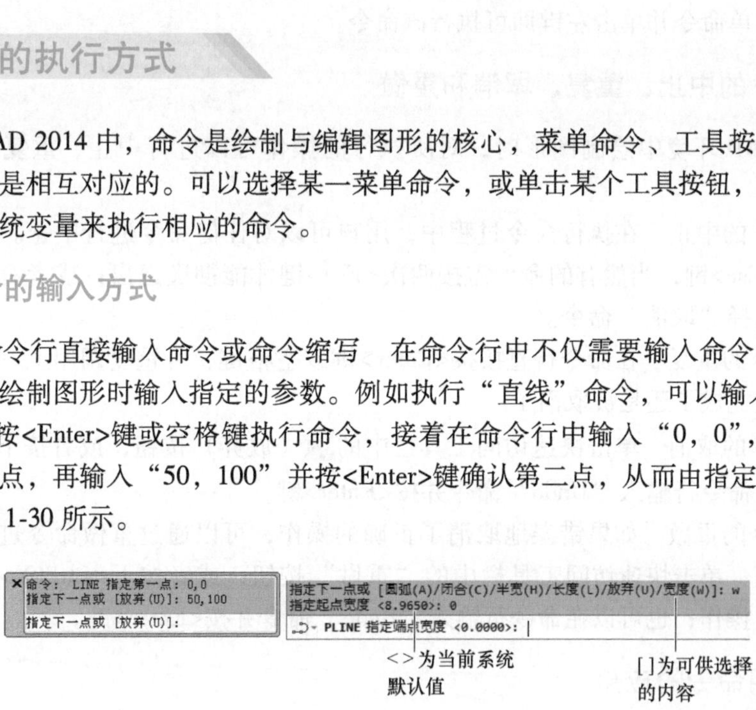

图 1-30　在命令行中输入命令及参数

AutoCAD 中的快捷键是绘图人员必须要掌握的，命令字符不区分大小写。基本上AutoCAD中的命令都有相应的快捷键，即命令缩写，如：L（Line）、C（Circle）、A（Arc）、PL（Pline）、Z（Zoom）、AR（Array）、M（Move）、CO（Copy）、RO（Rotate）、E（Erase）等。

在命令行中输入命令后，需要了解当前命令行出现的文字提示信息。在文字提示信息中，“[ ]”中的内容为可供选择的选项，具有多个选项时，各选项之间用“/”符号来隔开，如果要选择某个选项时，则需要在当前命令行中输入该选项圆括号中的命令标识。在执行某些命令的过程中，若命令提示信息的最后有一个尖括号“<>”，则该尖括号内的值或选项即为当前系统默认的值或选项，此时，若直接按<Enter>键，则表示接受系统默认的当前值或选项。

（2）通过单击工具栏中的命令按钮输入命令　在工具栏或功能区面板中单击所需命令按钮，然后结合键盘与鼠标，并利用命令行辅助执行余下的操作。

例如，在“绘图”工具栏中选择“正多边形”按钮，根据命令提示绘制一个正六边形。命令提示如下：

```
命令：_polygon
输入侧面数 <4>：6↙                                   //↙表示按<Enter>或空格键
指定正多边形的中心点或［边(E)］:0,0↙
输入选项［内接于圆(I)/外切于圆(C)］<I>:↙
指定圆的半径:50↙
```

（3）通过单击下拉菜单输入命令　单击某个菜单项，打开其下拉菜单，然后将光标移动到需要的菜单命令并单击左键即可执行该命令。

1.3.2　命令的中止、重复、取消和重做

在 AutoCAD 环境中绘制图形时，对所执行的操作可以进行中止、重复、取消和重做操作。

（1）命令的中止　在执行命令过程中，用户可以对任何命令进行中止。可使用以下的方法：按下<Esc>键，当然有的命令需按两次<Esc>键才能彻底退出；或者右击，从弹出的快捷菜单中选择“取消”命令。

（2）命令的重复　在命令行直接按<Enter>键或空格键，可重复调用上一个命令，不管上一个命令是完成了还是被取消了。

（3）命令的取消　单击快速访问工具栏中的（放弃）按钮，或者按下<Ctrl+Z>组合键，还可以在命令行输入“Undo”命令并按<Enter>键。

（4）命令的重做　如果错误地取消了正确的操作，可以通过重做命令进行还原。可使用以下的方法：单击快速访问工具栏中的“重做”按钮；或者按下<Ctrl+Y>组合键，进行取消最近一次操作；也可以在命令行输入“Redo”命令并按<Enter>键。

1.3.3　透明命令的应用

在 AutoCAD 中，执行其他命令的过程中，可以执行的命令为透明命令，常使用的透明命令多为修改图形设置的命令、绘图辅助工具命令等。

1.4　绘图环境的设置

AutoCAD 2014 启动后就可以在其默认的绘图环境中绘图，但是有时为了保证图形文件的规范性、图形的准确性与绘图的效率，需要在绘制图形前对绘图环境和系统参数进行设置。

1.4.1　图形界限的设置

图形界限是在绘图空间中假想的一个绘图区域，用可见栅格进行标示。图形界限相当于

图纸的大小，一般根据国家标准关于图幅尺寸的规定设置。

可以通过两种方式设置图形界限：选择“格式”/“图形界限”命令，或者在命令行输入 LIMITS ↙。

下面以设置一张 A4 横放图纸为例，具体介绍设置图形界限的操作方法。

```
命令:LIMITS ↙
重新设置模型空间界限:
指定左下角点或【开(ON)/关(OFF)】<0.0000、0.0000>;
//单击空格键或者<Enter>键默认坐标原点为图形界限的左下角点,此时若选择 ON 选项,则绘图时图形不能超出图形界限,若超过系统不予绘出,选 OFF 则准予超出界限图形
指定右上角点:297.000,210.000
//输入图纸长度和宽度值,按下<Enter>键确定,再按下<Esc>键退出,完成图形界限设置
```

设置好图形界限后，一般要执行全部缩放命令，然后单击状态栏“栅格显示”按钮，即可直观地观察到图形界限范围。

1.4.2　图形单位的设置

设置图形单位，主要包括长度和角度的类型、精度和起始方向等内容。设置图形单位主要有以下两种方法：选择“格式”/“单位”或者在命令行输入 UNITS ↙。

执行上述两种方法的任一一种后，系统弹出如图 1-31 所示的“图形单位”对话框。单击“方向”按钮将弹出如图 1-32 所示的“方向控制”对话框，在其中可以设置基准角度，即设置 0。

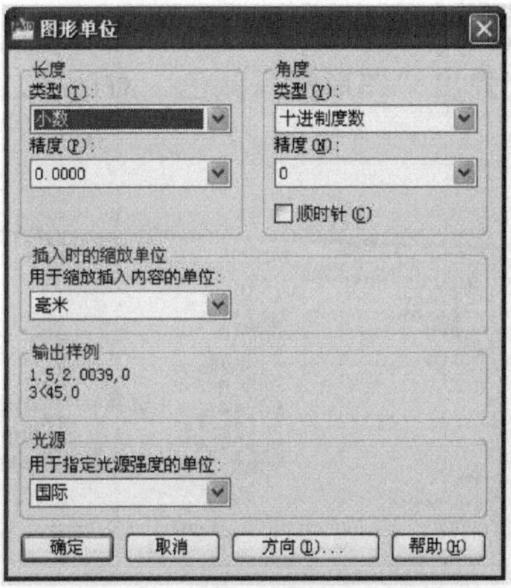

图 1-31　“图形单位”对话框

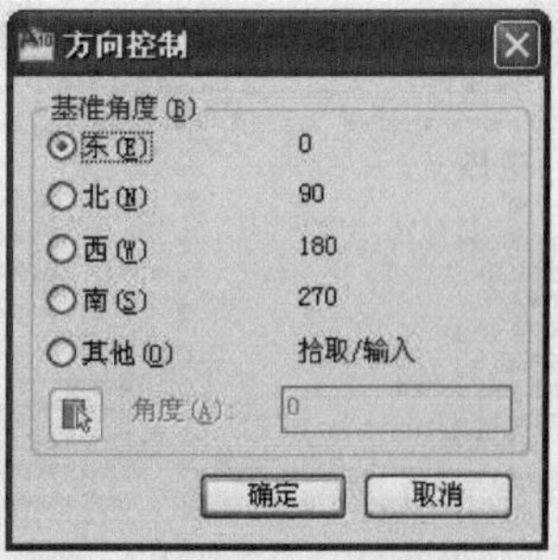

图 1-32　“方向控制”对话框

1.4.3　设置绘图环境

(1)“选项”对话框的打开　设置系统参数是通过“选项”对话框进行的，图 1-33 为“选项”对话框，该对话框中包含了 10 个选项卡，可以在其中查看、调整 AutoCAD 的设置。

“选项”对话框的打开可以通过以下方式：

方法 01 在 AutoCAD 绘图区右击，从弹出的快捷菜单中选择“选项”命令。

方法 02 选择“工具”/“选项”命令。

方法 03 单击标题栏左边按钮，在弹出的下拉菜单中选择“选项”按钮 选项 。

方法 04 在命令行输入“OPTIONS”命令并按<Enter>键。

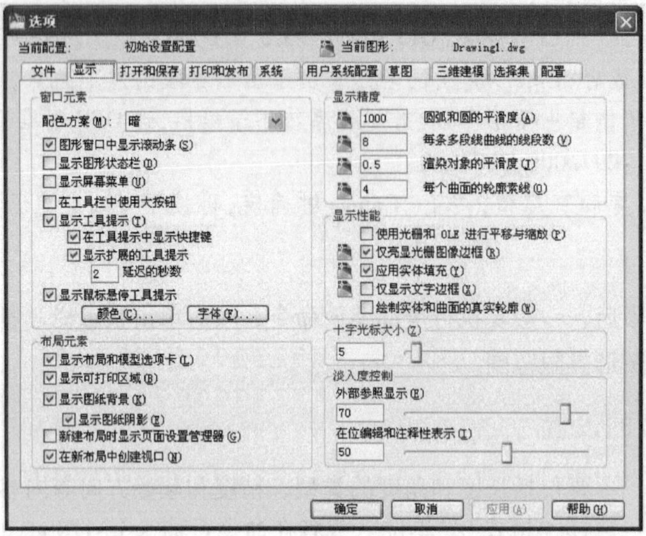

图 1-33 “选项”对话框

（2）窗口与图形的显示设置 窗口与图形的显示设置可通过“显示”选项卡设置，在“显示”选项卡中，各主要项的含义如下：

1）窗口元素。在“显示”选项卡的“窗口元素”选项区域中，最常执行的操作为改变绘图区窗口颜色，可以单击“颜色”按钮，系统弹出“图形窗口颜色”对话框，在该对话框中可设置各类背景颜色，如图 1-34 所示。

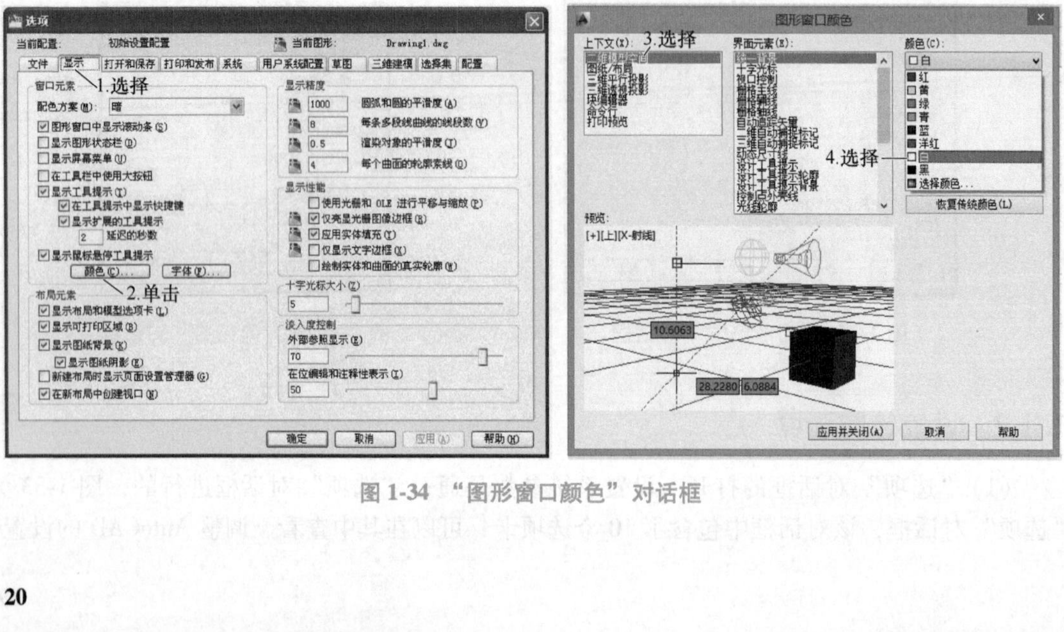

图 1-34 “图形窗口颜色”对话框

2）十字光标大小。在绘图时，调整十字光标的大小，能使图形的绘制更方便，十字光标大小的设置步骤如图 1-35 所示。

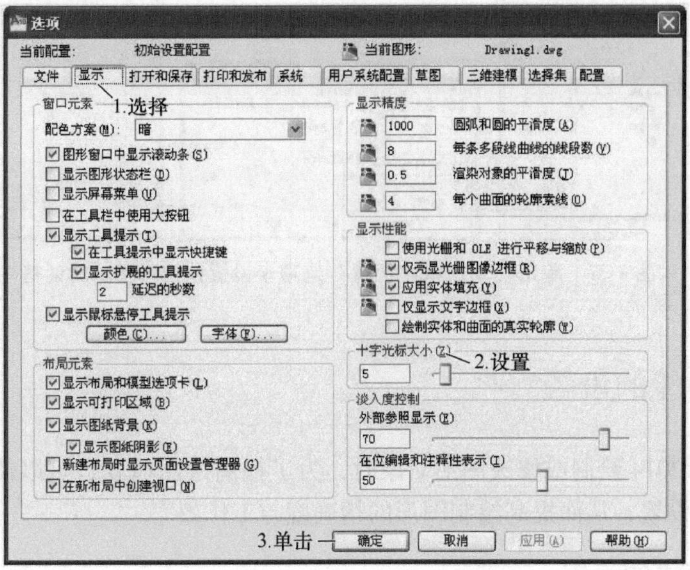

图 1-35 十字光标大小的设置步骤

（3）“用户系统配置”的设置 “选项”对话框的“用户系统配置”选项卡可以用来优化 AutoCAD 的工作方式，如图 1-36 所示。

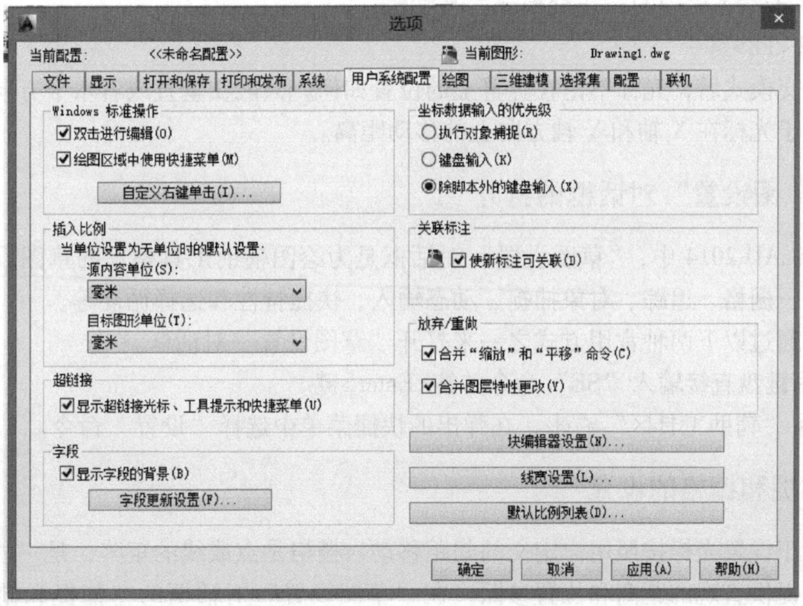

图 1-36 “用户系统配置”选项卡

在“用户系统配置”选项卡中有几个设置按钮，可以进行“块编辑器设置”“线宽设置”和“默认比例列表”设置，依次弹出的对话框如图 1-37 所示。

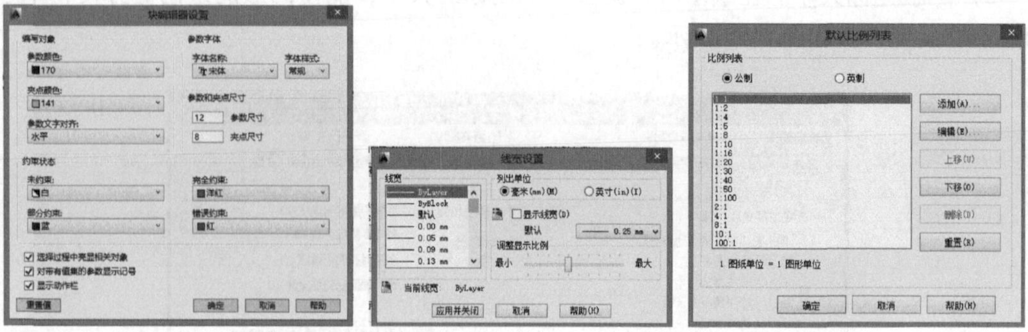

图 1-37　单击“用户系统配置”选项卡设置按钮弹出的对话框

1.5 辅助功能的设置

在 AutoCAD 2014 绘制或修改图形对象时，为了提高绘图精度，可以使用系统提供的绘图辅助功能进行设置，从而提高绘制图形的精确度与工作效率。

1.5.1　正交模式的设置

在绘制图形时，当指定第一点后，连接光标和起点的直线总是平行于 X 轴和 Y 轴，这种模式称为“正交模式”，用户可通过以下三种方法之一来启动。

方法 01 在命令行中输入“Ortho”命令，按<Enter>键。

方法 02 单击状态栏中的“正交模式”按钮。

方法 03 按<F8>键。

打开正交模式后，光标不论在屏幕上的位置如何，只能在垂直或者水平方向画线，画线的方向取决于光标在 X 轴和 Y 轴方向上的移动距离。

1.5.2　“草图设置”对话框的打开

在 AutoCAD 2014 中，“草图设置”对话框是为绘图辅助工具整理的草图设置，这些工具包括捕捉、栅格、追踪、对象捕捉、动态输入、快捷特性和选择循环等。

用户可通过以下两种常用方式之一来打开“草图设置”对话框。

方法 01 用键盘直接输入“SE”命令并按<Enter>键。

方法 02 在“辅助工具区”右击，在弹出的快捷菜单中选择“设置”命令。

1.5.3　捕捉和栅格的设置

捕捉用于设置光标按照用户定义的间距移动。栅格是点或线的矩阵，是一些标定位置的小点，可以提供直观的距离和位置参照。在“草图设置”对话框的“捕捉和栅格”选项卡中，可启用或关闭捕捉和栅格功能，并设置捕捉和栅格的间距与类型，如图 1-38 所示。

在“草图设置”对话框的“捕捉和栅格”选项卡中，其主要选项如下：

1）启用捕捉：用于打开或者关闭捕捉方式，可单击按钮，或者按<F9>键进行切换。

2）启用栅格：用于打开或关闭栅格显示，可单击按钮，或者按<F7>键进行切换。

3）捕捉间距：用于设置 X 轴和 Y 轴的捕捉间距。

4）栅格间距：用于设置 X 轴和 Y 轴的栅格间距，还可以设置每条主轴的栅格数。

1.5.4　极轴追踪的设置

在 AutoCAD 2014 中，使用极轴追踪，可以让光标按指定角度进行移动。"草图设置"对话框的"极轴追踪"选项卡中，可以启用"极轴追踪"功能，并且用户可以根据需要，对"极轴追踪"进行设置，如图 1-39 所示。

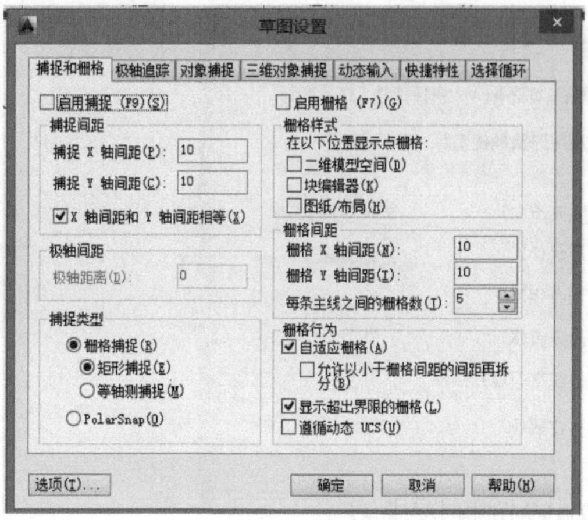

图 1-38　"草图设置"对话框的"捕捉和栅格"

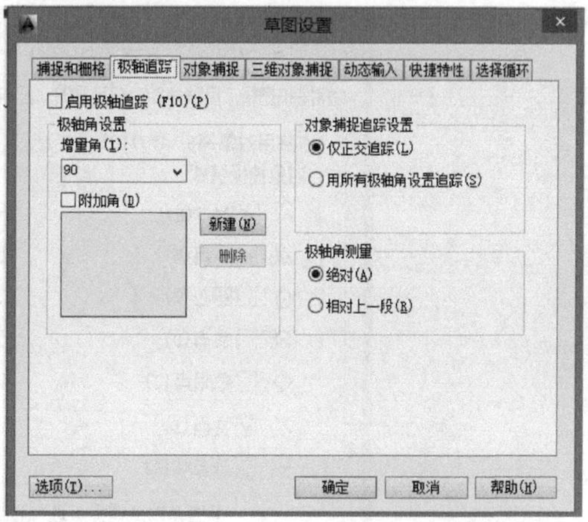

图 1-39　设置"极轴追踪"

在"草图设置"对话框的"极轴追踪"选项卡中，其主要选项如下：

1）启用极轴追踪：打开或关闭极轴追踪，也可以通过按<F10>键或使用 AUTOSNAP 系统变量，来打开或关闭极轴追踪。

2）极轴角设置：用于设置极轴追踪的角度，默认角度为 90°，用户可以进行更改。当"增量角"下拉列表中的内容不能同时满足用户需求时，用户可以单击"新建"按钮并输入角值，将其添加到"附加角"的列表中。图 1-40 所示分别为 90°、60°和 30°极轴角。

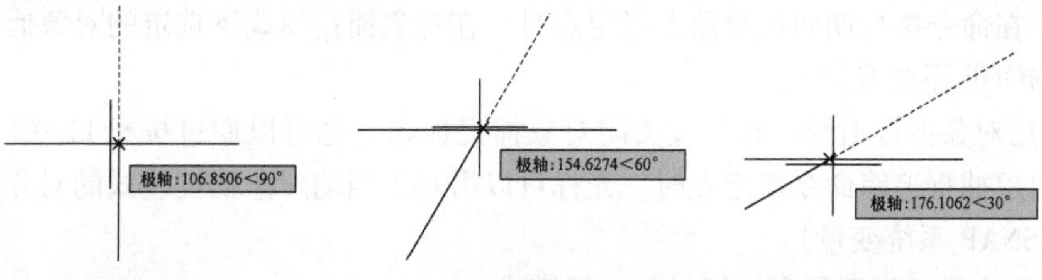

a) 极轴角为90°　　b) 极轴角为60°　　c) 极轴角为30°

图 1-40　设置极轴追踪的角度

3）对象捕捉追踪设置：包括"仅正交追踪"和"用所有极轴角设置追踪"两种选择，前者在启用对象捕捉追踪的同时，显示获取的对象捕捉的正交对象捕捉追踪路径，后者在命令执行期间，将光标停于该点上，当移动光标时，会出现关闭矢量；若要停止追踪，再次将光标停于该点上即可。

4）极轴角测量：用于设置极轴追踪对其角度的测量基准，有“绝对”和“相对上一段”两种选择。

1.5.5　对象捕捉的设置

在 AutoCAD 2014 中，对象捕捉是指在对象上某一位置指定精确点。“草图设置”对话框的“对象捕捉”选项卡，可以启用对象捕捉功能，并且用户可以根据需要，对“对象捕捉模式”进行设置，如图 1-41 所示。

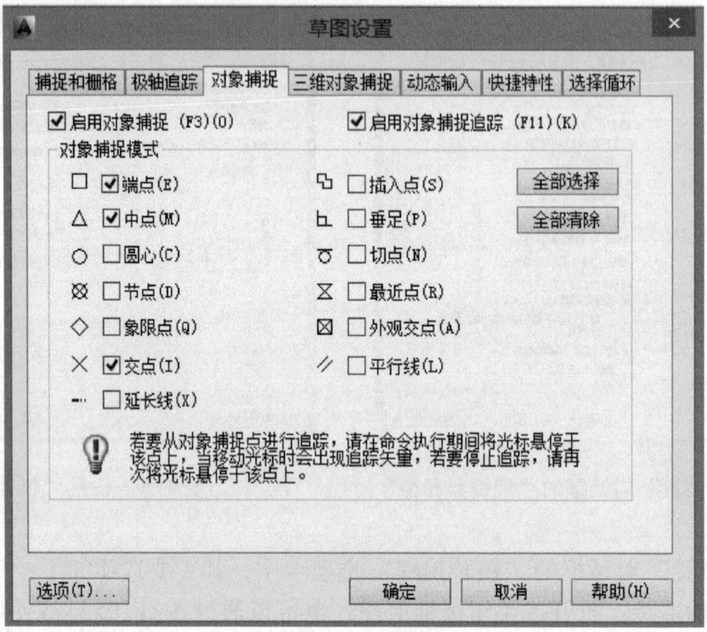

图 1-41　对“对象捕捉模式”进行设置

在“草图设置”对话框的“对象捕捉”选项卡中，其主要选项如下：

1）启用对象捕捉：打开或关闭对象捕捉，也可以通过按<F3>键来打开或者关闭。执行对象捕捉，在命令执行期间在对象上指定点时，在对象捕捉模式下选定的对象捕捉处于活动状态（OSMODE 系统变量）。

2）启用对象捕捉追踪：打开或关闭对象捕捉追踪，也可以通过按<F11>键来打开或关闭。使用对象捕捉追踪命令指定点时，光标可以沿基于当前对象捕捉模式的对齐路径进行追踪（AUTOSNAP 系统变量）。

3）全部选择：打开所有执行对象捕捉模式。

4）全部清除：关闭所有执行对象捕捉模式。

1.6　坐标系

在绘图时，要精确定位某个位置，必须以某个坐标系作为参照。坐标系是 AutoCAD 绘图中不可或缺的元素，是确定对象位置的基本手段。AutoCAD 的坐标系包括世界坐标系（WCS）和用户坐标系（UCS）。AutoCAD 提供的坐标系可以用来精确地设计并绘制图形，掌握坐标系统的输入法，可加快图形的绘制速度。

（1）世界坐标系（WCS）　AutoCAD 中默认的坐标系是世界坐标系，是在进入 AutoCAD 时，由系统自动建立的原点位置和坐标轴方向固定的一种整体坐标系。WCS 包括 X 轴和 Y 轴（如果是在 3D 空间，还有 Z 轴），其坐标轴的交汇处有一个“口”字形标记，如图 1-42 所示。

（2）用户坐标系（UCS）　有时为了能够方便地绘图，用户经常需要改变坐标系的原点和方向，这时就要使用可变的用户坐标系。默认情况下，用户坐标系和世界坐标系重合。用户坐标系的原点可以定义在世界坐标系中的任意位置，坐标轴与世界坐标系可以成任意角度。用户坐标系的坐标轴交汇处没有“口”字形标记，如图 1-43 所示。

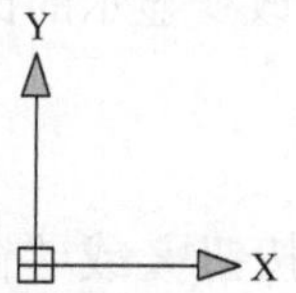

图 1-42　世界坐标系

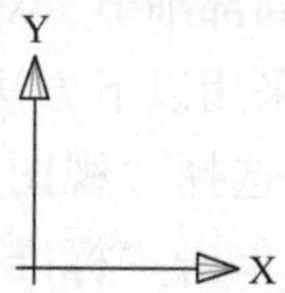

图 1-43　用户坐标系

（3）坐标输入方法　绘制图形时，如何精确地输入点的坐标是绘图的关键。在AutoCAD 中，点的坐标分为绝对直角坐标、绝对极坐标、相对直角坐标和相对极坐标 4 种。

1）绝对直角坐标。绝对直角坐标是以原点为基点，来定义其他点位置的方法，坐标值间要用逗号隔开。绘制二维图形时，只输入 X、Y 坐标值，即（X，Y），绘制三维图形时才有 X、Y、Z 坐标，即（X，Y，Z）。例如图 1-44 中，点 A 的坐标值为（20，20），则应输入“20，20”，点 B 的坐标值为（50，50），则应输入“50，50”。

2）绝对极坐标。绝对极坐标以原点为极点，通过极半径和极角来确定点的位置。极半径是指该点与原点之间的距离，极角是极点与原点连线与 X 轴正半轴的夹角，逆时针为正方向，输入格式为：极半径<极角，即 L<α。例如图 1-45 中 A 点的绝对极坐标为（80<45）。

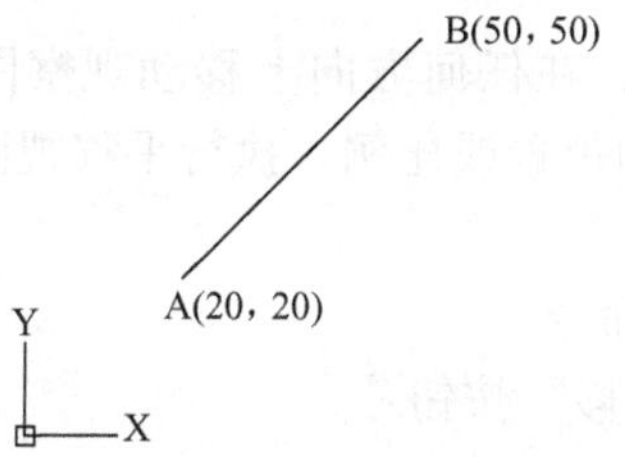

图 1-44　绝对直角坐标

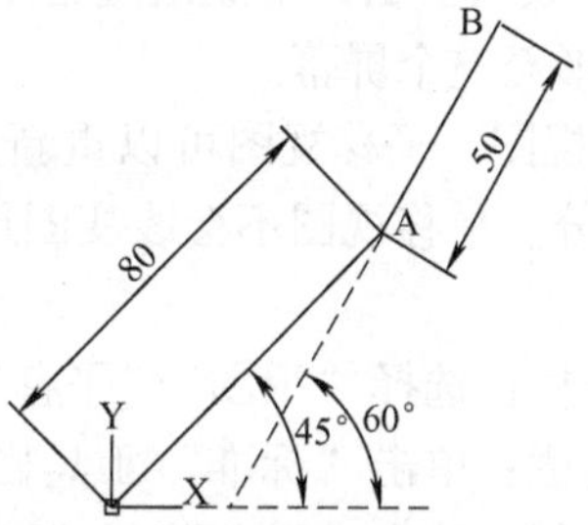

图 1-45　绝对极坐标

3）相对直角坐标。相对直角坐标是指相对于某点的 X 轴和 Y 轴位移。它的表示方法是在绝对坐标表达方式前加上“@”，即（@X，Y）。例如图 1-44 所示的 B 点相对于 A 点的相对坐标值为（@30，30），而 A 点相对于 B 点的相对坐标值为（@－30，－30）。相对直角坐标在实际绘图中更实用。

4）相对极坐标。相对极坐标以某一指定点为极点，通过相对的极长距离和角度来确定绘制点的位置。相对极坐标是以上一个操作点为极点，而不是原点为极点。通常用“@L<α”的形式来表示相对极坐标。例如图 1-45 所示的 B 点相对于 A 点的相对坐标值为（@50<60），而 A 点相对于 B 点的相对坐标值为（@50<－120）。

1.7 图形的显示控制

1.7.1　缩放与平移视图

按一定比例、观察位置和角度显示的图形称为视图。改变视图最常用的方法是缩放和平移视图。此时，不会改变图形中对象的位置或比例，只改变视图。通过缩放和平移视图，用户可以更快速、更准确、更详细地绘图。

（1）缩放视图　缩放视图可以增加或减少图形对象的屏幕显示尺寸，便于用户观察图形的整体大小以及局部细节，对象的真实尺寸保持不变，只改变显示的比例。

缩放视图可以采用以下方法。

方法 01 菜单栏：选择“视图”/“缩放”中的子命令。

方法 02 工具栏：单击“标准”工具栏中的“实时缩放”按钮或“窗口缩放”按钮。

方法 03 命令行：输入“ZOOM”或“Z”命令并按<Enter>键。

执行缩放命令将显示如图 1-46 所示的提示信息。

ZOOM
指定窗口的角点，输入比例因子 (nX 或 nXP)，或者
ZOOM [全部(A) 中心(C) 动态(D) 范围(E) 上一个(P) 比例(S) 窗口(W) 对象(O)] <实时>:

图 1-46　执行缩放命令

该命令可以选择输入的选项进行不同的缩放，常用的缩放视图的方法如下：

1）实时缩放。实时缩放使用最为普遍，进入实时缩放模式后，光标形状变为带有加减的放大镜。按住鼠标左键，自下向上拖动为放大视图，自上向下拖动为缩小视图。释放鼠标左键缩放停止。

2）窗口缩放。窗口缩放通过指定的两角点定义一个需要缩放的窗口范围，快速放大该窗口内的图形至整个屏幕。

（2）平移视图　平移视图可以重新定位图形，在任何方向上移动观察图形，以便看清图形的其他部分。平移视图不会改变图形中对象的位置或比例。执行平移视图的命令可以使用如下方法：

方法 01 菜单栏：选择“视图”/“平移”中的子命令。

方法 02 工具栏：单击“标准”工具栏中的“平移”按钮。

方法 03 命令行：输入“PAN”或“P”命令并按<Enter>键。

选择该命令，光标将会变成一只小手，将其放在图形需要移动的位置按住鼠标左键即可按光标移动的方向移动视图。

技巧提示

AutoCAD 支持带滚轮的鼠标，可按住鼠标滚轮执行平移功能。

1.7.2　使用平铺视口

在绘制较复杂的图形时，为了便于绘制，有时需要对图形的一部分进行放大，但是同时又需要在同一个窗口观察图形的整体效果。这时就可以在模型空间中使用平铺视口的功能，它可以将绘图窗口分为若干个视口。

平铺视口不可以重叠，在每个视口显示的都是相同的内容，但只有一个视口是当前视口。在其中任何一个视口进行的操作在其他的视口都会反映出来。

（1）新建视口　选择“视图”/“视口”/“新建视口”菜单命令，打开“视口”对话框，如图 1-47 所示。

“视口”对话框各个选项的功能如下：

1）“新建视口”选项卡：在该选项卡中可以输入新建视口的名称。在“标准视口”列表框中选择可用的标准视口设置，包括设定多少个视口，设定的视口是什么样式。从该列表框中一次最多可以创建四个视口，该方法使用起来比较方便。

2）“命名视口”选项卡：用来显示图形中已经命名的视口配置，如图 1-48 所示。在“命名视口”列表框中显示已有的视口配置。在“预览”框中显示选择的视口配置。

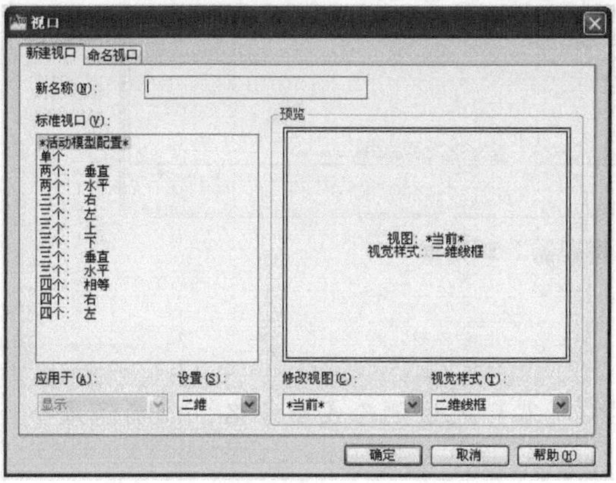

图 1-47　“视口”对话框

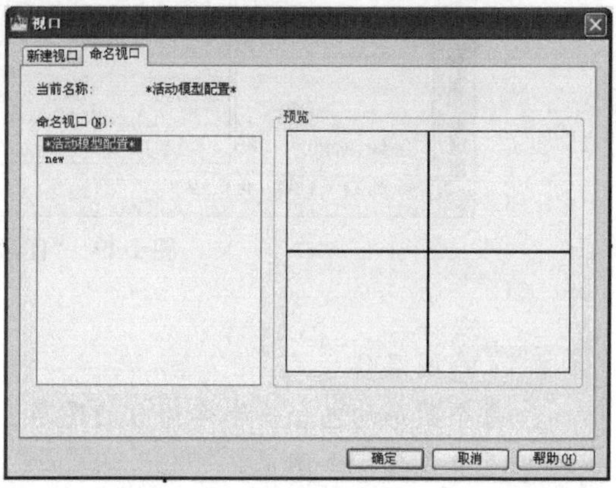

图 1-48　“视口”对话框的“命名视口”选项卡

（2）合并视口　选择“视图”/“视口”/“合并”菜单命令，该命令可以设定合并视口，即将当前视口合并到另一视口。

1.8 图层

1.8.1　图层的概述

一个复杂的图形由许多不同的图形对象组成，而这些图形对象又都具有图层、颜色、线宽和线型四个基本属性，为了方便区分和管理，通过创建多个图层来控制对象的显示和编辑，从而提高绘制复杂图形的效率和准确性。

利用“图层特性管理器”对话框（如图 1-49 所示），不仅可以创建图层，设置图层的颜色、线型和线宽，还可以对图层进行更多的设置与管理，如切换图层、过滤图层、修改和删除图层等。打开“图层特性管理器”对话框（如图 1-49 所示）的方法有 3 种。

方法 01　菜单栏：选择“格式”/“图层”中的子命令。

方法 02　在“默认”标签的“图层”面板中单击“图层特性”按钮。

方法 03 命令行：输入“Layer”命令并按<Enter>键。

通过“图层特性管理器”对话框，可以添加、删除和重命名图层，可以修改图层的特性和添加图层说明。图层特性管理器包括“过滤器”面板和图层列表面板。图层过滤器可以控制在图层列表中显示的图层，也可以用于同时更改多个图层。

图层特性管理器将始终进行更新，并且将显示当前空间中的图层特性和过滤器选择的当前状态。

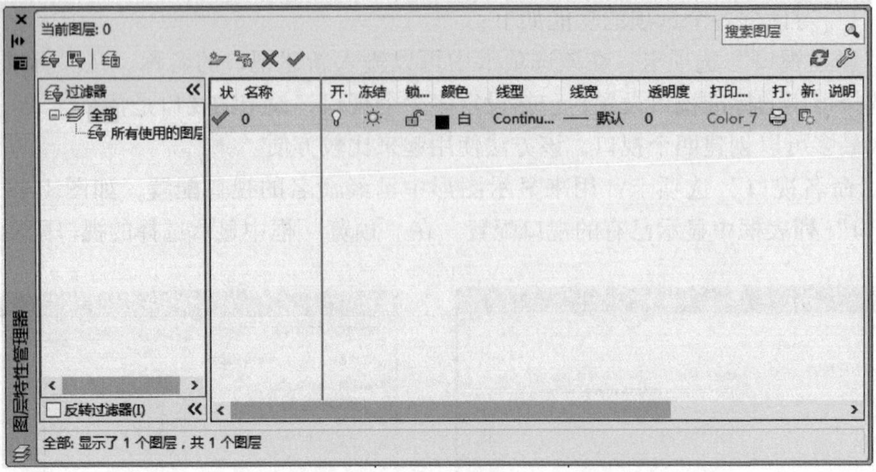

图 1-49 “图层特性管理器”对话框

> **注　意** 图层 0
>
> 每个图形均包含一个名为 0 的图层，图层 0（零）无法删除或重命名，以确保每个图形至少包括一个图层。

1.8.2 图层的控制

通过图层的控制，可以很好地组织不同类型的图形信息，使得这些信息便于管理，从而大大提高工作效率。

（1）新建图层　在 AutoCAD 中，单击“图层特性管理器”对话框中的“新建图层”按钮，可以新建一个图层。在新建图层中，用户可以更改图层名字。新建的图层继承了“图层 0”的颜色、线型等，如果需要对新建图层进行颜色、线型等的重新设置，则选中当前图层的特性（颜色、线型等），单击进行重新设置即可。如果要使用默认设置创建图层，则不要选择列表中的任何一个图层，或在创建新图层前选择一个具有默认设置的图层，新建图层如图 1-50 所示。

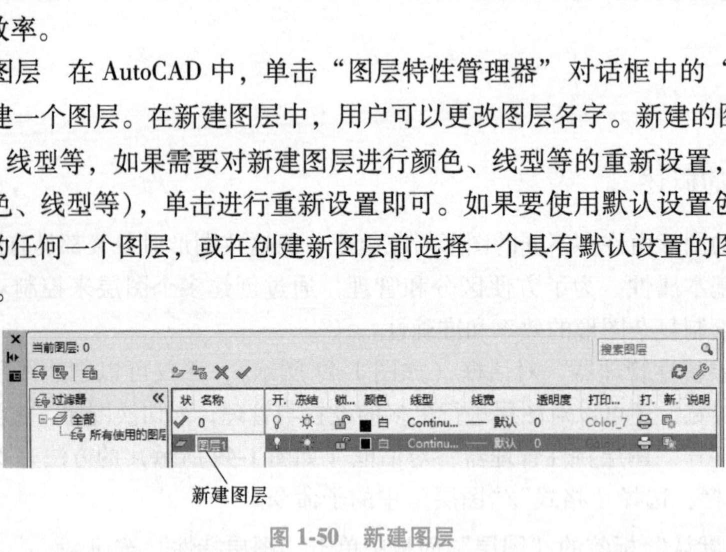

图 1-50 新建图层

注 意 图层的描述

对于具有多个图层的复杂图形，可以在“说明”列中输入描述性文字。

（2）删除图层　在 AutoCAD 中，状态栏是灰色的图层为空白图层，如果要删除没有用过的图层，在“图层特性管理器”对话框中选择好要删除的图层，然后单击“删除图层”按钮或者按<Alt+D>组合键，就可删除该图层。如果该图层不为空白图层，那么就不能删除，系统会弹出“图层-未删除”提示框，如图 1-51 所示。根据“图层-未删除”提示框可以看出，以下 4 类图层无法删除。

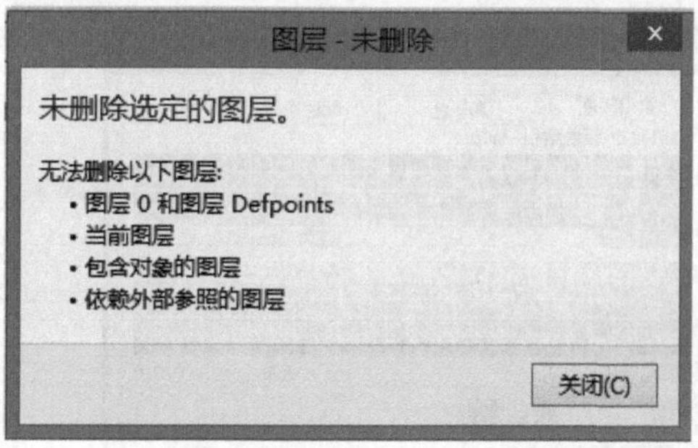

图 1-51 “图层-未删除”提示框

1）图层 0 和图层 Defpoints。

2）当前图层。要删除当前图层，可以先改变当前图层到其他图层。

3）包含对象的图层。要删除该层，必须先删除该图层中所有的图形对象。

4）依赖外部参照的图层。插入了外部参照的图案，要删除该层，必须先删除外部参照。

注 意 删除图层

如果绘制的是共享工程中的图形，或是基于一组图层标准的图形，删除图层时要小心。

（3）切换到当前图层　在 AutoCAD 中，“当前图层”是指正在使用的图层，用户绘制的图形对象将保存在当前图层，在默认情况下，“对象特性”工具栏中显示了当前图层的状态信息。设置当前图层的方法有以下 3 种。

方法 01 在“图层特性管理器”对话框中，选择需要设置为当前图层的图层，然后单击“置为当前”按钮，被设置为当前图层的图层前面有✔标记.

方法 02 在“默认”标签下“图层”面板的“图层控制”下拉列表中，选择需要设置为当前图层的图层即可。

方法 03 单击“图层”面板中的“将对象的图层置为当前”按钮，然后使用光标在绘图区中选择某个图形对象，则该图形对象所在图层即可被设置为当前图层。

（4）设置图层颜色　在实际绘图中，为了区分不同的图层，可将不同的图层设置为不同的颜色。图层的颜色是指该图层上面的图形对象的颜色。每个图层都只能设置一种颜色。新建图层后，在“图层特性管理器”对话框中单击该图层的颜色，弹出“选择颜色”对话框，如图 1-52 所示。

根据需要选择相应的颜色，单击“确定”按钮，完成设置图层颜色。

（5）设置图层线型　在 AutoCAD 中，为了满足用户的各种不同要求，系统提供了 45 种线型，所有的对象都是用当前的线型来创建的，设置图层线型命令的执行方式如下。

方法 01 在命令行中输入“LINETYPE”，并按<Enter>键。

方法 02 执行“格式”/“线型”菜单命令。

在图 1-53 所示的“线型管理器”对话框中，单击“加载”按钮，将弹出“加载或重载线型”对话框，用户在“可用线型”列表中选择所需要的线型。“当前”按钮可以为选择的图层或对象设置当前线型，如果是新创建的对象，系统默认线型是当前线型（包括 ByLayer 和 ByBlock 线型值）。

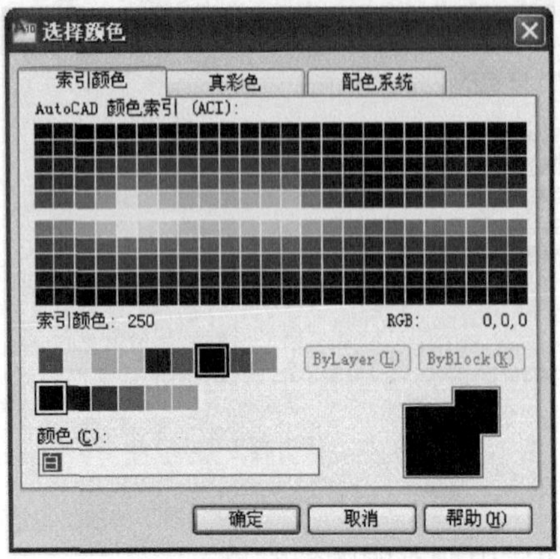

图 1-52 “选择颜色”对话框

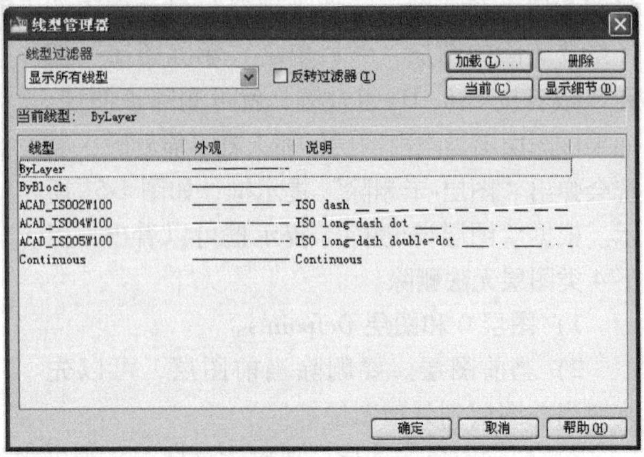

图 1-53 “线型管理器”对话框

（6）设置图层线宽　在 AutoCAD 中，使用不同宽度的线条表现对象的大小或类型，从而提高图形的表达能力和可读性，要设置图层的线宽，可以单击“图形特性管理器”对话框中的“线宽”按钮，系统弹出“线宽”对话框，如图 1-54 所示，从中选择所需的线宽即可。选择菜单栏中的“格式”/“线宽”命令，打开“线宽设置”对话框，如图 1-55 所示，通过调整显示比例，可使图形中的线宽显示得更宽或更窄。

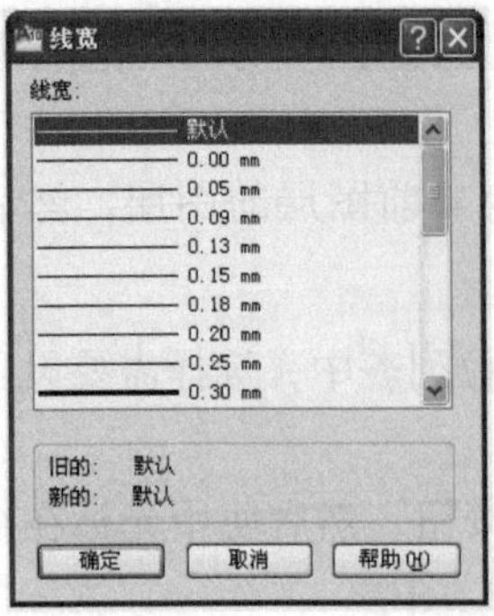

图 1-54 “线宽”对话框

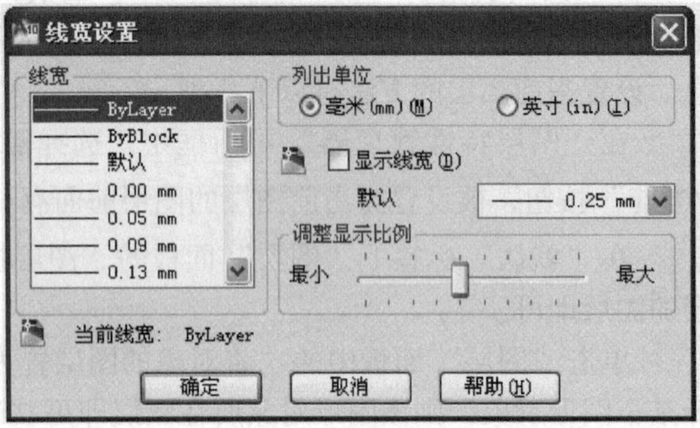

图 1-55 “线宽设置”对话框

注　意　线宽的显示

图层设置的线宽特性是否能显示在显示器上，还要通过“线宽设置”对话框来设置。

（7）改变对象所在图层　在 AutoCAD 实际绘图中，如果绘制完某一图形元素后，发现该元素并没有绘制在预先设置的图层上，可选中该图形元素，并在“面板”选项板的“图层”选项区域的“应用的过滤器”下拉列表中选择预设图层名，即可改变对象所在图层。

例如，如图 1-56 所示，将直线所在图层改变为虚线所在图层。

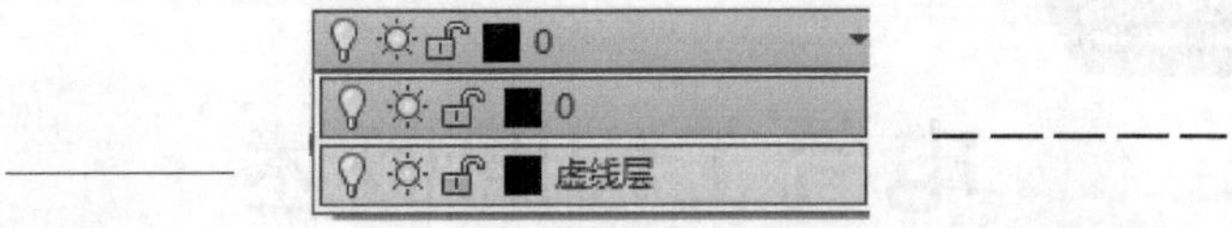

a) 选择该图　　b) 选择图层　　c) 选择后效果

图 1-56　选择图层

1.9 实例演练：设置图层

参照表 1-2 所示的要求创建图层。操作提示：

1）单击“图层特性管理器”选项卡中的“新建图层”按钮，可以新建一个图层。

2）在新建图层（新建的图层继承了“图层 0”的颜色、线型等）中，可以修改图层名、线型和颜色。选中当前图层的特性（颜色、线型等），单击进行重新设置。

表 1-2　图层设置要求

图层名	线型	颜色
粗实线	Continuous	白色
细实线	Continuous	蓝色
点画线	CENTER	红色
虚线	DASHED	黄色
波浪线	Continuous	青色
双点画线	DIVIDE	品红色
文字	Continuous	绿色
辅助线	Continuous	绿色

【拓展活动】

工业 1.0~4.0 是基于工业发展的不同阶段作出的划分。工业 1.0 是蒸汽机时代，工业 2.0 是电气化时代，工业 3.0 是信息化时代，而工业 4.0 则是利用信息化技术促进产业变革的时代，也就是智能化时代。

作为电类专业的学生，只有学好电气制图的基础知识及制图技能，毕业后才能立足岗位，锐意进取，为实现中华民族伟大复兴的中国梦贡献力量。

工业 4.0 最开始是由德国提出的，请大家查阅资料，讨论一下我国关于“工业 4.0”的提出和发展现状。

第2章 电气工程图概述

本章概述

在国家颁布的工程制图标准中，对电气工程图的制图规则做了详细的规定。本章主要讲解电气设计的基础知识，包括电气工程图的分类与特点、电气工程 CAD 制图规范等内容，为后面案例的讲解打下基础。通过本章的学习，读者可以掌握电气工程图的种类和特点，了解电气工程图的制图规范以及电气符号的分类，并认识常用的电气符号

本章内容

- 电气工程图的分类和特点
- 电气工程 CAD 制图规范
- 电气符号的构成与分类
- 创建样板图
- 文字和标注设置
- 图形的输出

2.1 电气工程图的分类和特点

电气工程图是用图的形式来表示信息的一种技术文件，主要用图形符号、简化外形的电气设备、线框等表示系统中有关组成部分的关系，是一种简图。由于电气工程图的使用非常广泛，几乎遍布工业生产和日常生活的各个环节。为了表示清楚电气工程图的功能、原理、安装和使用，需要对不同种类的电气工程图进行说明。本节根据电气工程的应用范围介绍一些常用的电气工程图的种类及其应用特点。

2.1.1 电气工程图的分类

电气工程图应用十分广泛，分类方法有很多种。电气工程图主要为用户阐述电气工程的工作原理、系统的构成，提供安装接线和使用维护的依据。根据各电气工程图所表示的电气设备、工程内容及表达形式的不同，电气工程图通常可应用于以下几个方面。

1）电力工程：发电工程、变电工程、线路工程。

2）电子工程：家用电器、广播通信、计算机等。

3）工业电气：机床、工厂、汽车等。

4）建筑电气：动力照明、电气设备、防雷接地等。

根据表达的形式和工作内容的不同，一般电气工程图可以分为以下几类。

（1）电气系统图　这种系统图通常采用单线表示法绘制，例如电动机供电系统图如图 2-1 所示，它表示了主电路的供电关系，供电过程是电源→开关 QS→熔断器 FU→接触器 KM→热继电器热元件 FR→电动机 M。又如某变电所供电系统图如图 2-2 所示，表示这个变电所把 10kV 电压通过变压器变换为 380V 电压，经断路器 QF 和母线后，通过 FU1-QS_1、FU2-QS_2、FU3-QS_3 分别供给三条支路。

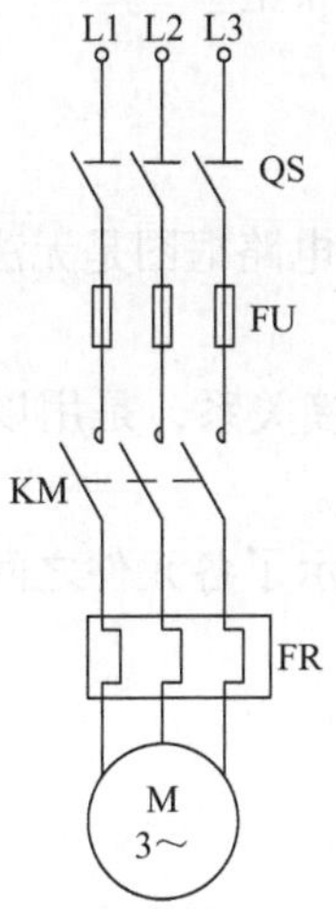

图 2-1　电动机供电系统图

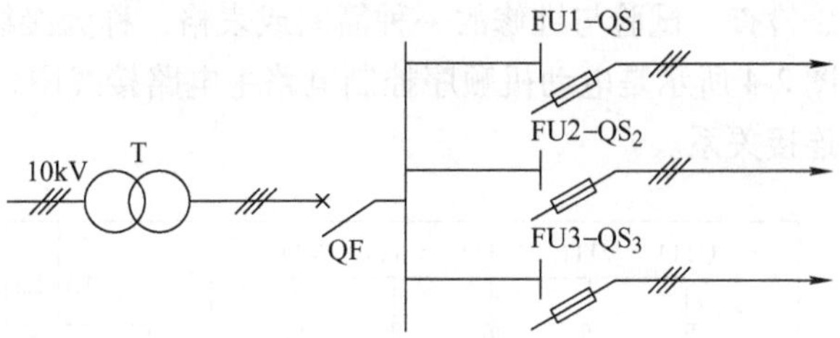

图 2-2　某变电所供电系统图

系统图常用来表示整个工程或其中某一项目的供电方式和电能输送关系，也可表示某一装置或设备各主要组成部分的关系。

（2）电路图　电路图以电路的工作原理及阅读和分析电路方便为原则，用国家统一规定的电气图形符号和文字符号，按照工作顺序将图形符号从上而下、从左到右排列，详细表示电路、设备或成套装置的工作原理、基本组成和连接关系。

电路图是表示电流从电源到负载的传送情况和电气元器件的工作原理，而不考虑其实际位置的一种简图。其目的是便于阅读者详细理解设备工作原理、分析和计算电路特性及参数，为测试和寻找故障提供信息，为编制接线图、安装和维修提供依据，所以这种图又称电路原理图或者原理接线图，简称原理图。

电路图在绘制时应该注意设备和元件的表示方法。在电路图中，设备和元件采用符号表示，并应以适当形式标注其代号、名称、型号、规格、数量等，应注意设备和元件的工作状态。设备和元件的可动部分通常应表示在非激励或不工作的状态或位置。

符号的布置原则为：驱动部分和被驱动部分之间采用机械连接的设备和元件（例如接触器的线圈、主触点、辅助触点），以及同一个设备的多个元件（例如转换开关的各对触点）可在图上采用集中、半集中或分开的布置方式。

电动机的控制电路原理图如图 2-3 所示，其表示了系统的供电和控制关系。

（3）框图　对于较为复杂的电子设备，除了电路图之外，往往还会用到电路框图。电

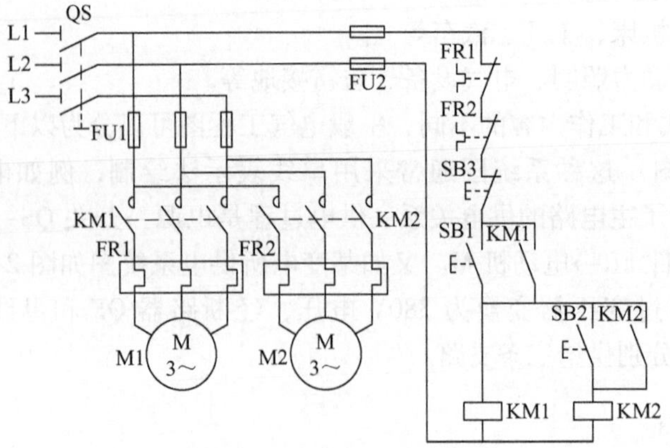

图 2-3　电动机控制电路原理图

路框图和电路图相比，包括的电路信息比较少。实际应用中，根据电路框图是无法弄清楚电子设备的具体电路的，它只能作为分析电子设备电路的辅助手段。

（4）安装接线图　它表示成套装置、设备、电气元器件的连接关系，是用以进行安装接线、检查、试验与维修的一种简图或表格，称为接线图或接线表。

图 2-4 所示是电动机顺序控制电路主电路接线图，它清楚地表示了各元件之间的实际位置和连接关系。

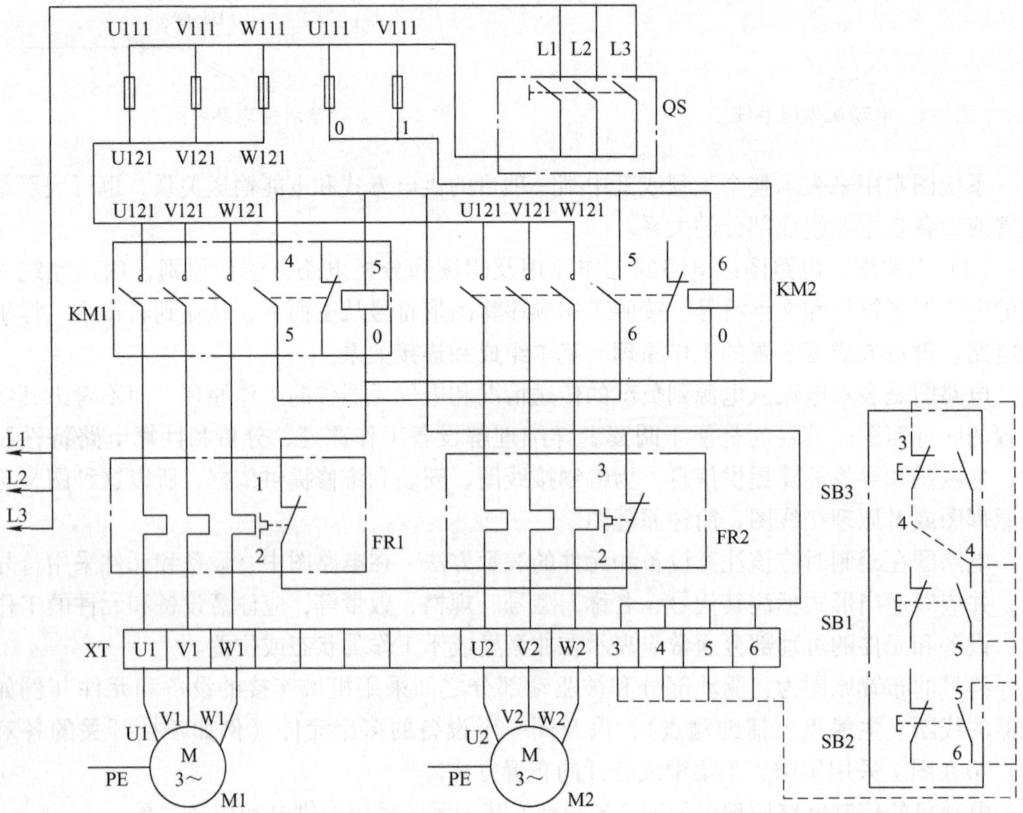

图 2-4　电动机顺序控制电路主电路接线图

除此之外还有电气平面图、设备布置图、大样图、产品使用说明书用电气图、设备元件和材料表等，在此就不详细介绍了。

2.1.2 电气工程图的特点

电气工程图的特点如下所述。

（1）图形符号、文字符号和项目代号是电气工程图的基本要素　图形符号、文字符号和项目代号等是构成电气工程图的基本要素，一些技术数据也是电气工程图的主要内容。电气系统、设备或装置通常由许多部件、组件、功能单元等组成，这些部件、组件或功能单元称为项目。项目一般用简单的符号表示，这些符号就是图形符号。

一般用一种图形符号来描述和区分这些项目的名称、功能、状态、特征、相互关系、安装位置、电气连接等，不必画出外形结构。

在同一张图上，一类设备只用一种图形符号，比如各种熔断器都用同一个符号表示。为了区别同一类设备中不同元件的名称、功能、状态、特征以及安装位置，还必须在这些符号旁边标注文字符号加以说明。

（2）电气工程简图是电气工程图的主要表现形式　电气工程简图是采用标准的电气图形符号和带注释的方框或简化的外形图来表示系统或设备中各组成部分相互关系的一种图。电气工程图绝大多数采用电气工程简图的方式。

（3）元器件和连接线是电气图描述的主要内容　电气设备主要由各种电气元器件和连接线构成，因此，无论是电路图、系统图，还是平面图和接线图，都是以电气元器件和连接线作为描述的主要内容。

（4）功能布局法和位置布局法是电气工程图的两种基本布局方法　功能布局法是指在绘图时，图中各元器件符号的位置只考虑元器件之间的功能关系，不考虑实际位置的一种布局方法。电气系统图、电路图都采用这种方法布局。

位置布局法是指电气元器件符号的布置对应于该元器件实际位置的布局方法。如电气工程中的接线图、设备布置图等通常都采用这种方法。

（5）电气工程图具有多样性　电气系统或者装置中，通常包含如下4种物理流。

1）能量流：表示电能的流向和传递。

2）功能流：表示各种元器件等相互之间的功能关系。

3）逻辑流：表示各种元器件等相互之间的逻辑关系。

4）信息流：表示信号的流向、传递与反馈。

能量流、功能流、逻辑流、信息流等有不同的描述方法，从而形成不同形式的电气工程图。描述能量流和信息流的电气工程图有系统图、信号框图、电子电路图、接线图等；描述逻辑流的电气工程图主要是逻辑图；描述功能流的主要有功能表图、程序框图等。

2.2 电气工程 CAD 制图规范

本节扼要介绍国家标准 GB/T 18135—2008《电气工程 CAD 制图规则》中常用的有关规定，同时对有关标准中的规定加以引用与解释。

2.2.1　电气设计图纸格式

图幅是指图纸幅面的大小，所有绘制的图形都必须在图纸幅面以内。GB/T 18135—2008《电气工程 CAD 制图规则》包含了电气工程制图图纸幅面及格式的有关规定，绘制电气工程图纸时都必须遵守此标准。

（1）图纸幅面　电气工程图纸采用的基本幅面有 5 种：A0、A1、A2、A3、A4，图幅尺寸见表 2-1。图幅分为横式幅面和立式幅面。

表 2-1　图幅尺寸　　（单位：mm）

幅面	A0	A1	A2	A3	A4
长	1189	841	594	420	297
宽	841	594	420	297	210

（2）图框

1）图框尺寸。在电气工程图中，确定图框线的尺寸（见表 2-2）有两个依据：一是图纸是否需要装订；二是图纸幅面的大小。需要装订时，装订的一边就要留装订边。图 2-5 为不留装订边的图框，图 2-6 为留有装订边的图框。右下角矩形区域表示标题栏。

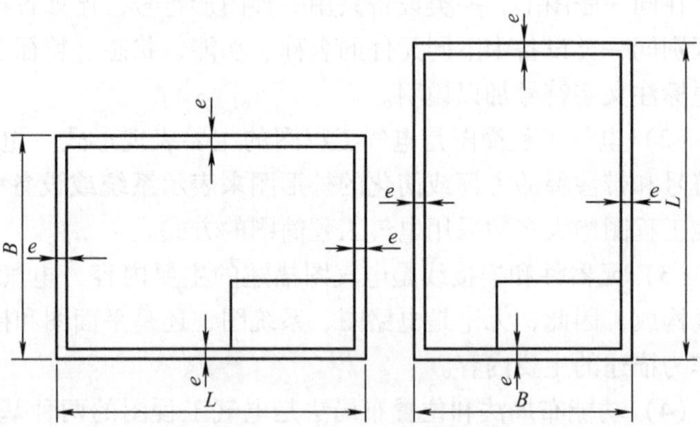

图 2-5　不留装订边的图框

表 2-2　图纸图框线尺寸　　（单位：mm）

幅面	A0、A1	A2	A3、A4
e	20	10	
c	10		5
a	25		

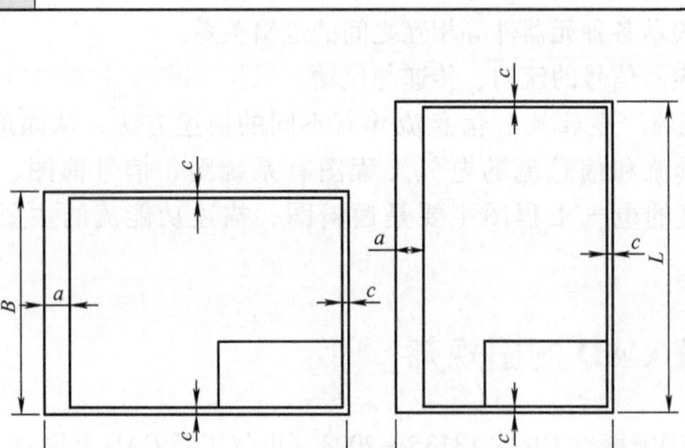

图 2-6　留有装订边的图框

2）图纸线宽。图纸的内框线根据不同的幅面、不同的输出设备宜采用不同的线宽，见表 2-3。各种图幅的外框线均为 0.25mm 的实线。

表 2-3　图幅内框线宽　（单位：mm）

幅　面	绘图机类型	
	喷墨绘图机	笔式绘图机
A0、A1	1.0	0.7
A2、A3、A4	0.7	0.5

（3）标题栏　每张图样的右下角均有标题栏。标题栏中的文字方向为看图的方向，标题栏的格式由国家标准规定，如图 2-7 所示。学校制图作业中使用的标题栏可以简化。

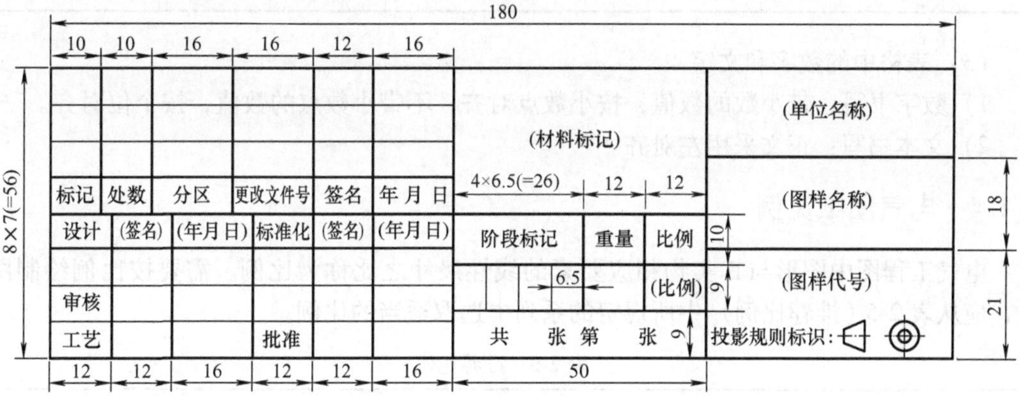

图 2-7　国标规定的标题栏格式

2.2.2　电气设计使用图线

不同的电气图纸，对图线、字体和比例有不同的要求。国标对电气工程图纸的图线、字体和比例做出了相应的规定。

（1）基本图线　电气工程图纸中常用的线型有实线、虚线、点画线、波浪线、双折线等。

（2）图线的宽度　图线的宽度应根据图纸的大小和复杂程度，在下列线宽中选择：0.18mm、0.25mm、0.35mm、0.5mm、0.7mm、1mm、1.4mm、2mm。

在电气工程图纸上，一般只用两种宽度，分别为粗实线和细线，其宽度之比为 2∶1。在通常情况下，粗线的宽度采用 0.5mm 或 0.7mm，细线的宽度采用 0.25mm 或 0.35mm。

在同一图纸中，同类图纸的宽度应基本保持一致；虚线、点画线及双点画线的画长和间隔长度也应大致相等。

2.2.3　电气工程文字

（1）字体　电气工程图样和简图中所选汉字应为长仿宋体。在 AutoCAD 2014 中，汉字字体可采用 Windows 系统自带的“仿宋_GB2312”。

（2）文本尺寸高度　常用的文本尺寸宜在下列尺寸中选择：1.5、3.5、5、7、10、14 和 20，单位为 mm。字符的宽高比约为 0.7。各行文字间的行距不应小于 1.5 倍的字高。图样中各种文本尺寸见表 2-4。

表 2-4　图样中各种文本尺寸　（单位：mm）

文本类型	中文		字母及数字	
	字高	字宽	字高	字宽
标题栏图名	7~10	5~7	5~7	3.5~5
图形图名	7	5	5	3.5
说明抬头	7	5	5	3.5
说明条文	5	3.5	3.5	1.5
图形文字标注	5	3.5	3.5	1.5
图号和日期	5	3.5	3.5	1.5

（3）表格中的数字和文字

1）数字书写：带小数的数值，按小数点对齐；不带小数点的数值，按个位对齐。

2）文本书写：正文采用左对齐。

2.2.4　电气图纸比例

电气工程图中图形与其实物相应要素的线性尺寸之比称为比例。需要按比例绘制图样时，应从表 2-5（推荐比例）中所规定的系列中选取适当的比例。

表 2-5　推荐比例

类别	推荐比例		
放大比例	10∶1	5∶1	2∶1
原值比例	1∶1		
缩小比例	1∶2	1∶5	1∶10
	1∶20	1∶50	1∶100

为了能从图样上得到实物大小的真实概念，应尽量采用原值比例绘图。绘制大而简单的机件采用缩小比例；绘制小而复杂的电气元器件可采用放大比例。无论采用缩小或放大的比例绘图，图样中所标注的尺寸，均为电气元器件的实际尺寸。

2.3　电气符号的构成与分类

电气设备元器件、线路、安装方法等必须通过图形符号、文字符号或代号绘制在电气工程图中，要分析这些电气工程图，首先需要了解这些符号的组成形式、内容、含义及它们间的相互关系。本节主要介绍电气工程图中常用的电气符号及其分类。

2.3.1　常用的电气符号

用户需要对电气工程图中常用的电气符号有所了解，掌握常用电气符号的特征和含义。一般常用的电气符号有导线、电阻器、电感器、二极管、晶体管、交流电动机、单极开关、灯、蜂鸣器、接地等。在以后的章节里会对部分符号的画法做详细的介绍。

下面列出了一些电气工程图中最常见的电气图形符号，以帮助读者熟悉这些电气元器件的表达形式。

1）电阻器、电容器、电感器和变压器的图形符号见表 2-6。

表 2-6　电阻器、电容器、电感器和变压器的图形符号

名　称	图 形 符 号	名　称	图 形 符 号
电阻器	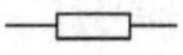	可变电容器	
可变电阻器	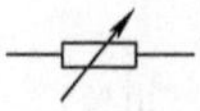	电感器	
滑动电阻器	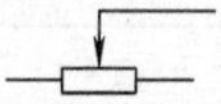	带铁心电感器	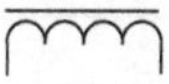
电容器	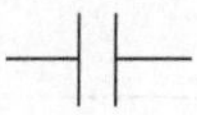	双绕组变压器	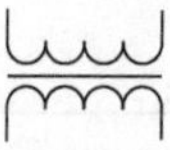

2）常用开关的图形符号见表 2-7。

表 2-7　常用开关的图形符号

名　称	图 形 符 号	名　称	图 形 符 号
隔离开关	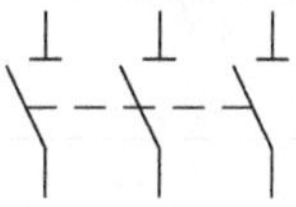	常闭自复位按钮开关	
三相断路器	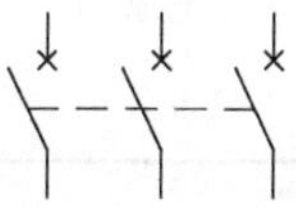	常闭触点	
接触器主触点	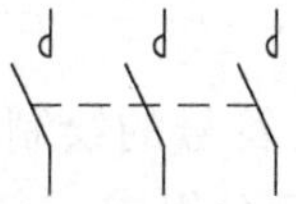	常开触点	
限位开关		延时闭合的动断触点	
常开自复位按钮开关	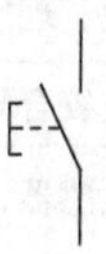	延时闭合的动合触点	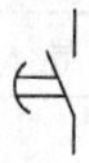

3）其他常用的图形符号见表 2-8。

表 2-8 其他常用的图形符号

名 称	图形符号	名 称	图形符号
PNP 型晶体管	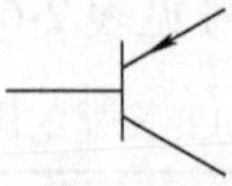	蜂鸣器	
NPN 型晶体管	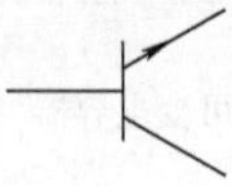	信号灯	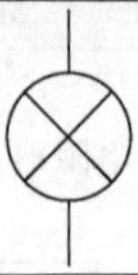
二极管	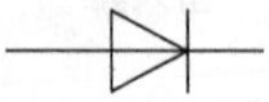	电铃	
发光二极管	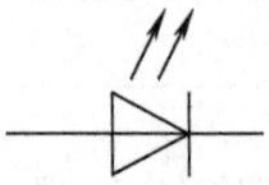	三相异步电动机	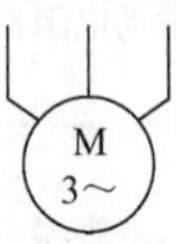
继电器和接触器线圈	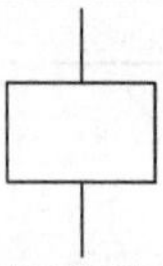	电流互感器	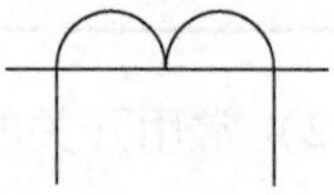
熔断器	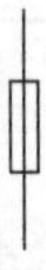	三极热继电器	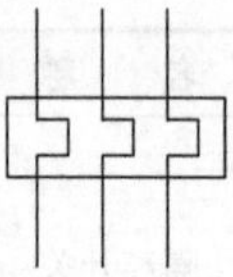
接地符号		电池	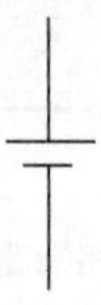

2.3.2 电气符号的分类

最新的《电气图用图形符号总则》对各种电气符号的绘制做了详细的规定。按照这个规定，一般电气图用图形符号主要由表 2-9 中的几部分组成。

表 2-9 电气符号分类

序 号	分类名称	内 容
1	符号要素、限定符号和其他常用符号	包括轮廓外壳、电流和电压的种类、可变性、材料类型、机械控制、操作方法、非电量控制、接地、理想电路元器件
2	导体和连接件	包括电线，柔软、屏蔽或绞合导线，同轴导线，端子等
3	基本无源元件	包括电阻器、电容器、电感器，铁氧体磁心、磁存储器；压电晶体、驻极体、延迟线等
4	半导体管和电子管	包括二极管、晶体管、电子管、晶闸管等

（续）

序　号	分类名称	内　容
5	电能的发生与转换	包括绕组、发电机、变压器等
6	开关、控制和保护器件	包括触点、开关装置、控制装置、起动器、接触器、继电器等
7	测量仪表、灯和信号器件	包括指示仪表、记录仪表、传感器、灯、电铃、扬声器等
8	电信：交换和外围设备	包括交换系统、电话机、数据处理设备等
9	电信：传输	包括通信线路、信号发生器、调制解调器、传输线路等
10	建筑安装平面布置图	包括发电站、变电所、音响和电视分配系统等
11	二进制逻辑元件	包括存储器、计数器等
12	模拟元件	包括放大器、电子开关、函数器等

2.4 创建样板图

使用样板文件是开始画新图的方法之一，在Templat子目录中，AutoCAD提供了许多样板文件，也可创建符合自己专业要求的样板文件，样板文件的扩展名为“.dwt”。使用样板文件不仅有利于图形的标准化，更有利于减少每次开始绘制新的图形前设置绘图环境的工作量，提高绘图效率。在新建工程图时，总要进行大量的设置工作，包括图层设置、线型设置、颜色设置、文字样式设置、标注样式设置等，如果每次新建图样都要如此设置，确实很麻烦。

2.4.1 样板图的内容

创建样板图的内容应根据需要而定，其基本内容包括以下几个方面。

（1）设置绘图单位和精度　选择“格式”/“单位”命令，在弹出的“图形单位”对话框中设置合适的绘图单位及尺寸精度。

（2）设置图形界限　根据图形大小选择图纸幅面，确定图形界限。

（3）设置图层　设置图层时要考虑国标对技术制图所用的图线名称、形式、结构、标记及画法规则等的规定要求，同时也要结合实际情况。

（4）设置文字样式　AutoCAD 2014提供了符合国家制图标注的长仿宋大字体“gbcbig.shx”，以及符合国家制图标准的两种英文字体“gbenor.shx”（用于标注正体）和“gbeitc.shx”（用于标注斜体）。

（5）设置标注样式　建立符合国家制图标准的标注样式，包括建立专门用于角度标注、半径标注和直径标注的子样式。

（6）绘制图框和标题栏　绘制符合标准的图框和标题栏。

2.4.2 创建样板图

以图2-8所示的“A4-横向”样板图为例，创建样板图。

操作步骤如下：

1）单击“新建”按钮，打开“创建新图形”对话框，单击对话框中的“默认设置”

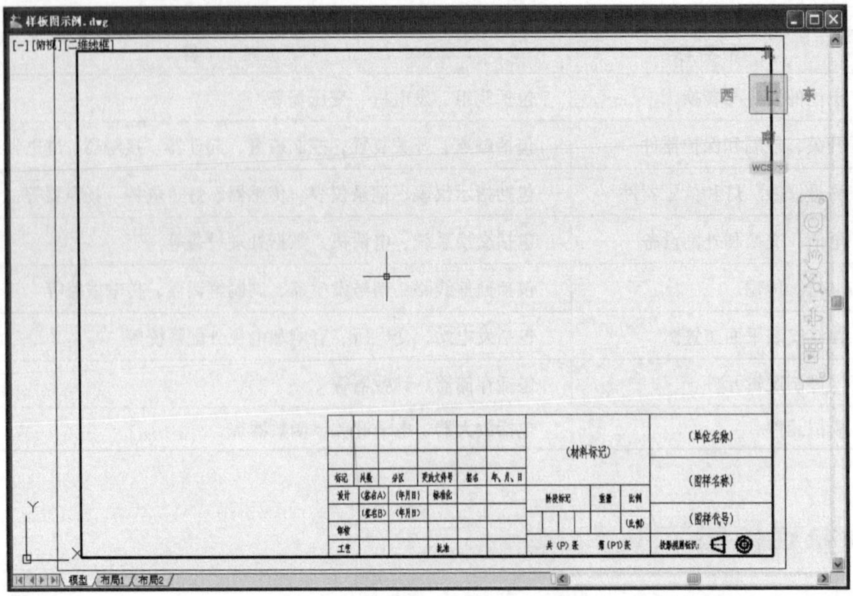

图 2-8　“A4-横向”样板图

按钮，然后单击“确定”按钮，进入绘图状态。

2）选择“格式”/“单位”命令，打开“图形单位”对话框，设置长度类型为小数，精度为小数点后两位；角度类型为十进制度数，精度为整数；单位为毫米，如图 2-9 所示。

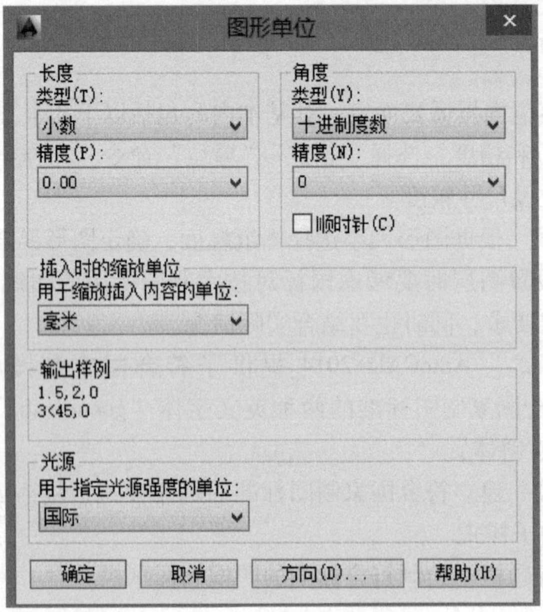

图 2-9　“图形单位”对话框

3）选择“格式”/“图层”命令，打开“图层特性管理器”对话框，按表 2-10 的要求创建图层。

表 2-10　设置图层属性

图层名称	线型名称	线宽/mm	参考颜色
粗实线	Continuous（实线）	0.3	黑色/白色
细实线	Continuous（实线）	0.15	黑色/白色
波浪线	Continuous（实线）	0.15	青色
中心线	CENTER（中心线）	0.15	红色
细虚线	ACAD_ISO02W100（虚线）	0.15	绿色
标注及剖面线	Continuous（实线）	0.15	红色
细双点画线	ACAD_ISO05W100（双点画线）	0.15	黄色

4）选择“格式”/“文字样式”命令，打开“文字样式”对话框，创建“国标文字-3.5”和“国标-5”两种文字样式，SHX 字体为“gbenor.shx”，大字体为“gbcbig.shx”，文字高度分别是 3.5mm 和 5mm，如图 2-10 所示。

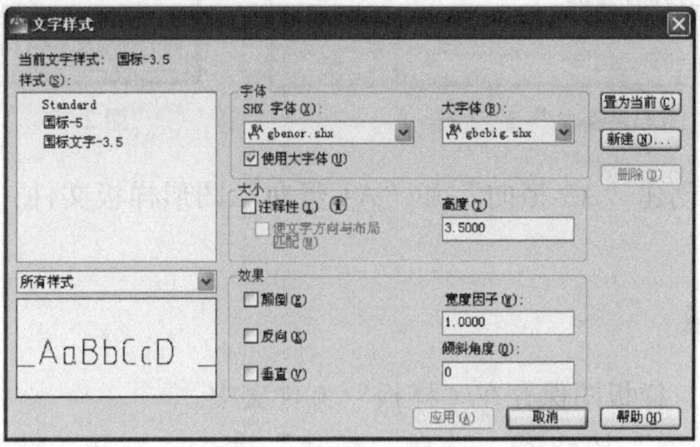

图 2-10　设置“文字样式”

5）选择“格式”/“标注样式”命令，打开“标注样式管理器”对话框，创建“TSM-3.5”和“TSM-5”两种标注样式，建立专门用于半径标注、角度标注和直径标注的子样式，如图 2-11 所示。

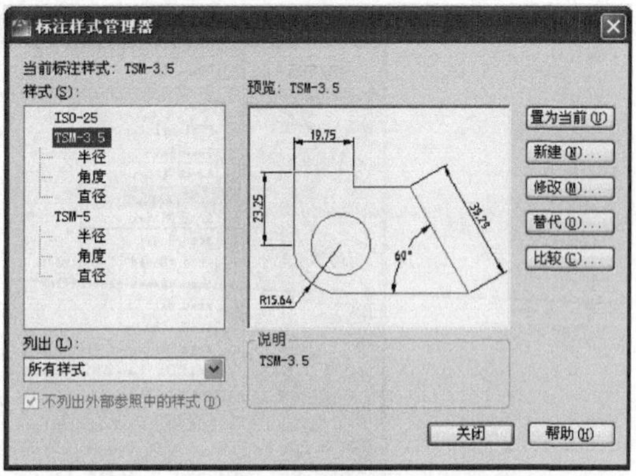

图 2-11　设置“标注样式管理器”

6）绘制图框线和标题栏，图纸为横向放置，不需要装订，详细数据参见 2.2.1 电气设计图框线格式。

7）选择“格式”/“图像界限”命令，命令提示如下：

命令：limits
重新设置模型空间界限：
指定左下角点或［开(ON)/关(OFF)］<0.0000,0.0000>:↙
指定右上角点 <420.0000,297.0000>: 297,210 ↙
单击“缩放”工具栏“全部缩放”按钮，使样板图布满整个绘图区域。

8）执行“保存”命令，打开“图形另存为”对话框，命名样板文件名为“A4-横向”，如图 2-12 所示。

9）单击“保存”按钮，系统弹出“样板选项”对话框，如图 2-13 所示，填写说明，单击“确定”按钮，样板文件保存成功。

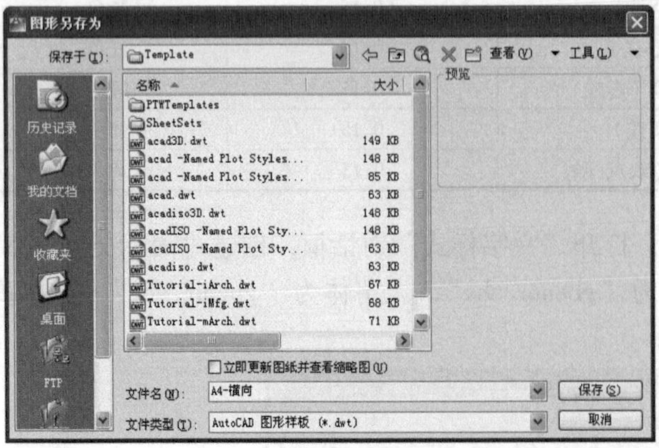

图 2-12 “图形另存为”对话框

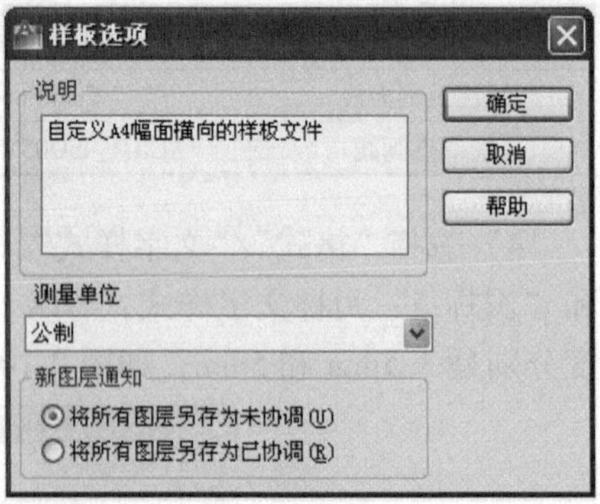

图 2-13 “样板选项”对话框

根据上述操作，创建“A3-横向”和“A4-竖向”图形样板文件，不需装订，请读者自己尝试。

2.4.3 打开样板图

创建了样板图后，样板图保存在“样板”文件夹中。

单击“菜单浏览器”按钮，选择“新建”命令，打开“选择样板”对话框，如图 2-14 所示，创建好的样板文件会显示在对话框中，选择打开即可。

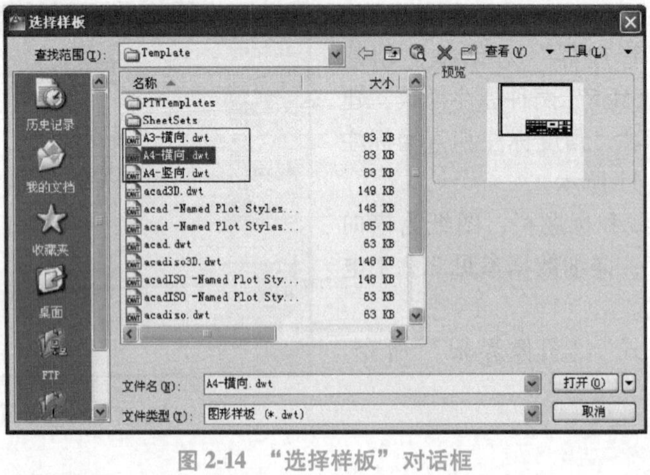

图 2-14 “选择样板”对话框

2.5 文字和标注设置

在 AutoCAD 2014 中，可以设置多种文字样式，以方便各种工程图的注释及标注的需要，文字对象的创建有单行文字和多行文字两种方式。同时 AutoCAD 2014 包含了一套完整的尺寸标注命令和使用程序，可以轻松地完成图形中要求的尺寸标注。

2.5.1　文字样式的设置

在 AutoCAD 2014 中，图形中的所有文字都具有与之相关的文字样式。输入文字时，系统使用当前的文字样式来创建文字，该样式可设置字体、大小、倾斜角度、方向和文字特征。如果需要使用其他文字样式来创建文字，可以将其他文字样式置于当前。

启动新建文字样式的方式如图 2-15 所示。

按图 2-15 所示方法打开“文字样式”对话框，单击“新建”按钮，打开“新建文字样式”对话框，在“样式名”编辑框中输入文字样式名称，然后单击“确定”按钮，即可新建文字样式，如图 2-16 所示。

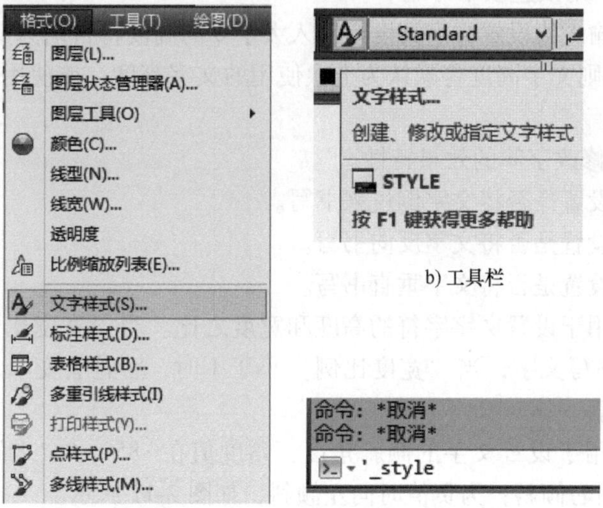

b) 工具栏

a) 菜单栏　　c) 命令行

图 2-15　启动新建文字样式

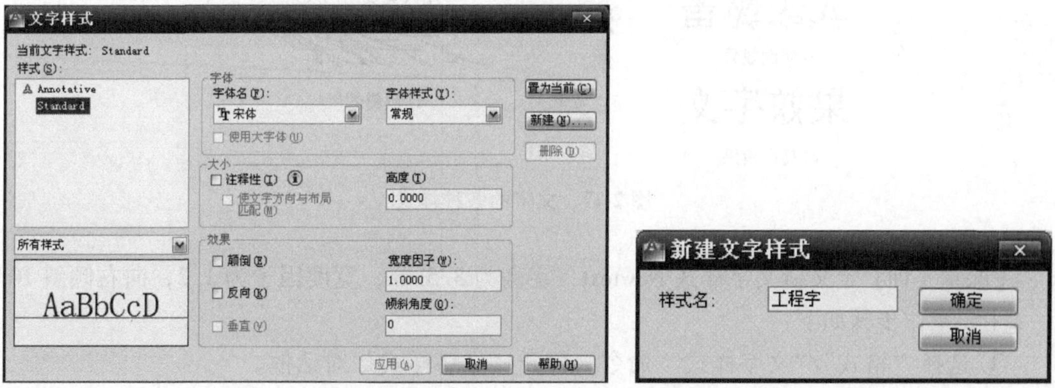

图 2-16　“文字样式”和“新建文字样式”对话框

在默认情况下，文字样式为 Standard，字体为宋体，高度为 0，宽度因子为 1。用户可以创建一个新的文字样式或修改文字样式，以满足绘图要求。

在“文字样式”对话框中，各主要选项具体说明如下：

1）样式：显示图形中的样式列表。列表包括已定义的样式名并默认显示当前样式。

2）字体：“字体”选项组用于更改样式的字体。

注　意　样式字体的设置

如果更改现有文字样式的方向或字体文字，当图形重新生成时，所有具有该样式的文字对象都将使用新值。

3）大小：设置文字的大小。

① 注释性：指定文字为注释性。

② 使文字方向与布局匹配：指定图纸空间视口中的文字方向与布局方向匹配。如果未选“注释性”选项，则该选项不可用。

③ 高度：根据输入值设置文字高度。输入大于 0 的高度将自动为此样式设置文字高度。如果使用默认值 0，则文字高度将默认为上次使用的文字高度，或使用存储在图形样式文件中的值。

4）效果：用于修改字体的效果特性。

① 颠倒：用于设置是否将文字倒过来书写。

② 反向：用于设置是否将文字反向书写。

③ 垂直：用于设置是否将文字垂直书写。

④ 宽度因子：用于设置文字字符的高度和宽度之比。当“宽度比例”等于 1 时，将按系统定义的高度比书写文字；当“宽度比例”小于 1 时，字符会变窄；当“宽度比例”大于 1 时，字符会变宽。

⑤ 倾斜角度：用于设置文字的倾斜角度，角度值在−85°～85°之间。角度为 0°时不倾斜；角度为正值时向右倾斜；为负值时向左倾斜，如图 2-17 所示。

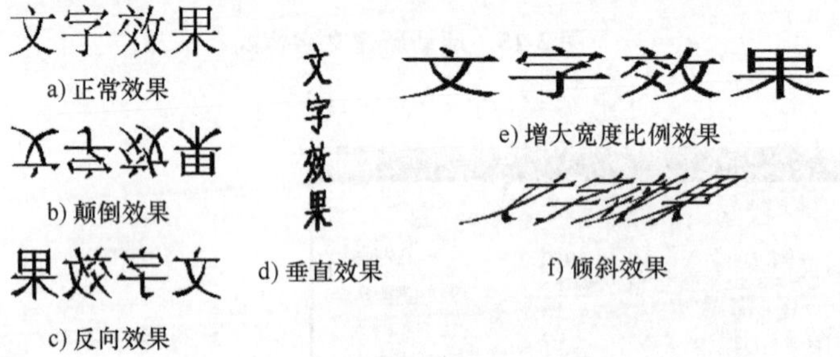

图 2-17　文字的各种样式

【课堂实训】定义新文字样式 Newtext，字高为 3.5mm，宽度因子为 1.2，向右倾斜 10°。

主要操作步骤如下：

① 选择“格式”/“文字样式”命令，打开“文字样式”对话框。

② 单击“新建”按钮，打开“新建文字样式”对话框，在“样式名”文本框中输入“Newtext”，单击“确定”按钮。

③ 在“字体”选项区域中的“SHX 字体”下拉列表中选择 gbenor. shx；勾选“使用大字体”选项框，接着在“大字体”下拉列表中选择 gbcbig. shx。

④ 在“大小”选项组中，设置字体高度为 3. 5mm。

⑤ 在“效果”选项组中，设置倾斜角度为 10°，宽度因子为 1.2，如图 2-18 所示。

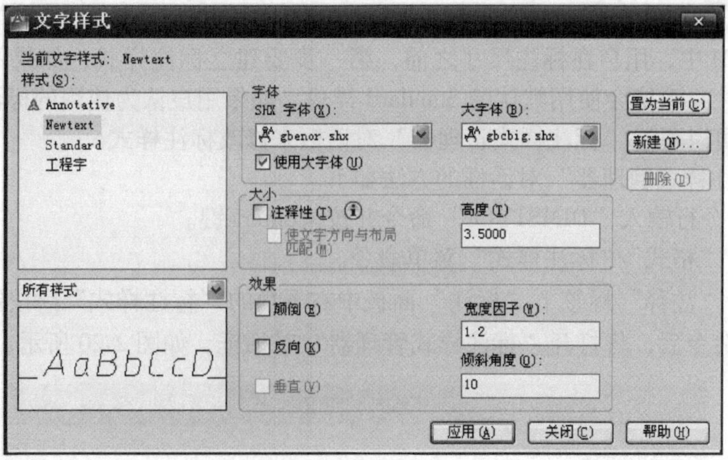

图 2-18　设置文字样式

⑥ 单击“应用”按钮应用该文字样式，将文字样式置为当前，单击“关闭”按钮关闭对话框。

5）修改文字样式　修改文字样式也是在“文字样式”对话框中进行的，其过程和创建文字样式类似。可以修改文字样式的名称、字体名、大小以及其他设置。

打开“文字样式”对话框，右击“工程字”，在弹出的快捷菜单中选择“重命名”选项，修改名称为“修改工程字”，如图 2-19 所示。

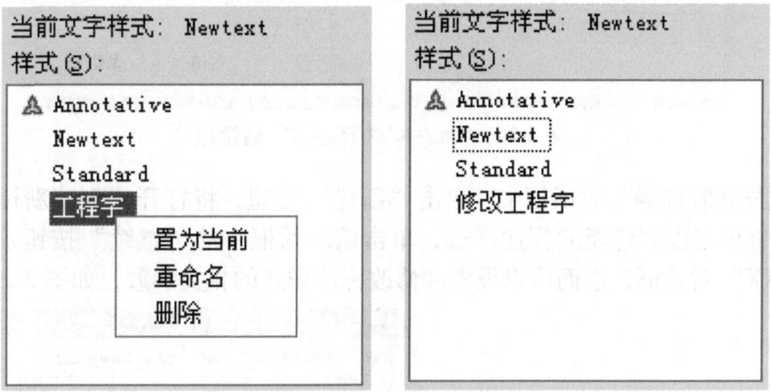

图 2-19　修改文字样式

也可修改样式的字体名、大小、效果等选项。修改完成后，单击“应用”按钮即可。

修改文字样式时，用户需要注意以下几点：

① 修改完成时，单击“应用”按钮，则修改生效，AutoCAD 立即更新图样中与此文件样式关联的文字。

② 当修改文字的“颠倒”“反向”“垂直”特性时，将改变单行文字的外观。而修改文字高度、宽度因子以及倾斜角度时，则不会引起已有单行文字外观的改变，但将影响此后创建的文字对象。

③ 对于多行文字，只有“垂直”“宽度因子”和“倾斜角度”选项才影响已有多行文字的外观。

2.5.2 标注样式的设置

在 AutoCAD 中，用户在标注尺寸之前，第一步要建立标注样式，如果不建立标注样式而直接进行标注，系统会使用默认的 Standard 样式。如果用户认为使用的标注样式对某些设置不合适，也可以通过“标注样式管理器”对话框来修改标注样式。

启动“标注样式管理器”对话框的方法如下。

方法 01 在命令行输入“DIMSTYLE”命令并按 <Enter>键。

方法 02 执行“格式”/“标注样式”菜单命令。

方法 03 单击“注释”标签下“标注”面板中右下角的“标注样式”按钮。

执行上述命令后，将打开“标注样式管理器”对话框，如图 2-20 所示。

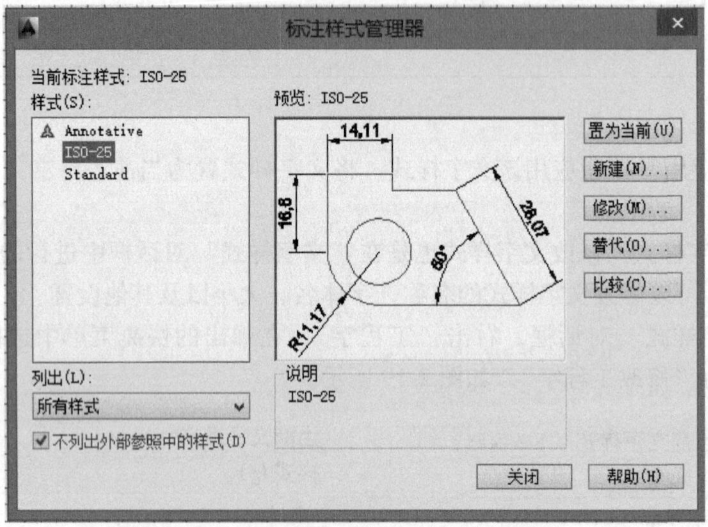

图 2-20 “标注样式管理器”对话框

在“标注样式管理器”对话框中，单击“新建”按钮，将打开“创建新标注样式”对话框，在该对话框中可以创建新的标注样式，单击该对话框中的“继续”按钮，将打开“新建标注样式：XXX”对话框，进而可以设置和修改标注样式的相关参数，如图 2-21 所示。

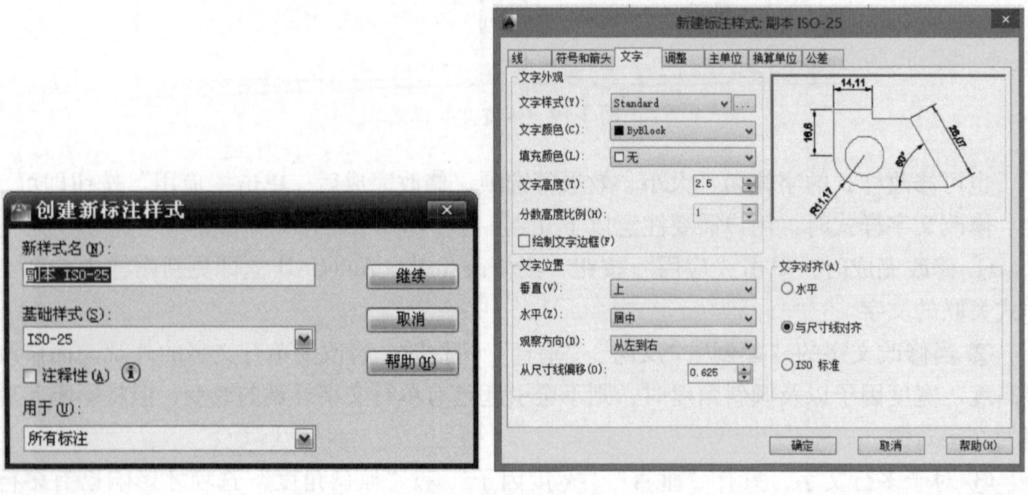

图 2-21 创建新标注样式

当标注样式创建完成后，在“标注样式管理器”对话框中，单击“修改”按钮，将打开“修改标注样式：XXX”对话框，从中可以修改标注样式。对话框选项与“新建标注样式：XXX”对话框中的选项相同。

2.6 图形的输出

2.6.1 模型空间与布局空间

在 AutoCAD 中有模型空间和布局空间（图纸空间）。模型空间是绘图和设计的工作空间。在模型空间中，可以建立模型、完成二维或者三维图形对象的修改、创建多个不重叠的视口，以展示图形的不同视图。

布局空间用于设置在模型空间中绘制图形的不同视图、创建图形最终打印输出时的布局。布局空间可以完全模拟图纸布局，在图形输出之前，先在图纸上布局。设置了布局之后，就可以为布局的页面设置指定各种设置，其中包括打印设备设置、其他影响输出的外观和格式的设置。页面设置中指定的各种设置和布局一起存储在图形文件中，可以随时修改页面设置中的设置。

绘图窗口底部有模型标签和布局标签 模型 / 布局1 / 布局2 ，模型代表模型空间，布局代表布局空间（图纸空间）。单击这两个标签可在这两个空间间进行切换。

单击状态栏中的“模型”按钮 模型 ，也可切换模型空间与布局空间。此外，单击状态栏中的“快速查看布局”按钮 ，在弹出的“快速查看布局”浮动选择框（见图 2-22）中单击也可切换模型空间与布局空间。

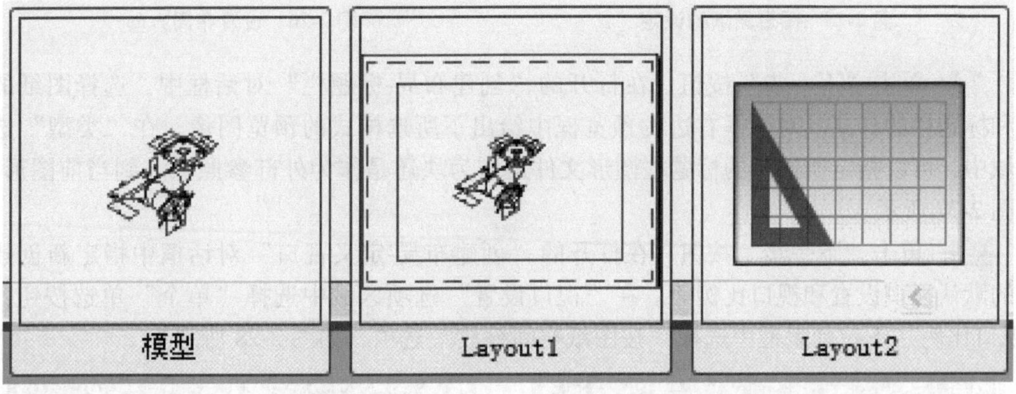

图 2-22 “快速查看布局”的浮动选择框

2.6.2 使用布局向导创建布局

创建布局的步骤如下：

步骤 01 选择“工具”/“向导”/“创建布局”命令，打开“创建布局-开始”对话框，并在“输入新布局的名称”文本框中输入新创建的布局的名称，如 Mylayout，如图 2-23 所示。

步骤 02 单击“下一步”按钮，在打开的“创建布局-打印机”对话框中，选择当前配置的打印机，如图 2-24 所示。

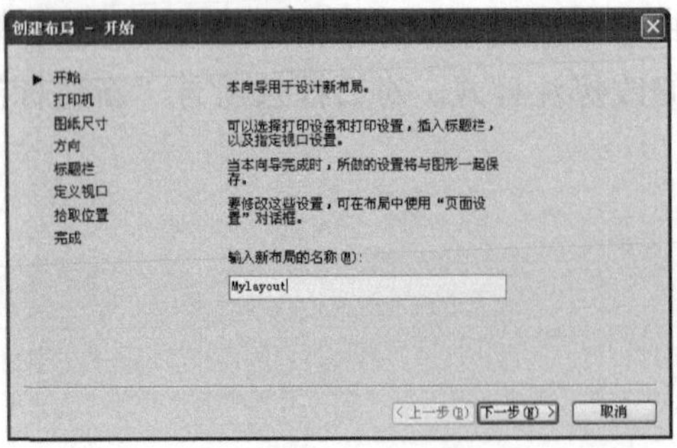

图 2-23　布局的命名

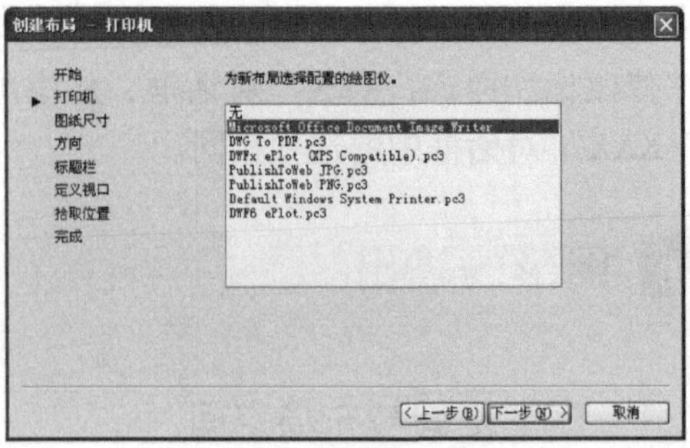

图 2-24　设置打印机

步骤 03 单击“下一步”按钮，在打开的“创建布局-图纸尺寸”对话框中选择打印图纸的大小并选择所用的单位。图形单位可以是毫米、英寸或像素。这里选择绘图单位为毫米，纸张大小为 A4，如图 2-25 所示。

步骤 04 单击“下一步”按钮，在打开的“创建布局-方向”对话框中设置打印的方向，可以是横向打印，也可以是纵向打印，这里选择“横向”单选按钮，如图 2-26 所示。

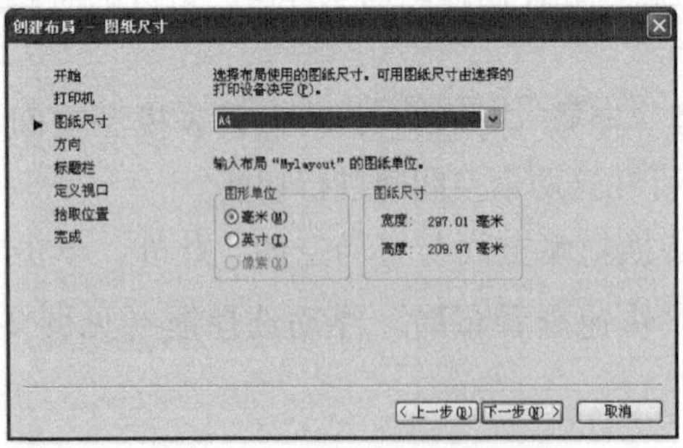

图 2-25　图形图纸的设定

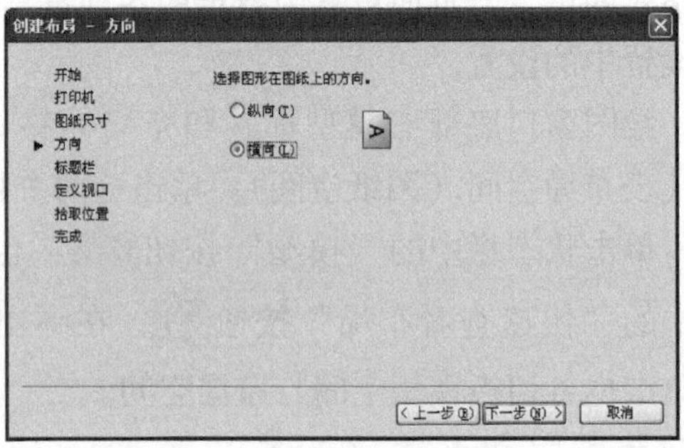

图 2-26　设置布局方向

步骤 05 单击“下一步”按钮，在打开的“创建布局-标题栏”对话框中，选择图纸的边框和标题栏的样式。对话框右边的预览框中给出了所选样式的预览图像。在“类型”选项区域中，可以指定所选择的标题栏图形文件是作为块还是作为外部参照插入到当前图形中，如图 2-27 所示。

步骤 06 单击“下一步”按钮，在打开的“创建布局-定义视口”对话框中指定新创建布局的默认视口设置和视口比例等。在“视口设置”选项区域中选择“单个”单选按钮，在“视口比例”下拉列表框中选择“按图纸空间缩放”选项，如图 2-28 所示。

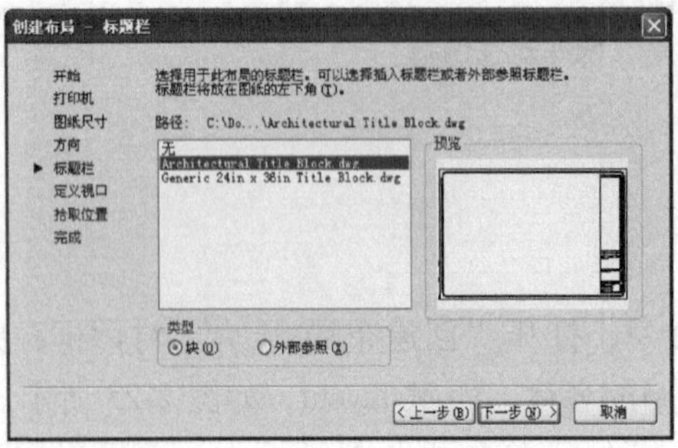

图 2-27　创建布局-标题栏

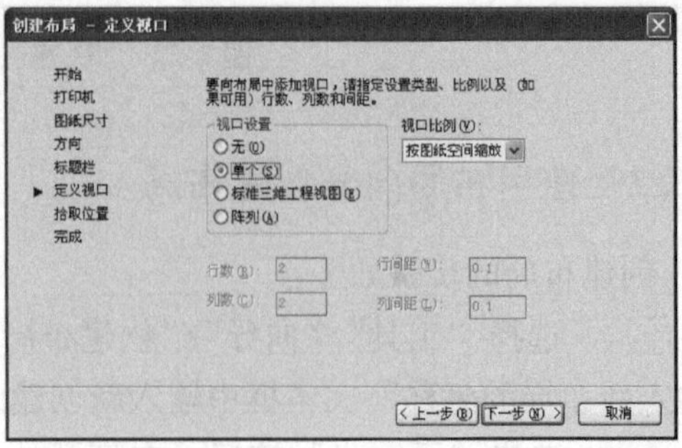

图 2-28　创建布局-定义视口

步骤 07 单击“下一步”按钮，在打开的“创建布局-拾取位置”对话框中，单击“选择位置”按钮，切换到绘图窗口，并指定视口的大小和位置。

步骤 08 单击“下一步”按钮，在打开的“创建布局-完成”对话框中，单击“完成”按钮，完成新布局及默认的视口创建。

也可以使用 LAYOUT 命令，以多种方式创建新布局，例如，可以从已有的模板开始创建，也可以从已有的布局创建或直接从头开始创建。这些方式分别对应 LAYOUT 命令的相应选项。另外，用户还可用 LAYOUT 命令来管理已创建的布局，如删除、改名、保存以及设置等。

2.6.3　模型空间打印图形

当图形绘制完成时，可以直接在模型空间中进行打印。

单击“菜单浏览器”按钮，选择“打印”命令。执行命令，系统将弹出如图 2-29 所示的对话框，打印参数设置如图所示。

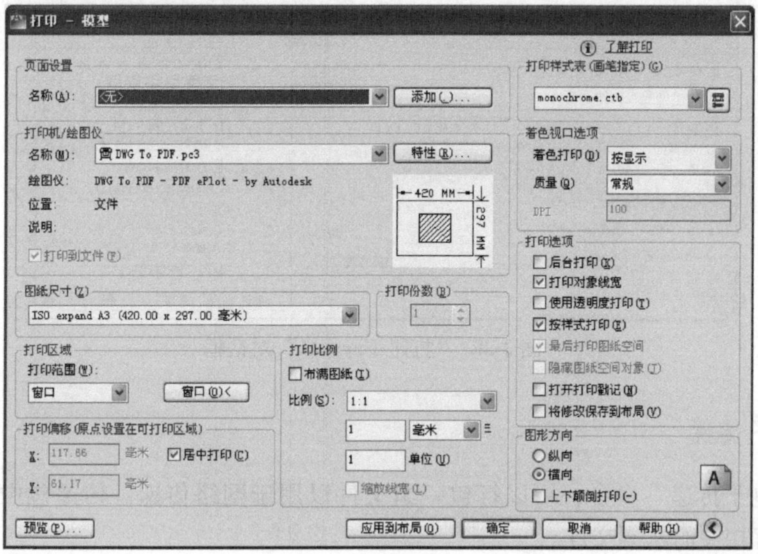

图 2-29　“打印-模型”对话框

注　意　添加页面设置

单击“页面设置”选项组中的“添加”按钮，将弹出“添加页面设置”对话框，命名并保存设置，以后打印的时候就可以在“名称”下拉列表中选择调用，这样就不需要每次打印都进行设置了。

在模型空间打印图形虽然比较简单，但是却有很多局限。

1）虽然可以让页面设置保存起来，但是和图纸并无关联，每次打印都需要进行各项参数设置或者调用页面设置。

2）仅适合打印二维图形。

3）不支持多比例视图，依赖视图的图层设置。

4）如果进行 1∶1 打印图形，缩放标注、注释文字、标题栏和线型的比例需要重新计算。

2.6.4　布局空间打印图形

在布局空间中打印比模型空间要方便许多，因为布局空间实际上可视为是一个打印排版，在创建布局空间时，很多打印需要设置的参数都已经预先设定了，在打印时不需要再进行设置了。

在布局空间打印图形的命令和模型空间一样，只需把工作空间切换到布局空间即可。

单击“菜单浏览器”按钮，选择“打印”命令，系统将弹出如图 2-30 所示的对话框，在该对话框中可设置打印参数。

图 2-30　“打印-Layout1”对话框

2.6.5　电子传递

使用“电子传递”命令，可以打包一组文件以用于网络传递。传递包中的图形文件会自动包含所有相关的从属文件。

电子传递命令的执行方式如下：

单击“菜单浏览器”按钮，选择“发布”/“电子传递”命令。执行命令，系统弹出如图 2-31 所示的对话框，可以选择“添加文件”按钮继续添加文件，可以在传递说明中填写说明。

单击“确定”按钮，弹出“指定 Zip 文件”对话框，如图 2-32 所示，在其中设置文件名和保存路径，单击“保存”按钮完成电子传递的操作。

将图形文件发送给其他人时，经常会忽略包含的相关从属文件（如外部参照文件和

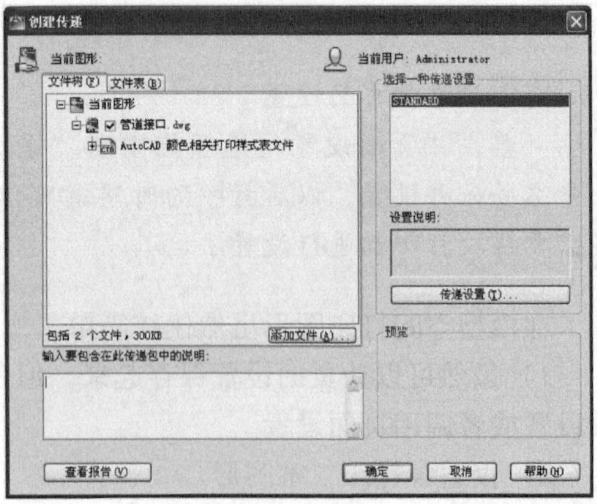

图 2-31　“创建传递”对话框

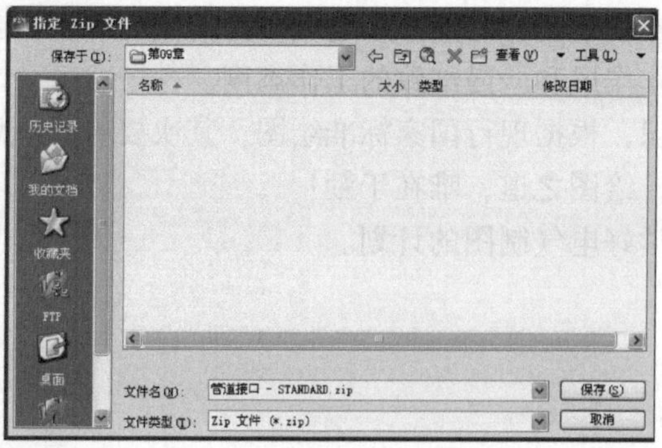

图 2-32 “指定 Zip 文件”对话框

字体文件)，在某些情况下，收件人会因为没有包含的这些文件而无法使用图形。电子传递打包的一组文件会将属性一并打包，避免上述情况的发生。

2.7 实例演练：绘制标题栏

标题栏如图 2-33 所示。操作提示：

1）利用直线命令绘制。

2）输入文字。

3）线性标注。

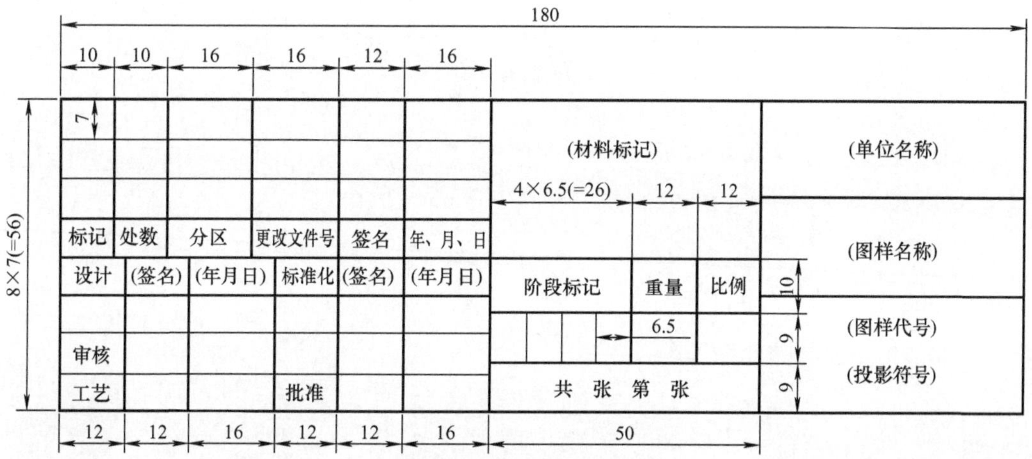

图 2-33 绘制标题栏

【拓展活动】

“AutoCAD 电气工程制图”是一门实践性较强的专业基础课，可以为后续课程的学习及将来的工作打下良好的基础。本课程除要培养学生正确运用相关的制图规范、标准和方法，分析、表达电气工程图样，绘制和阅读常用电气图样的能力外，还要培养学生勤奋努力的学习态度、认真踏实的工作作风和严谨细致的工作态度。

首先要树立规范意识，根据现行国家标准绘图；其次要有系统思维，捋清绘图思路；最后要有坚韧不拔的毅力，绘图之道，唯在于勤！

请大家谈谈并写出学好电气制图的计划。

第3章 常用电气元器件的绘制和编辑

本章概述

无论多么复杂的图形，都是由简单图形经过一定的组合并加以编辑而形成的，熟练掌握基本图形的绘制技巧，是灵活、精确、高效地绘制图形的基础。本章主要讲解了电阻、电容、电感等常用电气元器件的绘制方法。通过这些基本元器件的绘制，了解常用电气元器件在电气设计中的应用及表示方法，熟练使用“绘图”工具栏中的命令，准确地绘制出直线、圆、圆弧和正多边形等简单的二维图形，以及使用“修改”工具栏进行移动、旋转、复制、镜像等操作，从而保证绘图的准确性，简化绘图操作

本章内容

- 电阻、电容和电感的绘制
- 图块
- “绘图”工具栏
  - ◇ 直线、矩形、多边形、圆和圆弧等
- “修改”工具栏
  - ◇ 复制、修剪、镜像、矩阵等
- 实例演练
  - ◇ 半导体器件、开关、信号器件、测量仪表和常用电器的绘制
  - ◇ 表格、点、图案填充与编辑

3.1 电阻、电容和电感的绘制

电阻、电容和电感都是无源元件，无源元件对流经的电流信号不进行任何的运算处理，只是将信号强度放大或单纯地让电流信号通过而已。这类元件是被动元件，是电路组成的基础，在电气设计中尤为重要。

3.1.1 电阻

电阻属于耗能元件，电流流经它能产生内能。电阻值的大小可以用来衡量导体对电流阻

碍作用的强弱，即导电性能的好坏，导体的电阻值越大，就表示导体对电流的阻碍作用越大，电阻值与导体的材料、形状、体积以及周围环境等因素有关。

电阻符号是由一个矩形对象和两段直线组成的，绘制的操作步骤如下：

步骤 01 正常启动 AutoCAD 2014 软件，系统自动创建一个空白文件，在快速访问工具栏上执行"保存" 🖫 菜单命令，将其保存为"案例 CAD \ 03 \ 电阻 . dwg 文件"。

步骤 02 在"图层"工具栏的"图层控制"下拉列表框中选择图层"0"作为当前图层，如图 3-1 所示。

状	名称	开.	冻结	锁...	颜色	线型	线宽	透明度	打印...	打.	新.	说明
✔	0	♀	☼	⌂	■ 白	CONTI...	—— 默认	0	Color_7	🖶	⧉	

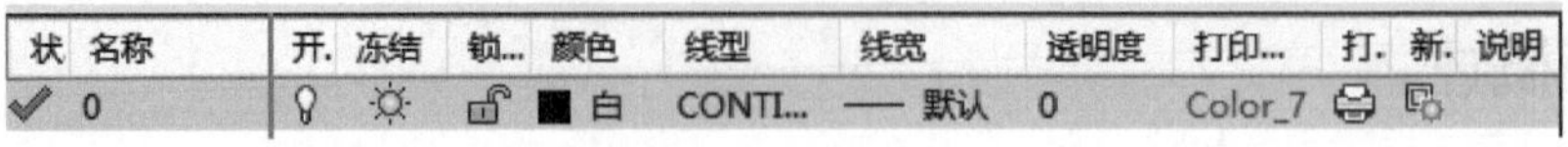

图 3-1　设置当前图层

技巧提示　**图层**

注意：在进入 AutoCAD 2014 绘图环境之后，其默认的图层是"0"层，很多用户喜欢在"0"层上画图，这样做是绝对不可取的。因为"0"层是用来定义块的，不可以用来画图。定义块时，先将所有图元均设置为"0"层（特殊时除外），然后再定义块，这样在插入块时，插入的是哪个层，块就是那个层了，其特性都是当前插入层的设置。由于在本章中所有绘制的元器件图都将作为块使用，所以应在"0"层中来绘制。在本章后面的图形绘制中，都是在"0"层中进行绘制，以后就不再提醒读者了。

步骤 03 打开"正交"模式 ∟，执行"矩形"命令（REC），根据命令提示选择"尺寸（D）"选项，在视图中指定任意一点作为矩形的第一角点，绘制 30mm×10mm 矩形，如图 3-2 所示。

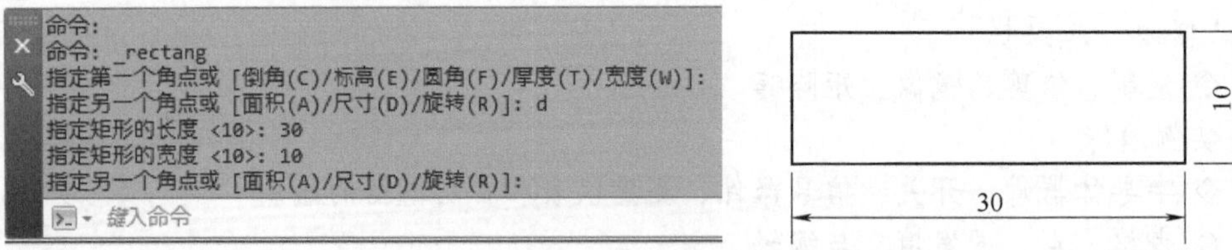

图 3-2　绘制矩形

技巧提示　**捕捉功能**

（1）捕捉功能设置　用户在捕捉对象时，应首先设置捕捉功能，输入 SE 命令，即可弹出"草图设置"对话框，自动切换到"对象捕捉"选项卡，勾选"启用对象捕捉"复选框，在对象捕捉模式下勾选相应的特征点，单击"确定"按钮来设置，如图 3-3a 所示。

（2）使用<Shift>键帮助抓取对象捕捉点　AutoCAD 中的对象捕捉功能可以帮助我们精确画图，但是对象捕捉的设置经常让人感觉有些麻烦，设置的对象捕捉点太少，我们需要抓的点找不到，设置的太多又有可能因为多个捕捉点间距太近容易抓错点，改来改去非常麻烦。试一试在需要抓取对象捕捉点的时候用<Shift>加右击，弹出如图 3-3b 所示的快捷菜单，在菜单中选取需要抓取的对象捕捉点。

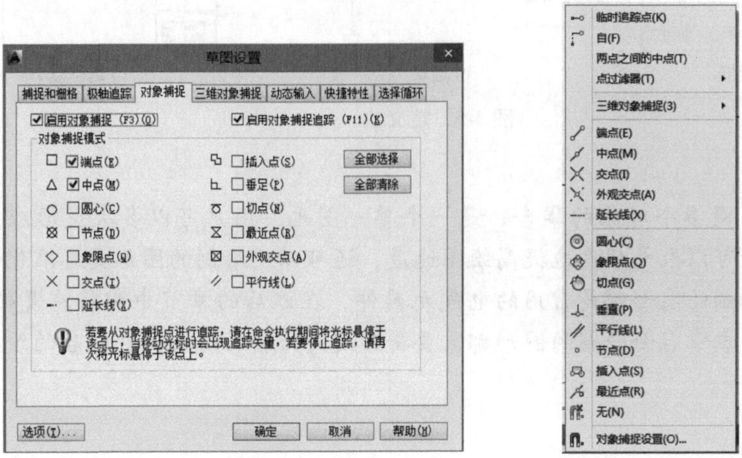

a) 对象捕捉模式　　　　b) 使用<Shift>键抓取对象捕捉点

图 3-3　捕捉功能设置

步骤 04 打开对象捕捉功能，正交功能在步骤 03 已经打开，执行“直线”命令（L），或单击，捕捉矩形左右两侧垂直边的中点，如图 3-4a 所示，分别向外绘制两条长度为 10mm 的水平直线，最终结果如图 3-4b 所示。

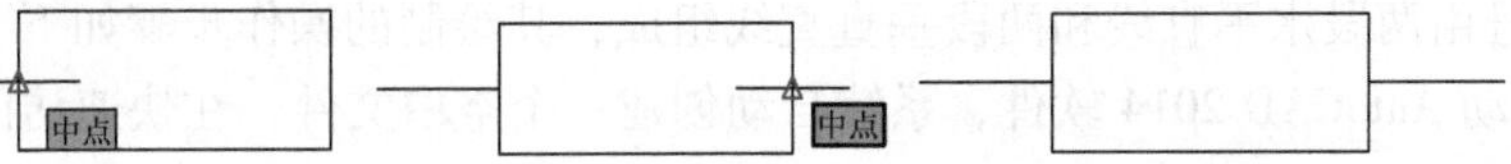

a) 捕捉垂直边的中点　　　　b) 最终结果

图 3-4　绘制直线

步骤 05 定义块。

1）执行“绘图”/“块”/“创建”菜单命令，或在命令行中输入“写块”命令（W），弹出“写块”对话框，如图 3-5a 所示。

2）单击“写块”对话框中的“选择对象”按钮，选择绘制的整个电阻符号作为块对象，如图 3-5b 所示。

3）再单击“写块”对话框中的“拾取点”按钮，捕捉左侧直线段的端点作为基点，如图 3-5c 所示。

4）在“文件名和路径”文本框中输入“案例 CAD \ 03 \ 电阻 . dwg 文件”，然后单击“确定”按钮。

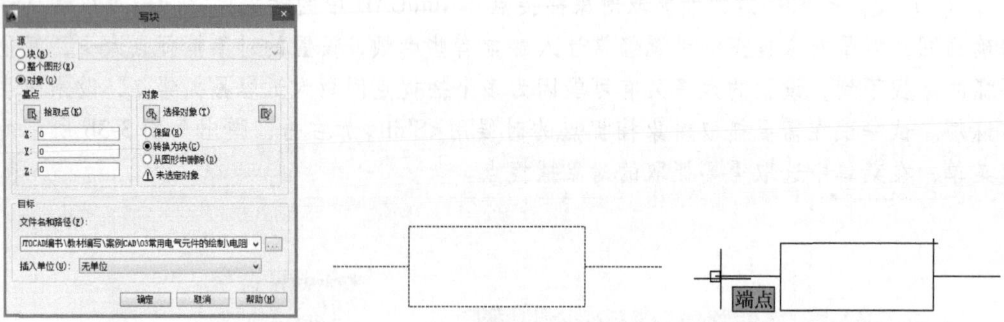

a)“写块”对话框　　b) 选块　　c) 选基点

图 3-5　定义块

注　意　“图块”是多个对象的集合，是一个单一图元，用户可以多次灵活应用此单一图元，这样不仅可以很大程度地提高绘图速度，还可以使绘制的图形更标准化和规范化。由于本章所绘制的图形都是常用的电气元器件，在以后的章节中都将重复使用到，为方便以后绘图，本章后面绘制的图形都需要将其定义为块的形式，在以后的绘图中不再提醒读者。

3.1.2　电容

电容器简称为电容，用字母 C 表示，电容图形符号如图 3-6 所示，基本单位为法拉（F）。电容是电子设备中经常使用的电子元件，广泛应用于电路中的隔直通交、耦合、旁路、滤波、调谐回路、能量转换、控制等方面。电容分为容量固定式与容量可变式。常见的容量固定式电容有电解电容和瓷片电容。

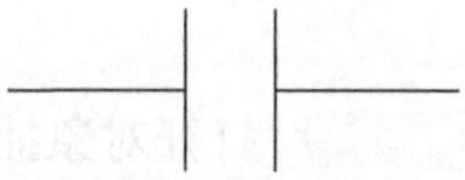

图 3-6　电容图形符号

电容符号由两段水平直线和两段垂直直线组成，其绘制的操作步骤如下：

步骤 01 启动 AutoCAD 2014 软件，系统自动创建一个空白文件，在快速访问工具栏上执行“保存”菜单命令，将其保存为“案例 CAD \ 03 \ 电容 . dwg 文件”。

步骤 02 打开“正交”功能，再打开“动态输入”功能。执行“矩形”命令（REC）或单击，在视图中指定任意一点作为矩形的第一角点，绘制 3mm×8mm 矩形，如图 3-7 所示。

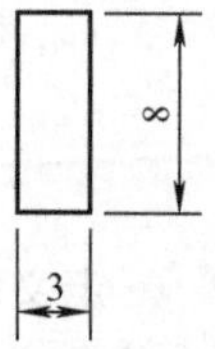

图 3-7　绘制矩形

步骤 03 打开“对象捕捉”功能，执行“直线”命令（L），捕捉左右两侧垂直线段的中点，分别向外绘制两条长度为 6mm 的水平直线，如图 3-8 所示。

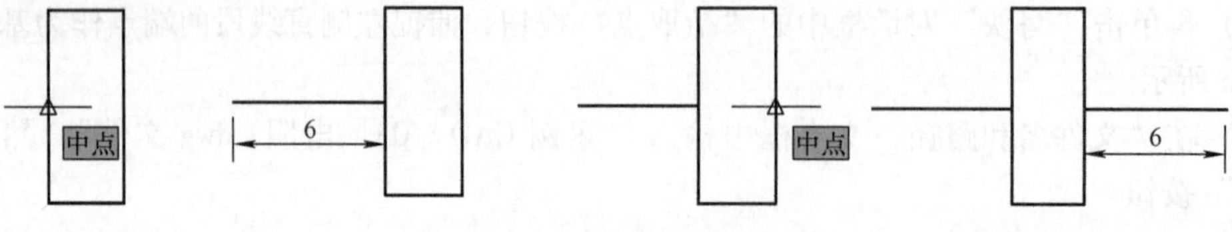

图 3-8　捕捉中点绘制直线

步骤 04 执行“分解”命令（X）或单击，选择矩形，如图 3-9a 所示，按<Enter>键，矩形四个边分解为四条线段如图 3-9b 所示。选择上下水平线，单击删除按钮，最后绘制得到的图形如图 3-6 所示。

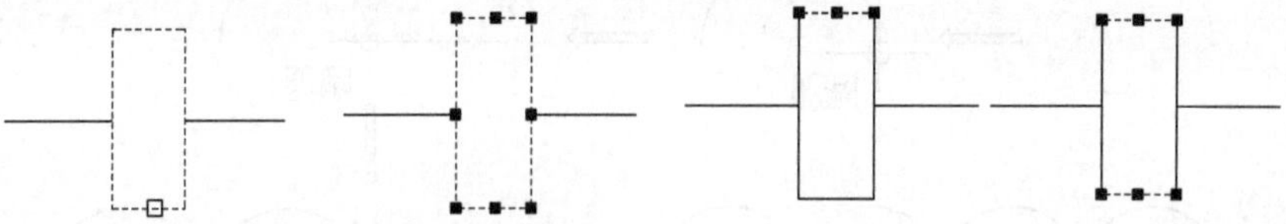

a) 选择矩形　　b) 分解为四条线段　　c) 选择上下边

图 3-9　执行“分解”命令

步骤 05 执行“基点”命令（Base），指定电容符号左侧线段端点为基点，如图 3-10 所示。

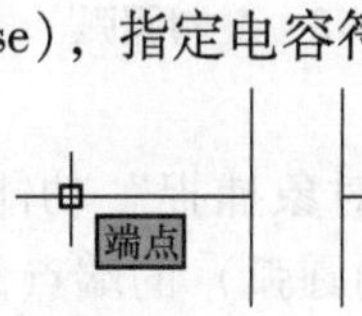

图 3-10　执行“基点”命令

步骤 06 至此电容符号已经绘制完成，单击“保存”按钮保存该文件。

3.1.3　电感

图 3-11　电感图形符号

电感（其图形符号如图 3-11 所示）是一种物理器件，在生活中，应用广泛。它是依据电磁感应原理，由导线绕制而成的，在电路中具有通直流、阻交流的作用。电路符号用 L 表示，主要参数是电感量，单位是亨利，用 H 表示，常用的单位是毫亨（mH）。

电感符号由四个相同大小的圆弧组成，其绘制的操作步骤如下：

步骤 01 打开 AutoCAD 2014 软件，单击按钮，保存该文件为“案例 CAD \ 03 \ 电感 . dwg”文件。

步骤 02 执行“圆弧”命令（A）或单击，绘制半径为 2mm 的圆弧对象，指定夹角为 180°，如图 3-12 所示。

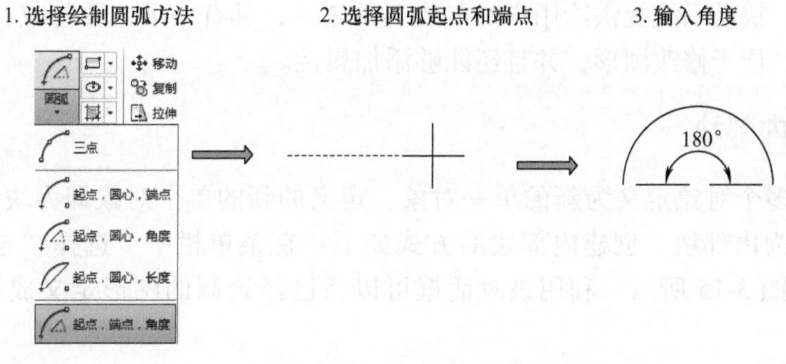

图 3-12　绘制半圆弧

步骤 03 执行“复制”命令（CO）或单击[图标]，将圆弧进行复制，操作过程如图 3-13 所示。

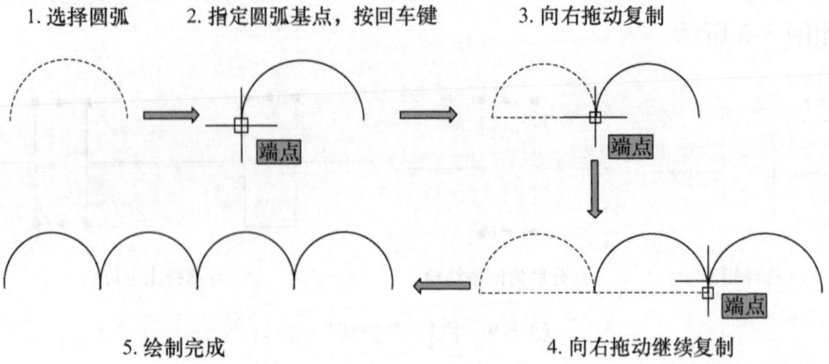

图 3-13　复制圆弧

步骤 04 打开“正交”功能，再打开“对象捕捉”功能，执行“直线”命令（L）。捕捉左右两侧圆弧（图 3-13 第 5 步绘制完成的圆弧）的端点，分别向外绘制两条长为 5mm 的直线。最终结果如图 3-11 所示。

步骤 05 执行“基点”命令（Base），指定电感符号左侧端点为基点，如图 3-14 所示，再按单击“保存”按钮保存该文件。

图 3-14　执行“基点”命令

3.2 图块

3.2.1 功能

块是一个或多个对象组成的对象集合，常用于绘制复杂、重复的图形，一旦一组对象组成块，就可以根据作图需要将对象插入到图形中任意指定位置，而且还可以按不同的比例和旋转角度插入。块是系统提供给用户的重要工具之一，具有以下主要特点：提高绘图速度、节省存储空间、便于修改图形，并且还能够添加属性。

3.2.2 创建内部块

将一个或多个对象定义为新的单一对象，定义的新的单个对象即为块，块保存在图形文件中，故称为内部块。创建内部块的方式如下：在菜单栏中：选择“绘图”/“块”/“创建”命令，如图 3-15 所示。利用该对话框可以将已经绘制的图形定义成块，并可以对其命名。

“块定义”对话框中各选项的功能如下：

1）“名称”文本框：用于输入块的名称，最多可输入 255 个字符。

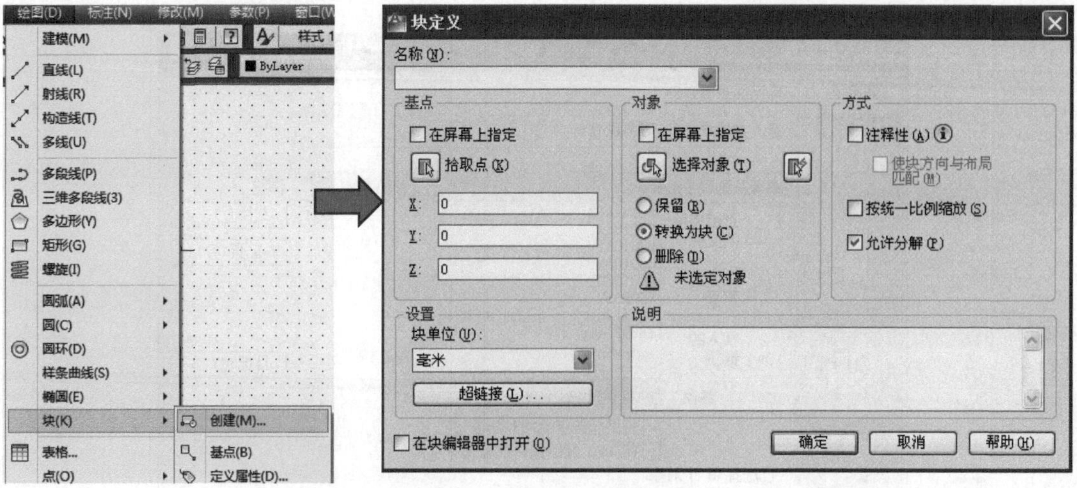

图 3-15　“块定义”对话框

2）“基点”选项组：用于设置块的插入基点位置，该基点也是图形插入过程中进行旋转或调整图形比例大小的基准点。用户可以直接在 X、Y、Z 文本框中输入，也可以单击“拾取点”按钮，切换到绘图窗口中选择基点。从理论上讲，用户可以选择块上的任意一点作为插入基点，但为了作图方便，需根据图形的结构选择基点。一般基点选在块的对称中心、左下角或其他有特征的位置。

3）“对象”选项组：用于设置组成块的对象，包括以下按钮或选项。

①“选择对象”按钮：可以切换到绘图窗口选择组成块的各对象。

②“快速选择”按钮：单击该按钮可以使用弹出的“快速选择”对话框设置所选择对象的过滤条件。

③“保留”单选按钮：用于确定创建块后，在绘图窗口上是否保留组成块的各对象。

④“转换为块”单选按钮：用于确定创建块后是否将组成块的各对象保留并把它们转换为块。

⑤“删除”单选按钮：用于确定创建块后是否删除绘图窗口上组成块的原对象。

4）“方式”选项组：用于设置组成块的对象的显示方式。

5）“块单位”下拉列表框：用于设置在 AutoCAD 设计中心拖动块时的缩放单位。

6）“说明”文本框：用于输入当前块的说明部分。

7）“超链接”按钮：单击该按钮，可打开“超链接”对话框，在该对话框中可以插入超链接文档，如图 3-16 所示。

3.2.3　插入块

将要重复绘制的图形创建成块，并在需要时通过“插入块”命令直接调用，插入到图形中。

单击“绘图”工具栏上的“插入块”按钮。执行命令，打开“插入”对话框来插入块，如图 3-17 所示。使用该对话框，可以在图形中插入块，在插入的同时还可以改变所插入块的比例与旋转角度。

“插入”对话框中各选项的功能如下：

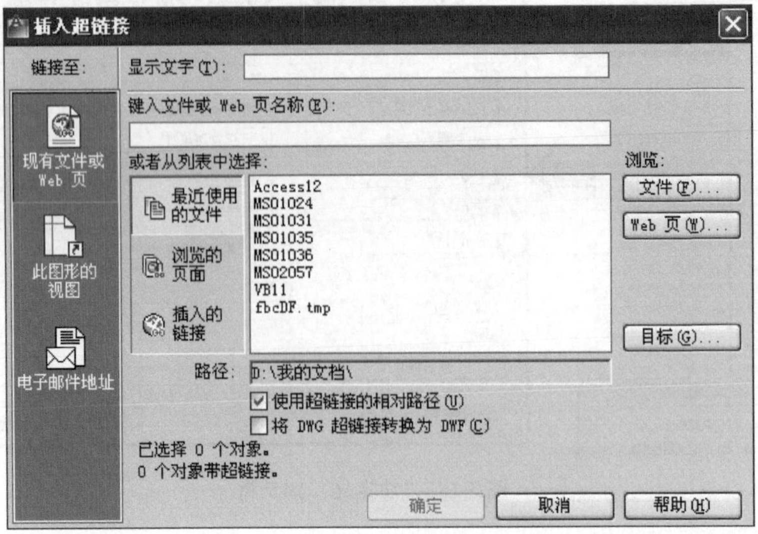

图 3-16 “插入超链接”对话框

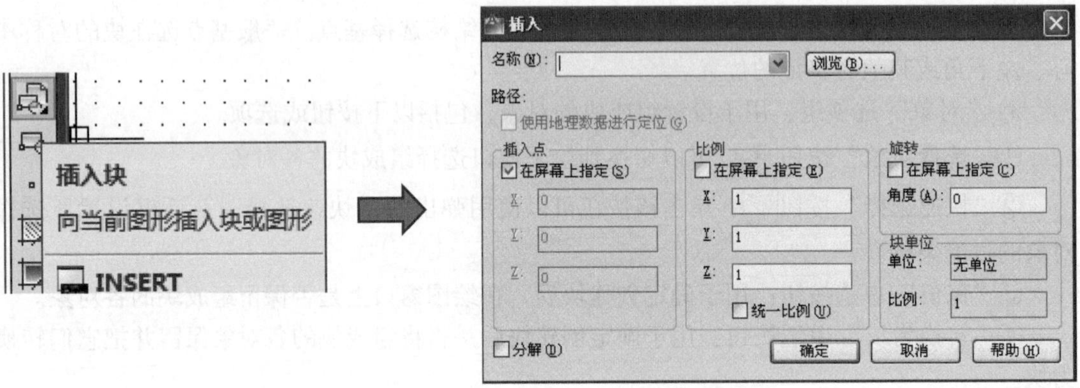

图 3-17 “插入”对话框

1）“名称”下拉列表框：用于选择块或图形的名称。用户可以单击后面的 浏览(B)... 按钮，打开“选择图形文件”对话框，选择保存的块和外部图形。

2）“插入点”选项：用于设置块的插入点位置。用户可以直接在 X、Y、Z 文本框中输入点的坐标，也可以通过选中“在屏幕上指定”复选框，在屏幕上指定插入点的位置。

3）“比例”选项：用于设置块的插入比例。用户可以直接在 X、Y、Z 文本框中输入块在 3 个方向的比例，也可以通过选中“在屏幕上指定”复选框，在屏幕上指定。此外，该选项组中的“统一比例”复选项用于确定所插入块在 X、Y、Z 方向的插入比例是否相同。选中时表示比例将相同，用户只需在 X 文本框中输入比例值即可。

4）“旋转”选项组：用于设置块插入时的旋转角度。用户可以直接在“角度”文本框中输入角度值，也可以选中“在屏幕上指定”复选框，在屏幕上指定旋转角度。

5）“分解”复选框：选中该复选框，可以将插入的块分解成组成块的各基本对象。

3.2.4 存储块

存储块是以类似于块操作的方法组合对象，然后将对象文件输出成一个文件。在命令行中执行“WBLOCK”命令将打开“写块”对话框，如图 3-18 所示。

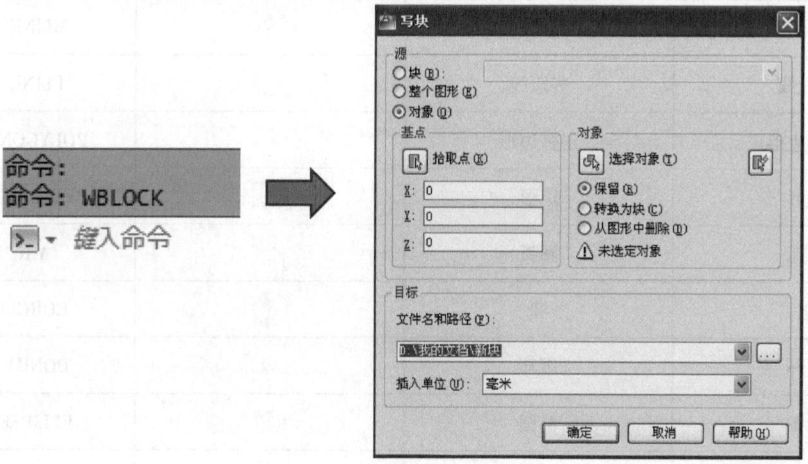

图 3-18　“写块”对话框

“写块”对话框中各选项的功能如下：

1）源：用于确定块的定义范围。

① 块：用于将使用 WBLOCK 命令创建的块写入磁盘，可在其后的下拉列表框中选择块名称。

② 整个图形：用于将全部图形写入磁盘。

③ 对象：用于指定需要写入磁盘的块对象。选择该单选按钮时，用户可以根据需要使用“基点”选项组设置块的插入基点位置，使用“对象”选项组设置组成块的对象。

2）目标：用于确定被定义块的文件名和路径，可以直接输入，也可以在“浏览图形文件”对话框中设置文件的保存位置。

3）插入单位：用于选择在 AutoCAD 设计中心拖动块时的单位。

3.3 二维图形的绘制

在 AutoCAD 2014 中，使用“绘图”菜单里的命令，不仅可以绘制点、直线、圆、圆弧、多边形和圆环等基本二维图形，还可以绘制多线、多段线和样条曲线等高级图形对象。二维图形的绘制是整个 AutoCAD 的绘图基础，只有熟练掌握其绘制方法和技巧，才能更好地绘制出复杂的二维图形。二维图形绘制的常用命令输入方式见表 3-1。

表 3-1　二维图形绘制的常用命令输入方式

二维图形绘制	命令输入方式		
	“绘图”菜单	“绘图”工具栏	命令行
直线	直线		LINE（或 L）
射线	射线		RAY

（续）

二维图形绘制	命令输入方式		
	“绘图”菜单	“绘图”工具栏	命令行
构造线	构造线		XLINE（或 XL）
多线	多线		MLINE（或 ML）
多段线	多段线		PLINE（或 PL）
正多边形	正多边形		POLYGON（或 POL）
矩形	矩形		RECTANG（或 REC）
圆弧	圆弧		ARC（或 A）
圆	圆		CORCLE（或 C）
圆环	圆环		DONUT（或 DO）
椭圆	椭圆		ELLIPSE（或 EL）
样条曲线	样条曲线		SPLINE（或 SPL）
块	块		BLOCK（或 B）
表格	表格		TABLE
点	点		POINT（或 PO）
图案填充	图案填充		HATCH（或 H）

3.3.1 直线

绘制直线必须知道直线的位置和长度，换句话说，只要指定了起点和终点即可绘制一条直线。在 AutoCAD 中绘制的直线实际上是直线段，不同于几何学中的直线。

“直线”命令的启动方法有：菜单栏、工具栏、功能区和命令行 4 种，如图 3-19 所示。

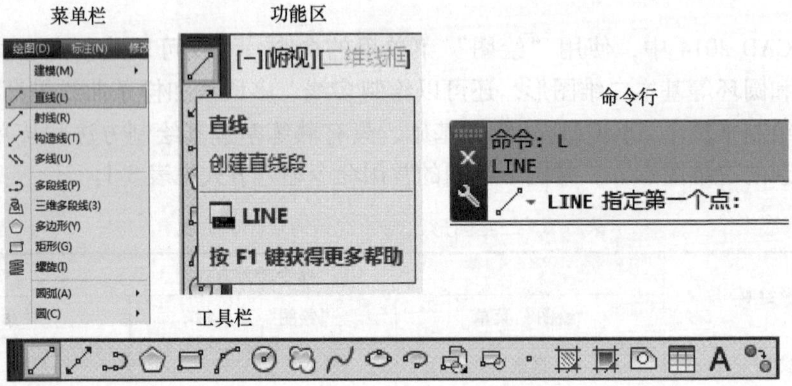

图 3-19 “直线”命令的启动方法

命令提示信息如下：

```
命令_line 指定第一点：                    // 指定直线第一点
指定下一点或[放弃(U)]：                   // 指定直线端点
指定下一点或[放弃(U)]：                   // 指定其他线段的端点
指定下一点或[闭合(C)/放弃(U)]：           // 指定端点、闭合直线或取消上一条直线
```

Auto CAD 用户可以根据自己的喜好选择输入点坐标的方式来确定直线，如图 3-20 所示。最常用的是相对坐标的输入方式。

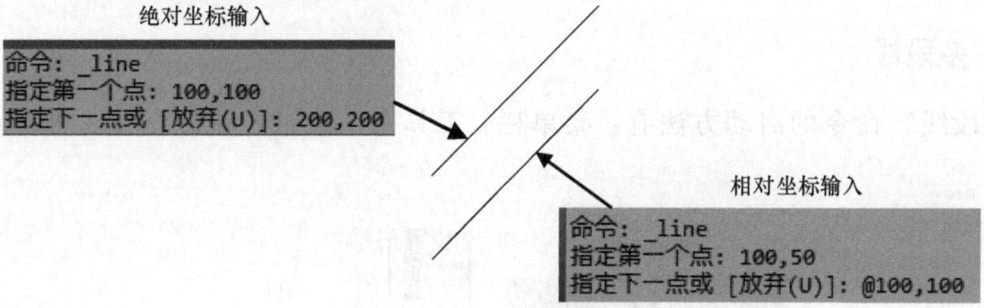

图 3-20　直线坐标的定位

绘制直线时，可以通过捕捉一些特殊点，提高绘图的准确性和效率。直线对象捕捉定位如图 3-21 所示；直线的栅格捕捉定位如图 3-22 所示；直线命令行的相关操作如图 3-23 所示。

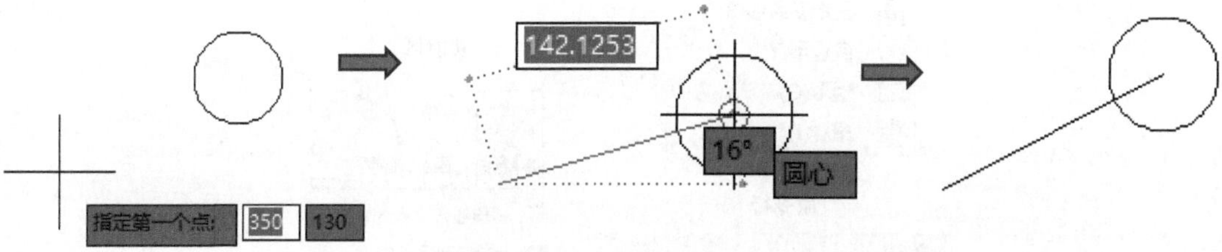

图 3-21　直线的对象捕捉定位

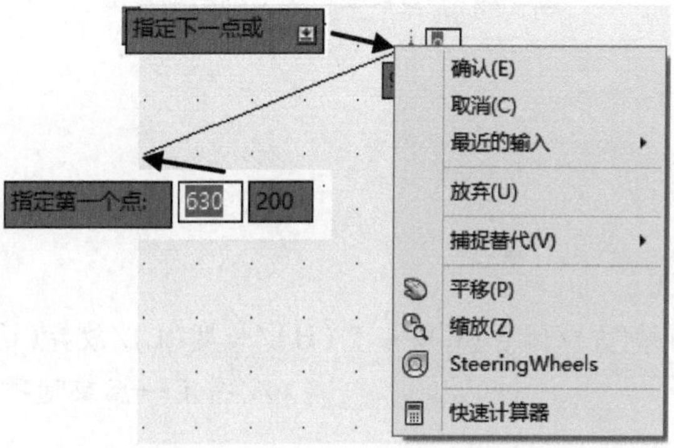

图 3-22　直线的栅格捕捉定位

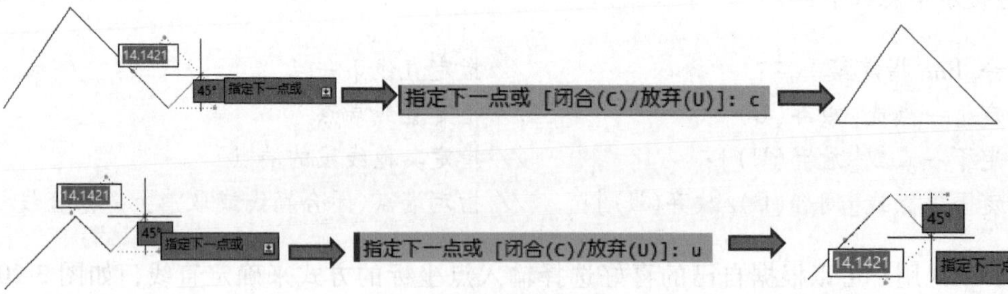

图 3-23　直线命令行的相关操作

3.3.2　多段线

“多段线”命令的启动方法有：菜单栏、工具栏、功能区和命令行 4 种，如图 3-24 所示。

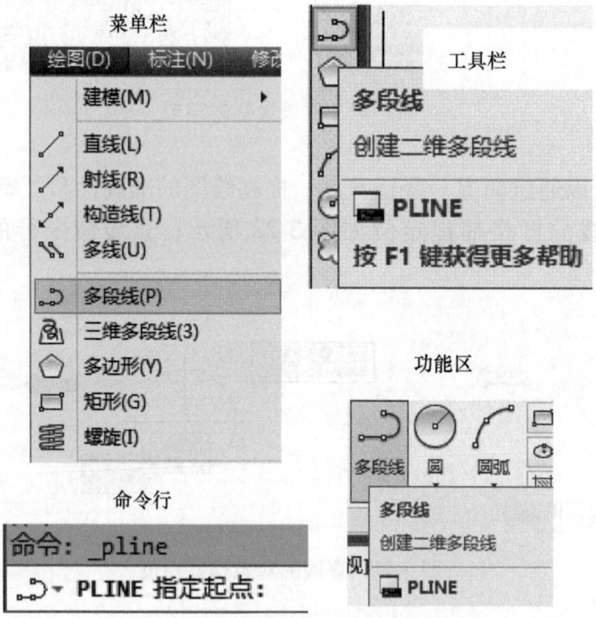

图 3-24　“多段线”命令的启动方法

命令提示信息如下：

命令:_pline
指定起点:
当前线宽为 0.0000
指定下一点或[圆弧(A)/闭合(C)/半宽(H)/长度(L)/放弃(U)/宽度(W)]:
　　　　　　　　　　　　　　　　//指定一点或选项

下面就命令提示做简单说明：

1）指定下一点：以当前线宽按直线方式画多段线。

2）圆弧（A）：选择该项，表示以圆弧的方式来绘制多段线，系统继续提示如下：

```
指定圆弧的端点或[角度(A)/圆心(CE)/闭合(CL)/方向(D)/半宽(H)/直线(L)/半径(R)/第一个点(S)/放弃(U)/宽度(W)]:
```

3）闭合（C）：选择该项，表示封闭多段线，即用一条直线将多段线最后一段的终点和第一段的起点连起来。

4）半宽（H）：以输入实际宽度的一半来确定多段线的宽度。

5）长度（L）：画一条指定长度的直线。当指定长度后，直线将沿上一段线和方向绘制。

6）放弃（U）：取消上一次对多段线的操作。

7）宽度（W）：指定多段线的起点和端点的宽度来绘制多段线。

使用多段线命令绘制箭头，如图 3-25 所示。

图 3-25　多段线命令绘制箭头

以下是绘制箭头的命令执行：

```
命令:_pline
指定起点:                                              //起点是"箭尾"
当前线宽为:0.0000
指定下一点或[圆弧(A)/闭合(C)/半宽(H)/长度(L)/放弃(U)/宽度(W)]:w
指定起点宽度<0.0000>:3                                  //指定"箭尾"和"箭头"之间
                                                          的线段的宽度
指定端点宽度<3.0000>:                                   //这部分是等宽的
指定下一点或[圆弧(A)/闭合(C)/半宽(H)/长度(L)/放弃(U)/宽度(W)]:w
指定起点宽度<3.0000>:6                                  //箭头三角形的"底边"长
指定端点宽度<6.0000>:0                                  // 端点宽度为 0 构成三角形
                                                          的顶点
指定下一点或[圆弧(A)/闭合(C)/半宽(H)/长度(L)/放弃(U)/宽度(W)]:
                                                        //指定箭头顶点的位置
```

除了通过设置宽度（W）参数指定线宽之外，还可以通过设置长度（L）参数指定直线或箭头的长度，读者可以自己绘制。

3.3.3　圆及圆弧

（1）绘制圆　圆命令常用来绘制轴类、盘类、旋转类零件的端面视图，其启动方法如图 3-26 所示。

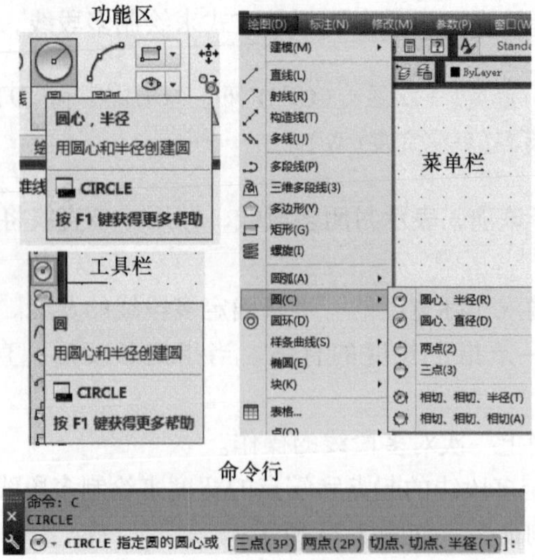

图 3-26　圆命令的启动方法

绘制图命令提示信息如下：

命令：_circle
指定圆的圆心或［三点(3P)/两点(2P)/相切、相切、半径(T)］：
指定圆的半径或［直径(D)］：

该命令提供了以下绘制圆的方式和选项：

1）圆心和半径（或直径）：通过指定圆心位置和圆的半径或直径创建圆。

2）两点：指定两点来定义一条直径创建圆，如图 3-27a 所示。

3）三点：与两点法基本一样，不同的是要指定圆周上的第三点，如图 3-27b 所示。

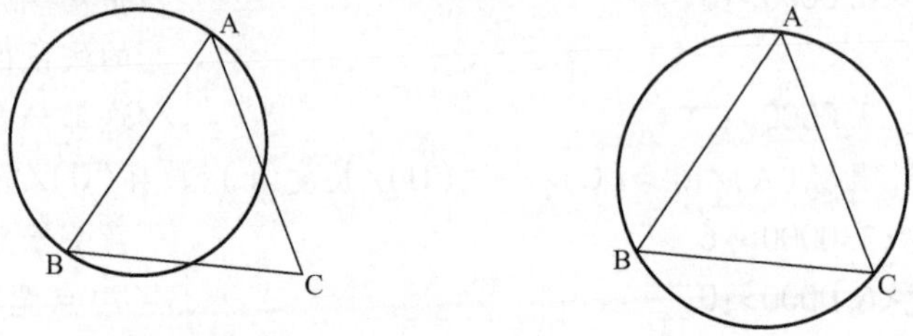

a) 两点法　　b) 三点法

图 3-27　“两点”法和“三点”法绘制圆

4）相切、相切、半径：以指定值为半径，绘制与两个对象相切的圆，如图 3-28 所示。

5）相切、相切、相切：指定与圆相切的三个对象来绘制圆。该方法实际是三点法的具体应用，如图 3-29 所示。

（2）绘制圆弧　创建圆弧的方法有多种。圆弧命令的启动方法和其他常用命令相似，圆弧命令的启动方法如下：菜单栏、工具栏、功

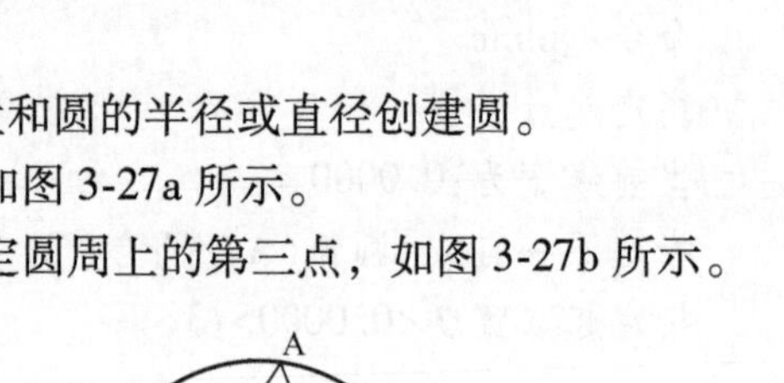

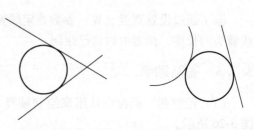

图 3-28　“相切、相切、半径”法绘制圆

能区和命令行等，如图 3-30 所示。

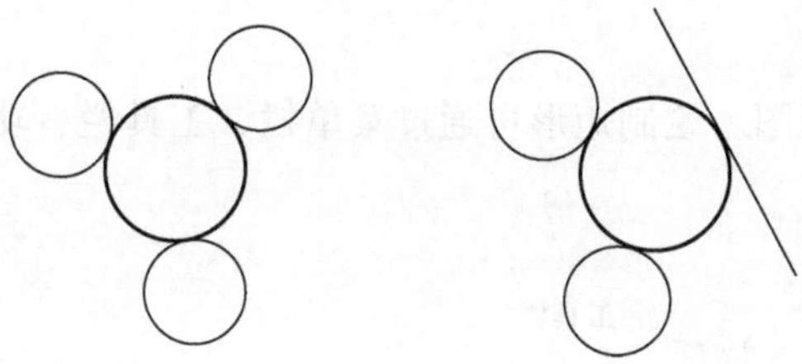

图 3-29 “相切、相切、相切”法绘制圆

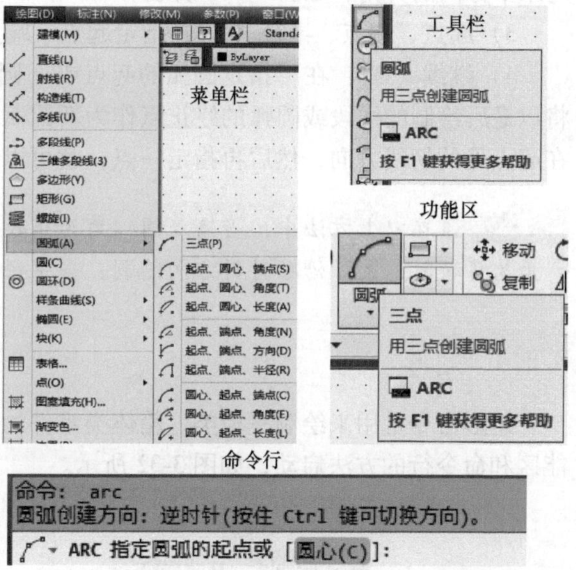

图 3-30 圆弧命令的启动方法

以“起点、端点”方式创建圆弧如图 3-31 所示。

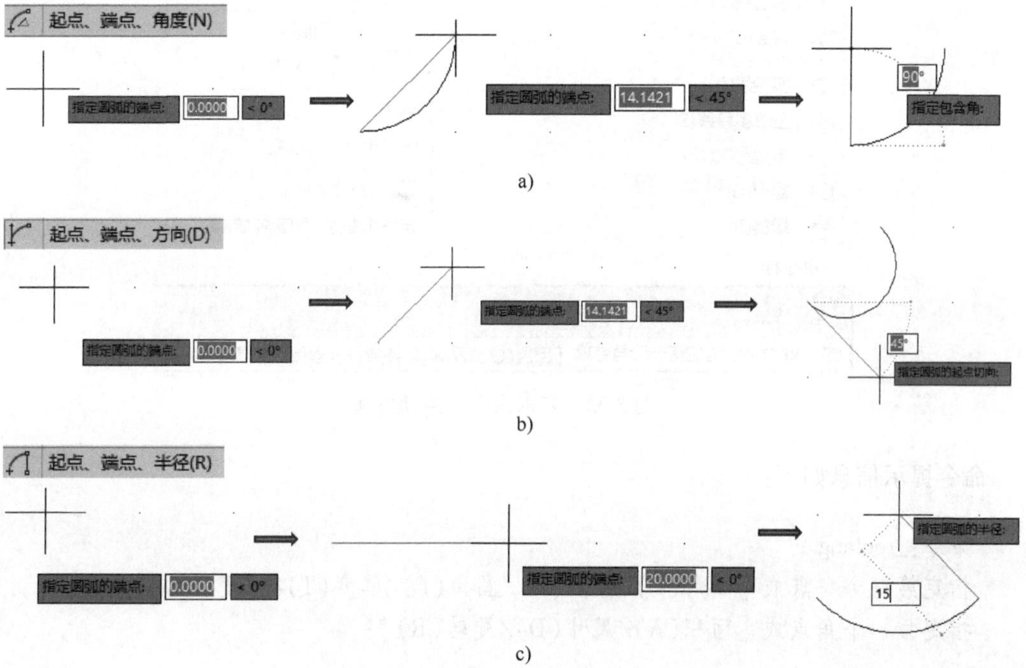

图 3-31 以“起点、端点”方式创建圆弧

1）起点、端点、角度（N）：通过指定起点、端点、角度来绘制圆弧，如图 3-31a 所示。

2）起点、端点、方向（D）：通过指定起点、端点、方向来绘制圆弧。在“指定圆弧的起点切向”的提示后，可以通过拖动鼠标的方式动态地确定圆弧的起始点处的切线方向与水平方向的夹角，如图 3-31b 所示。

3）起点、端点、半径（R）：指定起点、端点、半径来绘制圆弧，如图 3-31c 所示。

4）继续（O）：在“指定圆弧的起点或［圆心（C）］”的提示后按<Enter>键，系统将以最后绘制的线段或圆弧的终止点作为新圆弧的起点，以该点处的切线方向，作为新圆弧在起点处的切线方向，然后再指定一点，就可以绘制一个圆弧。

注 意 在以上方法中，当输入圆心角为正数时，圆弧沿逆时针方向绘制；当输入圆心角为负数时，圆弧沿顺时针方向绘制；当半径为正数时绘制劣弧，反之绘制优弧。

3.3.4 矩形

矩形命令常用来绘制平板类、箱体类零件的视图。绘制矩形可通过菜单栏、工具栏、功能区和命令行的方法启动，如图 3-32 所示。

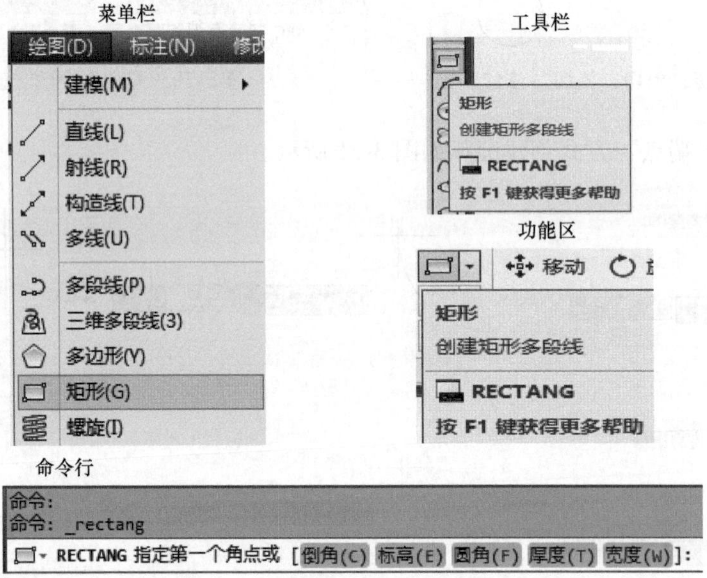

图 3-32 矩形命令的启动方法

命令提示信息如下：

```
命令:_rectang
指定第一个角点或[倒角(C)/标高(E)/圆角(F)/厚度(T)/宽度(W)]:
指定另一个角点或[面积(A)/尺寸(D)/旋转(R)]:
```

该命令提示信息中选项功能如下：

（1）控制参数

1）倒角（C）：用于指定矩形有倒角距离，绘制带倒角的矩形图形。

2）标高（E）：指定矩形离 XY 平面的高度。

3）圆角（F）：用于指定矩形的倒圆角距离，绘制带倒圆角的矩形图形。

4）厚度（T）：用于指定矩形的厚度。

5）宽度（W）：用于指定所画矩形的线宽。

图 3-33 所示为各种样式的矩形。

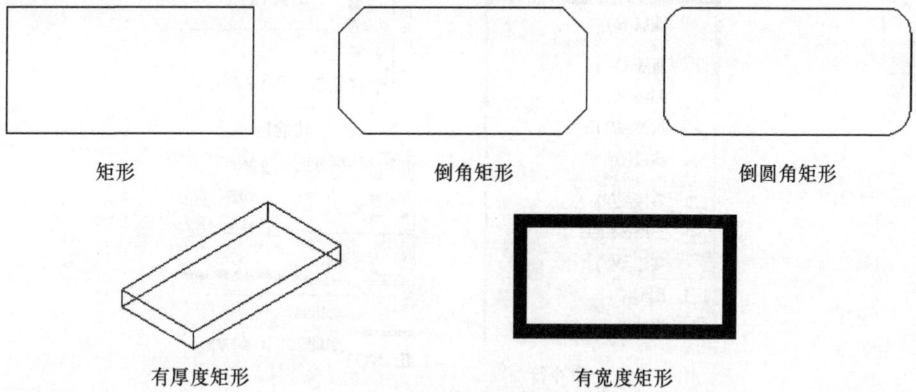

图 3-33　各种样式的矩形

（2）形状参数

1）面积（A）：使用面积与长度或宽度创建矩形。如果“倒角”或“圆角”选项被激活，则区域将包括倒角或圆角在矩形角点上产生的效果。

2）尺寸（D）：使用长和宽创建矩形。

3）旋转（R）：按指定的旋转角度创建矩形。

绘制如图 3-34 所示尺寸的矩形（宽度为 2mm）。

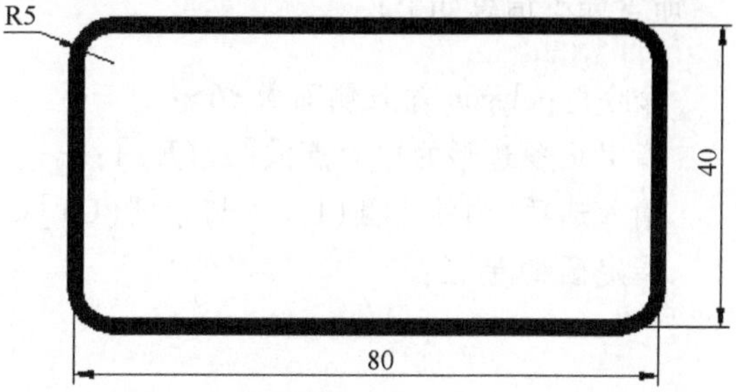

图 3-34　绘制矩形

操作步骤如下：

```
命令:_rectang
指定第一个角点或[倒角(C)/标高(E)/圆角(F)/厚度(T)/宽度(W)]:w↙
指定矩形的线宽 <0.0000>:2↙
指定第一个角点或[倒角(C)/标高(E)/圆角(F)/厚度(T)/宽度(W)]:f↙
指定矩形的圆角半径 <0.0000>:5↙
指定第一个角点或[倒角(C)/标高(E)/圆角(F)/厚度(T)/宽度(W)]:(在屏幕上指定一点)↙
指定另一个角点或[尺寸(D)]:@80,40↙
```

3.3.5　绘制正多边形

在 AutoCAD 中，通过与假想的圆内接或外切的方法绘制正多边形，或通过指定正多边形某一边的两个端点进行绘制。其边数范围为 3～1024。绘制正多边形可通过菜单栏、工具栏、功能区和命令行的方法启动，如图 3-35 所示。

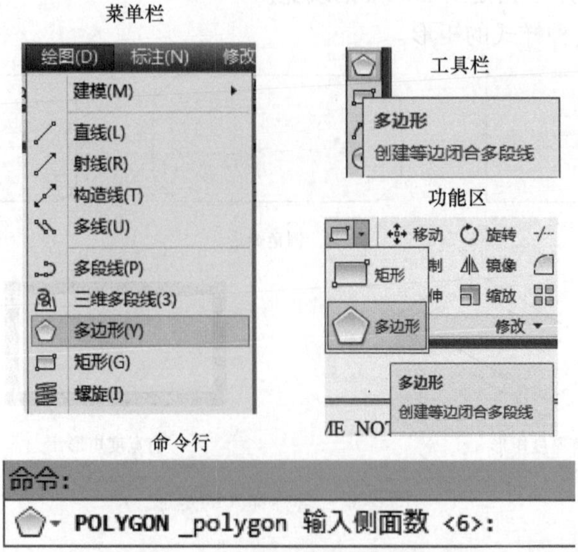

图 3-35　正多边形命令的启动方法

命令提示信息如下：

命令:_polygon 输入侧面数<6>:　　//输入多边形边的数目
指定正多边形的中心点或[边(E)]:
输入选项[内接于圆(I)/外切于圆(C)]< I >:
指定圆的半径:　　//输入正多边形内接或外切圆的半径

该命令提示中选项功能如下：

（1）中心点　通过指定正多边形中心点的方式来绘制正多边形。选择该选项后，会显示“输入选项［内接于圆（I）/外切于圆（C）］<I>:”的提示信息，内接于圆表示以指定正多边形内接圆半径的方式来绘制正多边形，如图 3-36 所示；外切于圆表示以指定正多边形外切圆半径的方式来绘制正多边形，如图 3-37 所示。

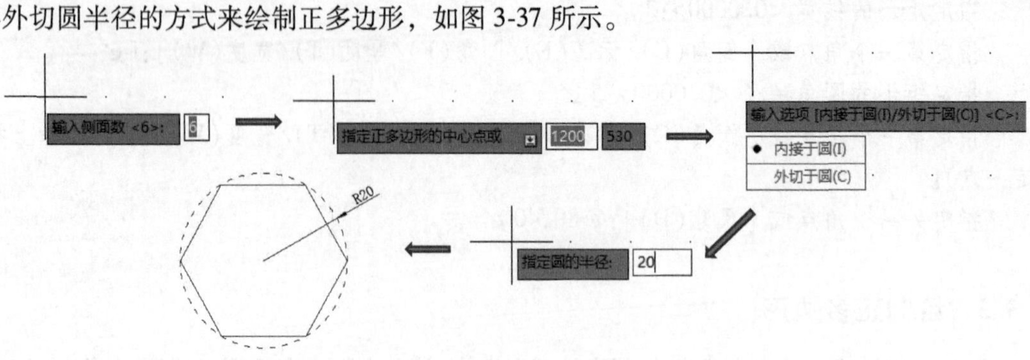

图 3-36　内接于圆画正多边形

（2）边　指定正多边形的边的数量和长度绘制正多边形。

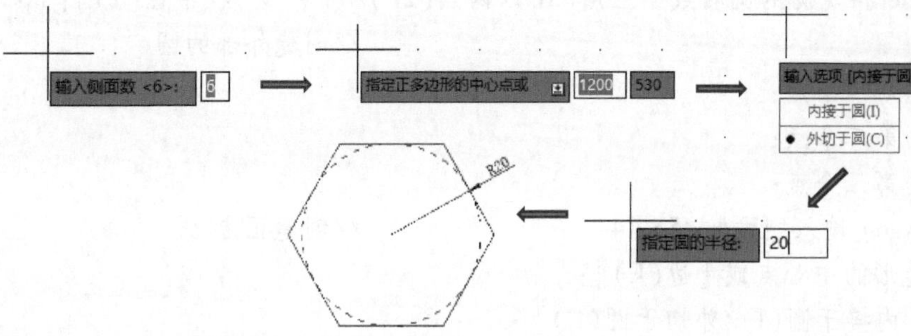

图 3-37　外切于圆画正多边形

绘制如图 3-38 所示图形。

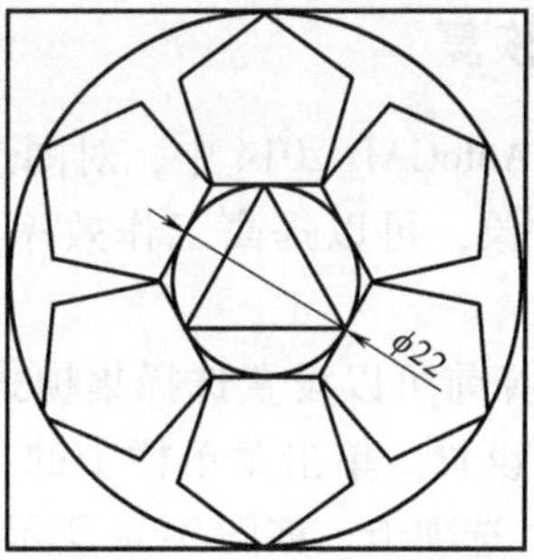

图 3-38　绘制图形

命令操作步骤如下：

```
命令:_circle 指定圆的圆心或［三点(3P)/两点(2P)/切点、切点、半径(T)］:
                                                //创建直径为 22 的圆
指定圆的半径或［直径(D)］<11.0000>: d
指定圆的直径 <22.0000>: 22
命令: polygon 输入侧面数<4>:3                    //创建正三角形
指定正多边形的中心点或［边(E)］:
输入选项［内接于圆(I)/外切于圆(C)］<I>:
指定圆的半径: 11
命令: polygon 输入侧面数<3>: 6                   //创建正六边形
指定正多边形的中心点或［边(E)］:
输入选项［内接于圆(I)/外切于圆(C)］<I>: 6
输入选项［内接于圆(I)/外切于圆(C)］<I>: C
指定圆的半径: 11
命令: polygon 输入侧面数<6>: 5                   //创建正五边形
指定正多边形的中心点或［边(E)］: e
指定边的第一个端点: 指定边的第二个端点:         //再重复 5 次此命令
```

```
命令: _circle 指定圆的圆心或 [三点(3P)/两点(2P)/切点、切点、半径(T)]: 3p
                                                    //创建外部的圆
指定圆上的第一个点:
指定圆上的第二个点:
指定圆上的第三个点:
命令: _polygon 输入侧面数<5>: 4                      //创建正方形
指定正多边形的中心点或 [边(E)]:
输入选项 [内接于圆(I)/外切于圆(C)] <C>: C
指定圆的半径:                                         //捕捉象限点
```

3.4 二维图形的编辑

3.4.1 对象的选取、删除和恢复

（1）设置对象选择模式　在 AutoCAD 2014 中，对图形进行编辑操作前，首先需选择要编辑的对象，正确合理地选择对象，可以提高工作效率，系统用虚线亮显表示所选择的对象。

在 AutoCAD 中，执行目标选择前可以设置选择集模式、拾取框大小和夹点尺寸，用户可以通过“选项”对话框来进行设置。单击菜单栏中的“工具”/“选项”命令，系统弹出“选项”对话框，选择“选择集”选项卡，如图 3-39 所示。

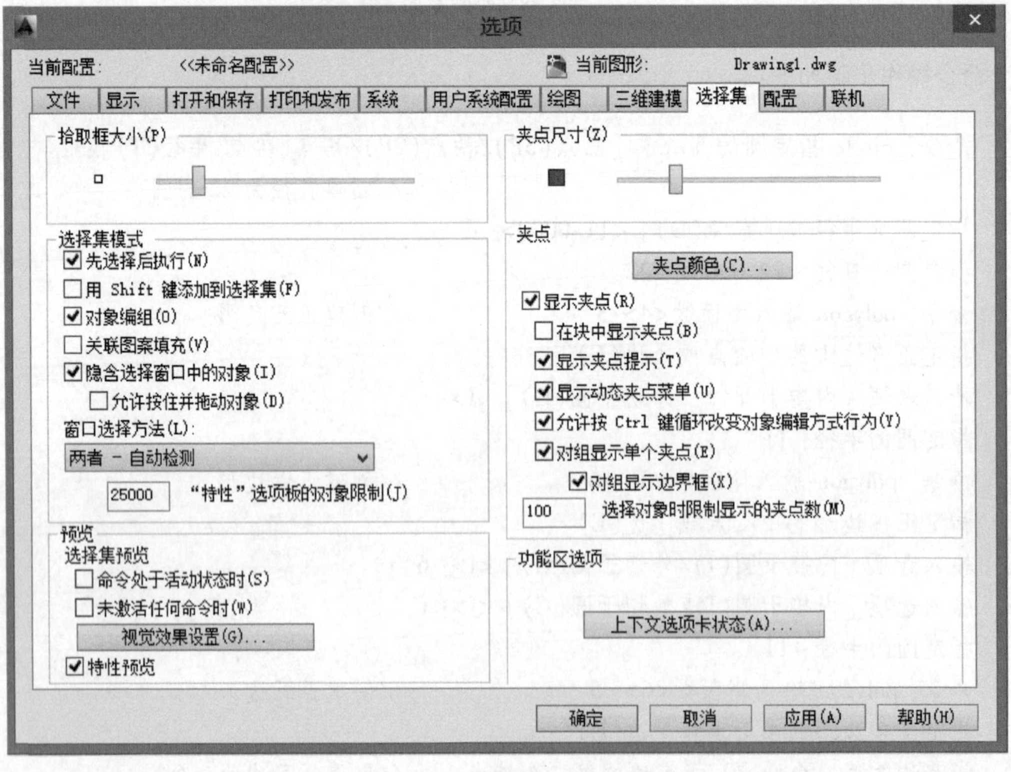

图 3-39　“选择集”选项卡

1）拾取框大小和夹点尺寸。在“选择集”选项卡的“拾取框大小”和“夹点尺寸”选项区域中，拖动滑块，可以设置十字光标中部的方形图框的大小和图形夹点的大小，如图 3-40 所示。

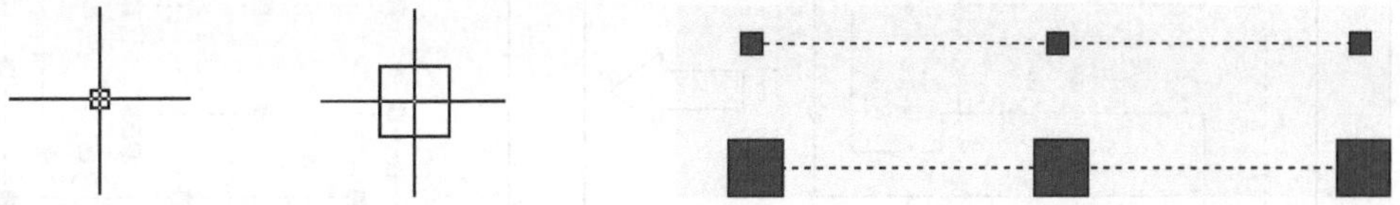

a)拾取框　　b)夹点

图 3-40　调整拾取框和夹点的大小

2）选择集模式。该选项包括 6 项，以定义选择集同命令之间的先后执行顺序、选择集的添加方式以及在定义与组或填充对象有关选择集时的各类详细设置。

3）选择集预览。当单击图 3-39 中的“视觉效果设置”按钮，光标的拾取框移动到图形对象上时，图形对象以加粗或虚线显示为预览效果，如图 3-41 所示。

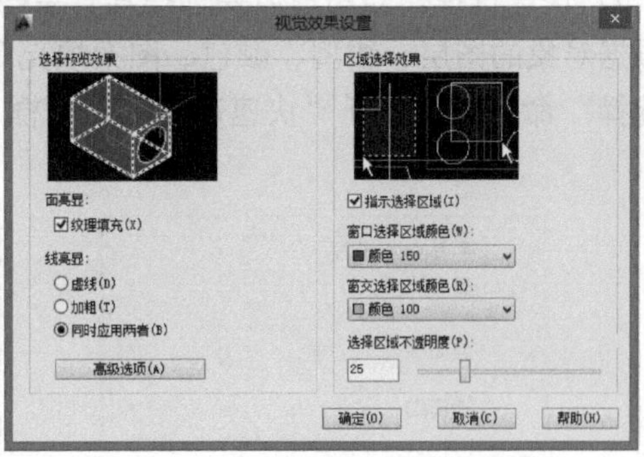

图 3-41　视觉效果设置

（2）对象选取的方法　AutoCAD 选取对象大致分为以下几种方法。

1）点取对象。直接选取是我们平时最常见的一种选取方法。在选取对象上面，单击该对象即可完成选取操作。被选取后的对象以虚线显示，表示该对象已被选中。

2）使用选择窗口与交叉选择窗口。选择窗口是选择图形对象范围的一种选取方法。当采用选择窗口方式选取对象时，首先在选取图形的左上方单击，然后再向右下角拖动鼠标，直到将选取的图形框在一个矩形框内后，单击以确定选取范围，这时所有出现在矩形框内的对象都被选取，如图 3-42 所示。

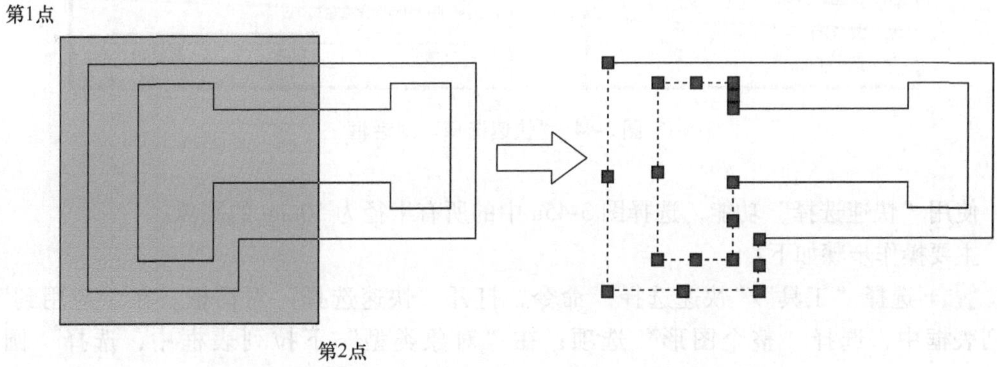

图 3-42　利用选择窗口选取对象

交叉选择窗口选取对象时，首先在选取图形的右下方单击，然后再向左上角拖动鼠标。当确定选取范围后，所有完全或部分包含在交叉选择窗口中的对象均被选中，如图 3-43 所示。

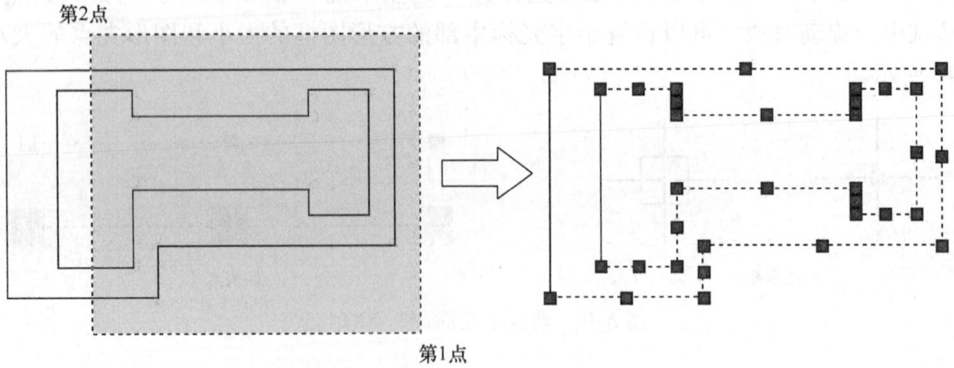

图 3-43 利用交叉选择窗口选取对象

3）快速选择。当用户需要选择具有某些共同特性的对象时，可利用“快速选择”对话框根据对象的图层、线型、颜色、图案填充等特性和类型，创建选择集。选择“工具”/“快速选择”命令，可打开“快速选择”对话框，如图 3-44 所示。

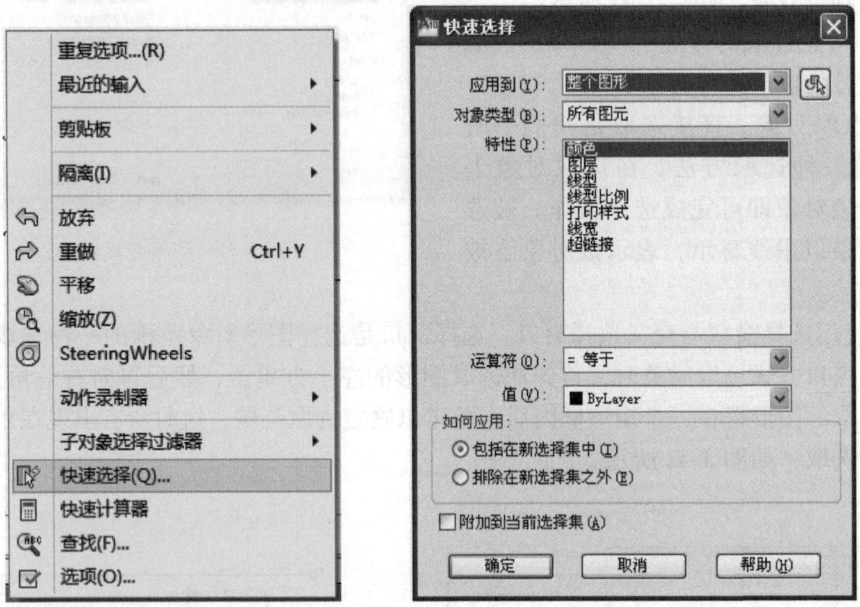

图 3-44 “快速选择”对话框

使用“快速选择”功能，选择图 3-45a 中的所有半径为 50mm 的圆弧。

主要操作步骤如下：

步骤 01 选择“工具”/“快速选择”命令，打开“快速选择”对话框。在“应用到”下拉列表框中，选择“整个图形”选项；在“对象类型”下拉列表框中，选择“圆弧”选项。

步骤 02 在“特性”列表框中选择“半径”选项，在“运算符”下拉列表框中选择“= 等于”选项，在“值”文本框中输入数值 50，表示选择图形中的所有半径为 50mm 的圆弧。

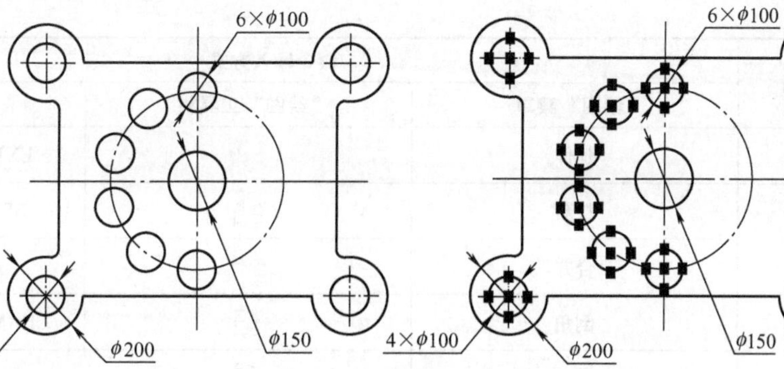

a) 原始图形　　b) 快速选择图形结果

图 3-45 “快速选择”图形

步骤 03 在“如何应用”选择区域中，选择“包括在新选择集中”单选按钮，按设定条件创建新的选择集。单击“确定”按钮，这时将选中图形中所有符合要求的图形，如图 3-45b 所示。

（3）对象的删除与恢复　在编辑过程中经常会出现错误删除操作，当发现已错误执行删除操作时，就要执行恢复操作，下面为读者介绍删除与恢复操作的方法。

删除一个对象可以在工具栏内单击按钮，然后选择所要删除的图形对象，最后按回车键就完成了删除操作；也可以先选对象，再选命令。

恢复操作可以通过 OOPS 命令来恢复最后一次删除的操作。OOPS 命令只能恢复最后一次执行的删除操作，如果要连续向前恢复所做的操作，就要使用取消命令 UNDO。

3.4.2　二维图形的编辑命令

在 AutoCAD 中，单纯地使用绘图命令或绘图工具只能创建出一些基本图形对象，要绘制复杂的图形，就必须借助于图形编辑命令。常用的二维图形的编辑命令见表 3-2。

表 3-2　常用的二维图形的编辑命令

二维图形绘制	命令输入方式		
	“绘图”菜单	“绘图”工具栏	命令行
删除	删除		ERASE（或 E）
复制	复制		COPY（或 CO 或 CP）
镜像	镜像		MIRROR（或 MI）
偏移	偏移		OFFSET（或 O）
阵列	阵列		ARRAY（或 AR）
移动	移动		MOVE（或 M）
旋转	旋转		ROTATE（或 RO）
缩放	缩放		SCALE（或 SC）
拉伸	拉伸		STRECH（或 S）
修剪	修剪		TRIM（或 TR）

（续）

二维图形绘制	命令输入方式		
	“绘图”菜单	“绘图”工具栏	命令行
延伸	延伸		EXTEND（或 EX）
打断	打断		BREAK（或 BR）
合并	合并		JOIN（或 J）
倒角	倒角		CHAMFER（或 CHA）
圆角	圆角		FILTER（或 F）
拉长	拉长		LENGTHEN（或 LEN）
分解	分解		EXPLODE（或 X）

3.4.3　复制对象

复制对象就是在距原始位置的指定距离处创建对象的副本。可通过菜单栏、工具栏、功能区和命令行方法启动复制命令，如图 3-46 所示。

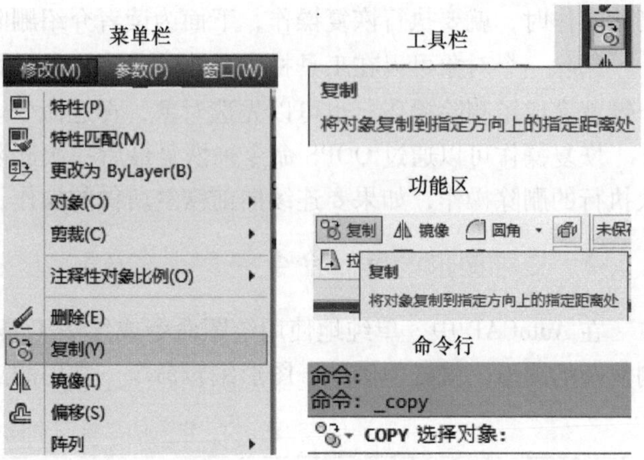

图 3-46　复制命令的启动方法

通过使用复制命令，可以得到如图 3-47 所示的效果，首先通过“圆心、半径”命令绘制圆；然后通过“复制”命令（CO），系统要求选择对象，可通过框选、点选选择要复制的对象，再按<Enter>键或者空格键确定；指定基点；指定第二点，即可复制出一个圆；再指定第二点，即可再复制一个圆；重复指定第二点，即可复制出多个圆。复制过程如图 3-47 所示。

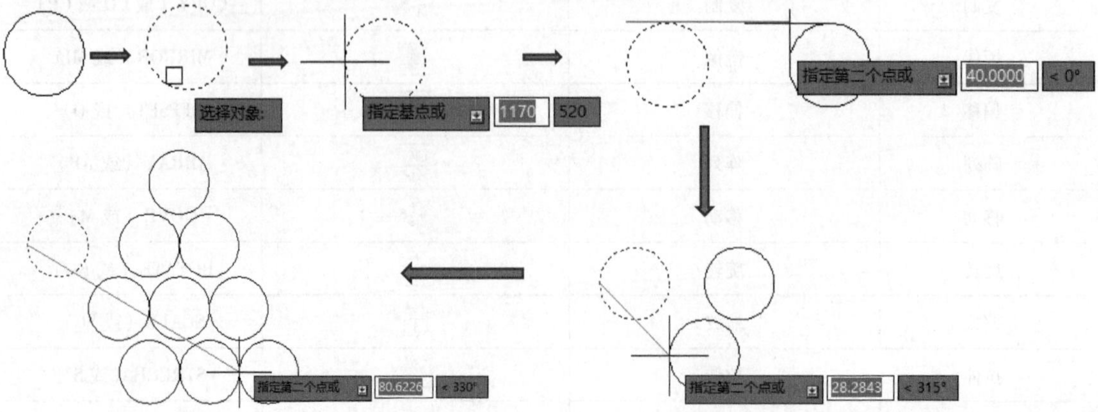

图 3-47　复制过程

复制命令行提示如下信息：

```
命令:copy
选择对象:                //选择需要复制的对象
```

选择对象后，可以继续选择，如果按<Enter>键或空格键则结束选择，系统继续提示如下：

```
当前设置:  复制模式=多个
指定基点或[位移(D)/模式(O)]<位移>:
指定第二个点或[阵列(A)]<使用第一个点作为位移>:
指定第二个点或[阵列(A)/退出(E)/放弃(U)]<退出>:
```

下面就命令中的选项做简单介绍：

1）指定基点：用于确定复制图元基点，执行之后，则要求用户指定位移的第二点。

2）位移：确定复制对象与原始对象之间的位移量。

3）模式：控制是否自动重复该命令。

4）阵列：沿着第一点到第二点的方式复制指定个数对象。

3.4.4　镜像

镜像命令可以绕指定轴翻转对象创建对称的镜像图形。

镜像对创建对称的对象非常有用，因为可以快速地绘制半个对象，然后将其镜像，而不必绘制整个对象。

绘制镜像图形时，要指定临时镜像线，可输入两点来定义。此外，还要选择是删除原对象还是保留原对象。

可以通过菜单栏、工具栏、功能区和命令行等多种方法启动镜像命令，如图 3-48 所示。

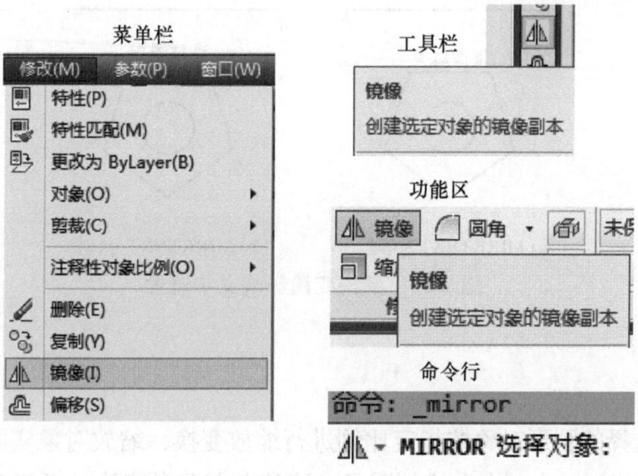

图 3-48　镜像命令的启动方法

镜像命令操作过程如图 3-49 所示。

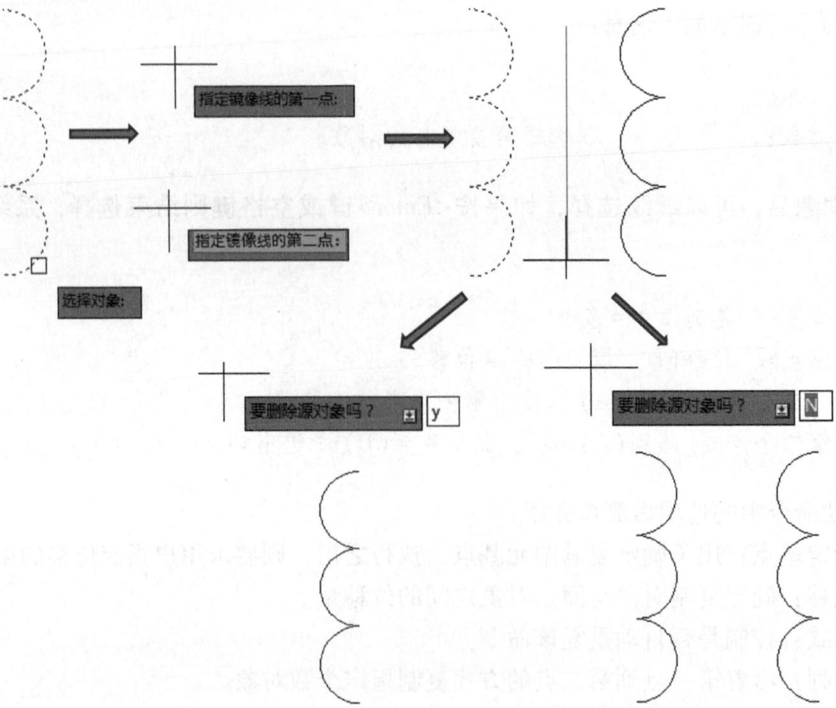

图 3-49　镜像命令操作过程

使用系统变量 MIRRTEXT 可以控制文字对象的镜像方向。如果 MIRRTEXT 的值为 0，则文字对象方向不镜像，如图 3-50a 所示；如果 MIRRTEXT 的值为 1，则文字对象完全镜像，镜像出来的文字变为不可读，如图 3-50b 所示。

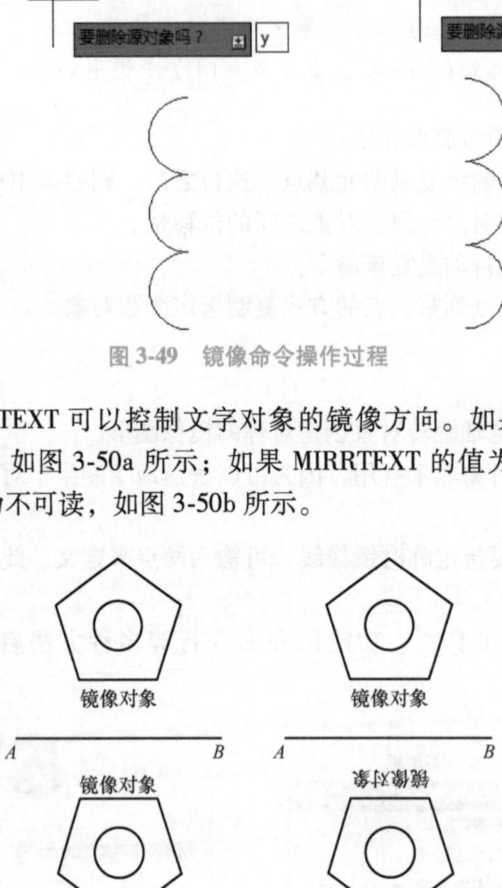

a) MIRRTEXT为0时　　b) MIRRTEXT为1时

图 3-50　系统变量影响文字镜像

3.4.5　缩放对象

缩放对象是将选择的图形对象按指定比例进行缩放变换，缩放对象实际改变了图形的尺寸。使用缩放命令时需要指定一个基点和比例因子，该基点在图形缩放时不移动。此外，根据当前图形单位，还可以指定要用作比例因子的大小。缩放对象后默认为删除原图，也可以设定为保留原图。

缩放可以更改选定对象的所有标注尺寸。比例因子大于 1 时将放大对象，比例因子小于

1 时将缩小对象。

可以通过菜单栏、工具栏、功能区和命令行等多种方法启动缩放命令，如图 3-51 所示。

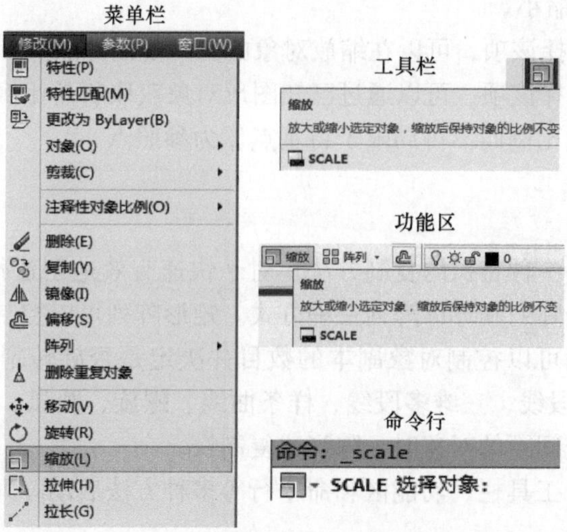

图 3-51　缩放命令的启动方法

缩放命令的具体操作过程如图 3-52 所示。

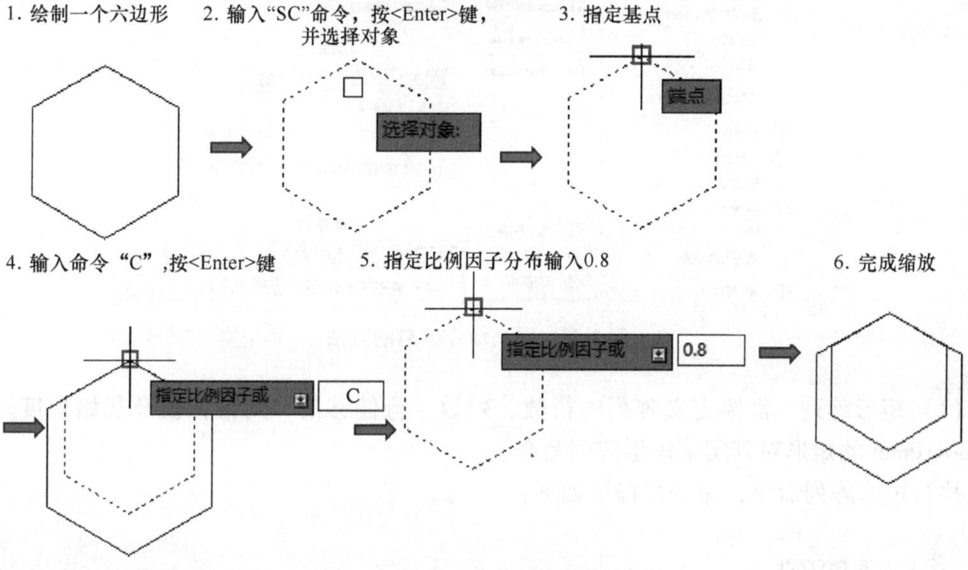

图 3-52　缩放命令的具体操作过程

命令行提示信息如下：

```
命令:_scale
选择对象:指定对角点: 找到 1 个                        // 选择需缩放的对象
选择对象:                                            // 右键、空格键或<Enter>键确认
                                                        选择结束
指定基点:                                            // 指定缩放基点
指定比例因子或 [复制(C)/参照(R)] <1.0000>:           // 确定缩放比例因子
```

该命令提供了以下缩放对象的方式和选项：

1）指定比例因子：选择该项，可以直接给定缩放比例，大于 1 就是将图形放大，大于 0 而小于 1 就是将图形缩小。

2）复制（C）：选择该项，可以在缩放对象的同时复制对象。

3）参照（R）：选择该项，可以通过已知图形对象获取所需比例，该选项可拾取任意两个点以指定新的角度或比例而不再局限于将基点作为参照点。

3.4.6　阵列

阵列命令实际上是一种特殊的复制方法，对于快速有效地创建很多对象是非常方便的，它分为矩形阵列、路径阵列和环形阵列三种方式。矩形阵列可以控制行和列的数目以及它们之间的距离；环形阵列可以控制对象副本的数目并决定是否旋转副本；路径阵列可沿路径（路径可以是直线、多段线、三维多段线、样条曲线、螺旋、圆弧、圆或椭圆）均匀分布对象副本。创建多个固定间距的对象时，阵列比复制快。

可以通过菜单栏、工具栏、功能区和命令行等多种方法启动阵列命令，如图 3-53 所示。

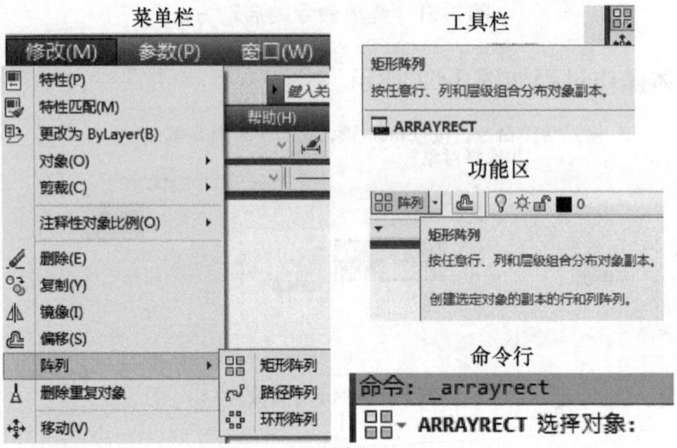

图 3-53　阵列命令的启动方法

（1）矩形阵列　需要定义阵列的行数、列数、行偏移值、列偏移值及起始角度。创建 20mm×10mm 的矩形对其实施矩形阵列命令。

执行矩形阵列命令，命令行提示如下：

```
命令:_arrayrect
选择对象:指定对角点:找到 1 个
选择对象:
类型=矩形　关联=是
为项目数指定对角点或[基点(B)/角度(A)/计数(C)]<计数>:a
指定行轴角度<0>:15
为项目数指定对角点或[基点(B)/角度(A)/计数(C)]<计数>:c
输入行数或[表达式(E)]<4>:4
输入列数或[表达式(E)]<4>:5
```

```
指定对角点以间隔项目或[间距(S)]<间距>:s
指定行之间的距离或[表达式(E)]<15>:20
指定列之间的距离或[表达式(E)]<30>:40
按 Enter 键接受或[关联(AS)/基点(B)/行(R)/列(C)/层(L)/退出(X)]<退出>:as
创建关联阵列[是(Y)/否(N)]<是>:n
按 Enter 键接受或[关联(AS)/基点(B)/行(R)/列(C)/层(L)/退出(X)]<退出>:
```

矩形阵列如图 3-54 所示。

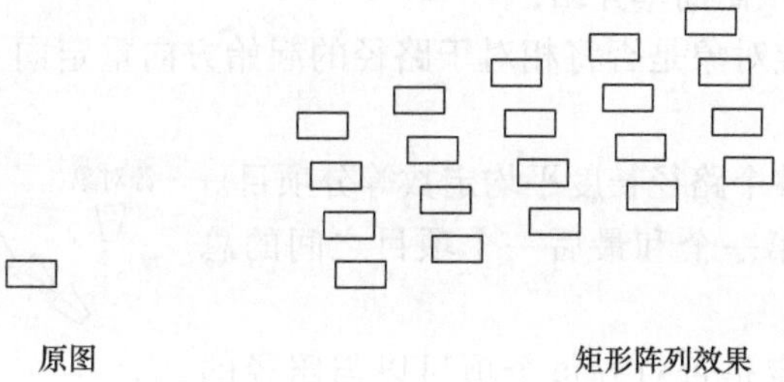

图 3-54　矩形阵列

下面就命令行中的选项做简单介绍：

1）基点：阵列的基点

2）角度：指定旋转角度，默认时为 0，即行、列都与当前 UCS 的 X 和 Y 平行。

3）计数：分别指定行和列的值。

4）表达式：使用数学公式或方程式获取值。

5）关联：指定是否在阵列中创建阵列项目作为关联阵列对象，或作为独立对象。“是”：包含单个阵列对象中的阵列项目，类似于块。“否”：创建阵列项目作为独立对象。更改一个项目不影响其他项目。

（2）路径阵列　需要定义的命令选项是定义阵列的路径曲线，以及沿着路径阵列的方向、项目数、间距等。创建 10mm×10mm 的矩形，对其实施路径阵列命令。

执行路径阵列命令，命令行提示如下：

```
命令:_arraypath
选择对象:指定对角点:找到 1 个
选择对象:
类型=路径　关联=否
选择路径曲线:
输入沿路径的项数或[方向(O)/表达式(E)]<方向>:10
指定沿路径的项目之间的距离或[定数等分(D)/总距离(T)/表达式(E)]<沿路径平均定数等分(D)>:d
按 Enter 键接受或[关联(AS)/基点(B)/项目(I)/行(R)/层(L)/对齐项目(A/Z 方向(Z)/退出(X)]<退出>:
```

路径阵列如图 3-55 所示。

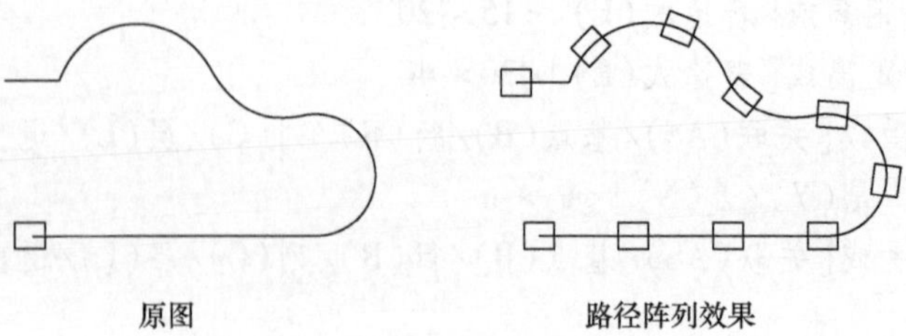

图 3-55　路径阵列

下面就命令中的选项做简单介绍：

1）方向：控制选定对象是否将相对于路径的起始方向重定向（旋转），然后再移动到路径的起点。

2）定数等分：沿整个路径长度平均定数等分项目。

3）总距离：指定第一个和最后一个项目之间的总距离。

4）对齐项目：指定是否对齐每个项目以与路径的方向相切，如图 3-56 所示。

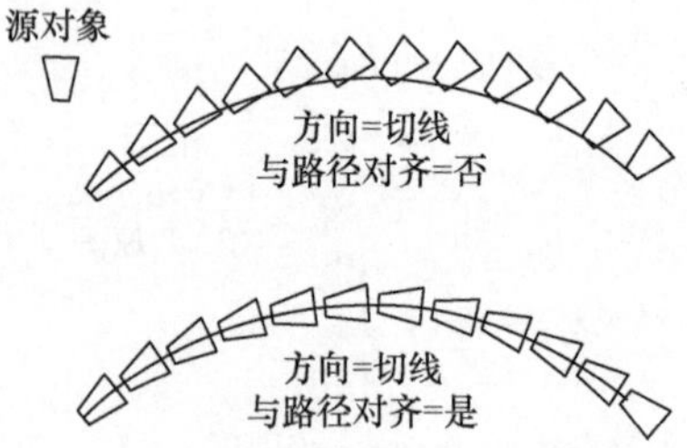

图 3-56　对齐项目

（3）环形阵列　需要定义阵列的中心，再根据需要定义项目数、环形阵列角度或各项目之间的角度等。

执行环形阵列命令，命令行提示如下：

```
命令:_arraypolar
选择对象:指定对角点:找到 1 个
选择对象:
类型=极轴  关联=否
指定阵列的中心点或[基点(B)/旋转轴(A)]:
输入项目数或[项目间角度(A)/表达式(E)]<4>:6
指定填充角度(+=逆时针、-=顺时针)或[表达式(EX)]<360>:
按 Enter 键接受或[关联(AS)/基点(B)/项目(I)/项目间角度(A)/填充角度(F)/行(ROW)/层(L)/旋转项目(ROT)/退出(X)]<退出>:
```

环形阵列如图 3-57 所示。

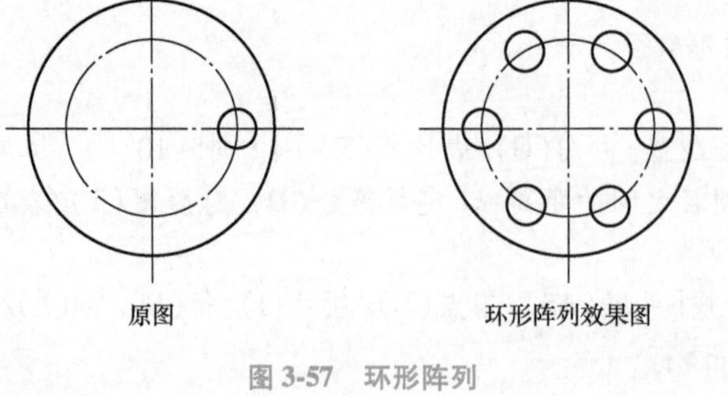

图 3-57　环形阵列

下面就命令中选项做简单介绍：

1）项目数：使用值或表达式指定阵列中的项目数。

2）项目间角度：使用值或表达式指定项目之间的角度。

3）填充角度：使用值或表达式指定阵列中第一个和最后一个项目之间的角度。

3.4.7　修剪

修剪对象就是利用指定的边界修剪指定对象。修剪边界和修剪对象可以是直线、多段线、矩形、圆弧、圆等。

可以通过菜单栏、工具栏、功能区和命令行等多种方法启动修剪命令，如图 3-58 所示。

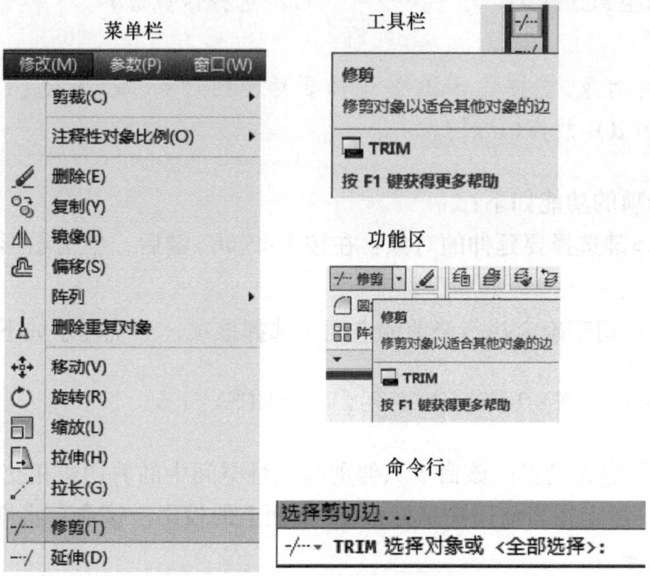

图 3-58　修剪命令的启动方法

在 AutoCAD 2014 中，剪切边也可以同时作为被剪边。在默认情况下，选择要修剪的对象后，系统将会以剪切边为界，将被剪切对象上位于拾取点一侧的部分剪切掉。

先通过直线命令绘制图 3-59 左上角的五角星，然后通过修剪命令，除去五角星内部和外部多余的线段，就可以得到左下角所示的五角星。修剪的操作过程如图 3-59 所示。

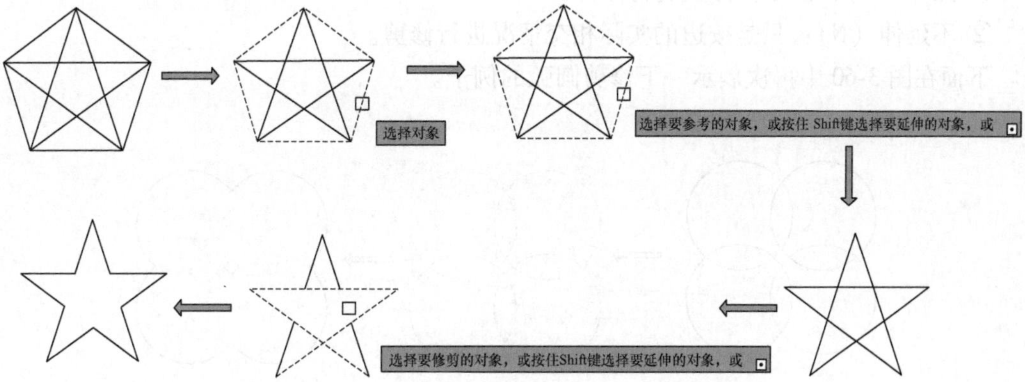

图 3-59　修剪的操作过程

发出修剪命令后，系统会要求选择剪切边，通过框选、点选选择剪切边，再按<Enter>键或空格键确定。然后，单击选择要除去的线段，可以多次单击以选择除去多余线段。最后，右击或者按<Enter>键或空格键确定修剪即可。

使用修剪命令时会提示一些参数选项，下面一一介绍。

命令行提示信息如下：

```
命令:_trim
当前设置:投影=UCS,边=无
选择剪切边...
选择对象或<全部选择>:                    //选择修剪边界
选择对象:
选择要修剪的对象,或按住 Shift 键选择要延伸的对象,或[栏选(F)/窗交(C)/投影(P)/边(E)/删除(R)/放弃(U)]:
```

该命令主要选项的功能如下：

1）按住<Shift>键选择要延伸的对象：在按下<Shift>键后，单击图形对象使它延伸到修剪边界。

2）投影（P）：用于确定执行修剪的空间。选择该项，系统提示如下：

```
输入投影选项[无(N)/UCS(U)/视图(V)]〈UCS〉:
```

① 无（N）：指定无投影。该命令只修剪与三维空间中的剪切边相交的对象。

② UCS（U）：指定在当前用户坐标系 *XY* 平面上的投影。该命令将修剪不与三维空间中的剪切边相交的对象。

③ 视图（V）：指定沿当前观察方向的投影。该命令将修剪与当前视图中的边界相交的对象。

3）边（E）用于确定修剪方式，选择该项，系统提示如下：

```
输出隐含边延伸模式[延伸(E)/不延伸(N)]<不延伸>:
```

① 延伸（E）：按延伸方式进行修剪。

② 不延伸（N）：只是按边的实际相交情况进行修剪。

下面在图 3-60 中再次展示一下修剪圆弧的例子。

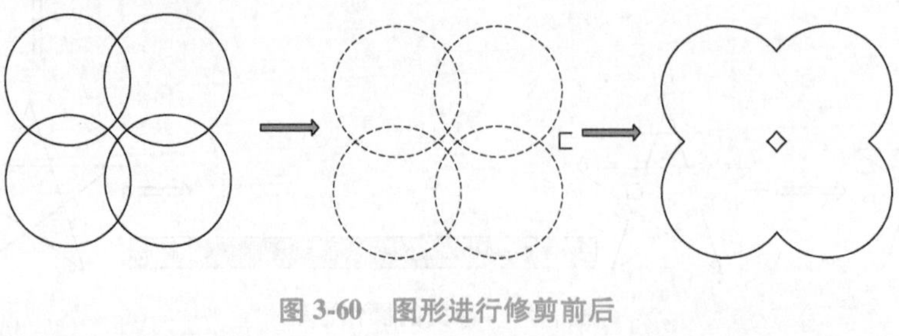

图 3-60 图形进行修剪前后

3. 4. 8　延伸

延伸对象用于将指定的对象延伸到指定的边界上，延伸对象包括圆弧、椭圆弧、直线等非封闭的线。

延伸命令的使用方法和修剪命令相似，并可以相互转换。使用延伸命令时，如果在按<Shift>键的同时选择对象，则执行修剪命令；使用修剪命令时，如果在按<Shift>键的同时选择对象，则执行延伸命令。

延伸命令可以通过菜单栏、工具栏、功能区和命令行等多种方法启动，如图 3-61 所示。

通过使用延伸命令，可以将指定的线段或圆弧等延伸到距离最近的线段（含曲线等），如图 3-62 所示，或者延伸到指定线段，如图 3-63 所示。

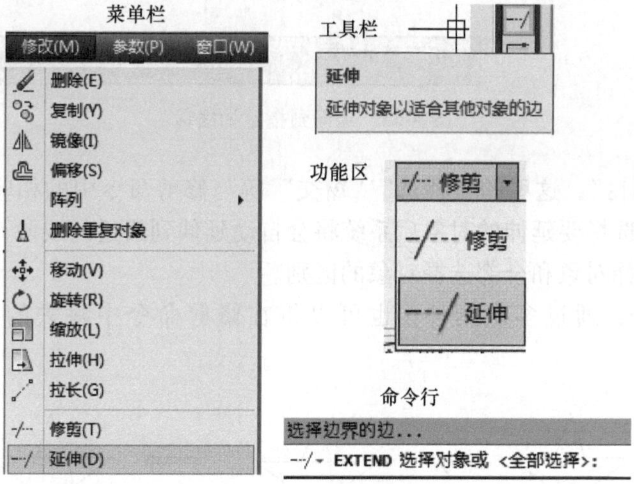

图 3-61　延伸命令的启动方法

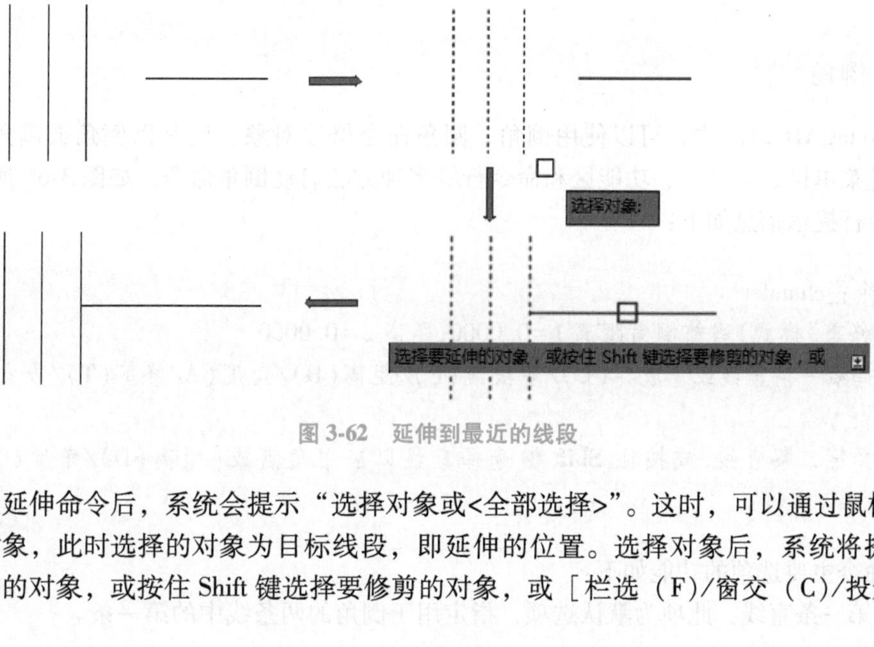

图 3-62　延伸到最近的线段

发出延伸命令后，系统会提示“选择对象或<全部选择>”。这时，可以通过鼠标框选或者点选对象，此时选择的对象为目标线段，即延伸的位置。选择对象后，系统将提示“选择要延伸的对象，或按住 Shift 键选择要修剪的对象，或［栏选（F）/窗交（C）/投影（P）/

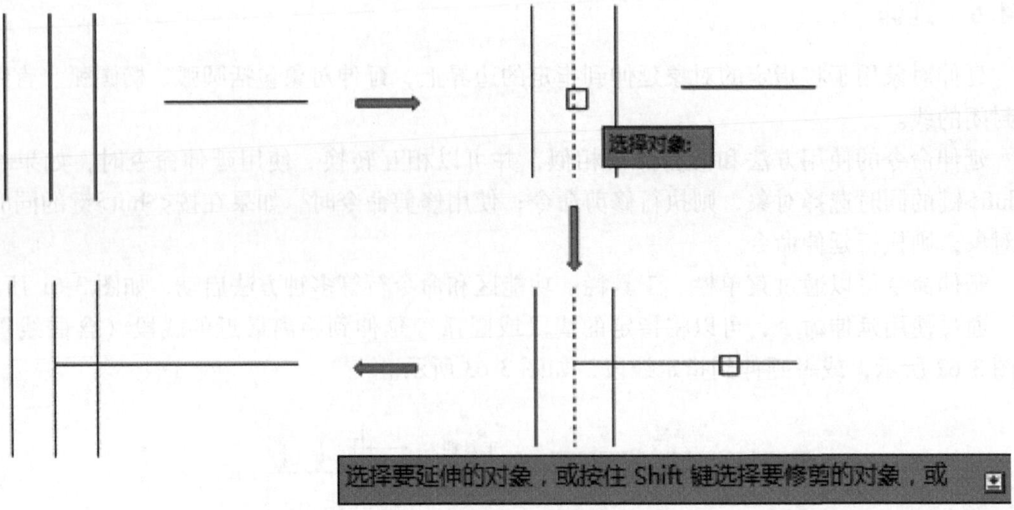

图 3-63　延伸到指定的线段

边（E)/放弃（U)]:”，这里的“栏选”“窗交”等与修剪命令中的相应选项含义相同。如果上一步中全选，选择要延伸的对象后系统将会自动延伸到最近的线段，否则将会延伸到指定线段，这也是选择对象和全部选择对象的区别。

使用延伸命令，通过多次延伸，也可以将在修剪命令中除去的线段再连接上，如图 3-64 所示。

图 3-64　延伸命令的演示效果

3.4.9　倒角

在 AutoCAD 2014 中，可以使用倒角、圆角命令修改对象，使其以倒角或圆角相连接。可以通过菜单栏、工具栏、功能区和命令行等多种方法启动倒角命令，如图 3-65 所示。

命令行提示信息如下：

> 命令:_chamfer
> (“修剪”模式)当前倒角距离 1=0.0000,距离 2=0.0000
> 选择第一条直线或[放弃(U)/多段线(P)/距离(D)/角度(A/修剪(T)/方式(E)/多个(M)]:
> 选择第二条直线,或按住 Shift 键选择直线以应用角点或[距离(D)/角度(A)/方法(M)]:

该命令主要选项的功能如下：

1）第一条直线：此项为默认选项，指定用于倒角的两条线中的第一条。

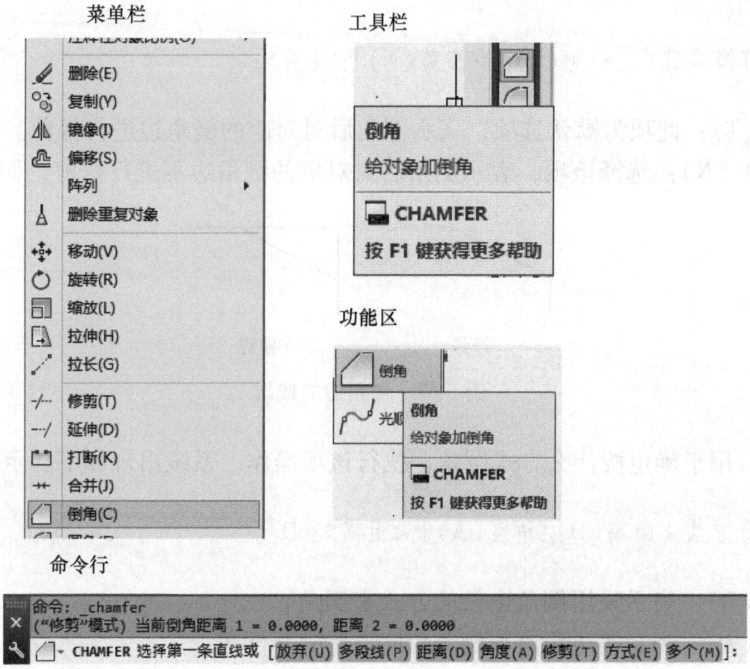

图 3-65　倒角命令的启动方法

2）多线段：对整条多线段进行倒角，执行该项操作，系统出现如下提示：

```
选择二维多线段：
```

选择了二维多线段以后，系统就会对整条多线段的各顶点进行直线倒角，如图 3-66 所示。

图 3-66　对多线段进行倒角

3）距离：用于确定两条线的倒角距离，执行该项操作，系统出现如下提示：

```
指定第一个倒角距离<0.0000>                    //指定第一条线的倒角距离
指定第二个倒角距离<0.0000>                    //指定第二条线的倒角距离
```

确定了倒角的距离后，倒角时将按照新距离倒角。倒角过程中先选择的直线对应第一个倒角距离。

4）角度：用于设置第一条线的倒角距离和第一条线的倒角角度，执行该项操作，系统出现如下提示：

```
指定第一条直线的倒角长度<0.0000>：
指定第一条直线的倒角角度<0>：
```

5）修剪：用于决定倒角后是否对相应的倒角边进行修剪。执行该项操作，系统出现如下下提示：

```
输入修剪模式选项[修剪(T)/不修剪(N)]<修剪>:
```

① 修剪（T）：此项为默认选项，表示倒角后对对应的倒角边进行修剪。

② 不修剪（N）：选择该项，表示倒角后对对应的倒角边不进行修剪，如图 3-67 所示。

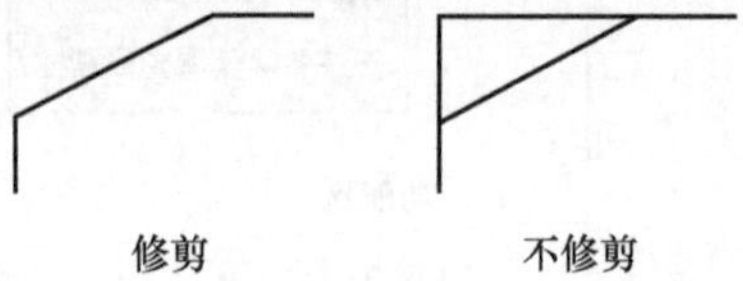

图 3-67　倒角边的效果

6）方式：用于确定按什么方式倒角，执行该项操作，系统出现如下提示：

```
输入修剪方法 [距离(D)/角度(A)] <距离>: D
```

① 距离（D）：表示采用倒角边长的方式来倒角。

② 角度（A）：表示按边距离与倒角角度设置进行倒角。

3.5 半导体器件

半导体是导电能力介于导体和绝缘体之间的物质。半导体器件有二极管、晶体管及场效应晶体管等，是组成电路的主要部分，半导体器件符号是电气绘图中常见的符号，被广泛应用在各种电路图的绘制中。

3.5.1 二极管

二极管又称晶体二极管、真空电子二极管（见图 3-68）。在半导体二极管内部有一个 PN 结和两个引线端子，这种电子器件按照外加电压的方向，具备单向电流的传导性。一般来讲，二极管是一个由 P 型半导体和 N 型半导体烧结形成的 PN 结界面，在其界面的两侧形成空间电荷层，进而构建出自建电场。二极管具有单向导电性，也就是在正向电压的作用下，导通电阻很小，而在反向电压的作用下导通电阻极大或无穷大。

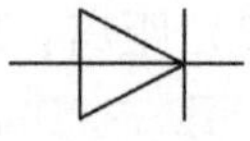

图 3-68　二极管符号

二极管符号是由一个三角形和两段直线组成的，绘制的操作步骤如下：

步骤 01 启动 AutoCAD 2014 软件，系统自动创建一个空白文件，在快速访问工具栏上执行“保存”按钮菜单命令，将其保存为“案例 CAD \ 03 \ 二极管 . dwg” 文件。

步骤 02 执行“多边形” 命令（POL）或单击，绘制一个内接于圆的正三角形对象，半径值为 3，指定圆的半径为 3mm，如图 3-69a 所示。

步骤 03 执行“旋转” 命令（RO）或单击，以三角形右侧的端点作为旋转基点，旋转角度为 30°，如图 3-69b 所示。

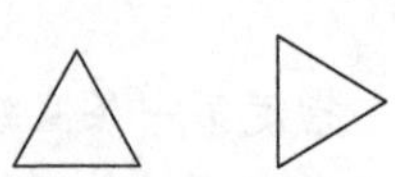

a) 绘制三角形　b) 旋转

图 3-69　绘制三角形并旋转

步骤 04 打开“对象捕捉”功能，执行“直线”命令（L）或单击，过三角形右侧的端点绘制一条长 15mm 的水平线段，使线段的中点与三角形的中点重合，如图 3-70a 所示。

步骤 05 执行“直线”命令（L）或单击，在正三角的右端点处向上、下分别绘制长为 3mm 的垂直线段，如图 3-70b 所示。

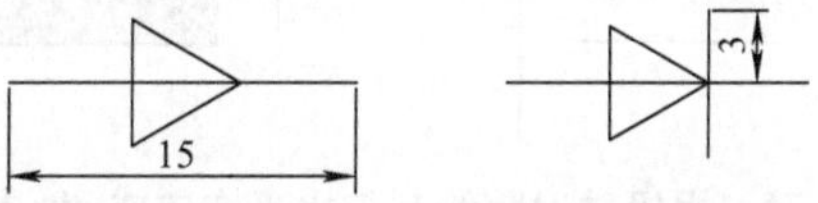

a) 绘制水平线段　　b) 绘制垂直线段

图 3-70　绘制水平线段和垂直线段

步骤 06 执行“基点”命令（Base），指定二极管左侧端点为基点，至此二极管符号已经绘制完成，单击“保存”按钮保存该文件。

3.5.2　晶体管

晶体管（见图 3-71）全称半导体晶体管，也称双极型晶体管，是一种电流控制电流的半导体器件。其作用是把微弱电信号放大成幅度值较大的电信号，也用作无触点开关。晶体管是半导体基本元器件之一，是电子电路的核心器件。晶体管是在一块半导体基片上制作两个相距很近的 PN 结，两个 PN 结把整块半导体分成三部分，中间部分是基区，两侧部分是发射区和集电区，排列方式有 PNP 和 NPN 两种。

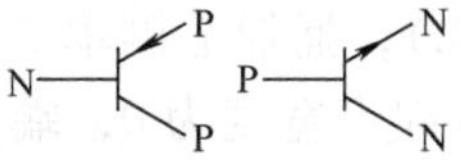

a) PNP　　b) NPN

图 3-71　晶体管符号

绘制 PNP 型晶体管符号的操作步骤如下。

步骤 01 打开 AutoCAD 2014 软件，保存该文件为“案例 CAD \ 03 \ 晶体管 . dwg 文件”。

步骤 02 打开“正交”功能，执行“直线”命令（L）或单击，绘制一条长 5mm 的水平线段，如图 3-72 所示。

步骤 03 打开对象捕捉功能，正交功能在步骤 02 时已经打开，执行“直线”命令（L），或单击捕捉直线右侧端点，分别向上、向下绘制两条长度为 2mm 的垂直直线，如图 3-73 所示。

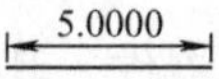

图 3-72　绘制直线

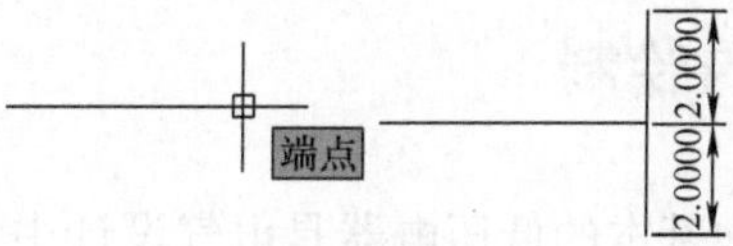

图 3-73　绘制垂线段

步骤 04 在状态栏中右击“极轴追踪”（），在所有可选择的度数中选择 30°。

步骤 05 执行“直线”命令（L），捕捉右上侧直线段的中点作为直线的起点，将光标向右上侧移动且采用极轴追踪的方式，待出现追踪角度值 30°，并出现极轴追踪虚线时，输入斜线段的长度为 5mm，如图 3-74 所示。

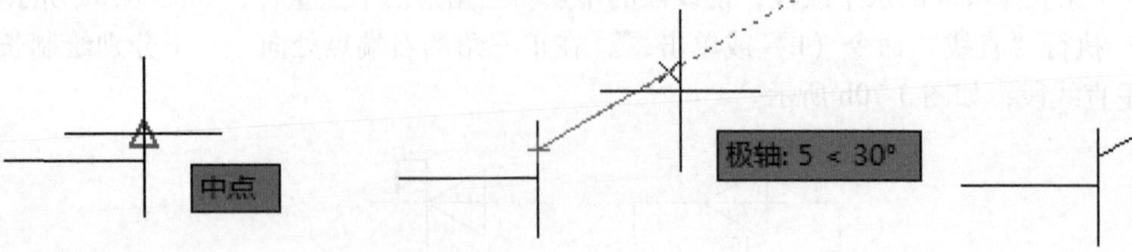

图 3-74　用极轴追踪绘制与水平方向成 30°的线段

步骤 06　接着执行“镜像”命令（MI）或单击镜像按钮，将上一步绘制的斜线进行垂直镜像复制操作，如图 3-75 所示。

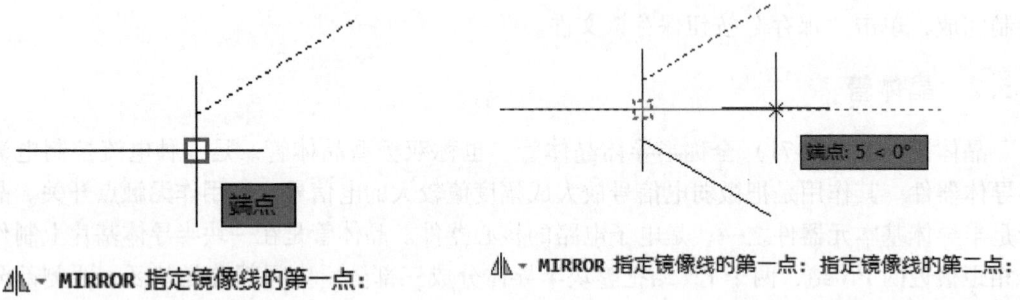

图 3-75　镜像复制

步骤 07　执行“多段线”命令（PL），捕捉上侧垂直线与斜线的交点作为多段线的起点，然后选择“宽度（W）”选项，设置起点宽度为 0，端点宽度为 0.5，捕捉斜线段的中点作为多段线的终点，从而绘制箭头对象，如图 3-76 所示。

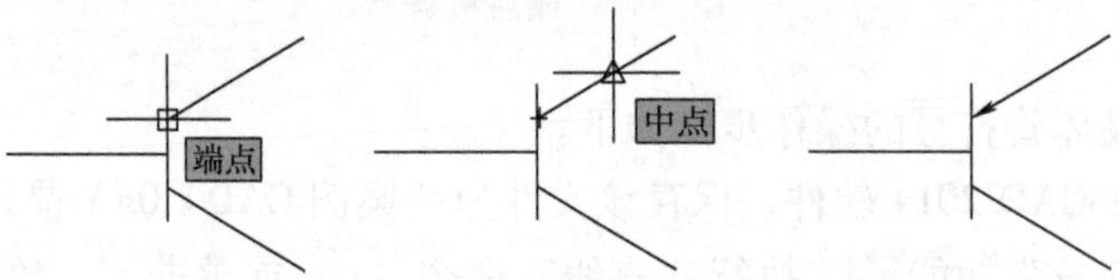

图 3-76　绘制箭头

步骤 08　执行“基点”命令（Base），指定晶体管左侧线段端点为基点，至此晶体管已经绘制完成，单击保存按钮保存该文件。

3.6　开关的绘制

开关是一种基本的低压电器是电气设计中常用的电气控制器件，其主要用于控制电路的通断。

3.6.1　单极开关的绘制

单极开关就是一个翘板的开关，是只分合一根导线的开关。开关的极数是指开关断开

（闭合）电源的线数，如对 220V 的单相线路可以使用单极开关断开相线（火线），而零线（N 线）不经过开关，也可以使用双极开关同时断开相线和零线（N 线）。

下面介绍单极开关的绘制方法。

操作步骤：

步骤 01 启动 AutoCAD 2014 软件，系统将自动新建一个“. dwg”文件，选择“文件”/“保存”菜单命令，将其保存为“案例 CAD \ 03 \ 单极开关符号 . dwg”文件。

步骤 02 按<F8>键打开“正交”模式，在“绘图”工具栏中单击“直线”按钮，连续绘制 3 条长为 10mm 的直线，如图 3-77 所示。

步骤 03 在“修改”工具栏中单击“旋转”按钮 0，根据命令行提示选择直线 2 为旋转对象，以直线 2 的左端点为基点，输入旋转角度 20°，完成单极开关的绘制，如图 3-78 所示。

步骤 04 至此，该单极开关符号已经绘制完成，在键盘上按<Ctrl+S>组合键对文件进行保存。

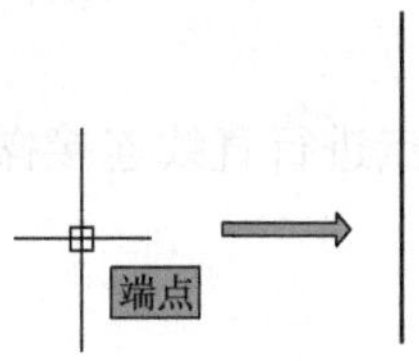

图 3-77　绘制直线

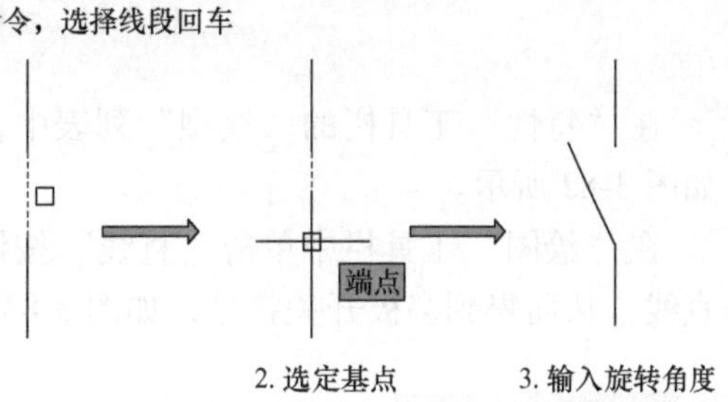

图 3-78　执行旋转操作

3. 6. 2　多极开关的绘制

多极开关就是多翘板连为一体的开关，是可以分合多根导线的开关。多极开关主要是在无负荷情况下关合和开断电路：可与断路器配合改变设备的运行方式；可进行一定范围内空载线路的操作；可进行空载变压器的投入和退出操作；也可形成可见的断开点。如对于 3 相 380V，则分别有 3 极或 4 极开关使用的情况。下面介绍多极开关的绘制方法。

操作步骤：

步骤 01 调用“案例 CAD \ 03 \ 单极开关符号 . dwg”文件，如图 3-79 所示。将其另存为“案例 CAD \ 03 \ 多极开关符号 . dwg”文件。

步骤 02 按<F8>键打开“正交”模式，在“修改”工具栏中单击“偏移”按钮，根据命令行提示输入偏移距离为 10mm，选择所有图形作为偏移对象，分别向左和向右偏移 10mm，如图 3-80 所示。

图 3-79　调出单极开关

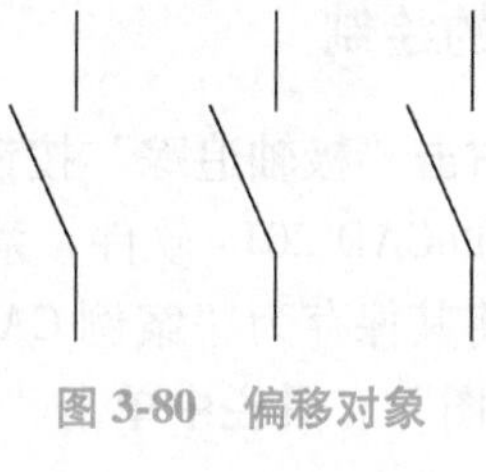

图 3-80　偏移对象

步骤 03 选择“格式”/“线型”菜单命令，弹出“线型管理器”对话框，单击“加载”按钮，随后弹出“加载或重载线型”对话框，在“可用线型”下拉列表中选择“ACAD_ISO03W100”线型，然后单击“确定”按钮进行加载，如图 3-81 所示。

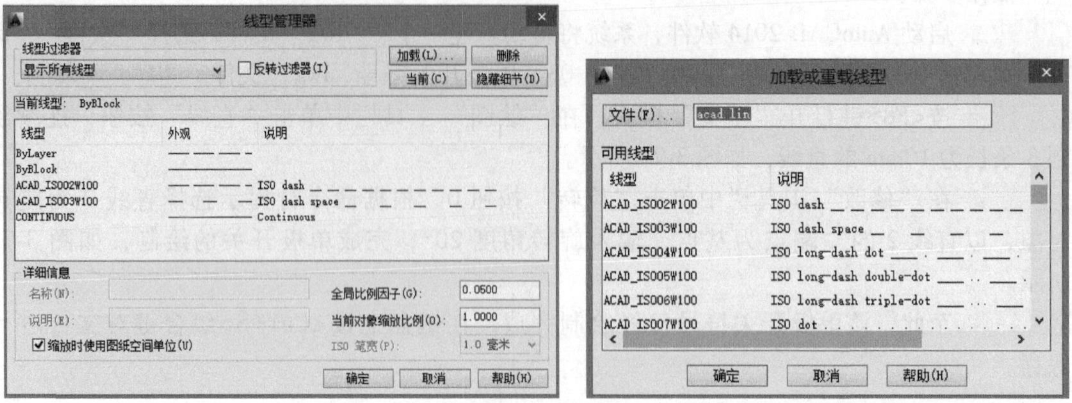

图 3-81 加载线型

步骤 04 在“特性”工具栏的“线型”列表中，选择“ACAD_ISO03W100”线型作为当前线型，如图 3-82 所示。

步骤 05 在“绘图”工具栏中单击“直线”按钮，捕捉直线的中点进行直线连接操作，绘制一条直线，从而得到多极开关符号，如图 3-83 所示。

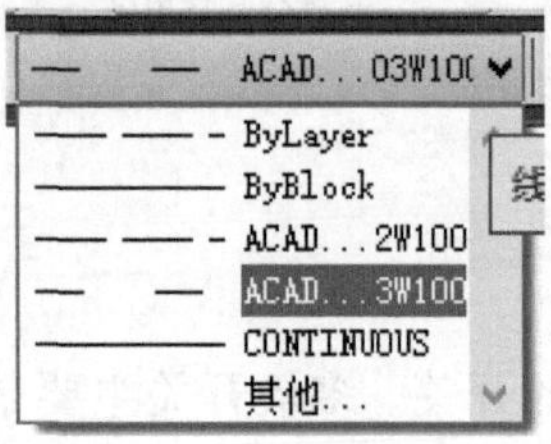

图 3-82 选择线型

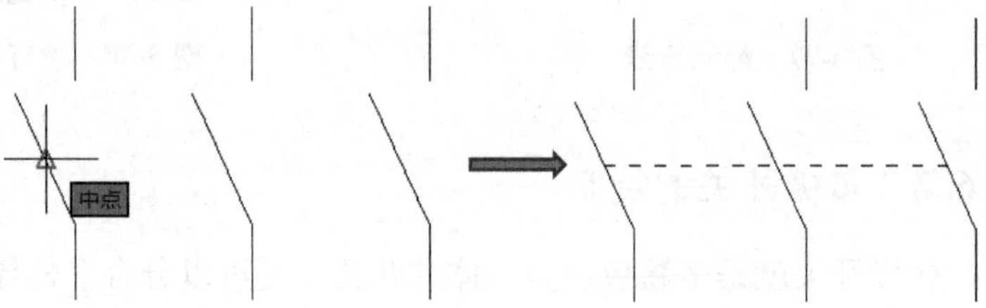

图 3-83 多极开关

步骤 06 执行“基点”命令（Base），指定多级开关左上侧线段端点为基点，至此多级开关已经绘制完成，单击保存按钮保存。

3.7 信号器件的绘制

信号器件是反映电路工作状态的器件，广泛应用在电气设计中。本节主要介绍信号灯、电铃、蜂鸣器的绘制方法。

3.7.1 信号灯的绘制

在状态栏中右击“极轴追踪”按钮，设置追踪角度为 45°，开启“极轴追踪”模式。

步骤 01 启动 AutoCAD 2014 软件，系统将自动新建一个“.dwg”文件，选择“文件”/“保存”菜单命令，将其保存为“案例 CAD \ 03 \ 信号灯符号 . dwg”文件。

步骤 02 在“绘图”工具栏中单击“圆”按钮，根据命令行提示，绘制一个半径为 2.5mm

的圆，如图 3-84 所示。

步骤 03　在状态栏中右击“极轴追踪”按钮，设置追踪角度为 45°，开启“极轴追踪”模式。在“绘图”工具栏中单击“直线”按钮，以圆心为起点，绘制一条角度为 45°、长为 2.5mm 直线，如图 3-85 所示。

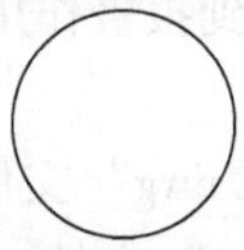
图 3-84　绘制圆

图 3-85　绘制极轴为 45°的直线

步骤 04　在“修改”工具栏中单击“环形阵列”按钮按照如下命令行提示进行操作，将绘制的斜线段绕圆心进行环形阵列，效果如图 3-86 所示。

```
命令:_ARRAYPOLAR
选择对象:找到 1 个(选择绘制的斜线段)
选择对象:↙(按<Enter>键结束选择)
类型=极轴　关联=是
指定阵列的中心点或[基点(B)/旋转轴(A)]:(捕捉圆心点)
选择夹点以编辑阵列或[关联(AS)/基点(B)/项目(I)/项目间角度(A)/填充角度(F)/行(ROW)/层(L)/旋转项目(ROT)/退出(X)]<退出>:i↙
输入阵列中的项目数或[表达式(E)]<6>:4↙
```

步骤 05　在“绘图”工具栏中单击“直线”按钮，在圆的左右两端分别绘制长度为 10mm 的直线，最终效果如图 3-87 所示。

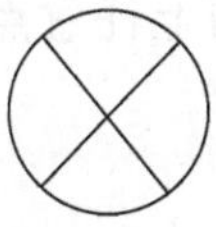
图 3-86　环形阵列

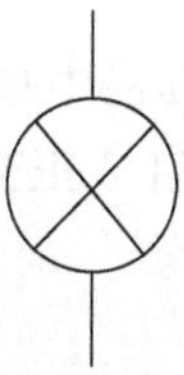
图 3-87　信号灯

步骤 06　至此，该信号灯符号绘制完成，按<Ctrl+S>组合键对文件进行保存。

此外，以上绘制信号灯的步骤 03 和步骤 04 也可以用如下的方式绘制，以供读者参考。

单击“绘图”工具栏中的“直线”按钮，绘制两条过圆心的水平和垂直线段，如图 3-88a 所示。

单击“修改”工具栏的“旋转”按钮，将水平和垂直线段旋转 45°，完成绘制，如图 3-88b 所示。

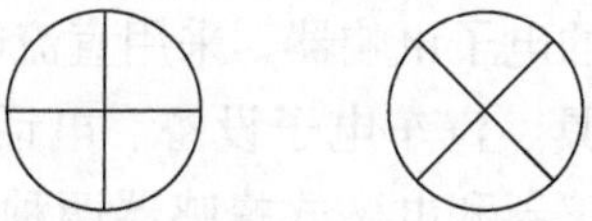
a) 绘制水平和垂直线段　　b) 旋转

图 3-88　绘制信号灯

3.7.2　电铃的绘制

电铃利用了电流的磁效应：通电时，电磁铁有电流通过，产生了磁性，把小锤下方的弹性片吸过来，使小锤打击电铃发出声音；同时电路断开，电磁铁失去了磁性，小锤又被弹回，电路闭合；不断重复，电铃便发出连续击打声，从而起到报警作用。下面介绍电铃的绘制方法。操作步骤：

步骤 01 启动 AutoCAD 2014 软件，系统将自动新建一个“. dwg”文件，选择“文件”/“保存”菜单命令，将其保存为“案例 CAD \ 03 \ 电铃符号 . dwg”文件。

步骤 02 在“绘图”工具栏中单击“圆”按钮，根据命令行提示绘制一个半径为 6mm 的圆，如图 3-89 所示。

步骤 03 在“绘图”工具栏中单击“直线”按钮，以圆心为起点，分别向左（直线 1）和向右（直线 2）绘制一条长为 6mm 的直线，如图 3-90 所示。

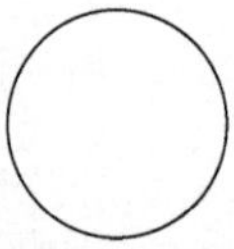

图 3-89　绘制圆

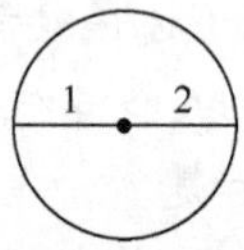

图 3-90　绘制过圆心的水平直线

步骤 04 在“修改”工具栏中单击“打断”按钮，选择圆为对象，以直线 1 的左端点、直线 2 的右端点为打断点，将圆对象进行打散，然后将下侧打断的圆弧删除，如图 3-91 所示。

步骤 05 在“绘图”工具栏中单击“直线”按钮，以直线 1 的中点为起点向 Y 轴的负方向绘制一条长为 3mm 的直线，再以所绘直线的终点为起点向 X 轴的负方向绘制一条长为 6mm 的直线，如图 3-92 所示。

步骤 06 在“修改”工具栏中单击“镜像”按钮，选择步骤 05 中所绘两条直线为对象，以圆心为第一镜像点，开启“正交”开关，以 Y 轴方向上任意点为镜像第二点，进行水平镜像，结果如图 3-93 所示。

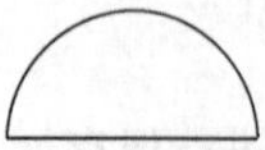

图 3-91　删除下半圆

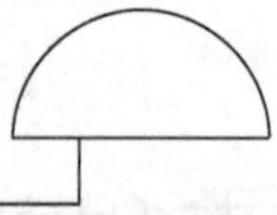

图 3-92　绘制线段

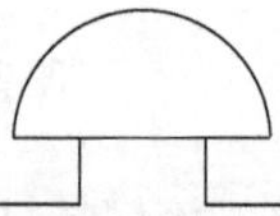

图 3-93　镜像

步骤 07 至此，该电铃符号已经绘制完成，在键盘上按<Ctrl+S>组合键对文件进行保存。

此外，以上绘制电铃的步骤 02、03、04 也可以直接用“圆弧”按钮绘制半圆。

3.7.3　蜂鸣器的绘制

蜂鸣器是一种一体化结构的电子讯响器，采用直流电压供电，广泛应用于计算机、打印机、复印机、报警器、电子玩具、汽车电子设备、电话机、定时器等电子产品中作发声器件。蜂鸣器主要分为压电式蜂鸣器和电磁式蜂鸣器两种类型。蜂鸣器在电路中用字母“H”或“HA”表示。下面介绍蜂鸣器的绘制方法。

步骤 01 启动 AutoCAD 2014 软件，系统将自动新建一个“. dwg”文件，选择“文件”/“保存”菜单命令，将其保存为“案例 CAD \ 03 \ 蜂鸣器符号 . dwg”文件。

步骤 02 在“绘图”工具栏中单击“直线”按钮，绘制一条长为 5mm 的水平直线。在“绘图”工具栏中单击“圆弧”按钮，根据命令行提示选择直线的左端点为起点，输入“c”，选择直线的中点为圆心，单击直线的右端点确定弧长，从而绘制半圆弧，如图 3-94 所示。

步骤 03 在“绘图”工具栏中单击“直线”按钮，以直线的中点为起点向 Y 轴负方向绘制一条长为 4mm 的直线，如图 3-95 所示。

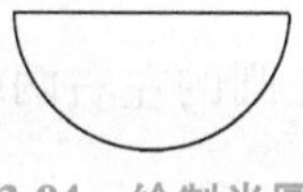

图 3-94　绘制半圆弧

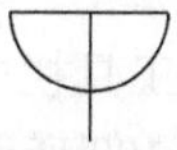

图 3-95　向 Y 轴负方向绘制直线

步骤 04 在“修改”工具栏中单击“偏移”按钮，根据命令行提示输入偏移距离为 1mm，选择步骤 03 中所绘制直线为偏移对象，分别向左和向右偏移直线，如图 3-96 所示。

步骤 05 在“修改”工具栏中单击“删除”按钮，删除直线 1。再单击“打断”按钮，分别将直线 2 和直线 3 包含在圆弧内的部分打断，如图 3-97 所示。

步骤 06 在“绘图”工具栏中单击“直线”按钮，分别以直线 2、直线 3 的下端点为起点，分别向左和向右绘制一条长为 4mm 的水平直线，如图 3-98 所示。

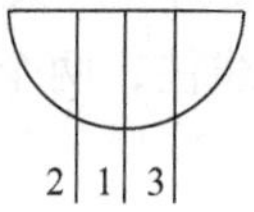

图 3-96　偏移直线

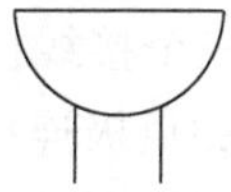

图 3-97　打断直线

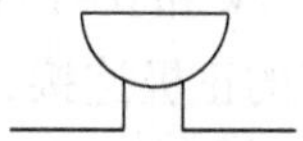

图 3-98　蜂鸣器符号

步骤 07 至此，该蜂鸣器符号已经绘制完成，在键盘上按<Ctrl+S>组合键对文件进行保存。

3.8 测量仪表的绘制

测量仪表用于测量、记录和计量各种电学量。常用的测量仪表有电流表、电压表、欧姆表、功率表、功率因数表、频率表、相位表、同步指示器、电能表和多种用途的万用电表等。

3.8.1　电流表的绘制

电流表又称“安培表”，是测量电路中电流大小的工具，一般可直接测量微安或毫安数量级的电流。为测量更大的电流，电流表应有并联电阻器（又称分流器）。分流器的电阻值要使满量程电流通过时，电流表满偏转，即电流表指示达到最大。

下面介绍电流表的绘制方法。操作步骤如下：

步骤 01 启动 AutoCAD 2014 软件，系统将自动新建一个“. dwg”文件，选择“文件”/“保存”菜单命令，将其保存为“案例 CAD \ 03 \ 电流表符号 . dwg”文件。

步骤 02 在“绘图”工具栏中单击“圆”按钮，根据命令行提示绘制一个半径为 4mm 的圆。

步骤 03 在“绘图”工具栏中单击“多行文字”按钮 A，将文字指定在圆内，在弹出的“文字格式”对话框中选择文字样式为“STANDARD”，设置字体为“宋体”，文字高度为“4”，颜色为“黑色”，输入字母“A”，如图 3-99 所示。

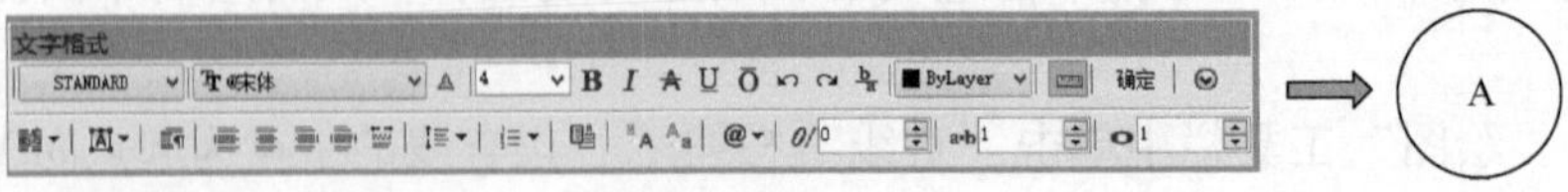

图 3-99　输入文字

步骤 04 在“绘图”工具栏中单击“直线”按钮，在圆的左右两端分别绘制一条长度为 10mm 的直线，如图 3-100 所示。

步骤 05 至此，该电流表符号已经绘制完成，在键盘上按<Ctrl+S>组合键对文件进行保存。

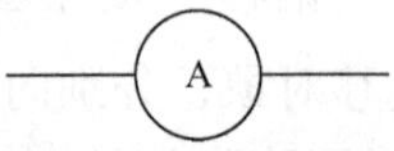

图 3-100　电流表符号

3.8.2　电压表的绘制

电压表是测量电压的一种仪器，常用电压表（伏特表）符号为 V。大部分电压表都分为两个量程：0~3V 和 0~15V。电压表有三个接线柱，一个负接线柱，两个正接线柱。电压表的正极与电路的正极连接，负极与电路的负极连接。

电压表的绘制方法与电流表类似，只是在输入字母时需输入“V”，读者可按照电流表的绘制方法绘制电压表。电压表符号如图 3-101 所示。

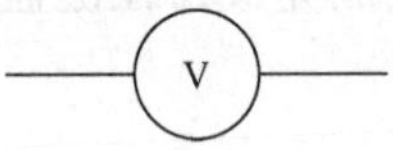

图 3-101　电压表符号

3.8.3　频率表的绘制

频率表用于检测频率。频率表的绘制方法与电流表类似，只是在输入字母时需输入“Hz”，读者可按照电流表的绘制方法绘制频率表。频率表符号如图 3-102 所示。

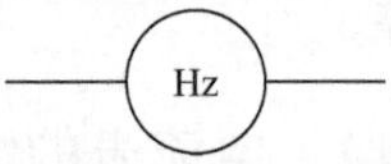

图 3-102　频率表符号

3.9　常用电器的绘制

电器是接通、断开电路，调节、控制和保护电路及电气设备用的电工器具。电器的用途广泛，功能多样，种类繁多，结构各异。

3.9.1　电动机的绘制

电动机是把电能转换成机械能的设备，电动机按使用电源的不同分为直流电动机和交流电动机。电力系统中的电动机大部分是交流电动机，可以是同步电动机或者是异步电动机。通电导线在磁场中受力运动的方向跟电流方向和磁感线（磁场方向）方向有关。下面介绍电动机的绘制方法。

步骤 01 启动 AutoCAD 2014 软件，系统将自动新建一个“. dwg”文件，选择“文件”/“保存”菜单命令将其保存为“案例 CAD \ 03 \ 电动机符号 . dwg”文件。

步骤 02 在“绘图”工具栏中单击“直线”按钮，绘制一条长度为 10mm 的垂线。

步骤 03 在“修改”工具栏中单击“偏移”按钮，根据命令行提示输入偏移距离为 5mm，选择步骤 02 中所绘垂线为对象分别向左和右偏移，如图 3-103 所示。

步骤 04 在“绘图”工具栏中单击“圆”按钮，根据命令行提示以直线 1 的下端点为圆心，绘制一个半径为 4mm 的圆，如图 3-104 所示。

步骤 05 在“绘图”工具栏中单击“直线”按钮，分别以直线 2、3 的中点为起点，以圆心为终点绘制两条直线，如图 3-105 所示。

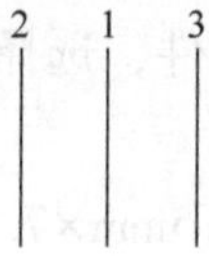

图 3-103　偏移

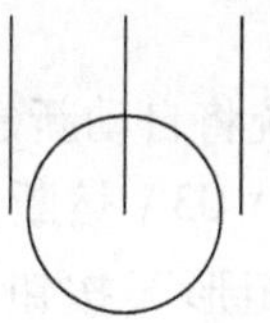

图 3-104　绘制圆

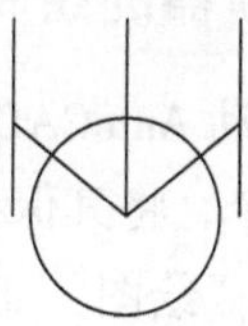

图 3-105　绘制直线

步骤 06 在“修改”工具栏中单击“修剪”按钮 修剪，将直线 1、2、3 以下以及包含在圆内部的直线剪切掉，如图 3-106 所示。

步骤 07 在“绘图”工具栏中单击“多行文字”按钮 A 多行文字，将文字指定在圆内，在弹出的“文字格式”对话框中选择文字样式为“STANDARD”，设置字体为“宋体”，文字高度为“2”，颜色为“黑色”，输入“M”后按<Enter>键，再输入“3 ~”，如图 3-107 所示。

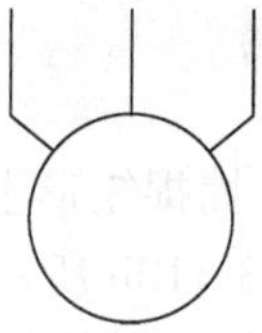

图 3-106　修剪

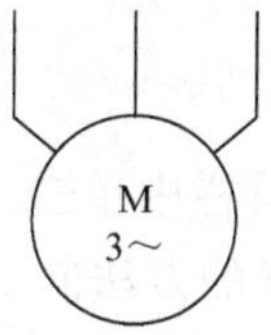

图 3-107　执行多行文字

步骤 08 至此，该电动机符号已经绘制完成，在键盘上按 <Ctrl+S>组合键对文件进行保存。

3.9.2　继电器线圈的绘制

步骤 01 启动 AutoCAD 2014 软件，系统将自动新建一个“. dwg”文件，选择“文件”/“保存”菜单命令，将其保存为“案例 CAD \ 03 \ 继电器线圈 . dwg”文件。

步骤 02 在“绘图”工具栏中单击“矩形”按钮，绘制一个 10mm×6mm 的矩形，如图 3-108 所示。

步骤 03 在“绘图”工具栏中单击“直线”按钮，捕捉矩形上边长的中点向上绘制一条长度为 5mm 的垂线，同样的方法向下绘制垂线，如图 3-109 所示。

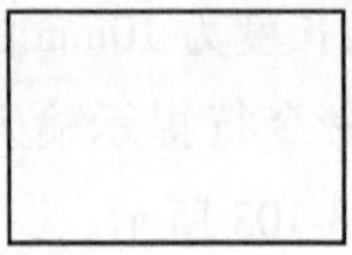

图 3-108　绘制矩形

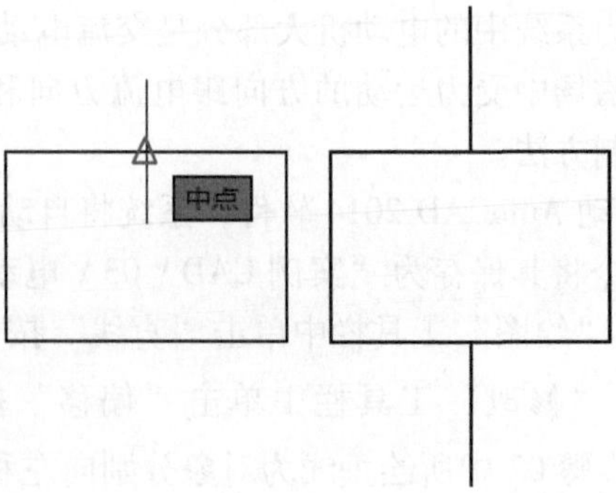

图 3-109　继电器线圈

步骤 04 至此，该继电器线圈符号已经绘制完成，在键盘上按 <Ctrl+S>组合键对文件进行保存。

3.9.3　熔断器的绘制

步骤 01 启动 AutoCAD 2014 软件，系统将自动新建一个“. dwg”文件，选择“文件”/“保存”菜单命令，将其保存为“案例 CAD \ 03 \ 熔断器 . dwg”文件。

步骤 02 在“绘图”工具栏中单击“矩形”按钮，绘制一个 2. 5mm×7. 5mm 的矩形，如图 3-110a 所示。

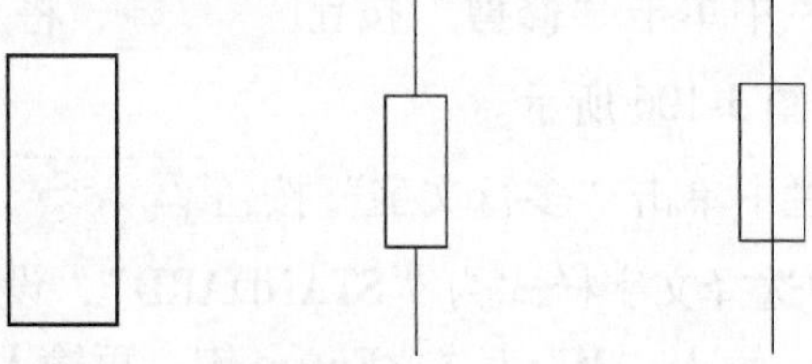

a) 绘制矩形　b) 捕捉中点绘制垂线　c) 绘制直线

图 3-110　绘制熔断器

步骤 03 在“绘图”工具栏中单击“直线”按钮，捕捉矩形上边长的中点向上绘制一条长度为 5mm 的垂线，同样的方法向下绘制垂线，如图 3-110b 所示。

步骤 04 在“绘图”工具栏中单击“直线”按钮，捕捉中点绘制直线，如图 3-110c 所示。

步骤 05 至此，该熔断器符号已经绘制完成，在键盘上按 <Ctrl+S>组合键对文件进行保存。

3.10　表格

表格是在行和列中包含数据的对象。在绘图过程中大量使用表格，例如标题栏和明细表都属于表格的应用。

1. 创建表格样式

和文字样式一样，所有 AutoCAD 图形中的表格都有与其相对应的表格样式。当插入表格对象时，系统使用当前设置的表格样式。表格样式是用来控制表格基本形状的一组设置。单击“样式”工具栏“表格样式”按钮，系统弹出“表格样式”对话框，如图 3-111a 所示。通过该对话框可以对表格样式进行新建、修改、删除以及置为当前等操作。单击“新建”按钮，系统弹出“创建新的表格样式”对话框，如图 3-111b 所示。

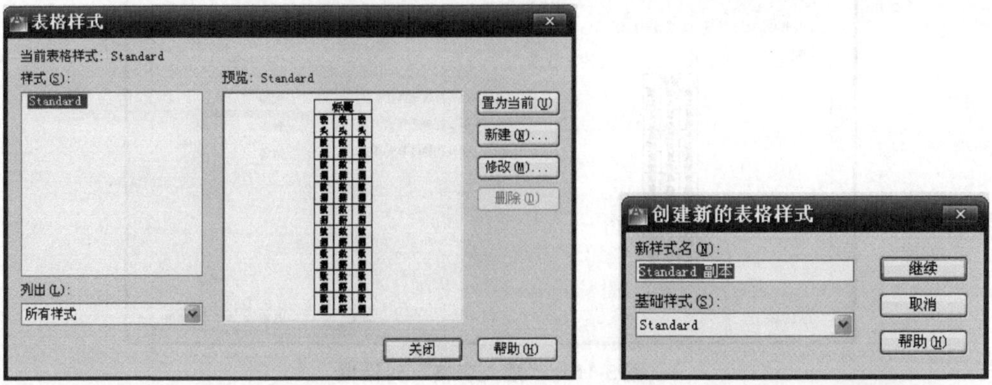

a) 表格样式　　　　b) 创建新的表格样式

图 3-111　定义表格样式

在“创建新的表格样式”对话框中，输入新的表格样式名称。在“基础样式”下拉列表中，选择一种表格样式作为新的表格样式的默认设置。单击“继续”按钮，弹出“新建表格样式”对话框，如图 3-112a 所示。单击“单元样式”里的“ ”，弹出“创建新单元样式”对话框，在该对话框中可以输入新样式名，如图 3-112b 所示。

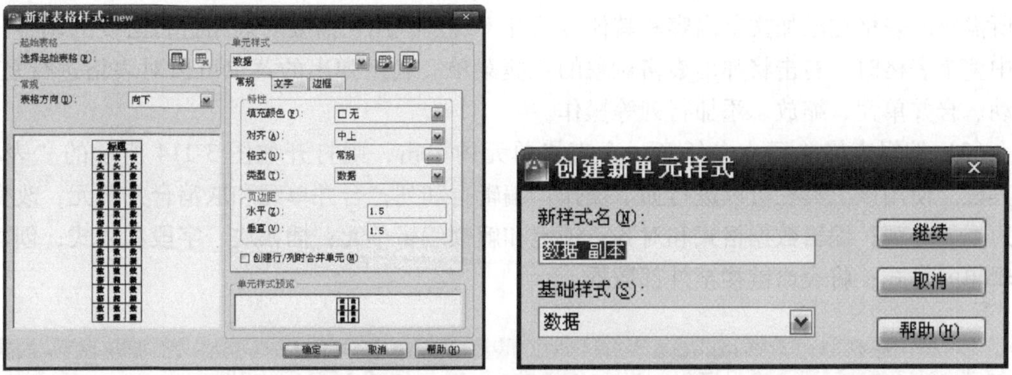

a)“新建表格样式”对话框　　　　b)“创建新单元样式”对话框

图 3-112　创建表格样式

2. 创建表格

表格样式创建完成之后，即可使用该样式或系统默认样式来新建表格。

单击“绘图”工具栏的“表格”按钮，系统将弹出“插入表格”对话框，如图 3-113 所示。

在该对话框中包含多个选项，各选项含义如下：

（1）表格样式　用于选择表格样式，也可以单击右侧的按钮，新建或修改表格样式。

（2）插入方式　用于指定插入表格的方式。

1）指定插入点：可以在绘图区中的某点插入固定大小的表格。

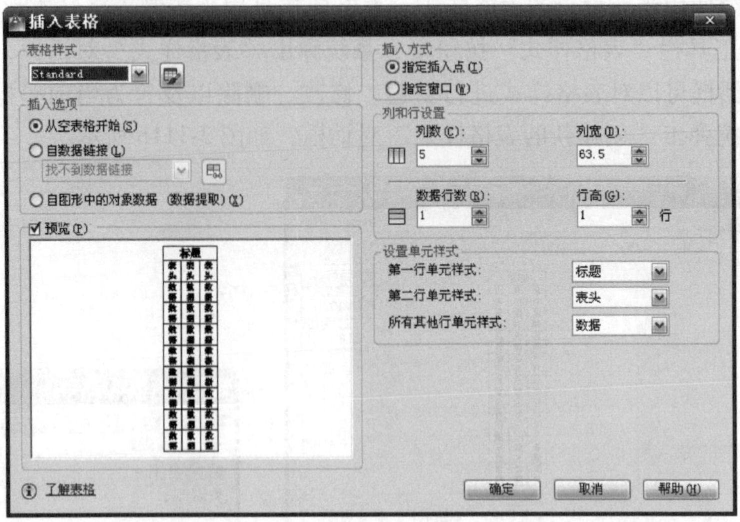

图 3-113 “插入表格”对话框

2）指定窗口：可以在绘图区中通过指定表格两对角点的方式来创建任意大小的表格。

（3）列和行设置　可以通过改变“列数”“列宽”“数据行数”“行高”文本框中的数值来调整表格外观的大小。

3. 编辑表格

在添加完表格后，用户可以根据需要对表格整体或表格单元执行拉伸、合并或添加等编辑操作。

（1）编辑表格整体　通过“表格”工具插入的表格尺寸通常都是统一规定的，但实际上所需要的表格在添加文字内容和其他方面并不统一，用户需要对表格进行必要的调整。当选中整个表格时，右击将弹出表格对象的快捷菜单。利用弹出的菜单可以对表格进行复制、移动、合并单元、缩放、添加行列等操作。

（2）编辑表格单元　在任意一个表格单元内单击，则打开如图 3-114 所示的“表格”工具栏。使用该工具栏可以进行如下操作：编辑行和列；合并单元和取消合并单元；改变单元边框的外观；编辑数据格式和对齐；锁定和解锁编辑单元；插入块、字段和公式；创建和编辑单元样式；将表格链接至外部数据。

图 3-114 “表格”工具栏

进行合并单元操作时，需要选择要合并的多个单元。如果要选择多个单元，可以在单击选中第一个单元后，按住<Shift>键并在另一个单元内单击，则可以同时选中这两个单元以及它们之间所有的单元。

（3）添加表格内容　完成表格的创建后，需要在表格中添加相应的数据。表格内容的添加都是通过表格单元来完成的，表格单元除了可以包含常见的文本信息外，在有些情况下为了更好地表达设计者的意图还可以添加一些图片，所以表格单元也可以包含不同的块。

1）添加数据。创建表格完成后，系统会自动加亮第一个表格单元，此时可以开始输入文字，而且单元的行高会随着文字的高度而改变。按<Tab>键进入下一个单元或使用方向键向上、向下、向左或向右移动选择单元，在选中单元后按<F2>键或双击可以编辑文字内容。

2）添加块。当选中表格单元后，在展开的“表格”工具栏中单击“插入块”按钮，将弹出“在表格单元中插入块”对话框，如图 3-115 所示，可进行块的插入操作。在表格单元插入块时，可调整块的比例、旋转角度等，使块可以自动适用表格单元的大小，也可以调整单元以适应块的大小，并且可以将多个块插入到同一个表格单元中。

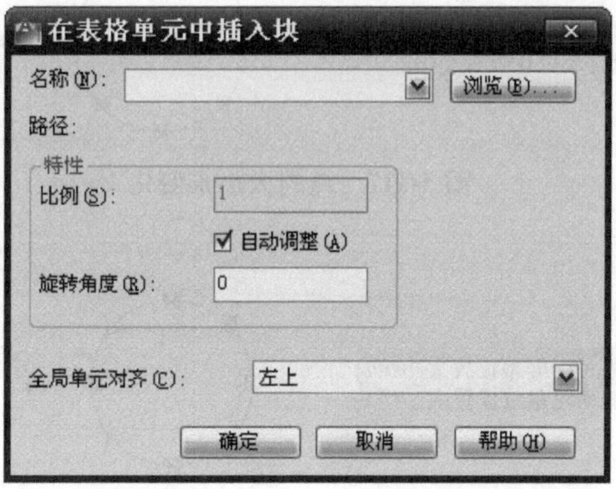

图 3-115 “在表格单元中插入块”对话框

3.11 点

1. 设置点样式

在绘制点之前一般要设置点样式，使其清晰可见。单击菜单栏“格式”/“点样式”命令，打开“点样式”对话框，如图 3-116 所示。用户可根据需要任意选择提供的 20 种点样式中的一种。

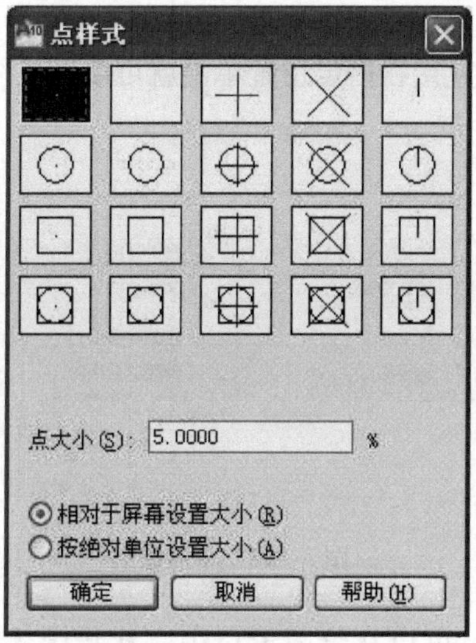

图 3-116 “点样式”对话框

现就该对话框进行简单的说明。

1）点大小（S）：用于确定点大小的百分比。

2）相对于屏幕设置大小（R）：按屏幕尺寸的百分比设置点的显示大小。当进行缩放时，点的显示大小并不改变，如图 3-117 所示，右侧图形为左侧图形缩放 1/2 时的结果。

3）按绝对单位设置大小（A）：按“点大小”下指定的实际单位设置点显示的大小。进行缩放时，显示点的大小随之改变，如图 3-118 所示，右侧图形为左侧图形缩放 1/2 时的结果。

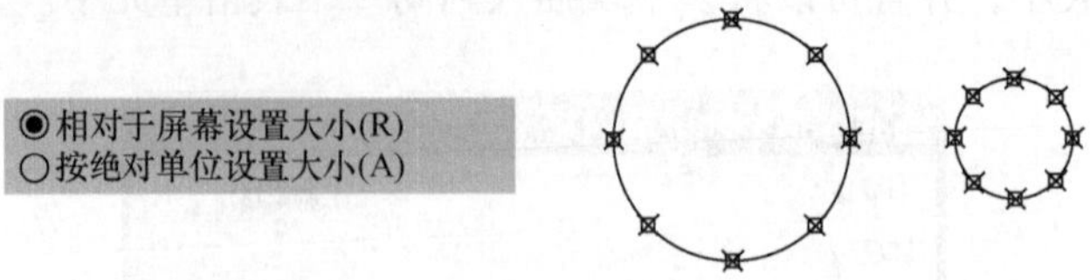

图 3-117　点的大小未变化

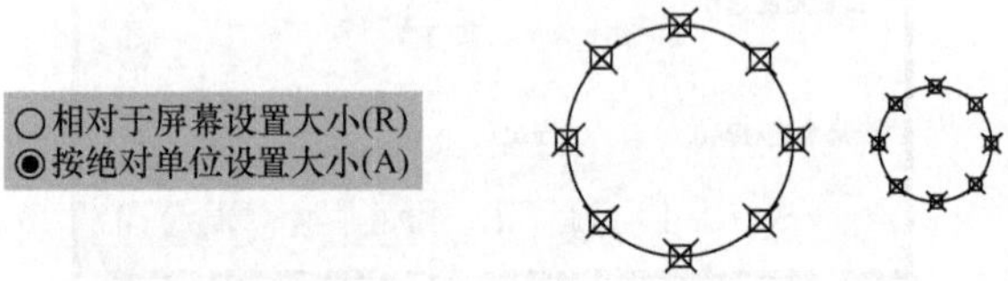

图 3-118　点的大小变化

2. 绘图点对象

创建点时，可以通过选择“绘图”/“点”命令中的单点、多点、定数等分、定距等分选项，实现多种创建方式，如图 3-119 所示。

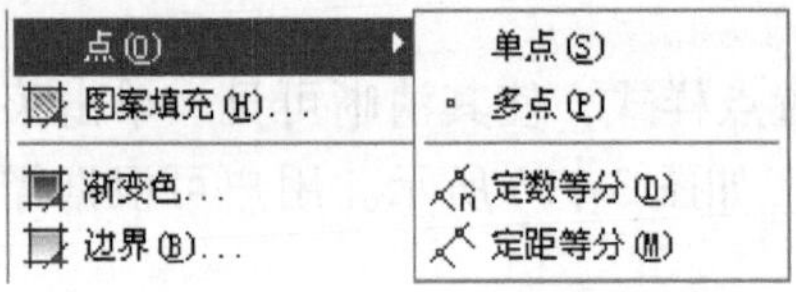

图 3-119　“点”菜单

1）单点：选择命令后，直接在指定位置单击就可以创建一个点，如图 3-120 所示。

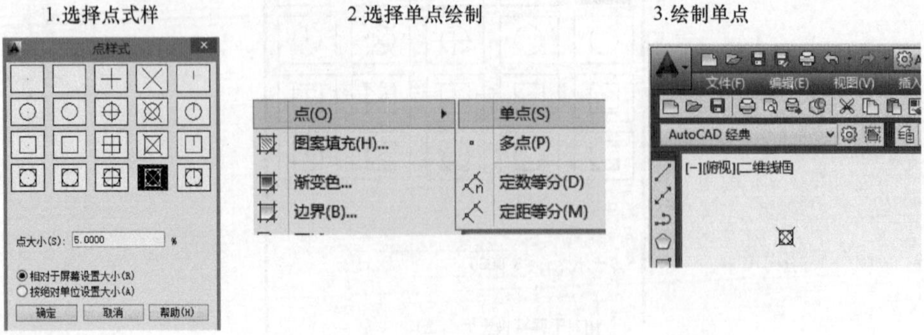

图 3-120　单点绘制

2）多点：选择命令后，可以在绘图窗口中一次指定多个点，直到按<Esc>键结束。

3）定数等分：选择该命令后，命令行将提示选择要定数等分的对象，然后按要求输入对该对象进行等分的数目。例如对一圆进行定数等分，如图 3-121 所示。

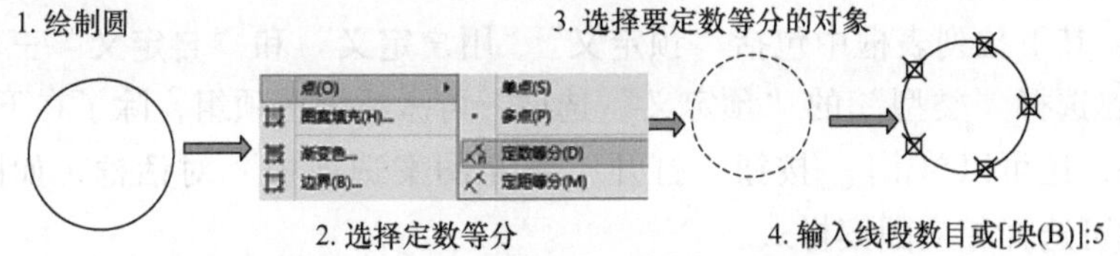

图 3-121　定数等分

4）定距等分：选择该命令后，命令行将提示选择要定距等分的对象，然后要求输入等分段的长度。例如将一段直线定距等分，如图 3-122 所示。

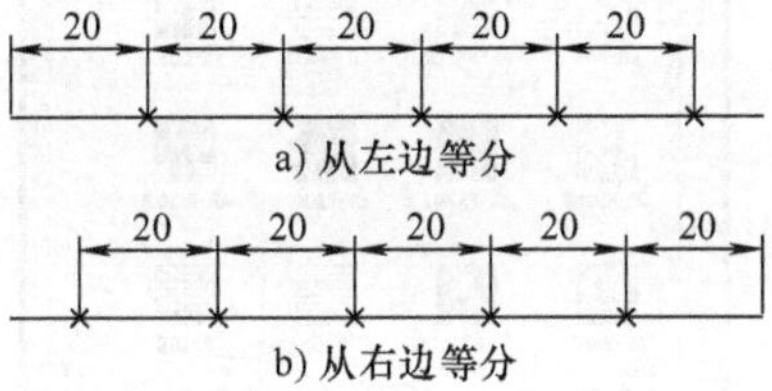

图 3-122　定距等分

注　意　定距等分拾取对象时，放置点的起始位置从离对象选取点较近的端点开始。

3.12　图案填充与编辑

在工程制图中，为了标识某一区域的意义或用途，通常需要将其填充为某种图案，以区别于图形中的其他部分。

单击“绘图”工具栏“图案填充”按钮，打开如图 3-123 所示的“图案填充和渐变色”对话框，在此对话框中可以设置图案填充。

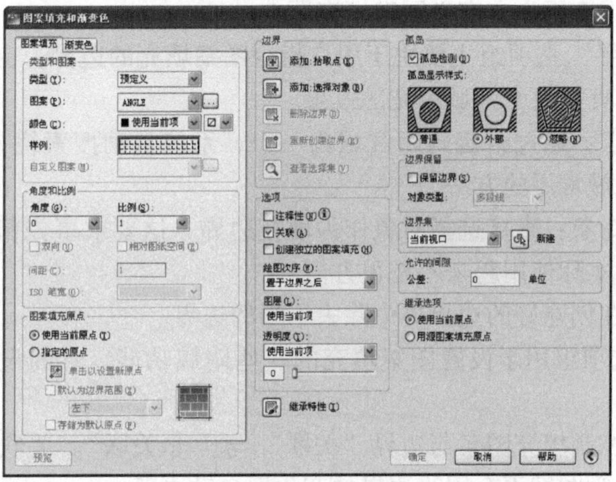

图 3-123　“图案填充和渐变色”对话框

该对话框各选项功能如下。

(1) 类型和图案　该选项组用于设置图案填充的类型和图案，单击其右侧的下三角按钮，即可打开下拉列表来选择填充类型和图案。

1) 类型：其下拉列表框中包括“预定义”“用户定义”和“自定义”三种图案类型。

2) 图案：选择“类型”的“预定义”选项，可激活该选项组，除了在下拉列表中选中相应的图案外，还可以单击[...]按钮，打开“填充图案选项板”对话框，如图 3-124 所示，在该对话框中可选择相应图案样式。

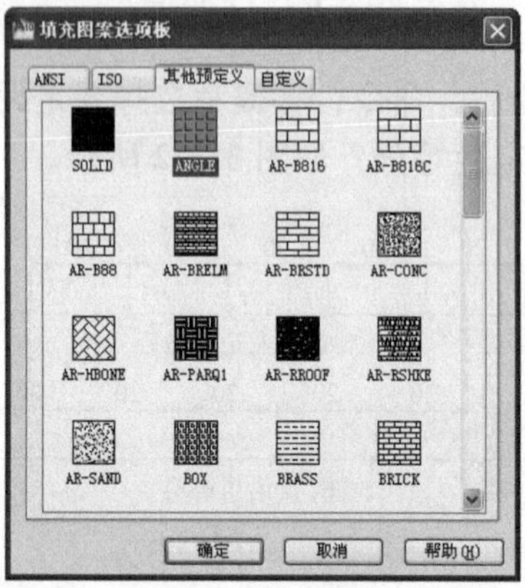

图 3-124　“填充图案选项板”对话框

(2) 角度和比例　该选项组用于预设图案填充的填充角度、比例或图案间距等参数。

1) 角度：设置填充图案的角度，默认情况下填充角度为 0。

2) 比例：设置填充图案的比例。

3) 间距：当用户选择“类型”为“用户定义”时设置线条间距。

4) ISO 笔宽：主要针对用户选择“预定义”填充图案类型，同时选择了“ISO”预定义图案时，可以通过改变笔宽值来改变填充图案效果。

(3) 图案填充原点

1) 使用当前原点：用于设置填充图案生成的起始位置，因为许多图案填充时，需要对齐填充边界上的一个点，默认使用当前 UCS 的原点作为图案填充的原点。

2) 指定原点：用于用户自定义图案填充原点。

(4) 边界　“边界”选项组主要用于用户指定图案填充的边界，也可以通过对边界的删除或重新创建等操作直接改变区域填充的效果。

1) 添加：拾取点：通过给定封闭区域内一点，系统自动搜索绕该点最小的封闭区域。该方法灵活方便，是最常用的方法。

2) 添加：选择对象：直接选择对象作为填充边界，这要求事先精确绘制出边界。由于要先绘制边界，所以实际使用起来不是很方便。

3) 删除边界：在创建好的边界集中除去不当的边界。

(5) 选项　该选项组用于设置图案填充的一些附属功能，它的设置间接影响填充图案的效果。

1) 关联：用于控制填充图案与边界“关联”与“非关联”。关联图案填充随边界的变化而自动更新，非关联图案不会因为边界的变化而自动更新。

2）创建独立的图案填充：选择该复选框，可以建立独特的图案填充，它不随边界的修改而更新图案填充。

3）绘图次序主要为图案填充或填充指定绘图顺序。

（6）孤岛　在进行图案填充时，通常将位于一个已定义好的填充区域内的封闭区域称为孤岛。在填充区域内有如文字、公式以及孤立的封闭图形等特殊对象时，可以利用孤岛操作在这些对象处断开填充或全部填充。

"孤岛显示样式"用于设置孤岛的填充方式，包括"普通""外部"和"忽略"三种方式。

1）普通：从最外边界向里面画填充线，遇到与之相交的内部边界时断开填充线，遇到下一个内部边界时继续绘制填充线，如图 3-125a 所示。

2）外部：从最外边界向里面画填充线，遇到与之相交的内部边界时断开填充线，不再往里绘制填充线，如图 3-125b 所示。

3）忽略：忽略边界内的对象，所有内部结构都被填充线覆盖，如图 3-125c 所示。

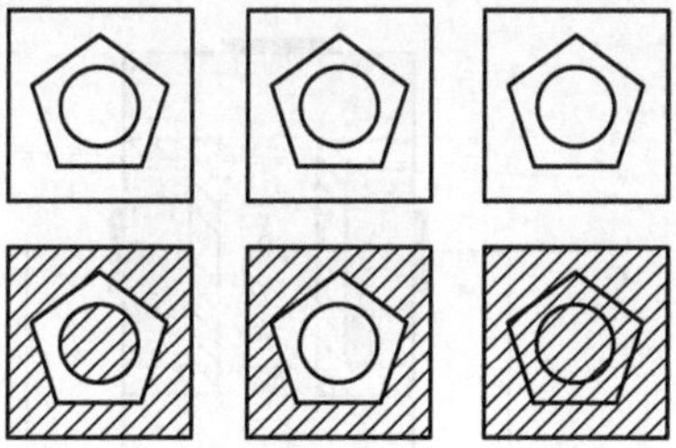

a) 普通　　b) 外部　　c) 忽略

图 3-125　孤岛的三种方式

（7）边界保留　该选项组中的"保留边界"复选框与下面的"对象类型"列表项相关联，即启用"保留边界"复选框便可以将填充边界对象保留为面域或多段线两种形式。

3.13 实例演练

3.13.1　绘制表格

绘制表格并填写文字，如图 3-126 所示，字体为"仿宋体"，字高为 5mm 和 3mm。操作提示：

1）在命令行中输入表格命令"TABLE"并按<Enter>键。

2）修改表格样式对话框。

3）设置完成后，单击"确定"按钮，将表格放置到合适位置，然后在表格中输入需要输入的内容。

3.13.2　绘制 P 沟道结型场效应晶体管结构图

如图 3-127 所示，操作提示：

技术性能	物料堆积密度	γ	2400kg/m^3
	物料最大块度	α	580mm
	许可环境温度		-30℃～45℃
	许可牵引力	F_x	45000N
	调速范围	υ	≤120r/min
	生产率	ξ	110～180m^3/h

图 3-126　绘制表格并填写文字

1）设置绘图环境。

2）绘制元器件，连接电路。

3）添加文字说明。

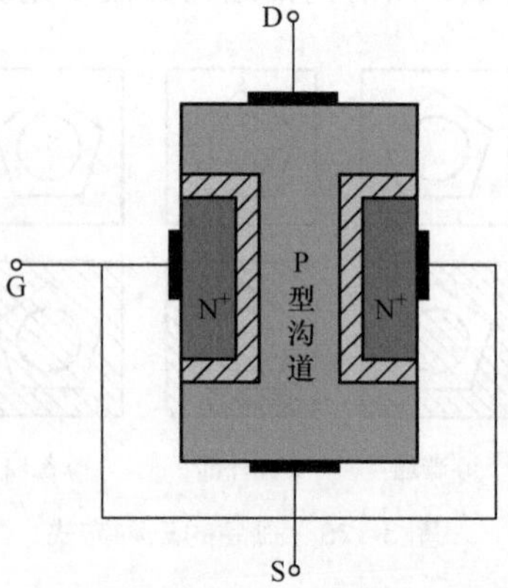

图 3-127　P 沟道结型场效应晶体管结构图

【拓展活动】

本章主要讲解常用电气元器件的绘制和编辑，电气元器件图形符号看似简单，但没有认真踏实的学习态度和精益求精的精神是画不好的。

请查阅资料，谈谈“一万小时定律”对个人成长与成才有何指导意义？

第 4 章 机械电气控制图的绘制

本章概述

由于电气设备种类繁多，其电气控制图也多种多样。本章主要通过对典型机械电气控制电路实例进行分析和绘制，阐述电气控制图的阅读及绘制方法，读者需要掌握利用 AutoCAD 2014 进行控制电气设计的方法和技巧

本章内容

- 电气控制图分类及绘制基础
- 电动机电气控制电路图的绘制
- CA6140 型车床电气控制电路图的绘制
- M7120 型平面磨床电气控制电路图的绘制
- 实例演练——绘制 Z3040 型摇臂钻床电气控制电路图

4.1 电气控制图分类及绘制基础

随着数控系统的发展，机械电气也成为电气工程的一个重要组成部分。以电动机或生产机械的电气控制装置为主要描述对象，表示其工作原理、电气接线、安装方法等的图样，称为电气控制图。机械电气是指应用在机床上的电气系统，因此也可称为机床电气，机床电气控制图主要包括应用在车床、磨床、钻床、铣床以及镗床上的电气控制图，涉及电气控制系统、伺服驱动系统和计算机控制系统等。

要做到正确地绘制电气控制图，首先应掌握其相关的基础知识，即应该了解电气控制图的组成、分类以及阅读和绘图的基本方法和步骤等。

4.1.1 电气控制图的分类

常用的电气控制图有电气控制电路图（也称为电气控制原理图）、电气布置图和电气安装接线图。

（1）电气控制电路图 电气控制电路图主要表示电气设备的工作原理，并不考虑电气元器件的实际安装位置和实际连线情况，它是将电气控制装置的各种电气元器件用图形符号

表示并按其工作顺序排列，描述控制装置、电路的基本构成和连接关系的图。

电气控制电路图一般分为主电路和辅助电路（主要为控制电路）两个部分。主电路是电气控制电路中强电流通过的部分，是负载电路部分，一般是由电动机以及与它相连接的电气元器件如组合开关、接触器的主触点和熔断器等所组成。辅助电路是小电流通过的部分，由控制电路、照明电路、信号电路及保护电路等组成。一般来说，信号电路是附加的，如果将它从辅助电路中分开，并不影响辅助电路的完整性。

在电气控制电路图中，主电路图与辅助电路图是相辅相成的，电气控制电路的控制功能实际上是由辅助电路控制主电路。主电路一般比较简单，电气元器件数量较少；而辅助电路比主电路要复杂，电气元器件也较多。一些电气元器件的不同组成部分，按照电路连接顺序分开布置，如接触器的线圈和触点、热继电器的发热元器件及触点等。

（2）电气布置图　电气布置图是用来表明各种电气设备在机械设备和电气控制柜中实际安装位置的图纸，它为电气控制设备的制造、安装、维修提供必要的资料，在图中往往留有10%以上的备用面积及导线管（槽）的位置，以供改进设计时用。它一般包括生产设备上的操纵台、操纵箱、电气柜、电动机的位置图，电气柜内电气元器件的布置图，操纵台、操纵箱上各元器件的布置图。

（3）电气安装接线图　电气安装接线图是按照电气元器件的实际位置和实际接线绘制的，用来表示电气元器件、部件、组件或成套装置之间连接关系的图纸，根据电气元器件布置最合理、连接导线最经济的原则来安排。电气安装接线图一般不包括单元内部的连接，着重表明电气设备外部元器件的相对位置及它们之间的电气连接。

4.1.2 电气控制图的绘制

电气控制图的绘制应遵循相应电气制图的国家标准。下面就典型电气控制电路图绘制时的方法和规律进行简单的介绍。

（1）电气控制电路图的基本表示方法

1）线路的表示方法。线路的表示方法通常有多线表示法、单线表示法和混合表示法三种。

在电气控制电路图中，电气设备的每根连接线或导线各用一条图线表示的方法，称为多线表法，其中大多数是三线。多线表示法能比较清楚地看出电路工作原理，但图线太多，一般用于表示各相或各线内容不对称和要详细表示各相或各线具体连接方法的场合。电气设备的两根或两根以上（大多数是表示三相系统的 3 根线）的连接线或导线，只用一根线表示的方法为单线表示法，这种表示法主要用于三相电路或各线基本对称的电路图中，对于不对称部分应在图中注释。在同一个图中，一部分用单线表示法，一部分用多线表示法，称为混合表示法，这种表示法具有单线表示法简洁精练的优点，又有多线表示法描述精确、充分的优点。

2）电气元器件表示方法。电气元器件在电气图中通常采用图形符号来表示，要绘出其电气连接，在符号旁标注项目代号（文字符号），必要时还标注有关的技术数据。一个元器件在电气控制电路图中完整图形符号的表示方法有：集中表示法、分开表示法和半集中表示法。

把设备或成套装置中的 1 个项目各组成部分的图形符号，在简图上绘制在一起的方法，称为集中表示法。在集中表示法中，各组成部分用机械连接线（虚线）互相连接起来，连接线必须是一条直线，这种表示法只适用于简单的电路图。把一个项目中某些部分的图形符号在简图中分开布置，并用机械连接线把它们连接起来，称为半集中表示法，在半集中表示中，机械连接线可以弯折、分支和交叉。把一个项目中某些部分的图形符号在简图中分开布置，并使用项目代号（文字符号）表示它们之间关系的方法，称为分开表示法，也称为展开法，这种方法图面简洁，但是在看图时必须纵观全局，避免遗漏。

3）电气元器件项目代号（文字符号）及有关技术数据的表示方法。采用集中表示法和半集中表示法绘制的元器件，其项目代号只在图形符号旁标出并与机械连接线对齐；采用分开表示法绘制的元器件，其项目代号应在项目的每一部分自身符号旁标注，必要时，对同一项目的同类部件（各辅助开关、各触点）可加注序号。标注时应注意以下几点。

① 项目代号及有关技术数据的标注位置尽量靠近图形符号。

② 图线水平布局的图，项目代号应标注在符号上方，技术数据尽可能标在符号下方，图线垂直布局的图，项目代号一般标注在符号的左方，而技术数据则标在其右方。

③ 项目代号中的端子代号应标注在端子的旁边。

④ 对围框的项目代号应标注在其上方或右方。

⑤ 对于像继电器、仪表、集成块等方框符号或简化外形符号，则可标在方框内。

⑥ 当电气元器件的某些内容不便于用图示形式表达清楚时，可采用注释方法，一般放在需要说明对象的附近。

4）元器件触点和工作状态表示方法。元器件触点的位置在同一电路中，当它们加电和受到力的作用后，各触点符号的动作方向应取向一致，对于分开表示法绘制的图，触点位置可以灵活运用，对于继电器、接触器、开关等的触点，通常规定为“左开右闭，下开上闭”。

元器件工作状态均按自然状态表示，即在电气控制图中，元器件和设备的可动部分通常应表示在非激励或不工作的状态或位置，例如：

① 继电器和接触器在非激励的状态，触点处在尚未动作的位置。

② 断路器、负荷开关和隔离开关处在断开位置。

③ 带零位的手动控制开关在零位置，不带零位的手动控制开关在图中规定位置。

④ 机械操作开关（如行程开关、按钮等）工作在非工作时的状态或不受力时的位置。

⑤ 温度继电器、压力继电器都处于常温和常压状态。

⑥ 事故、备用、报警等开关应该表示在设备正常使用的位置，如有特定位置，应在图中另加说明。

⑦ 多重开闭器件的各组成部分必须表示在相互一致的位置上，而不管电路的工作状态。

（2）电气控制电路图的绘制规则和特点　电气控制电路图是根据电气控制电路的工作原理来绘制的，图中包括所有电气元器件的导电部分和接线端子，但并不按照电气元器件的实际布置来绘制。对于不太复杂的电气控制电路，主电路和辅助电路可以绘制在同一幅图上。

下面简述电气控制电路图的绘制规则和特点。

1）在电气控制电路图中，主电路和辅助电路应分开绘制，可水平或垂直布置。一般主电路绘制在图的左侧或上方，辅助电路绘制在图的右侧或下方。当电路垂直（或水平）布置时，电源电路一般画成水平（或垂直）线，三相交流电源相序 L1、L2、L3 由上到下（或由左到右）依次排列画出，中性线 N 和保护地线 PE 画在相线之下（或之右）。直流电源则按正端在上（或在左）、负端在下（或在右）画出。电源开关要水平（或垂直）画出。主电路中每个受电的装置（如电动机）及保护电器应垂直电源线画出。

控制电路和信号电路应垂直（或水平）画在两条或几条水平（或垂直）电源线之间。电器的线圈、信号灯等耗电元器件直接与下方（或右方）PE 水平（或垂直）线连接，而控制触点连接在上方（或左方）水平（或垂直）电源线与耗电元器件之间。

2）电气控制电路图所有电气元器件均不画出其实际外形，而采用统一的图形符号和文字符号来表示，在完整的电路中还应包括表明主要电气元器件的有关技术数据和用途。

3）对于几个同类电气元器件，在表示名称的文字符号后或下标处加上一个数字序号，以示区别，如 KM1、KM2 等。

4）所有电器的可动部分均以自然状态画出。转换开关、行程开关等应绘出动作程序及触点工作状态表。由若干元器件组成的具有特定功能的环节，可用虚线框括起来，并标注出环节的主要作用，如速度调节器、电流继电器等。

对于电路和电气元器件完全相同并重复出现的环节，可以只绘出其中一个环节的完整电路，其余相同环节可用虚线框表示，并标明该环节的文字符号或环节的名称。该环节与其他环节之间的连线可在虚线框外面绘出。

5）可将图分成若干图区，以便于确定图上的内容和组成部分的位置。图区编号一般用阿拉伯数字标注在图的下部；用途栏一般放在图的上部，用文字说明；图面垂直分区用英文字母标注；图区分区数应该是偶数。

6）电路图中应尽可能减少线条和避免线条交叉，有直接电联系的交叉导线连接点用黑圆点或小圆圈表示。根据图面布置的需要，可以将图形符号旋转 90°、180°或 45°绘制。

7）电气控制电路的标号中，三相交流电源引入线用 L1、L2、L3 来标记，中性线用 N 表示，电源开关之后的三相交流电源主电路分别按 U、V、W 顺序标志，若主电路是直流电路，则按数字标号个位数的奇偶性来区分电路极性，正电源侧用奇数，负电源侧用偶数。

辅助电路采用阿拉伯数字编号，一般由 3 位或 3 位以下的数字组成。标注方法按“等电位”原则进行，在垂直绘制的电路中，标号顺序一般由上而下编号。凡是被线圈、绕组、触点、电阻或电容等元件所隔离的线段，都应标以不同的电路标号。

（3）图形符号的使用规则　电气控制电路图在选用图形符号时，应遵守以下使用规则。

1）图形符号的大小和方位可根据图面布置确定，但不应改变其含义，而且符号中的文字和指示方向应符合读图要求，一般应按特定的模数 $M=2.5$mm 的网格设计，这可使符号的构成、尺寸一目了然，方便人们正确掌握符号各部分的比例。

2）在绝大多数情况下，符号的含义由其形式决定，而符号大小和图线的宽度一般不影响符号的含义。有时为了强调某些方面，或者为了便于补充信息，允许采用不同大小的符号，改变彼此有关的符号尺寸，但符号间及符号本身的比例应保持不变。

3）符号方位不是强制的。在不改变符号含义的前提下，符号可根据图面布置的需要旋转或成镜像放置。

4）在同一张电气图中只能选用一种图形形式，图形符号的大小和线条粗细应基本一致。

5）导线符号可以用不同宽度的线条表示，以突出或区分某些电路、连接线等。

6）图形符号中一般没有端子符号，如果端子符号是符号的一部分，则端子符号必须画出。

7）图形符号中的文字符号、物理量符号，应视为图形符号的组成部分。当这些符号不能满足时，可再按有关标准加以充实。

8）图形符号一般都画有引线。在不改变符号含义的原则下，引线可取不同方向。在某些情况下，引线符号的位置不加限制；当引线符号的位置影响符号的含义时，必须按规定绘制。

9）图形符号均是按无电压、无外力作用的正常状态表示的。

4.2 电动机电气控制电路图的绘制

电动机广泛应用于工厂电气设备与生产机械电力拖动自动控制电路中，通过对控制电路的设置从而达到电动机的起动、运行、正转、反转等。电气控制电路图一般不严格要求比例尺寸，画出的图美观、整齐即可。图 4-1 为电动机正反转电气控制电路图，它主要由主电路和控制电路两部分组成，本节将详细介绍此电路图的绘制。

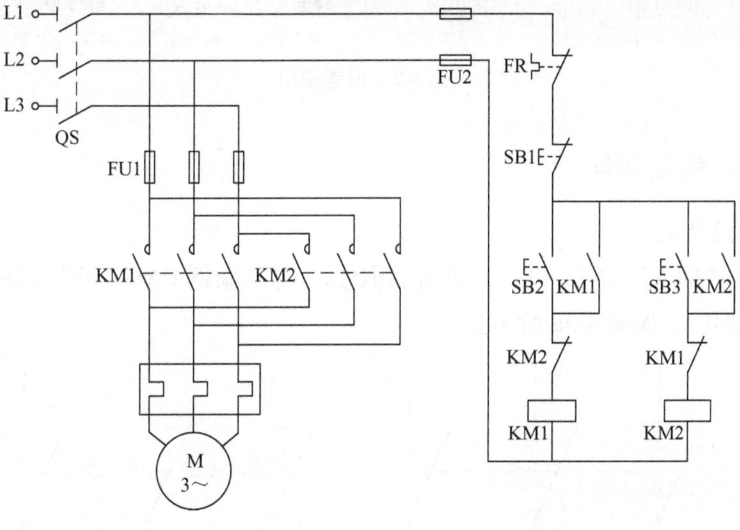

图 4-1　电动机正反转电气控制电路图

4.2.1　设置绘图环境

步骤 01 建立新文件。正常启动 AutoCAD 2014 软件，系统自动创建一个空白文件，在快速访问工具栏上单击“保存”按钮，将其保存为“案例 CAD \ 04 \ 异步电动机正反转电气控制电路图 . dwg”文件。

步骤 02 设置工具栏。在任意工具栏中右击，在打开的快捷菜单中选择“标准”“图层”“对象特性”“绘图”“修改”和“标注”等 6 个命令，调出这些工具栏，并将它们移到绘图窗口适当的位置。也可以直接选择 AutoCAD 经典模式，并调出常用工具栏。

步骤 03 开启栅格。鼠标光标移至屏幕最下面的状态栏单击“栅格”按钮，开启栅格。在状态栏右击选中“设置”，按“确定”按钮，或者输入“SE”命令设置栅格间距，如图 4-2 所示。

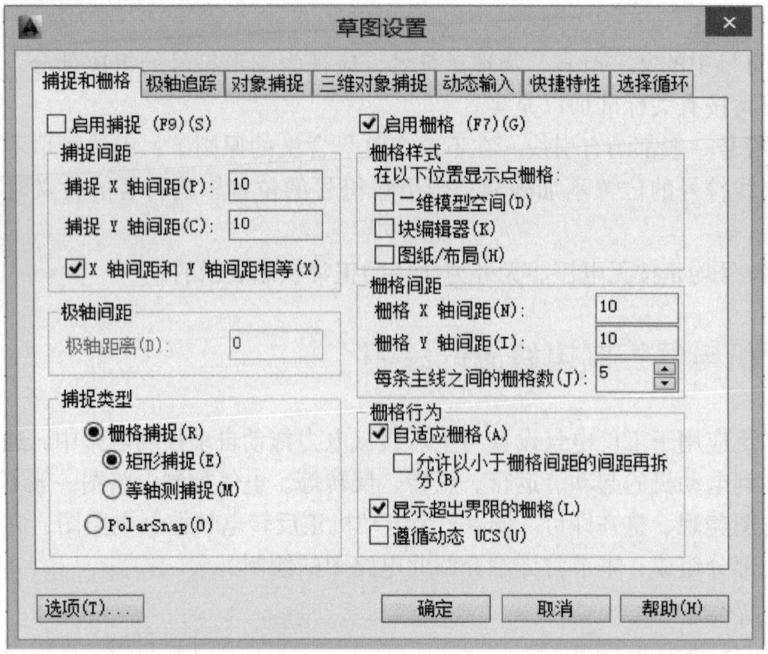

图 4-2　设置栅格

4.2.2　绘制电气元器件

1. 绘制隔离开关

步骤 01　执行“插入”命令（I）或单击图标，将“案例 CAD \ 03”文件夹下的“多极开关”插入图形中，如图 4-3a 所示。

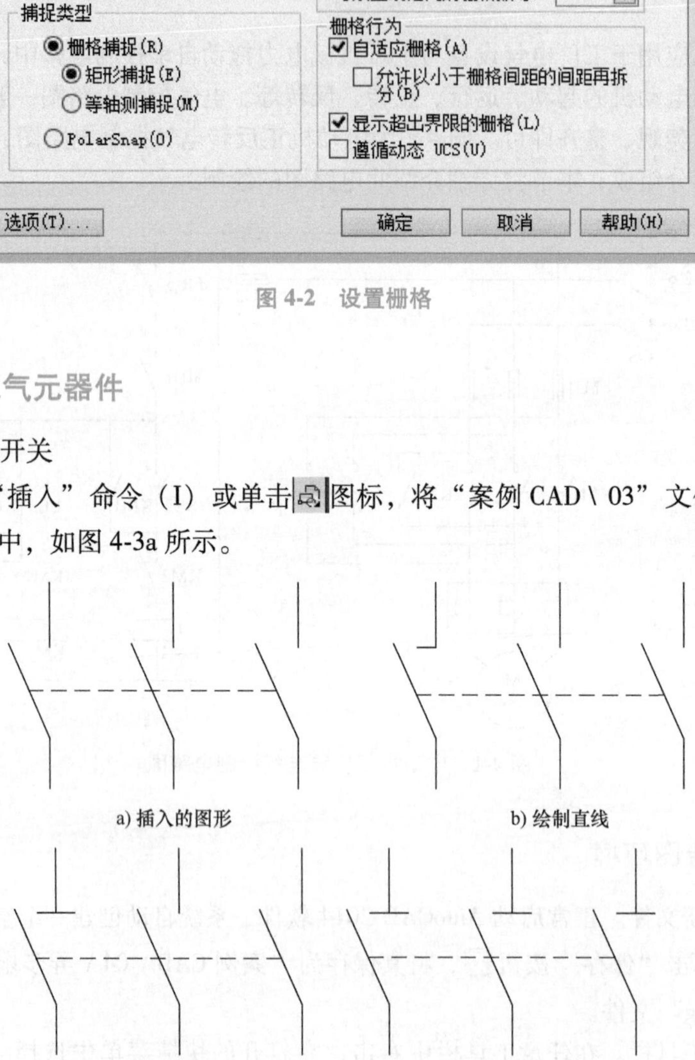

a) 插入的图形　　b) 绘制直线

c) 镜像　　d) 复制

图 4-3　绘制隔离开关

步骤 02　执行“直线”命令（L）或单击，分别在图形中相应位置绘制长为 1.5mm 的水平线段，如图 4-3b 所示；接着执行镜像命令或单击，如图 4-3c 所示；执行复制操作，如

图 4-3d 所示。

步骤 03 执行“写块”命令（W），将绘制好的隔离开关图形保存为外部块文件，且保存到“案例 CAD \ 03”文件夹里面。

2. 绘制接触器

步骤 01 执行“插入”命令（I），将“案例 CAD \ 03”文件夹下的“多极开关”插入图形中，如图 4-4a 所示。

步骤 02 执行“圆弧”命令（ARC）或单击，分别在图形中相应位置绘制圆弧，再执行“复制”命令（CO）或单击，将圆弧复制两个，如图 4-4b 所示。

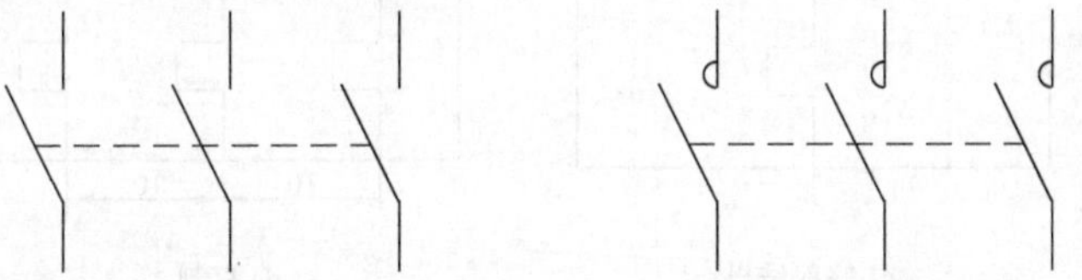

a) 插入的图形　　b) 绘制圆弧

图 4-4　绘制接触器主触点

步骤 03 执行“写块”命令（W），将绘制好的三极接触器图形保存为外部块文件，且保存到“案例 CAD \ 03”文件夹里面。

3. 绘制常闭按钮

步骤 01 执行“插入”命令（I），将“案例 CAD \ 03”文件夹下的“常闭触点”插入图形中，如图 4-5a 所示。

步骤 02 执行“直线”命令（L），捕捉斜线中点水平向右绘制一条长为 10mm 的线段并将其改为虚线，如图 4-5b 所示。

步骤 03 执行“直线”命令（L），按照如图 4-5c 所示的尺寸绘制线段。

步骤 04 执行“写块”命令（W），将绘制好的常闭按钮图形保存为外部块文件，且保存到“案例 CAD \ 03”文件夹里面。

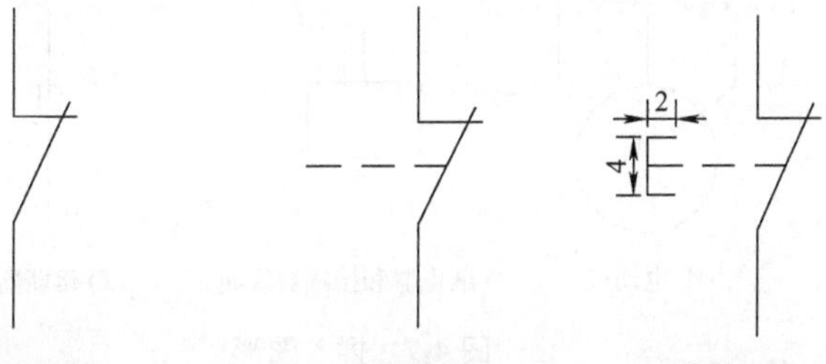

a) 插入的图形　　b) 绘制虚线　　c) 绘制线段

图 4-5　动断常闭按钮

4. 绘制热继电器

步骤 01 执行“矩形”命令（REC），绘制 30mm×12mm 的矩形，如图 4-6a 所示。

步骤 02 执行“直线”命令（L），在矩形水平中点绘制一条垂直线段，如图 4-6b 所示。

步骤 03 执行“矩形”命令（REC），绘制 3mm×3mm 的矩形，执行“修剪”命令（TR），修剪多余的线段，如图 4-6c 所示。

步骤 04 执行“复制”命令（CO），复制时分别向左和向右输入距离 10mm，如图 4-6d 所示。

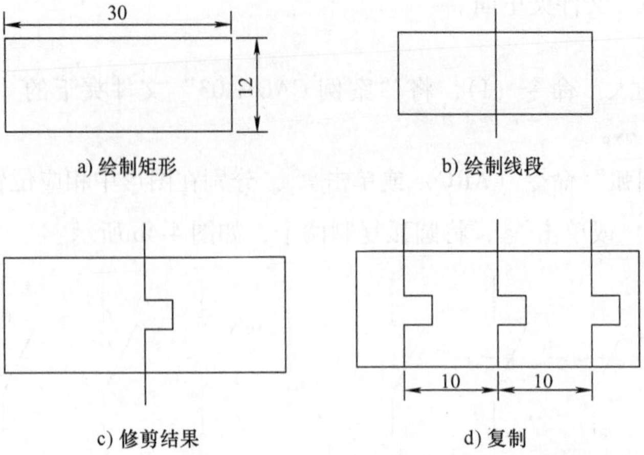

图 4-6　绘制热继电器

步骤 05 执行“写块”命令（W），将绘制好的三极热继电器图形保存为外部块文件，且保存到“案例 CAD \ 03”文件夹里面。

5. 插入电气元器件

执行“插入”命令（I），将“案例 CAD \ 03”文件夹下的电气元器件插入图形中，如图 4-7 所示。

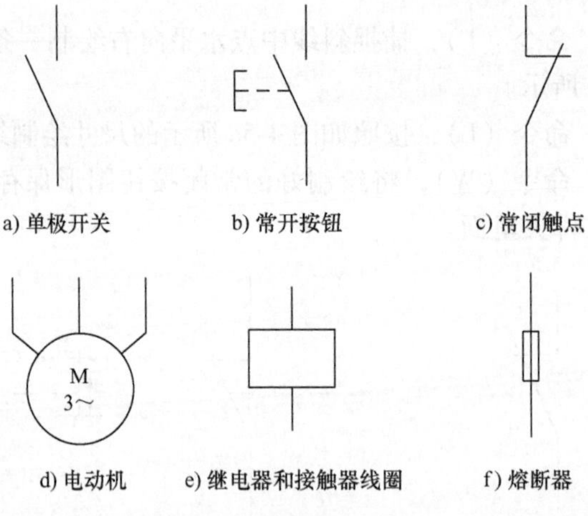

图 4-7　插入图形

4.2.3　主电路图形的绘制

步骤 01 绘制主进线。执行“圆”命令（C），绘制一个直径为 5mm 的圆；按<F8>键打开正交模式，输入“SE”命令，选择对象捕捉模式“象限点”，执行“直线”命令（L），以圆右侧象限点为起点，输入长度为 120mm，绘制一条直线段，如图 4-8a 所示。

步骤 02 执行“复制”命令（CO），选择刚才绘制的水平直线和圆，将它们竖直向下进行复制操作，复制间距为 10mm，复制 2 组，如图 4-8b 所示。

步骤 03 把电动机、热继电器、接触器主触点、熔断器等电路元器件，通过执行“移动”命令（或单击图标）、“复制”命令、“缩放”命令，放置于如图 4-8c 所示位置。捕捉端点连接电路，如图 4-8d 所示，执行写块命令，把图保存为“电动机供电系统图”图块。

步骤 04 移动隔离开关到主进线上，通过“缩放”“修剪”命令，连接电动机供电电路和主进线，如图 4-8e 所示。

步骤 05 复制接触器主触点并连线，如图 4-8f 所示。

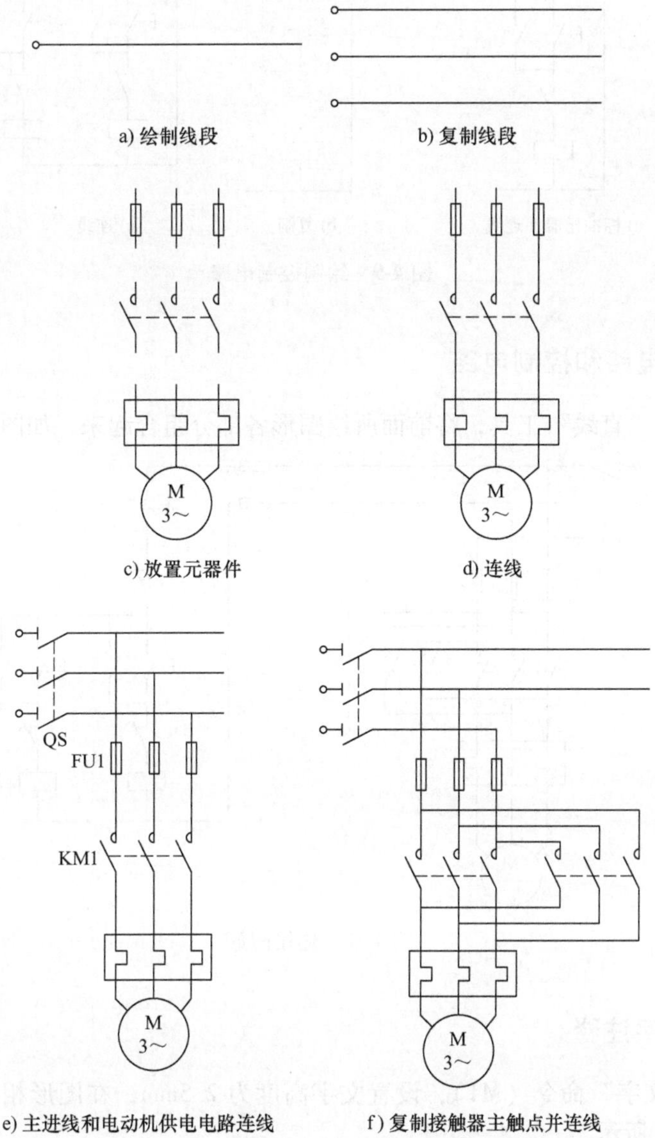

a) 绘制线段　b) 复制线段

c) 放置元器件　d) 连线

e) 主进线和电动机供电电路连线　f) 复制接触器主触点并连线

图 4-8　绘制主电路

4.2.4　控制电路的绘制

步骤 01 执行移动命令，将熔断器、开关、继电器、接触器线圈、辅助触点移动到合适位置，连线，如图 4-9a 所示。

步骤 02 执行复制命令，复制图 4-9b 虚线部分。

步骤 03 连接元器件，如图 4-9c 所示。

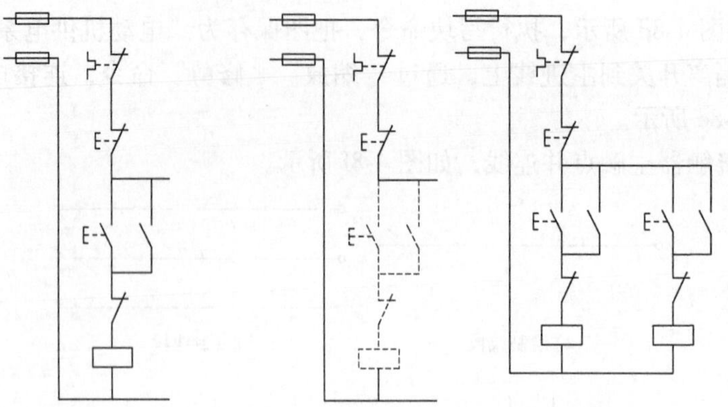

a) 标准元器件连线　　b) 复制　　c) 连线

图 4-9 绘制控制电路

4.2.5 连接主电路和控制电路

应用“移动”“直线”工具，将前面所绘图形各部分组合起来，如图 4-10 所示。

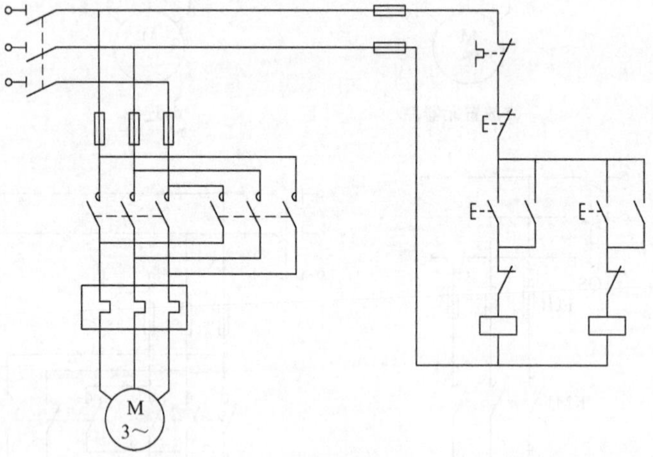

图 4-10 连接图形

4.2.6 添加文字注释

执行“多行文字”命令（MT），设置文字高度为 2.5mm，在图形相应位置进行文字注释，结果如图 4-1 所示。

至此，该电动机电气控制电路图绘制完成，在键盘上按<Ctrl+S>组合键对文件进行保存。

4.3 CA6140 型车床电气控制电路图的绘制

车床是一种应用极为广泛的金属切削机床，在金属切削机床中，车床所占的比例最大，而且应用也最广泛。车床主要用于切削外圆、内圆、端面、螺纹和定形表面，也可装置钻头、铰刀、镗刀等进行钻孔等加工。CA6140 型普通车床的电气控制电路分为主电路和控制电路，如图 4-11 所示。

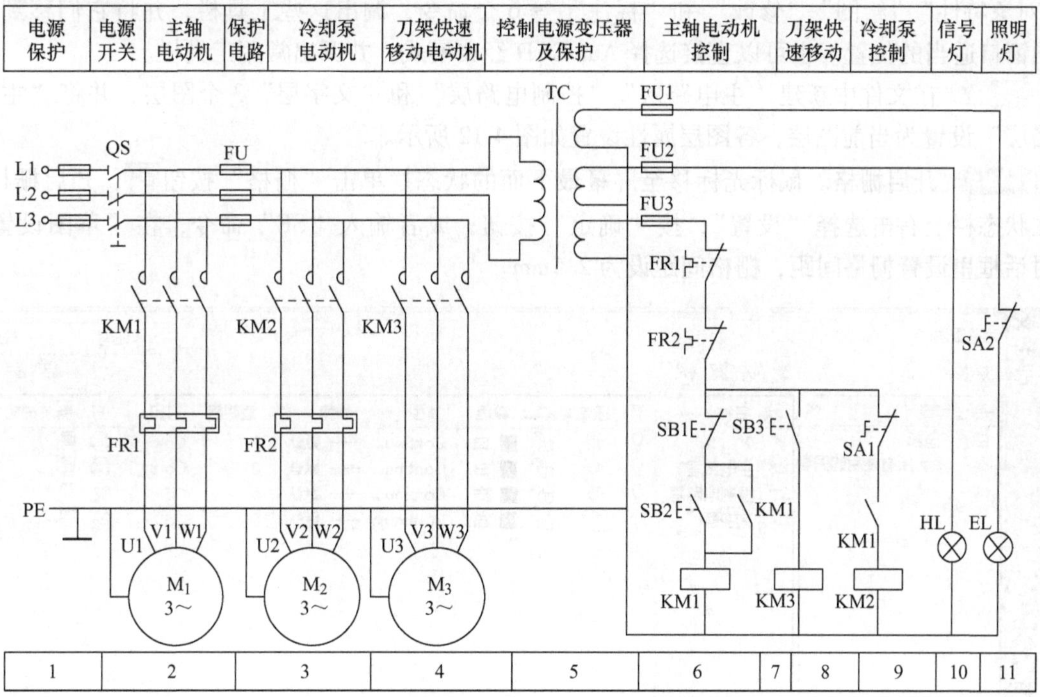

图 4-11　CA6140 型普通车床电气控制电路图

主电路共有三台电动机。M_1 为主轴电动机；M_2 为冷却泵电动机；M_3 为刀架快速移动电动机。三相交流电源经转换开关 QS 引入。主轴电动机 M_1 由接触器 KM1 控制起动，热继电器 FR1 为主轴电动机 M_1 的过载保护。冷却泵电动机 M_2 由接触器 KM2 控制起动停止，热继电器 FR2 为其过载保护。刀架快速移动电动机 M_3 由接触器 KM3 控制起动停止，由于 M_3 是短期工作，故未设过载保护。

控制电路的电源由控制变压器 TC 二次侧输出的 110V 电压提供（或用 220V）。接通电源开关 QS，信号灯 HL 亮。

（1）主轴起动　按下起动按钮 SB2，接触器 KM1 通电自锁，KM1 主触点闭合，KM1 辅助触点也闭合，主轴电动机 M_1 通电起动，主轴运转。

（2）冷却泵起动　拨动开关 SA1，因 KM1 常开辅助触点已接通，所以接触器 KM2 通电，KM2 主触点闭合，电动机 M_2 通电起动。

（3）刀架快速移动　按下点动按钮 SB3，接触器 KM3 通电，KM3 主触点闭合，电动机 M_3 通电起动；松开点动按钮 SB3，接触器 KM3 断电，KM3 主触点分断，电动机 M_3 停止。

（4）停止　按下停止按钮 SB1，主轴、冷却泵电动机均停止工作。

（5）照明灯工作　车床工作时，按下开关 SA2，照明灯 EL 点亮。

工作结束后，断开电源开关 QS，信号灯 HL 灭。

4.3.1　设置绘图环境

在开始绘图之前，需要对绘图环境进行设置，具体操作步骤如下。

步骤 01 正常启动 AutoCAD 2014 软件，系统自动创建一个空白文件，在快速访问工具栏上执行“保存”按钮菜单命令，将其保存为“案例 CAD \ 04 \ 车床电气控制电路图 . dwg”文件。

步骤 02 设置工具栏。在任意工具栏中右击，在打开的快捷菜单中选择“标准”“图层”“对象特性”“绘图”“修改”和“标注”等 6 个命令，调出这些工具栏，并将它们移到绘图窗口适当的位置。也可以直接选择 AutoCAD 经典模式，并调出常用工具栏。

步骤 03 在文件中新建“主电路层”“控制电路层”和“文字层”3 个图层，并将“主电路层”设置为当前图层，各图层属性设置如图 4-12 所示。

步骤 04 开启栅格。鼠标光标移至屏幕最下面的状态栏单击“栅格”按钮，开启栅格。在状态栏上右击选择“设置”，按“确定”按钮；或者输入“SE”命令，在“草图设置”对话框里设置栅格间距，栅格间距设为 2. 5mm。

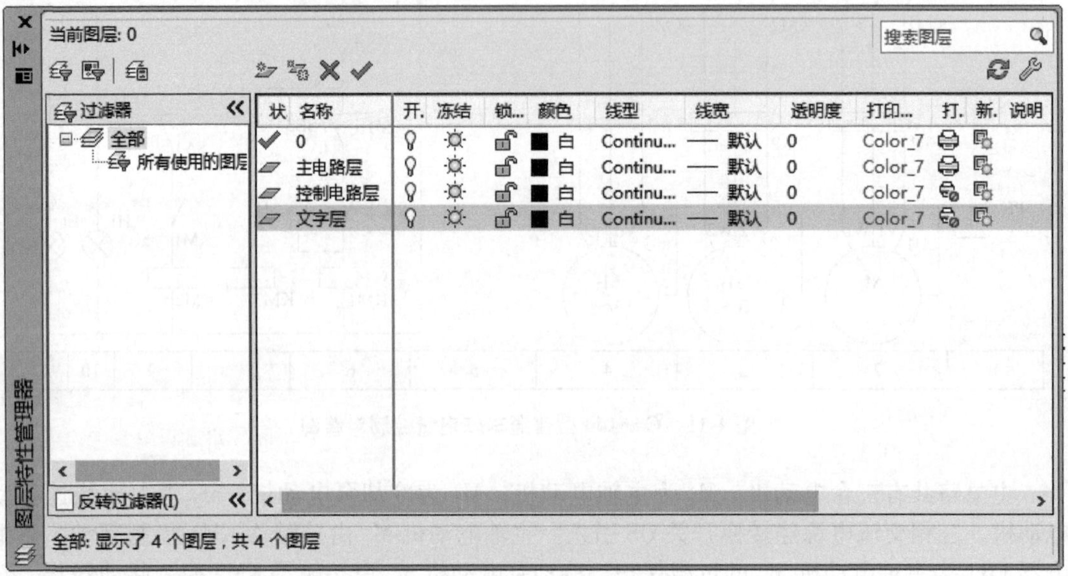

图 4-12 各图层属性设置

4. 3. 2 主电路的绘制

步骤 01 执行“插入”命令（I），将“案例 CAD \ 03”文件夹下的“隔离开关”插入图形中，将插入的块移到左上方适当位置，如图 4-13a 所示。

步骤 02 执行“插入”命令（I），将熔断器插入图形中，并将“熔断器”块移到隔离开关左侧适当的位置，以端点为基点将二者连接一起，如图 4-13b 所示。

步骤 03 执行“插入”命令（I），调出“电动机主电路单元”块，并将其移到相应位置，适当调整元器件的位置，如图 4-13c 所示。

步骤 04 打开正交模式，单击复制图标，进行框选，将虚线所示熔断器复制一份，向右平移到适当的位置，如图 4-13d 所示。

步骤 05 单击复制图标，进行框选，如图 4-13e 所示，将虚线所示部分复制两份，分别向右平移到适当的位置，并将复制后的 M_1 分别改为 M_2 和 M_3，如图 4-13f、g 所示。

步骤 06 删除与 M_2 相连的热继电器。至此，主电路绘制完毕。

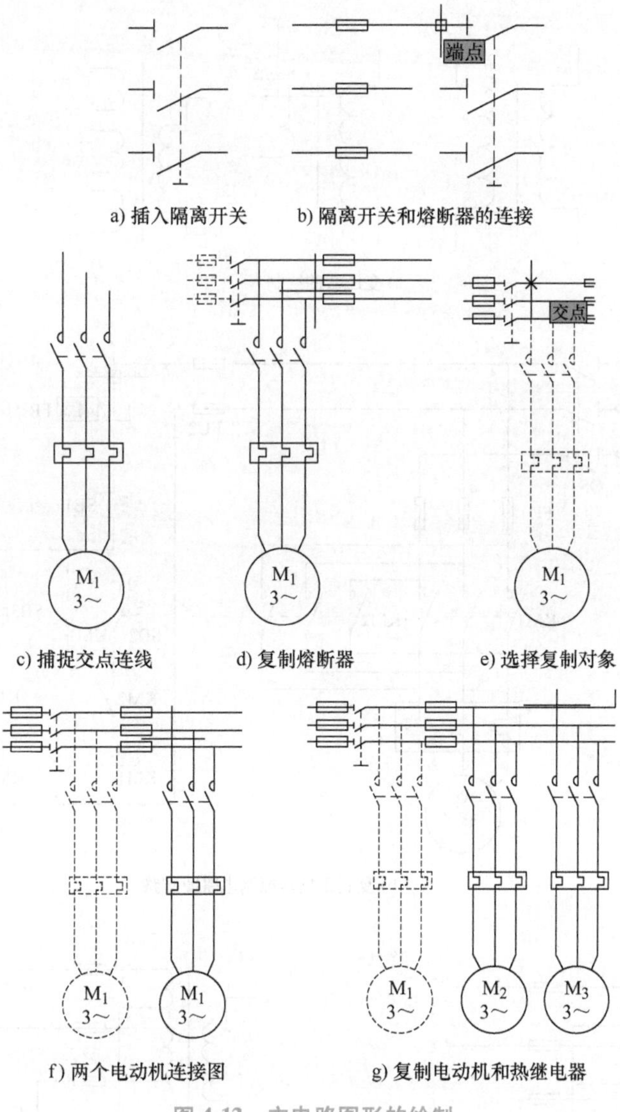

a) 插入隔离开关　b) 隔离开关和熔断器的连接

c) 捕捉交点连线　d) 复制熔断器　e) 选择复制对象

f) 两个电动机连接图　g) 复制电动机和热继电器

图 4-13　主电路图形的绘制

4.3.3　控制电路的绘制

步骤 01 执行“插入”命令（I），将“案例 CAD \ 03”文件夹下的“变压器”插入图形中，接着执行分解、删除、复制命令，绘制出本节需要的变压器如图 4-14a 所示。

步骤 02 主轴电动机控制电路绘制。复制熔断器到适当的位置；打开“案例 CAD \ 04 \ 异步电动机正反转控制电路图 . dwg”文件，复制正反转控制电路图支路，如图 4-14b 虚线所示部分；执行缩放、分解、移动、复制命令，调整元器件位置之后，主轴电动机控制电路如图 4-14c 所示。

步骤 03 刀架快速移动控制电路绘制。执行复制、移动命令，调整元器件位置之后，刀架快速移动控制电路如图 4-14d 所示。

步骤 04 冷却泵控制电路绘制。执行复制、分解、移动命令，调整元器件位置后连接元器件，冷却泵控制电路如图 4-14e。

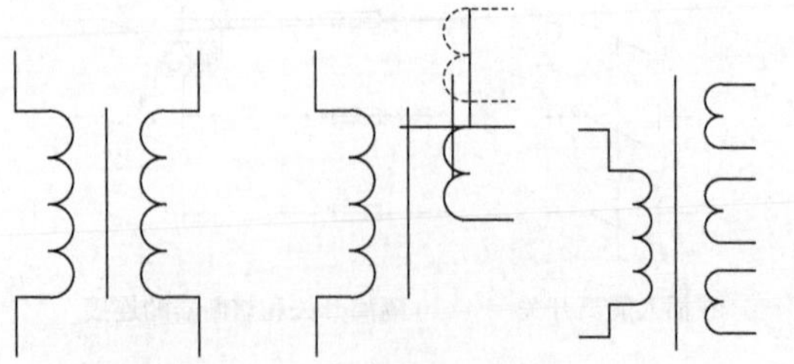

a) 变压器的绘制

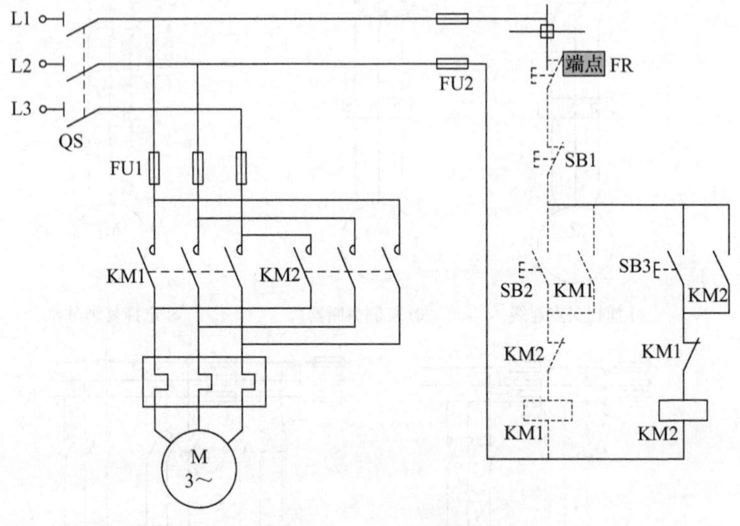

b) 复制正反转控制电路图支路

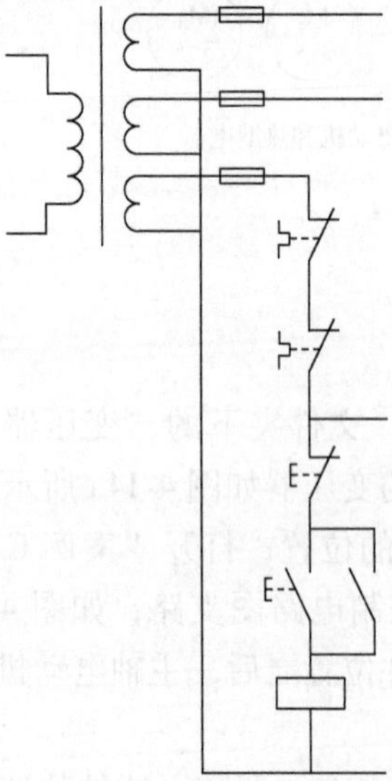

c) 绘制主轴电动机控制电路

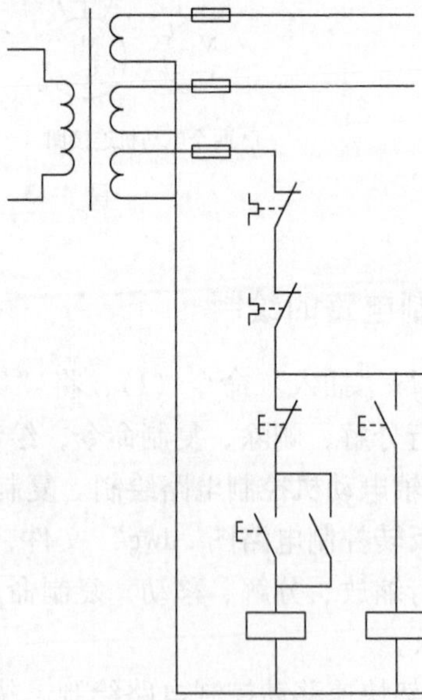

d) 绘制刀架快速移动控制电路

图 4-14 控制电路图形的绘制

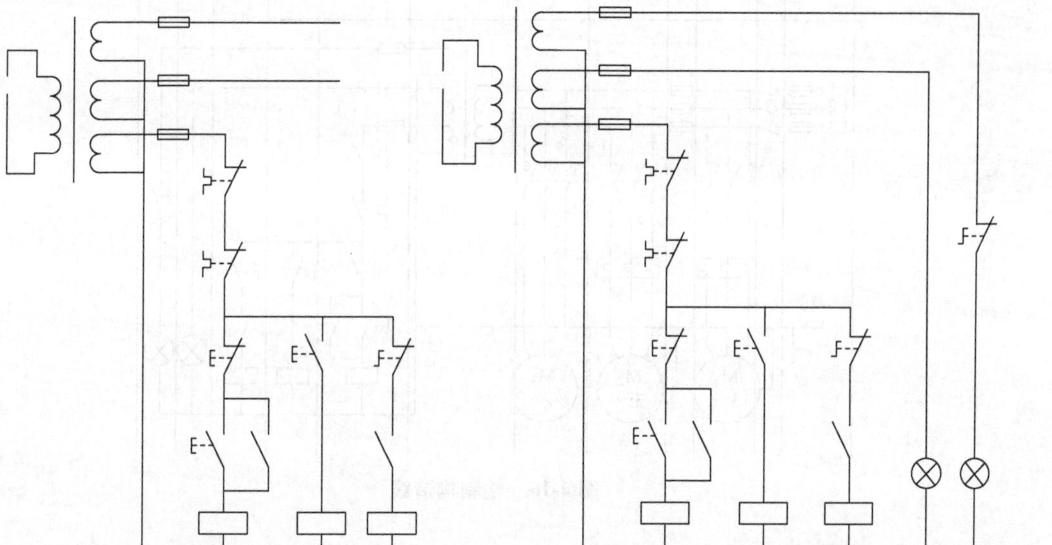

e) 绘制冷却泵控制电路　　f) 绘制照明电路并连接元器件

图 4-14 控制电路图形的绘制（续）

步骤 05 照明控制电路绘制。执行“插入”命令（I），将“案例 CAD \ 03”文件夹下的“信号灯”插入到图形中，接着执行复制命令，调整位置后连接元器件，照明控制电路如图 4-14f 所示。

4.3.4 连接主电路和控制电路

应用“移动”“直线”工具，将前面所绘图形各部分组合起来，效果图如图 4-15 所示。

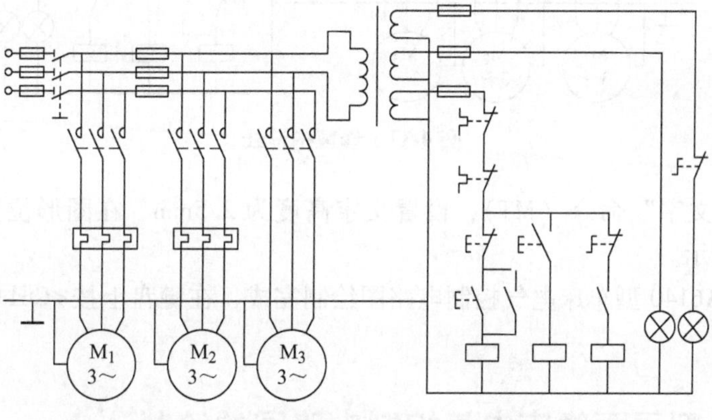

图 4-15 车床电气控制系统的连线图

4.3.5 添加文字注释

在“绘图”工具栏中单击“构造线”按钮，选择“垂直（V）”选项，根据图形元器件的分隔区域来绘制相应的垂直构造线；再执行“水平（H）”选项，绘制两条水平构造线，其水平线的间距为 30mm，如图 4-16 所示。

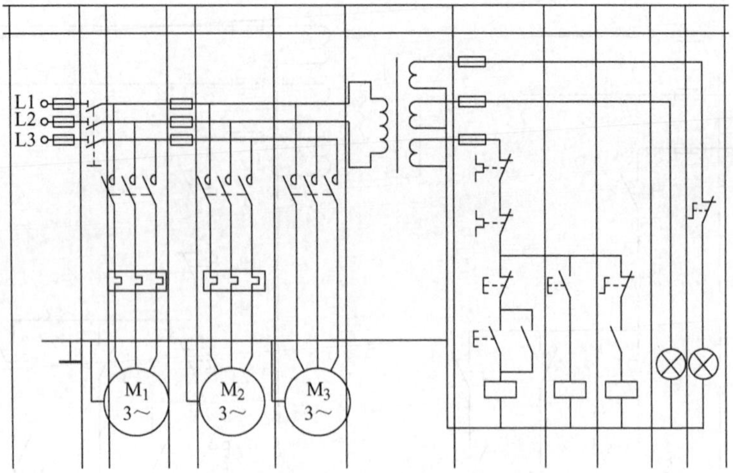

图 4-16　绘制构造线

在“修改”工具栏中单击“修剪”按钮，对多余的构造线进行修剪，使之在各个功能块的正上方形成相应的区域，如图 4-17 所示。

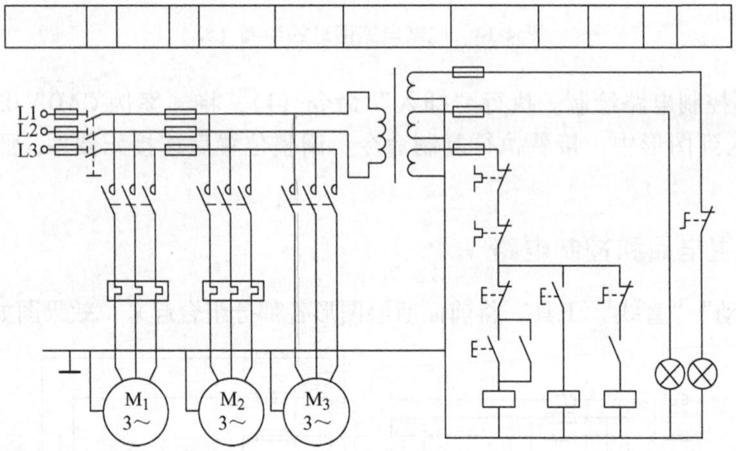

图 4-17　修剪构造线

执行“多行文字”命令（MT），设置文字高度为 2. 5mm，在图形位置进行文字注释。结果如图 4-11 所示。

至此，该 CA6140 型车床电气控制电路图绘制完成，在键盘上按<Ctrl+S>组合键对文件进行保存。

4.4 M7120 型平面磨床电气控制电路图的绘制

磨床是机械制造中广泛用于获得高精度、高质量零件表面加工的精密机床，它是利用砂轮周边或端面进行加工的。磨床的种类很多，按其性质可分为外圆磨床、内圆磨床、内外圆磨床、平面磨床、工具磨床以及一些专用磨床。磨床上的主切削刀具是砂轮，平面磨床就是用砂轮来磨削加工各种零件平面的最普通的一种机床。M7120 型平面磨床的电气控制电路图如图 4-18 所示。电路由主电路、控制电路组成。本节将详细介绍此电路图的绘制过程。

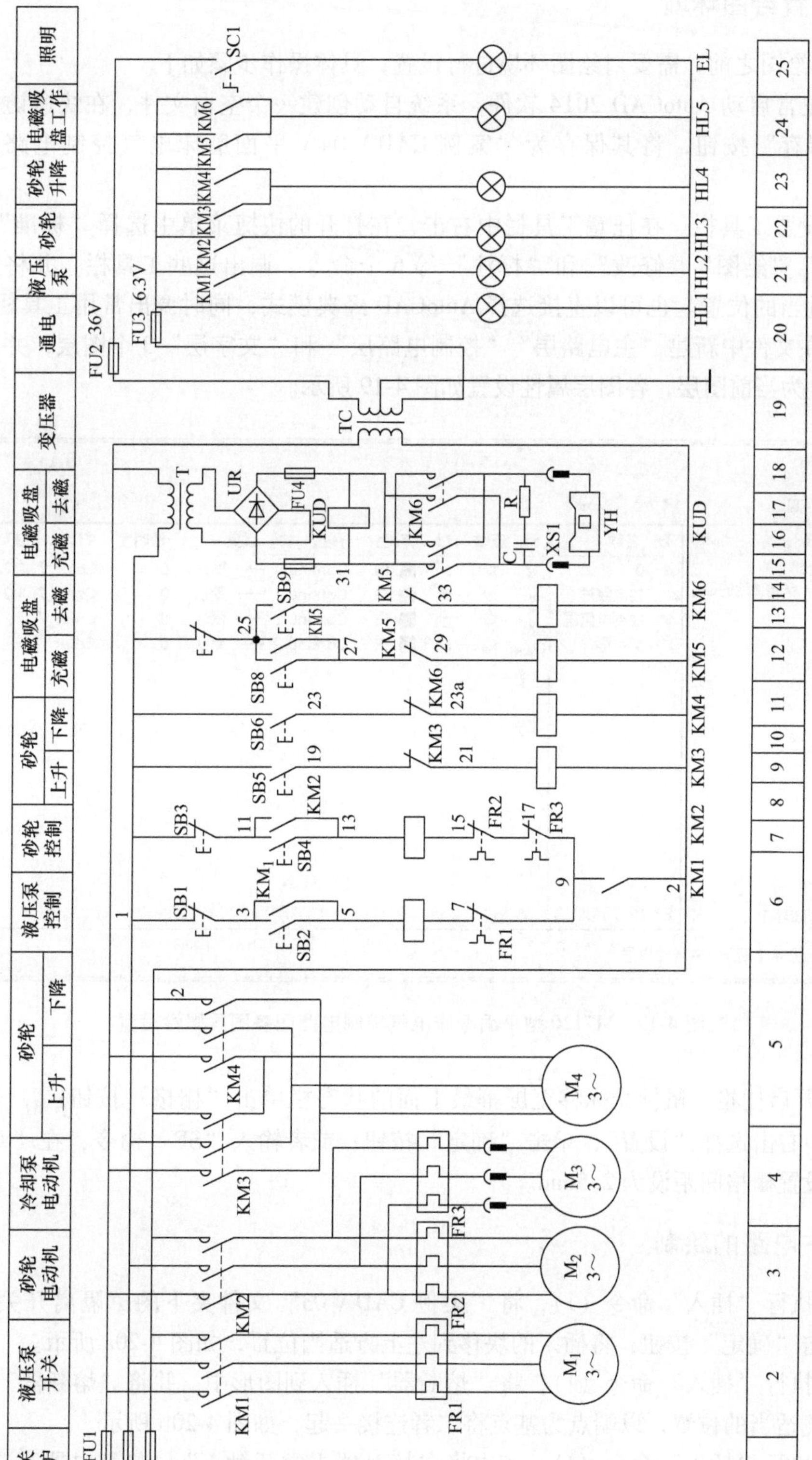

图 4-18　M7120 型平面磨床电气控制电路图

4.4.1　设置绘图环境

在开始绘图之前，需要对绘图环境进行设置，具体操作步骤如下。

步骤 01 正常启动 AutoCAD 2014 软件，系统自动创建一个空白文件，在快速访问工具栏上单击“保存”按钮，将其保存为“案例 CAD \ 04 \ 平面磨床电气控制电路图 . dwg”文件。

步骤 02 设置工具栏。在任意工具栏中右击，在打开的快捷菜单中选择“标准”“图层”“对象特性”“绘图”“修改”和“标注”等 6 个命令，调出这些工具栏，并将它们移到绘图窗口适当的位置。也可以直接选择 AutoCAD 经典模式，同时调出常用工具栏。

步骤 03 在文件中新建“主电路层”“控制电路层”和“文字层”3 个图层，并将“主电路层”设置为当前图层，各图层属性设置如图 4-19 所示。

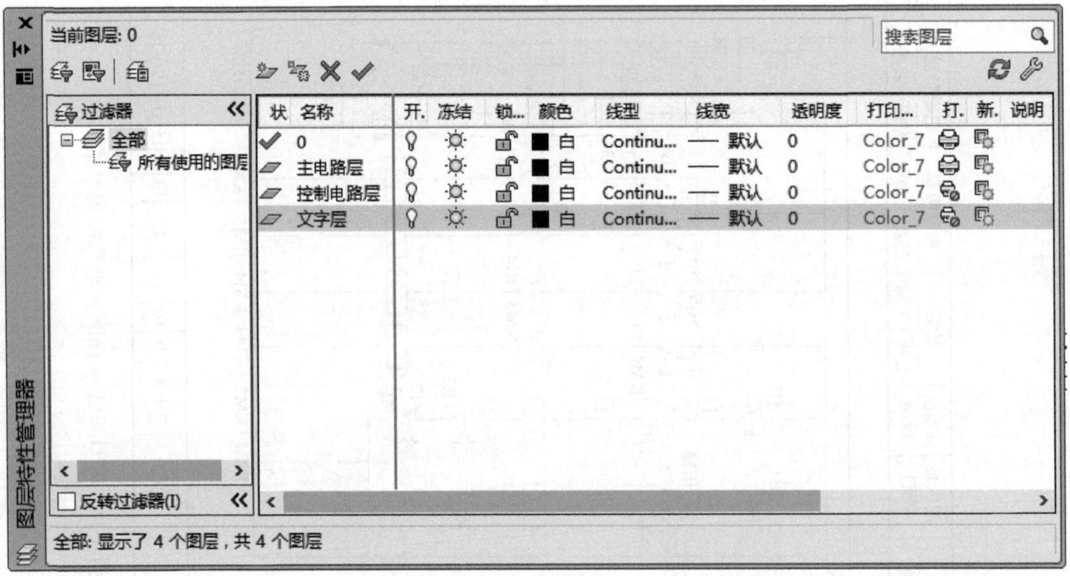

图 4-19　M7120 型平面磨床电气控制电路图各图层属性设置

步骤 04 开启栅格。鼠标光标移至屏幕最下面的状态栏单击“栅格”按钮，开启栅格。在状态栏中右击选择“设置”，单击“确定”按钮；或者输入“SE”命令，在“草图设置”对话框中设置栅格间距设为 2. 5mm。

4.4.2　主电路的绘制

步骤 01 执行“插入”命令（I），将“案例 CAD \ 03”文件夹下的“隔离开关”插入图形中，单击“确定”按钮，将插入的块移到左上方适当位置，如图 4-20a 所示。

步骤 02 执行“插入”命令（I），将“熔断器”插入到图形中，并将“熔断器”块移到隔离开关右侧适当的位置，以端点为基点将二者连接一起，如图 4-20b 所示。

步骤 03 执行“插入”命令（I），依次将“接触器主常开触点”“热继电器”“三相电动机”插入到图形中，并移到相应位置，使用“直线”和“修剪”命令将所插入的标准元器件连接在一起，捕捉端点、交点，进行连线，如图 4-20c、d 所示。

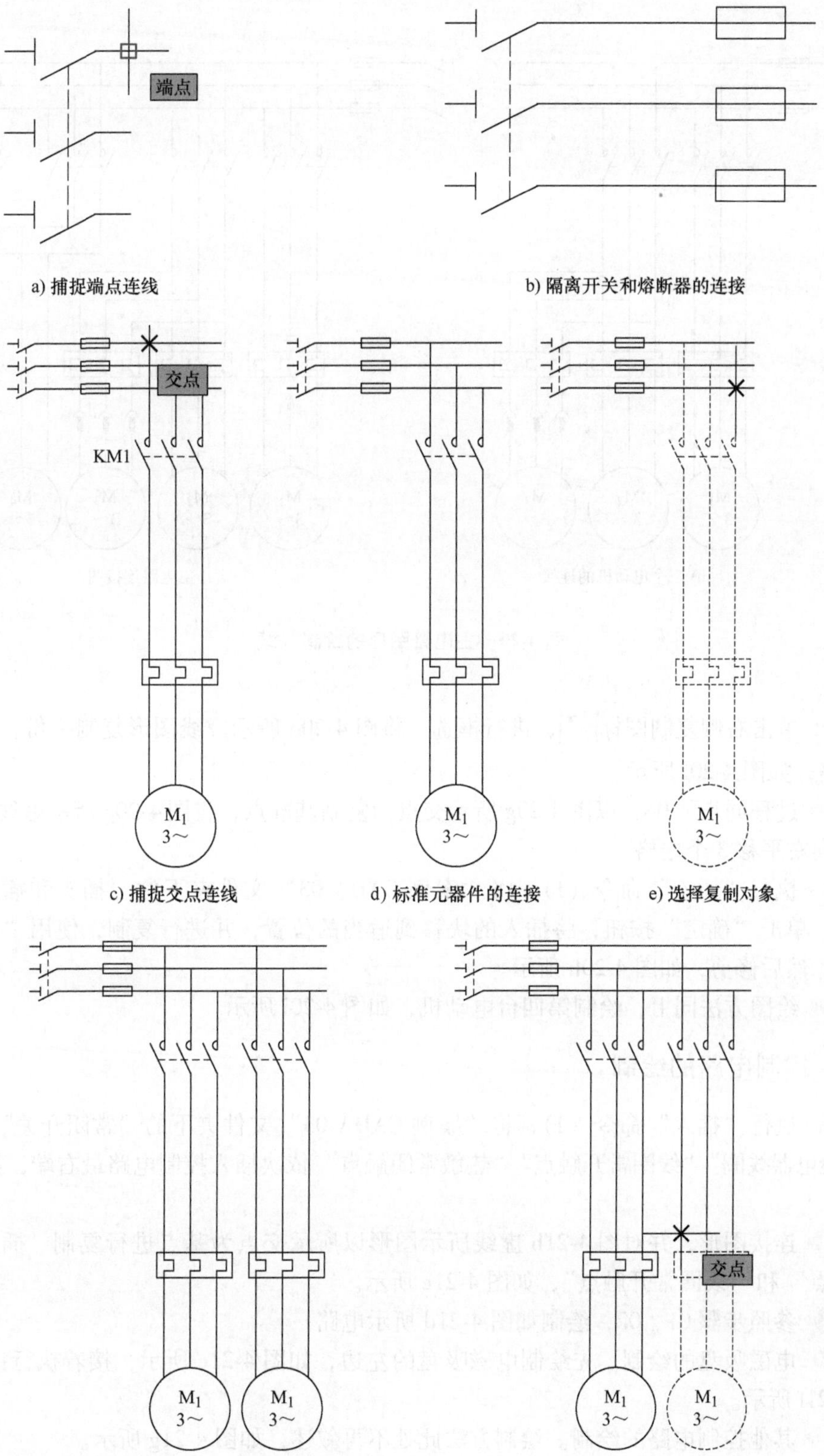

图 4-20　主电路图形的绘制

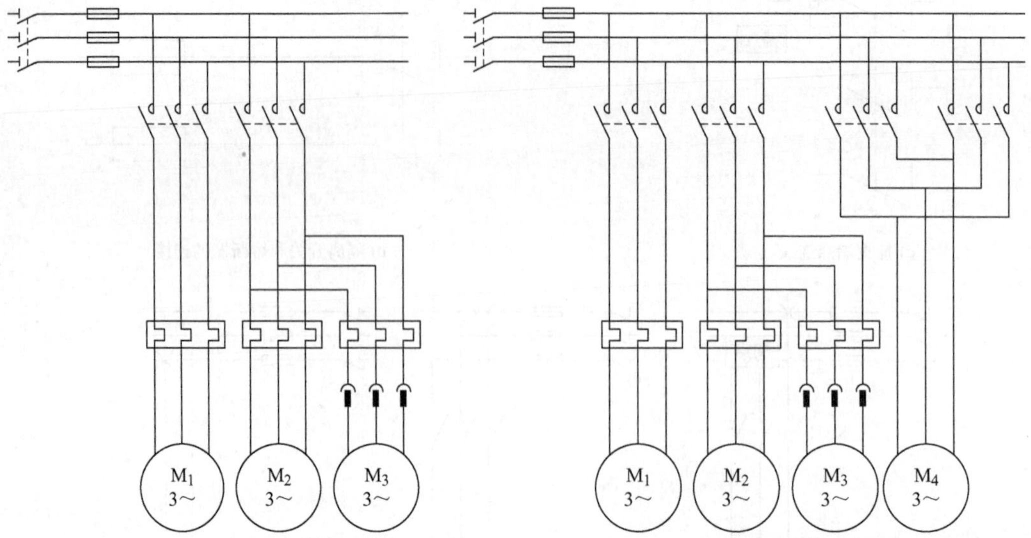

h) 三个电动机的连接　　　　i) 主电路连接图

图 4-20　主电路图形的绘制（续）

步骤 04 单击右侧复制图标，进行框选，将图 4-20e 所示虚线图形复制一份，向右平移 3 个栅格，如图 4-20f 所示。

步骤 05 过程同步骤 04，以图 4-20g 所示交点为复制基准点，将图 4-20g 所示虚线图形复制一份，向右平移 3 个栅格。

步骤 06 执行“插入”命令（I），将“案例 CAD \ 03”文件夹下的“插头和插座”插入图形中，单击“确定”按钮，将插入的块移到适当的位置，并进行复制，使用“直线”命令连线，然后修剪，如图 4-20h 所示。

步骤 07 绘图方法同上，绘制第四台电动机，如图 4-20i 所示。

4.4.3　控制电路的绘制

步骤 01 执行“插入”命令（I），将“案例 CAD \ 03”文件夹下的“常闭开关”“常开开关”“继电器线圈”“线圈常开触点”“热敏常闭触点”依次插入控制电路最右端，如图 4-21a 所示。

步骤 02 连接图形，并对图 4-21b 虚线所示图形以所示交点为基点进行复制，插入“热敏常闭触点”和“线圈常开触点”，如图 4-21c 所示。

步骤 03 参照步骤 01、02，绘制如图 4-21d 所示电路。

步骤 04 电磁吸盘的绘制。先绘制电磁吸盘的左边，如图 4-21e 所示，接着执行镜像命令，如图 4-21f 所示。

步骤 05 其他控制电路的绘制。绘制方法此处不再叙述，如图 4-21g 所示。

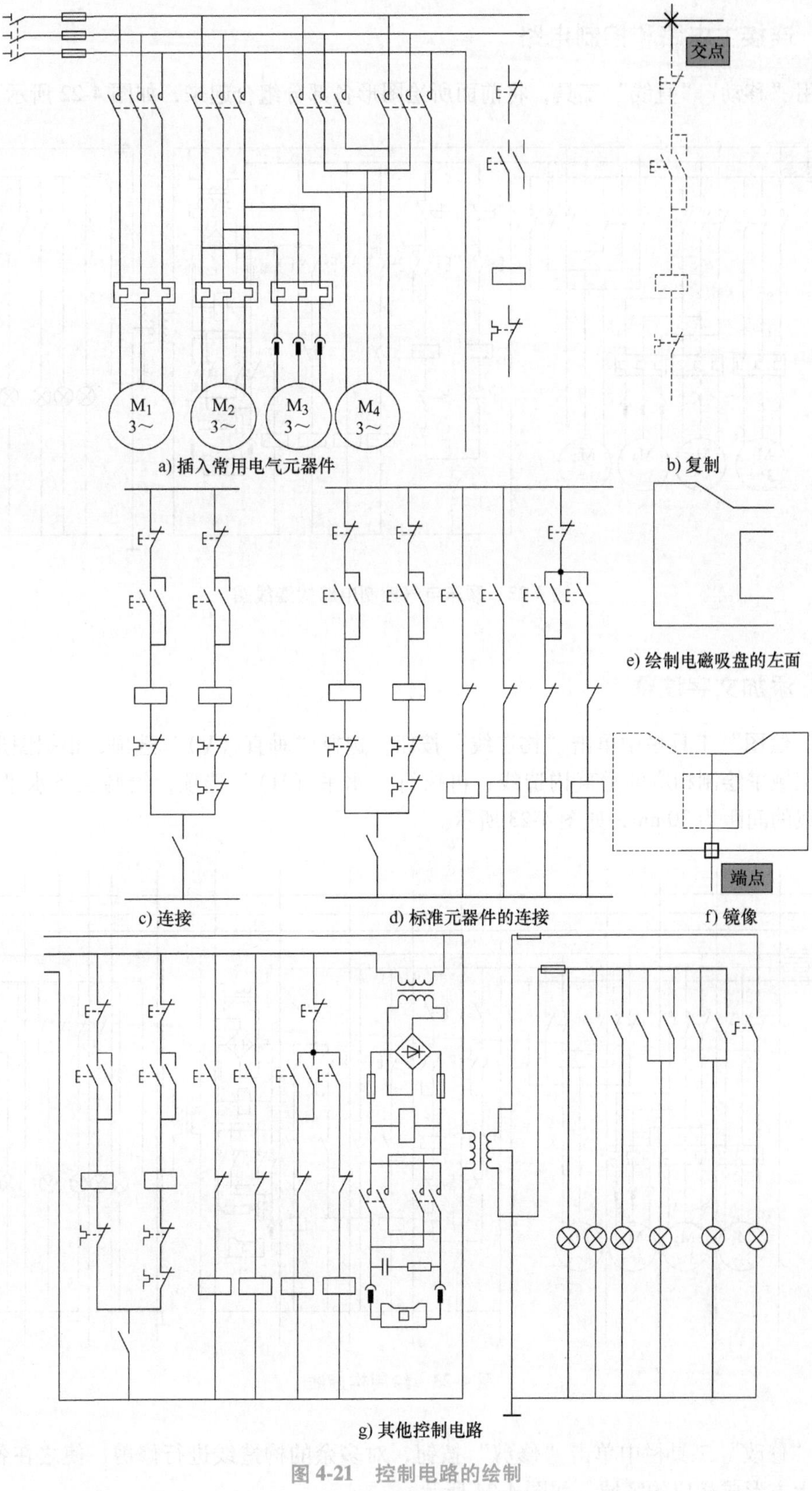

图 4-21　控制电路的绘制

4.4.4 连接主电路和控制电路

应用“移动”“直线”工具，将前面所绘图形各部分组合起来，如图 4-22 所示。

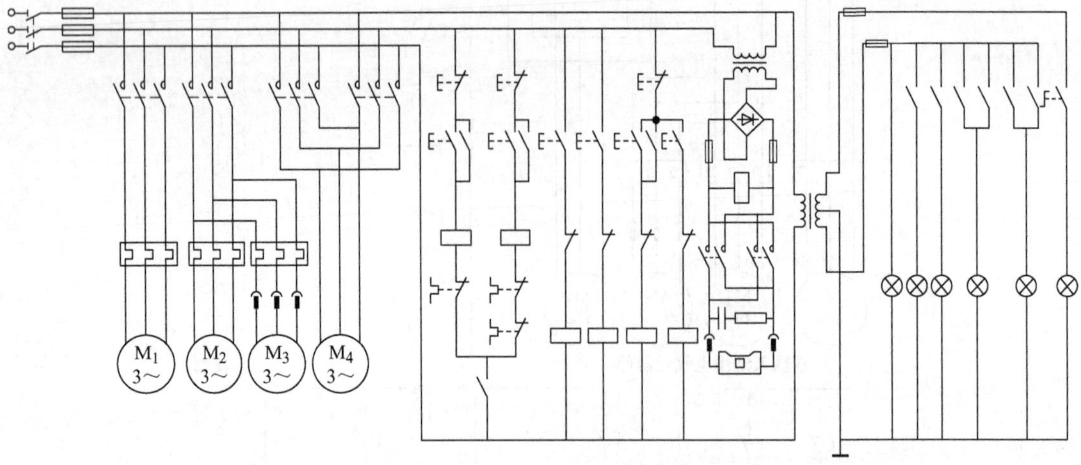

图 4-22 磨床电气控制电路的连线图

4.4.5 添加文字注释

在“绘图”工具栏中单击“构造线”按钮，选择“垂直（V）”选项，根据图形元器件的分隔区域来绘制相应的垂直构造线；再执行“水平（H）”选项，绘制三条水平构造线，其水平线的间距为 30mm，如图 4-23 所示。

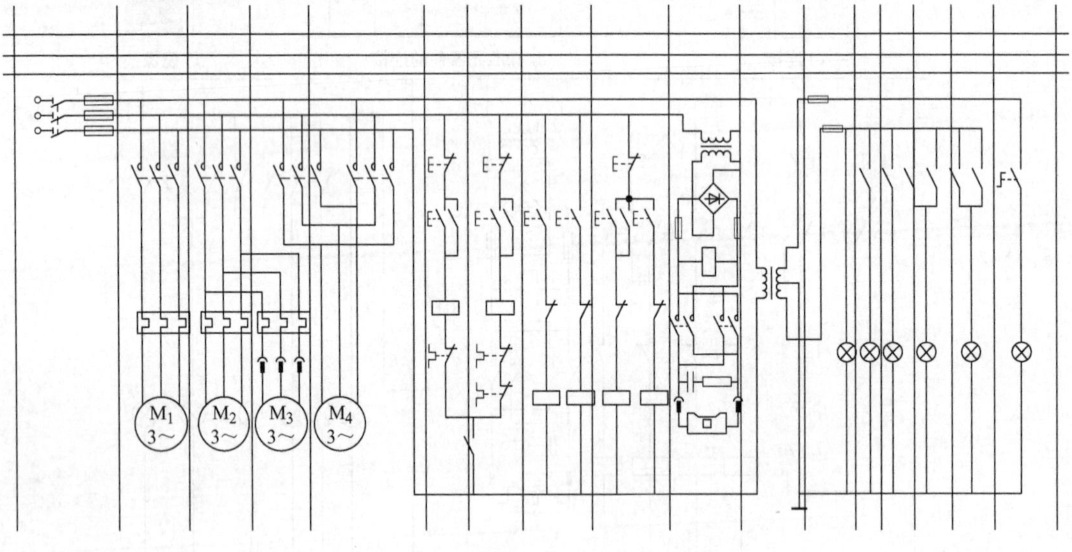

图 4-23 绘制构造线

在“修改”工具栏中单击“修剪”按钮，对多余的构造线进行修剪，使之在各个功能块的正上方形成相应的区域，如图 4-24 所示。

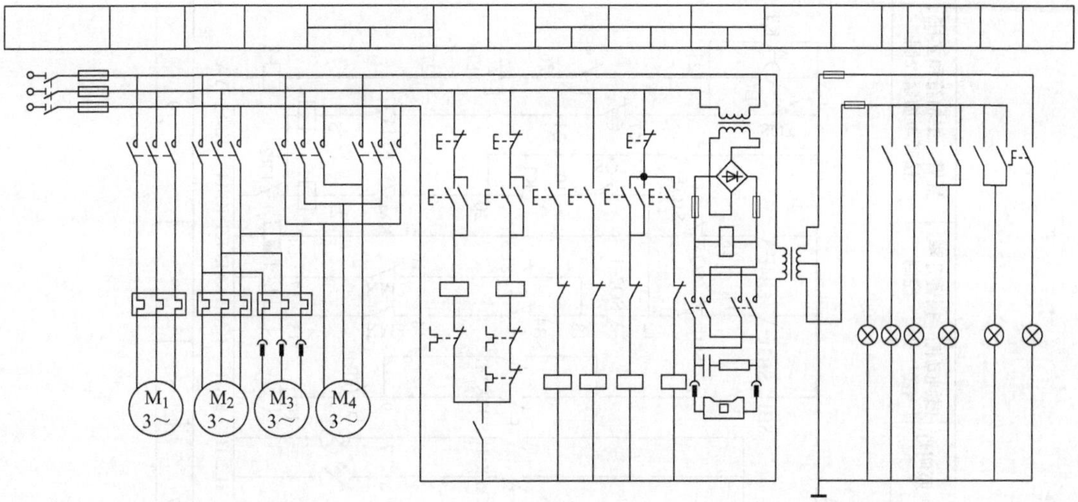

图 4-24　修剪构造线

执行“多行文字”命令（MT），设置文字高度为 2. 5mm，在图形相应位置进行文字注释，结果如图 4-18 所示。

至此，该 M7120 型平面磨床电气控制电路图已经绘制完成，在键盘上按<Ctrl+S>组合键对文件进行保存。

4. 5　实例演练：绘制 Z3040 型摇臂钻床电气控制电路图

绘制如图 4-25 所示的 Z3040 型摇臂钻床电气控制电路图。操作提示：

1）设置绘图环境。

2）绘制主电路。

3）绘制控制电路。

4）绘制照明电路。

5）添加文字说明。

【拓展活动】

每张电气工程图样由很多基础图块组成，绘图过程中，需要一步一个脚印去做，处理好局部与整体的关系，提高系统思维能力，做到统筹兼顾。

电气制图课是一门综合性实践性极强的课程，工程应用价值非常高，内容涉及电气制图的方法、技巧和国家标准，为后续学习更加复杂的专业内容奠定基础。

查阅资料，简述我国电气控制的发展历程和现状，思考青年大学生在民族复兴之路上该如何为国担当。

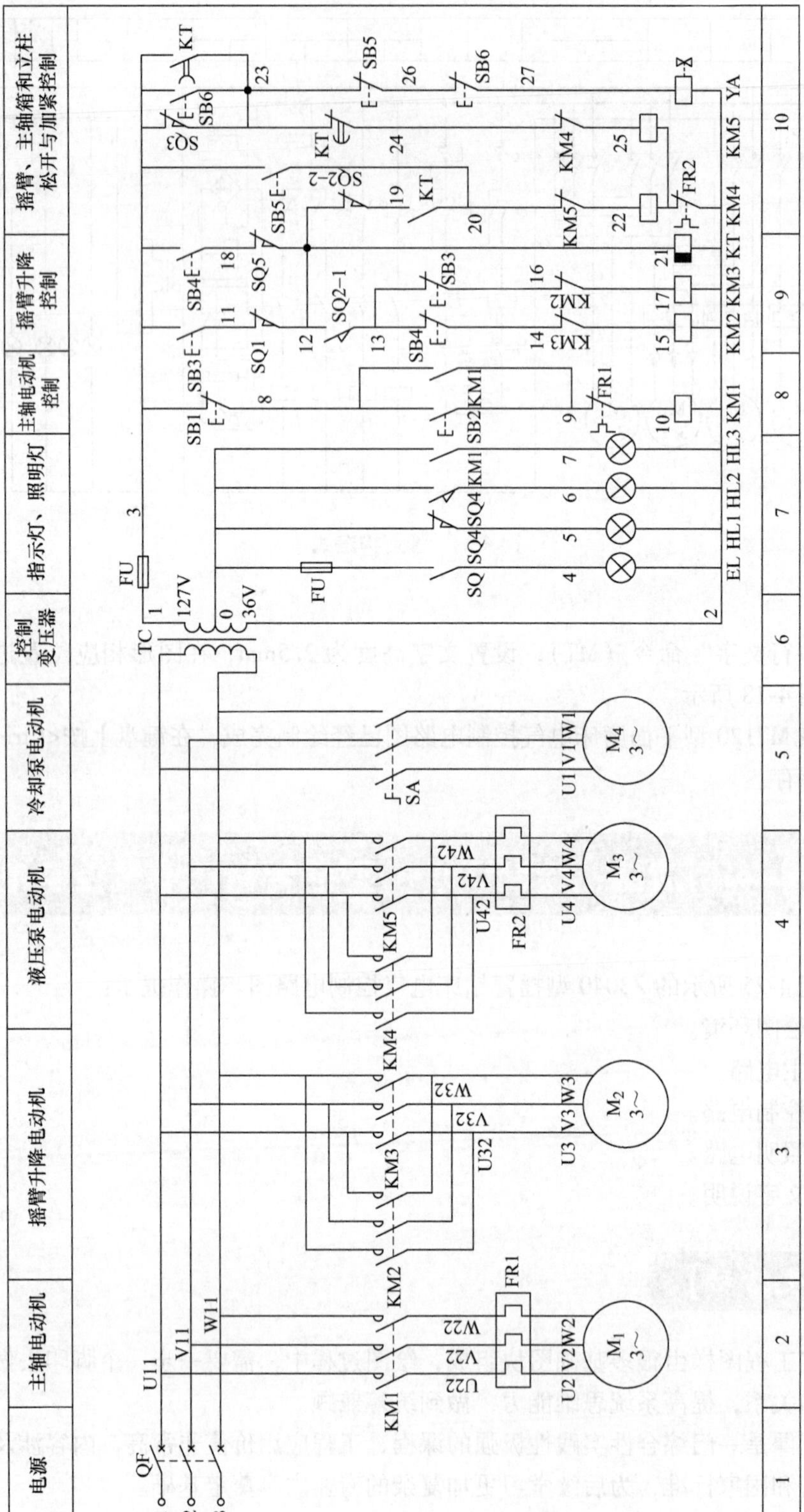

图 4-25　Z3040 型摇臂钻床电气控制电路图

第 5 章 电力电气工程图的绘制

本章概述

电能的生产、传输和使用是同时进行的。发电厂送出来的电力需要经过升压后才能输送给远方的用户。输电电压很高，用户不能直接使用，高压电要经过变电站降压才能分配给用户使用。由此可见，变电站和输电线路是电力系统的重要组成部分，所以本章将对输电工程图、变电站主接线图和配电装置断面图进行介绍

本章内容

- 电力电气工程图介绍
- 电气主接线图常用的图形符号及绘制方法
- 输电工程图的绘制
- 变电站主接线图的绘制
- 配电装置断面图的识图与绘图
- 实例演练
  - ◇ 35kV 变电站电气主接线图

    变电站电气主接线图
  - ◇ 110kV 变电站二次接线图

    输电工程图

5.1 电力电气工程图介绍

由各种电压等级的电力线路将各种类型的发电厂、变电站和电力用户联系起来的一个发电、输电、变电、配电和用电的整体，称为电力系统。电力系统由发电厂、变电站、线路和用户组成。变电站和线路是联系发电厂和用户的中间环节，起着变换和分配电能的作用。

1. 变电工程

为了更好地了解变电工程图，下面先对变电工程的重要部分——变电站做简要介绍。

电力系统中的变电站，通常按其在电力系统中的地位和供电范围，分为以下几类。

（1）枢纽变电站 枢纽变电站是电力系统的枢纽点，连接电力系统高压和中压的几个部分，汇集成多个电源，电压为330～550kV。全所停电后，将引起系统的解列，甚至出现瘫痪。

（2）中间变电站 高压侧以交换为主，起交换系统功率的作用，或使长距离输电线路分段，一般汇集2～3个电源，电压为220～330kV，同时又降压供给当地用电。这样的变电站主要起中间环节的作用，所以称为中间变电站。全所停电后，将引起区域网络解列。

（3）地区变电站 高压侧电压一般为110～220kV，是对地区用户供电为主的变电站。全所停电后，仅使该地区中断供电。

（4）终端变电站 终端变电站在输电线路的终端，接近负荷点，高压侧电压多为110kV，经降压后直接向用户供电。全部停电后，只是用户受到损失。

2. 变电工程图

为了能够准确清晰地表达电力变电工程的各种设计意图，就必须采用变电工程图。简单来说，变电工程图也就是对变电站、输电线路各种接线形势及各种具体情况的描述。其意义在于用统一直观的标准来表达变电工程的各方面。

变电工程图的种类很多，包括主接线路、二次接线路、变电站平面布置图、变电站断面图、高压开关柜的原理及布置图等，每种图特点各不相同。

3. 输电工程

（1）输电线路的任务 为了减少系统备用容量，错开高峰负荷，实现跨区域、跨流域调节，增强系统的稳定性，提高抗冲击负荷的能力，在电力系统之间采用高压输电线路进行联网。电力系统联网既提高了系统的安全性、可靠性和稳定性，又可实现经济调度，使各种能源得到充分利用。起系统联络作用的输电线路可进行电能的双向输送，实现系统间的电能交换和调节。因此，输电线路的任务就是输送电能，并联络各发电厂、变电站，使之并列运行，实现电力系统联网。高压输电线路是电力系统的重要组成部分。

（2）输电线路的分类 输送电能的路线通称为电力线路。电力线路有输电线路和配电线路之分。由发电厂向电力负荷中心输送电能的线路及电力系统之间的联络线路称为输电线路；由电力负荷中心向各个电力用户分配电能的线路称为配电线路。

电力线路按电压等级分为低压、高压、超高压和特高压线路。一般地，输送电能容量越大，线路采用的电压等级就越高。

输电线路按结构特点分为架空线路和电缆线路。架空线路由于结构简单、施工方便、建设费用低、施工周期短、检修维护方便及技术要求较低等优点，得到广泛的应用；电缆线路受外界环境因数的影响小，但需用特殊加工的电力电缆，费用高，施工及运行检修的技术要求高。

目前，我国电力系统广泛采用架空输电线路。架空输电线路一般由导线、避雷线、绝缘子、金具、杆塔、杆塔基础、接地装置和拉线几部分组成。

1）导线。导线是固定在杆塔上输送电流用的金属线，目前在输电线路的设计中，一般采用钢芯铝绞线，局部地区采用铝合金绞线。

2）避雷线。避雷线的作用是防止雷电直接击于导线上，并把雷电流引入大地。避雷线常用镀锌钢绞线，也可采用铝包钢绞线。目前国内外均采用绝缘避雷线。

3）绝缘子。输电线路用的绝缘子主要有针式绝缘子、悬式绝缘子和瓷横担绝缘子等。

4）金具。通常把输电线路使用的金属部件总称为金具，其类型繁多，主要有连接金具、连续金具、固定金具、防震锤、间隔棒和均压屏蔽环等几种类型。

5）杆塔。杆塔用于支撑导线和避雷线。按照杆塔材料的不同，分为木杆、铁杆、钢筋混凝土杆，国外还采用了铝合金杆塔。杆塔可分为直线型和耐张型两类。

6）杆塔基础。杆塔基础用来支撑杆塔，分为钢筋混凝土杆塔基础和铁塔基础两类。

7）接地装置。埋没在基础土壤中的圆钢、扁钢、角钢、钢管或其组合式结构称为接地装置。其与避雷线或杆塔直接相连，当雷击杆塔或避雷线时，能将雷电引入大地，可防止雷电击穿绝缘子串的事故发生。

8）拉线。为了节省杆塔钢材，国外广泛使用了带拉线杆塔。拉线材料一般为镀锌钢绞线。

5.2　电气主接线图常用的图形符号及绘制方法

5.2.1　电气控制图的分类

根据 GB/T 4728—2018、2022《电气简图用图形符号》最新的相关标准，电气主接线图常用图形符号见表 5-1。为了方便读者掌握图形符号的尺寸，表 5-1 中图形以点阵为背景，间距为 2. 5mm。

表 5-1　电气主接线图常用图形符号

序　号	名　称	符　号	序　号	名　称	符　号
1	双绕组变压器	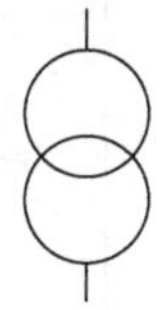	6	双二次绕组的电流互感器（有两个铁心）	
2	YN/d 联结的有铁心三相双绕组变压器	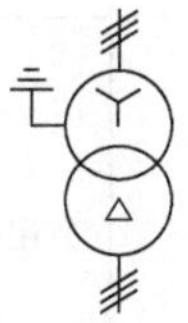	7	双二次绕组的电流互感器（有共同铁心）	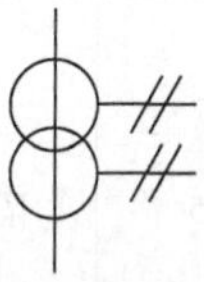
3	YN/y/d 联结的有铁心三相三绕组变压器	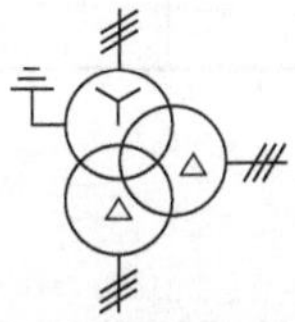	8	断路器	
4	星形联结的有铁心三相自耦变压器		9	Y/d 联结的具有有载分接开关的三相变压器	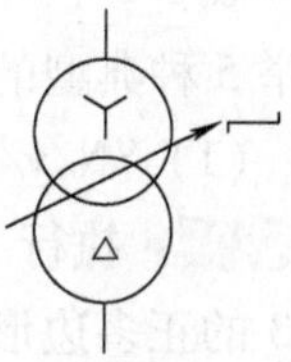
5	单二次绕组的电流互感器	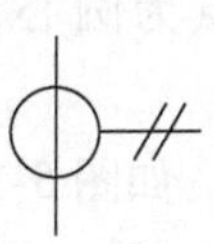	10	接地消弧线圈	

（续）

序　号	名　称	符　号	序　号	名　称	符　号
11	负荷开关	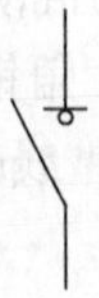	16	熔断器	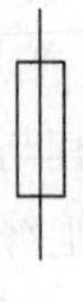
12	电抗器	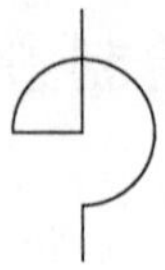	17	跌开式熔断器	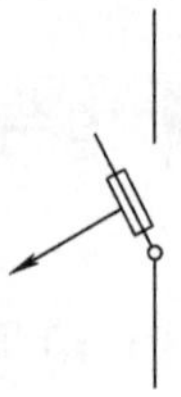
13	熔断器式隔离开关	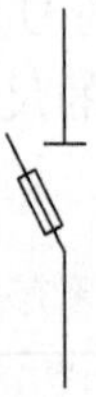	18	避雷器	
14	单相自耦变压器		19	交流发电机	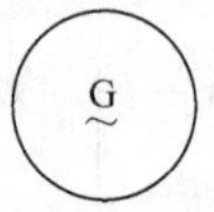
15	隔离开关		20	电压互感器	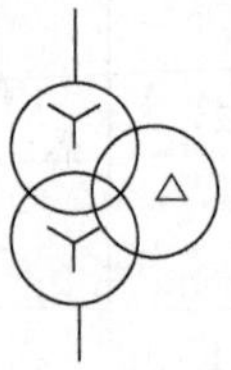

5.2.2　符号的绘制方法

表 5-1 中列出了 20 种电气主接线图常用图形符号，由于很多符号绘制方法相似，本节列举 5 种典型的符号绘制方法，其他符号可参考其绘制。

（1）YN/y/d 联结有铁心的三相三绕组变压器符号的绘制

步骤 01 执行“正多边形命令”命令（POL），以边的形式绘制竖直边长度为 10mm，边数为 3 的正多边形，如图 5-1a 所示。

步骤 02 执行“圆”命令（C），以正三角形角点为圆心，绘制半径为 7.5mm 的圆，如图 5-1b所示。

步骤 03 执行“删除”命令（E），删除正多边形，如图 5-1c 所示。

步骤 04 执行“直线”命令（L），以象限点为第一点，竖直向上绘制长度为 7.5mm 的直线，如图 5-1d 所示。

步骤 05 绘制星形符号。执行“直线”命令（L），以圆心为直线起点向上绘制长度为 2.5mm 的竖直线；执行“环形阵列”命令或单击，阵列中心为直线的上端点，项目数为 3，填充角度为 360°，如图 5-1e 所示。

步骤 06 绘制第二绕组的三角符号。执行“正多边形”命令（POL），命令提示如下：

```
命令:_polygon 输入边的数目<3>:3
指定正多边形的中心点或[边(E)]:E
指定边的第一个端点:(选择变压器符号第二绕组的圆心为第一点)
指定边的第二个端点:@-1.25,-2.2
```

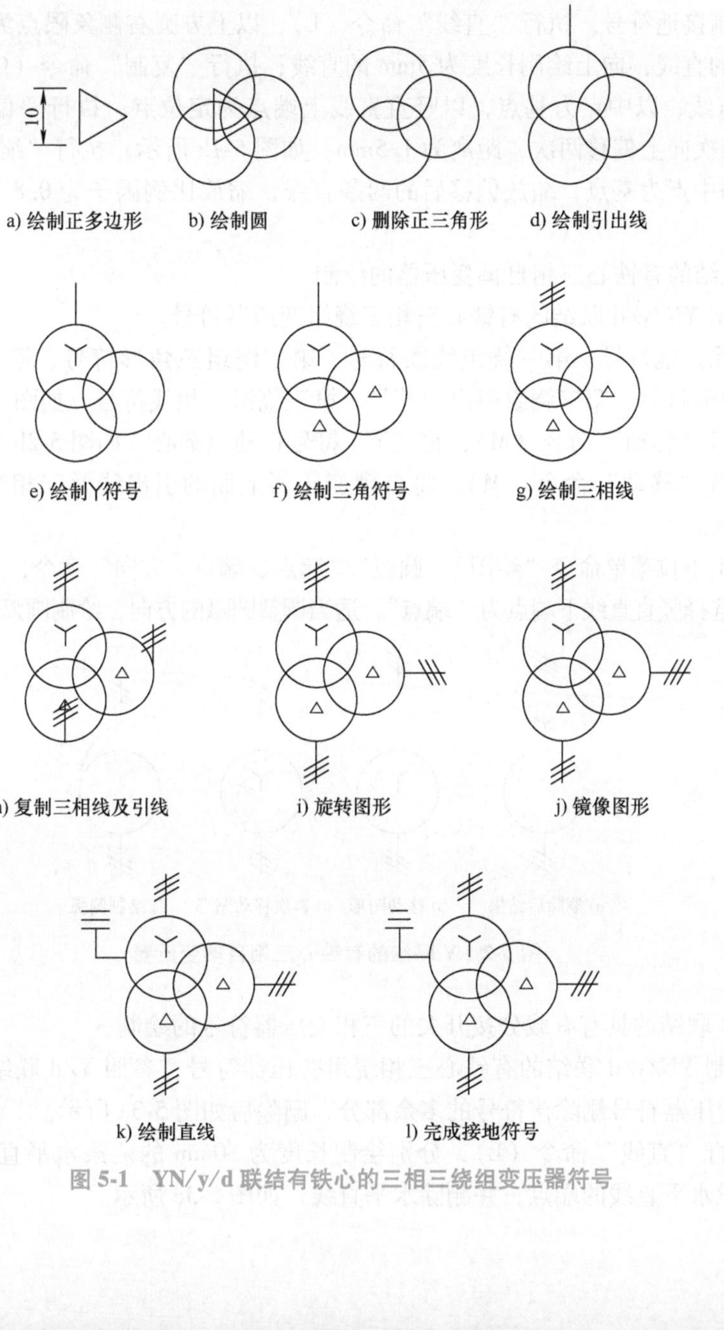

a) 绘制正多边形　b) 绘制圆　c) 删除正三角形　d) 绘制引出线

e) 绘制Y符号　f) 绘制三角符号　g) 绘制三相线

h) 复制三相线及引线　i) 旋转图形　j) 镜像图形

k) 绘制直线　l) 完成接地符号

图 5-1　YN/y/d 联结有铁心的三相三绕组变压器符号

步骤 07 执行“复制”命令（CO），绘制第三绕组的三角形符号，如图 5-1f 所示。

步骤 08 绘制三相线。执行“偏移”命令（O），将竖直引出线向右偏移 2.5mm；执行“直线”命令（L），以偏移出来的直线中点为起点，绘制水平直线，长度为 5mm；执行“删除”命令（E），删除偏移出来的直线；执行“偏移”命令（O），将水平直线向上依次偏移两次，偏移距离为 1.5mm；执行“旋转”命令（RO），选择一条水平直线，旋转中心为水平直线中点，旋转角度为 30°，将另外两条水平直线旋转，如图 5-1g 所示。

步骤 09 复制三相线。执行“复制”命令（CO），复制三相线，以引出线下端点为基点，以右侧和下方的象限点为定位点，如图 5-1h 所示；执行“旋转”命令（RO），旋转图形，旋转角度分别为-90°和 180°，如图 5-1i 所示；执行“镜像”命令（MI），镜像右侧三相线，以引出线为镜像线，命令提示“要删除源对象吗？[是(Y)/否(N)]<N>:”，输入“Y”，如图 5-1j 所示。

步骤 10 绘制接地符号。执行“直线”命令（L），以上方圆右侧象限点为起点，向右绘制长度为 5mm 的直线，向上绘制长度为 5mm 的直线；执行“复制”命令（CO），复制长度为 5mm 的水平直线，以中点为基点，以竖直直线上端点为定位点；执行“偏移”命令（O），将水平直线依次向上偏移两次，距离为 1.5mm，如图 5-1k 所示；执行“缩放”命令（SC），分别以直线的中点为基点，缩放偏移后的两条直线，缩放比例因子为 0.8 和 0.5，如图 5-1l 所示。

（2）Y 联结的有铁心三相自耦变压器的绘制

步骤 01 复制 YN/y/d 联结的有铁心三相三绕组变压器符号。

步骤 02 删除接地符号、第一绕组线圈符号、第二绕组三角形符号、第三绕组线圈符号、第三绕组三角形符号、第三绕组引出线符号、第三绕组三相线符号，如图 5-2a 所示。

步骤 03 执行“移动”命令（M），将“Y”符号移动至圆心，如图 5-2b 所示。

步骤 04 执行“移动”命令（M），将自耦变压器上面的引出线及三相线向下移动 5mm，如图 5-2c 所示。

步骤 05 单击下拉菜单命令“绘图”/“圆弧”/“起点、端点、方向”命令，选择圆右侧象限点为“起点”，选择竖直直线下端点为“端点”，适当调整圆弧的方向，绘制圆弧，如图 5-2d 所示。

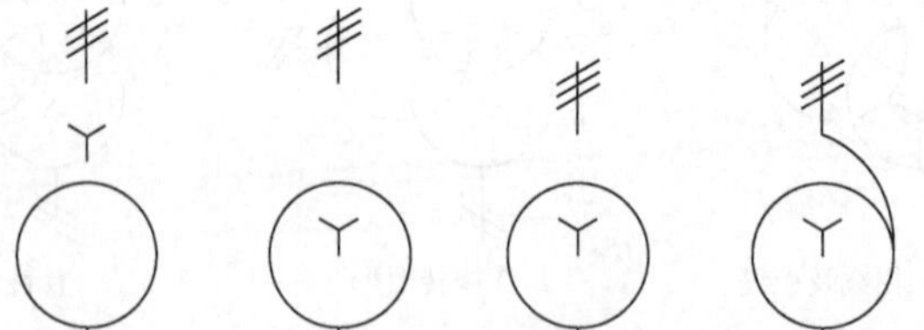

a) 删除后结果 b) 移动图形 c) 再次移动图形 d) 绘制圆弧

图 5-2 Y 联结的有铁心三相自耦变压器

（3）Y/d 联结的具有有载分接开关的三相变压器符号的绘制

步骤 01 复制 YN/y/d 联结的有铁心三相绕组变压器符号，参照 Y/d 联结的具有有载分接开关的三相变压器符号删除该符号的多余部分，删除后如图 5-3a 所示。

步骤 02 执行“直线”命令（L），分别绘制长度为 10mm 的两条水平直线，如图 5-3b 所示；连接两段水平直线的端点，并删除水平直线，如图 5-3c 所示。

步骤 03 执行“多段线”命令（PL），绘制箭头，起点宽度为 0.5mm，端点宽度为 0，长度为 1.5mm，如图 5-3d 所示。

步骤 04 对齐箭头。单击下拉菜单命令“修改”/“三维操作”/“对齐”命令，对齐箭头和斜线，如图 5-3e 所示。

步骤 05 绘制步进符号。执行“直线”命令（L），依次绘制长度为 1.25mm 的垂直线，长度为 5mm 的水平直线及长度为 1.25mm 的垂直线，如图 5-3f 所示。

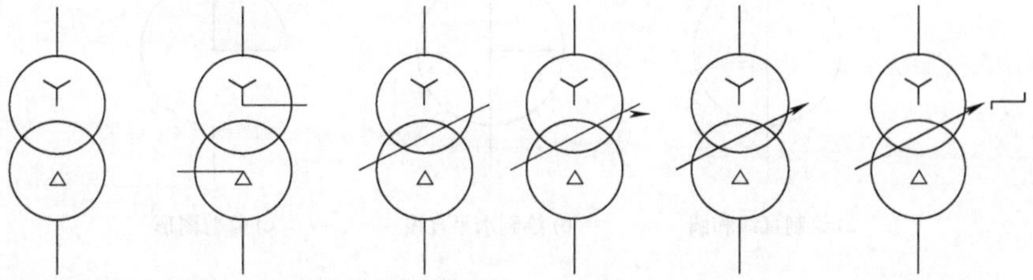

a) 删除后结果 b) 绘制水平直线 c) 绘制斜线 d) 绘制箭头 e) 对齐箭头 f) 绘制步进符号

图 5-3 Y/d 联结的具有有载分接开关的三相变压器符号

（4）接地消弧线圈的绘制

步骤 01 执行“直线”命令（L），绘制长度为 10mm 的竖直直线。

步骤 02 单击下拉菜单命令“绘图”/“点”/“定数等分”命令（DIV），将直线等分为 4 份，如图 5-4a 所示。

步骤 03 单击下拉菜单命令“绘图”/“圆弧”/“起点、端点、半径”命令，以直线下端点为“起点”，由下而上第一个等分点为“端点”（打开对象捕捉“节点”，即可捕捉“点”），绘制半径为 1.25mm 圆弧，如图 5-4b 所示。

步骤 04 执行“复制”命令（CO），复制圆弧，如图 5-4c 所示。

步骤 05 执行“删除”命令（E），删除多余的点和线。

步骤 06 执行“直线”命令（L），绘制上下两端，长度为 2.5mm 的竖直直线，如图 5-4d 所示。

步骤 07 绘制接地符号。参照 YN/y/d 联结有铁心的三相三绕组变压器符号的绘制方法绘制，其中，直线长度为 2.5mm，间距为 1mm，绘制结果如图 5-4e 所示。

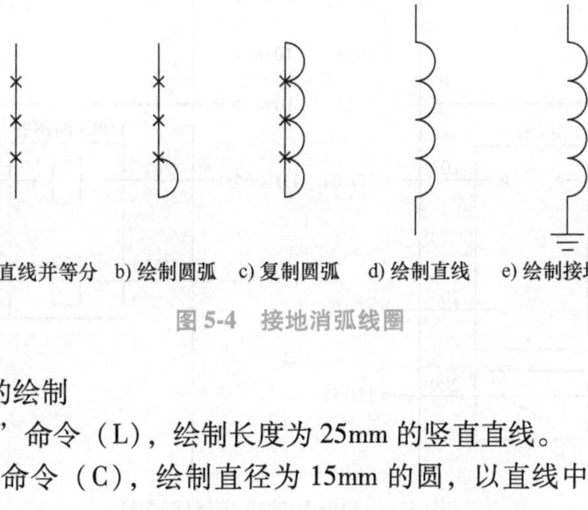

a) 绘制直线并等分 b) 绘制圆弧 c) 复制圆弧 d) 绘制直线 e) 绘制接地符号

图 5-4 接地消弧线圈

（5）电抗器符号的绘制

步骤 01 执行“直线”命令（L），绘制长度为 25mm 的竖直直线。

步骤 02 执行“圆”命令（C），绘制直径为 15mm 的圆，以直线中点为圆心，如图 5-5a 所示。

步骤03 执行“直线”命令（L），以圆心为起点，以圆的左侧象限点为终点，如图5-5b所示。

步骤04 执行“修剪”命令（TR），根据命令行的提示进行图形的修剪，修剪结果如图5-5c所示。

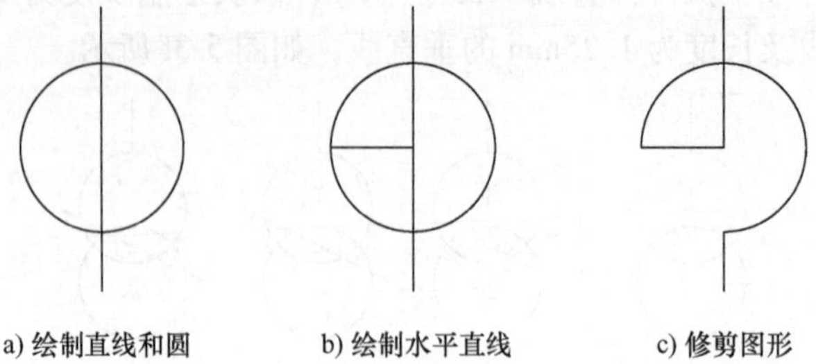

图5-5 电抗器符号

5.3 输电工程图的绘制

输电线路是将电能从发电厂远程输送到变电站的电力设施，是电网的重要组成部分，对我国目前绝大多数交流电网来说，高压电网指的是110kV以上等级的电网，习惯上，输电线路也经常称之为送电线路。

输电线路工程施工包括开工前准备（组织准备、资源准备、设计交底等）、基础施工、杆塔组立、架线施工等。一般来说，为了保证输电线路的直线性，我国110kV输电线路的线路设计大多数是采用一线设计，其实有时完全可以顺应地形、地势，将上、下行线分别设计为各自独立的平面线形。图5-6所示为110kV输电线路保护图。

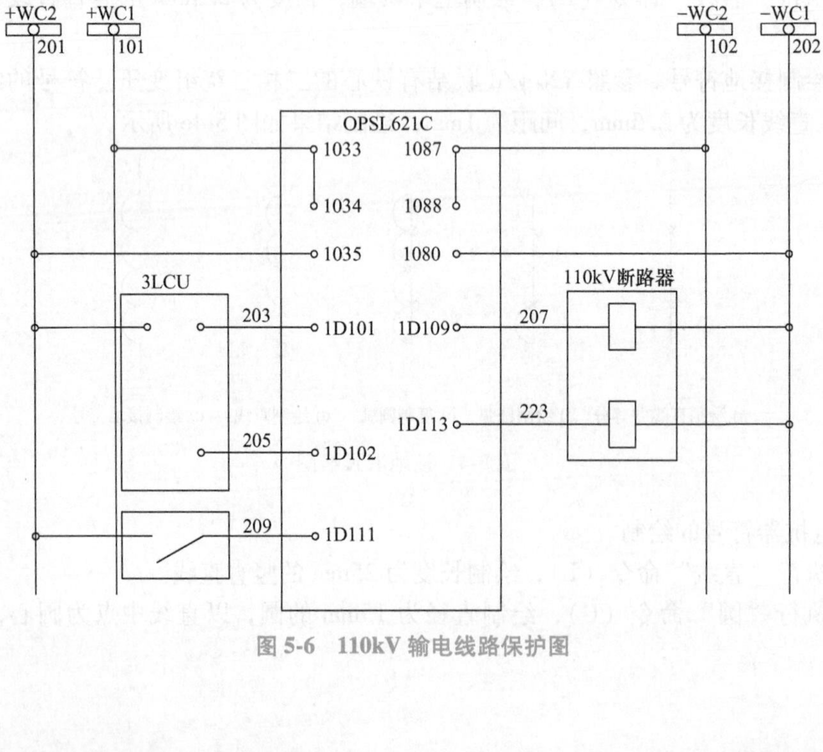

图5-6 110kV输电线路保护图

5.3.1　设置绘图环境

步骤 01 建立新文件。正常启动 AutoCAD 2014 软件，系统自动创建一个空白文件，在快速访问工具栏上单击“保存”按钮，将其保存为“案例 CAD \ 05 \ 输电工程图 . dwg”文件。

步骤 02 设置工具栏。在任意工具栏中右击，在打开的快捷菜单中选择“标准”“图层”“对象特性”“绘图”“修改”和“标注”等 6 个命令，调出这些工具栏，并将它们移到绘图窗口适当的位置。也可以直接选择 AutoCAD 经典模式，并调出常用工具栏。

5.3.2　绘制图形符号

该输电线路图由接线端子、电源插件、110kV 断路器和压板部分组成，下面将介绍这些图形符号的绘制方法。

（1）绘制接线端子

步骤 01 执行“矩形”命令（REC），在视图中绘制一个 100mm×20mm 的矩形对象，如图 5-7所示。

步骤 02 执行“圆”命令（C），使用“两点（2P）”的方式绘制圆，捕捉矩形上下水平线的中点，如图 5-8 所示。

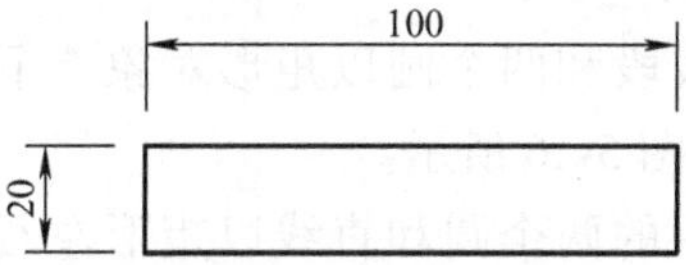

图 5-7　绘制矩形图

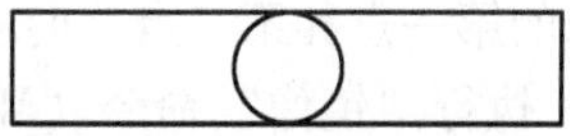

图 5-8　“两点（2P）”绘制圆

步骤 03 执行“直线”命令（L），捕捉圆的下象限点作为直线的起点，向下绘制一条长 1000mm 的竖直直线，如图 5-9 所示。

步骤 04 执行“复制”命令（CO），将图形中所有的对象水平向右分别复制 150mm、1240mm、1390mm 的距离，从而完成接线端子的绘制，如图 5-10 所示。

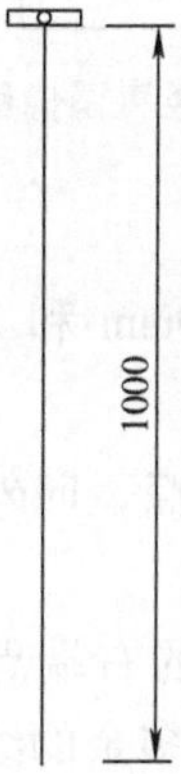

图 5-9　绘制直线

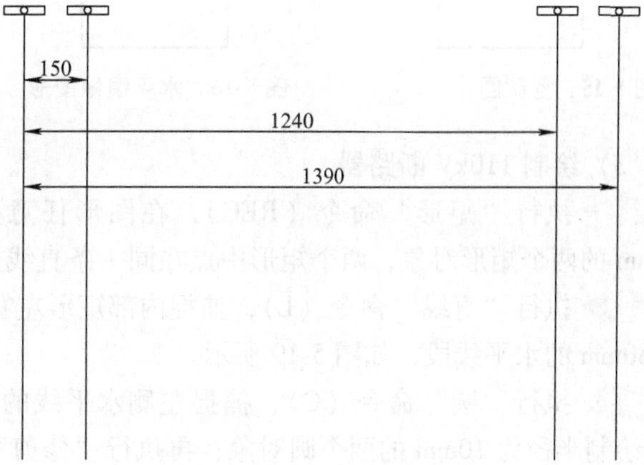

图 5-10　复制图形

（2）绘制电源插件

步骤 01 执行“矩形”命令（REC），在图形任意位置绘制 200mm×350mm 的矩形，如图 5-11所示；执行“分解”命令（X），将绘制图形的矩形对象进行分解操作。

步骤 02 执行“偏移”命令（O），将上水平线向下偏移 65mm，将左侧垂直线向右偏移 50mm，如图 5-12 所示。

步骤 03 执行“圆”命令（C），捕捉偏移后的两条线的交点作为圆心，绘制半径为 10mm 的圆；再执行“删除”命令（E），删除掉偏移后的两条线段，如图 5-13 所示。

步骤 04 执行“直线”命令（L），捕捉圆左侧象限点作为直线的起点，向左绘制一条长 190mm 的水平线段，如图 5-14 所示。

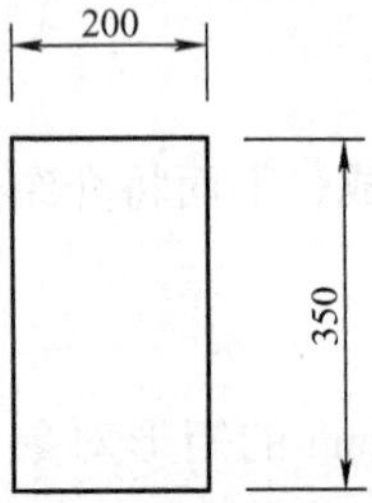

图 5-11 绘制矩形

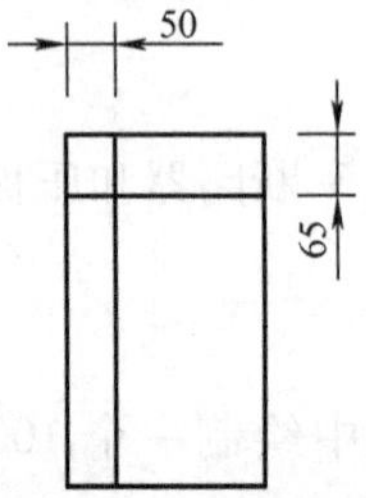

图 5-12 偏移直线

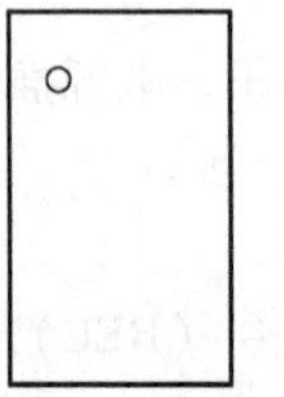
图 5-13 绘制圆

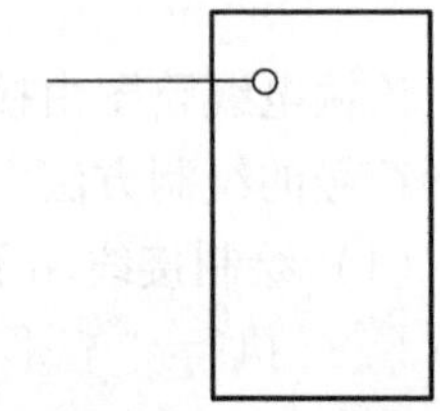
图 5-14 绘制直线

步骤 05 执行“复制”命令（CO），复制半径为 10mm 的圆，选取圆的右侧象限点为“基点”，选取直线左侧端点为“第二点”，如图 5-15 所示。

步骤 06 执行“镜像”命令（MI），将绘制的水平线段和两个圆以矩形对象上下边的中点作为镜像的第一点和第二点，向右进行镜像操作，如图 5-16 所示。

步骤 07 执行“镜像”命令（MI），将上一步镜像后的两个圆和直线以矩形左右边的中点作为镜像的第一点和第二点，向下镜进行像操作，如图 5-17 所示。

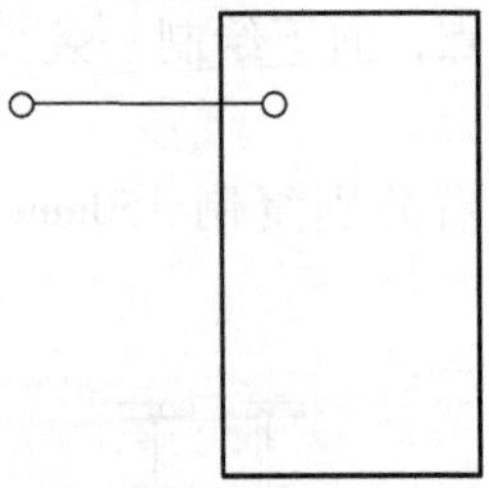
图 5-15 复制圆

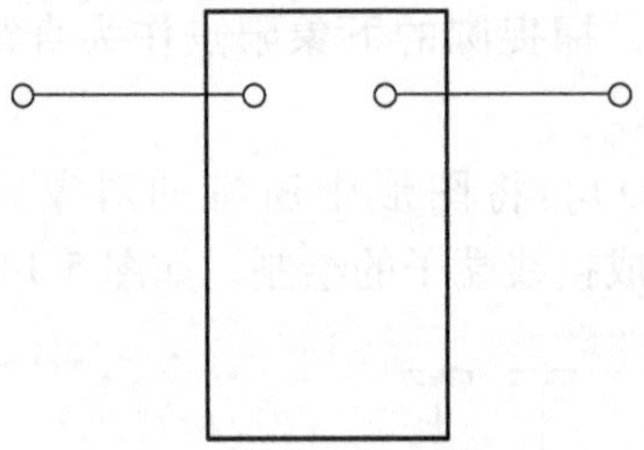
图 5-16 水平镜像图形

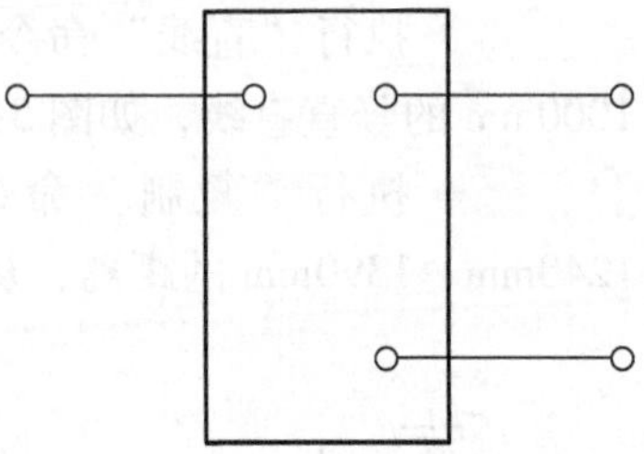
图 5-17 竖直镜像图形

（3）绘制 110kV 断路器

步骤 01 执行“矩形”命令（REC），在图形任意处分别绘制 50mm×90mm 和 200mm×300mm 的两个矩形对象，两个矩形中点在同一条直线上，如图 5-18 所示。

步骤 02 执行“直线”命令（L），捕捉内部矩形左右的中点作为直线的起点，向外绘制两条 280mm 的水平线段，如图 5-19 所示。

步骤 03 执行“圆”命令（C），捕捉左侧水平线的左端点和右侧水平线的右端点作为圆心，绘制半径为 10mm 的两个圆对象；再执行“修剪”命令（TR），修剪掉多余的线段，如图 5-20 所示。

步骤 04 执行“镜像”命令（MI），将内矩形、两圆和两条水平线段以外矩形左右边的中点作为镜像的第一点和第二点，向下进行镜像操作，从而完成 110kV 断路器的绘制，如图 5-21所示。

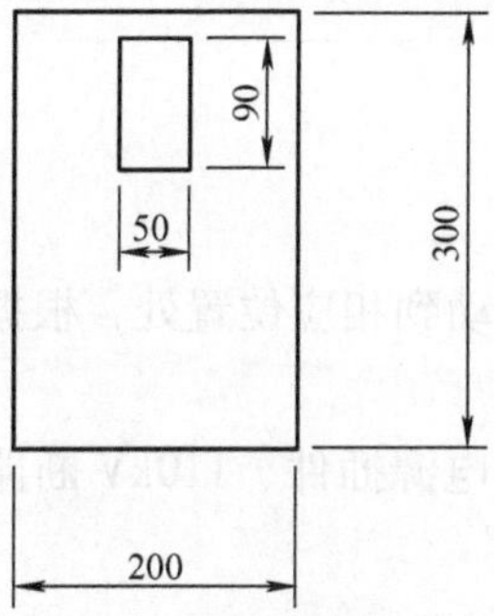

图 5-18　绘制矩形

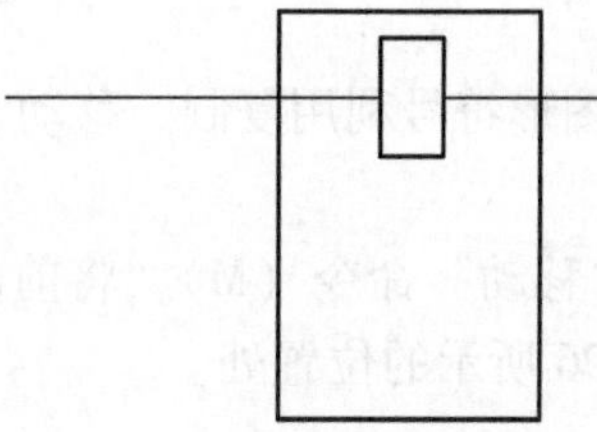

图 5-19　绘制直线

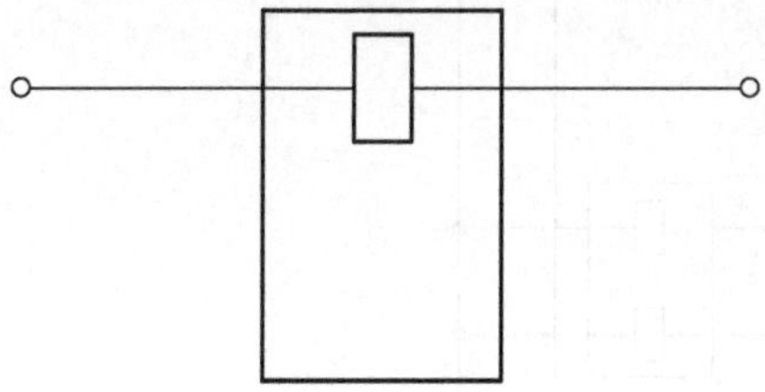

图 5-20　绘制圆

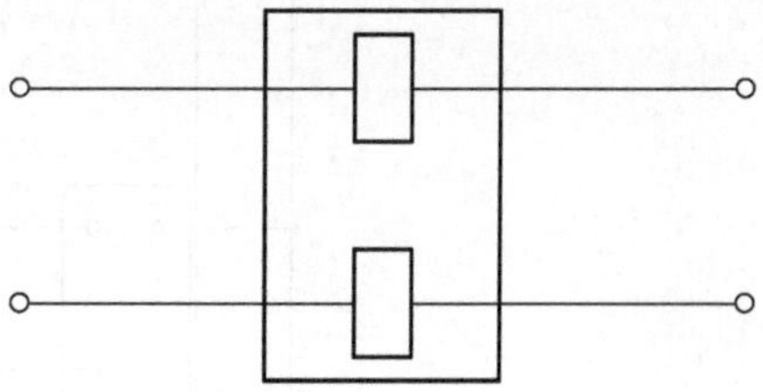

图 5-21　断路器

（4）绘制压板

步骤 01 执行“直线”命令（L），绘制长度为 210mm、100mm、210mm 相连贯的直线段，如图 5-22 所示。

步骤 02 执行“旋转”命令（RO），将中间的水平线段以右端点为旋转基点旋转，旋转角度为 30°，如图 5-23 所示。

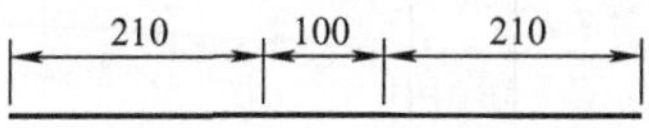

图 5-22　绘制直线

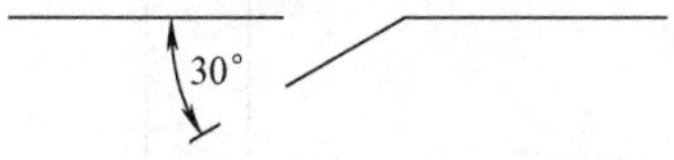

图 5-23　旋转直线

步骤 03 执行“矩形”命令（REC），绘制 200mm×120mm 的矩形，使矩形左侧的边与左侧水平线段的左端点距离为 160mm，如图 5-24 所示。

步骤 04 执行“圆”命令（C），捕捉两侧水平线段的外侧端点作为圆心，绘制半径为 10mm 的两个圆对象；再执行“修剪”命令（TR），修剪掉多余的线段，从而完成压板的绘制，如图 5-25 所示。

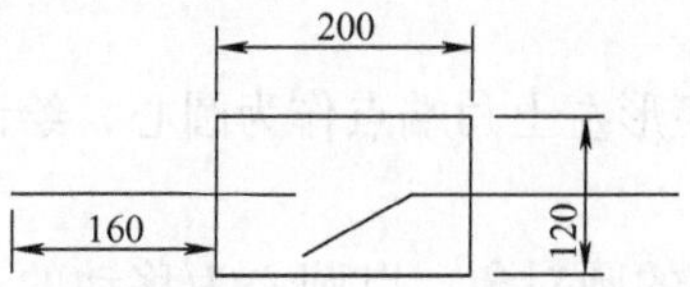

图 5-24　绘制矩形

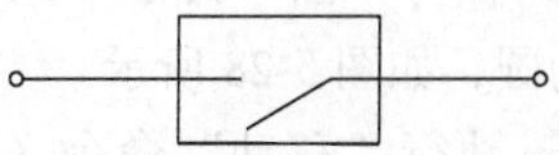

图 5-25　绘制圆并修剪

技巧提示

绘图过程中，可以先在任意位置绘制 200mm×120mm 的矩形；执行“移动”命令（M），以矩形左侧边中点为基点，移动至直线左端点；再次执行“移动”命令（M），向右移动 160mm。

5.3.3 组合图形

将绘制好的图形符号利用复制、移动、旋转等命令将其移动到相应位置处，根据符号的放置绘制连接线。

步骤 01 执行“移动”命令（M），将前面绘制的接线端子、电源插件、110kV 断路器和压板移动到如图 5-26 所示的位置处。

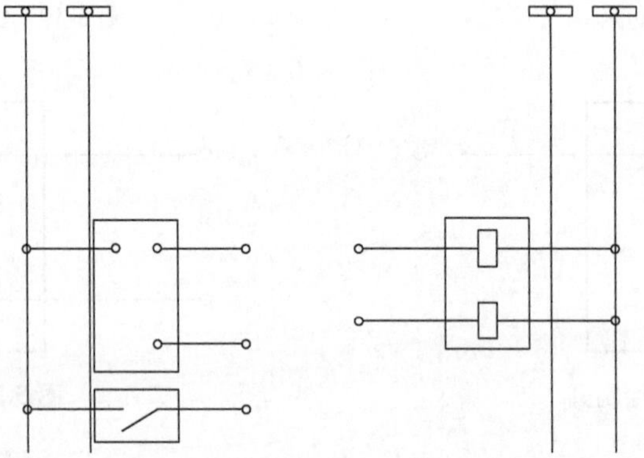

图 5-26 组合图形

步骤 02 执行“矩形”命令（REC），在如图 5-27 所示的相应位置处绘制 400mm×900mm 的矩形对象。

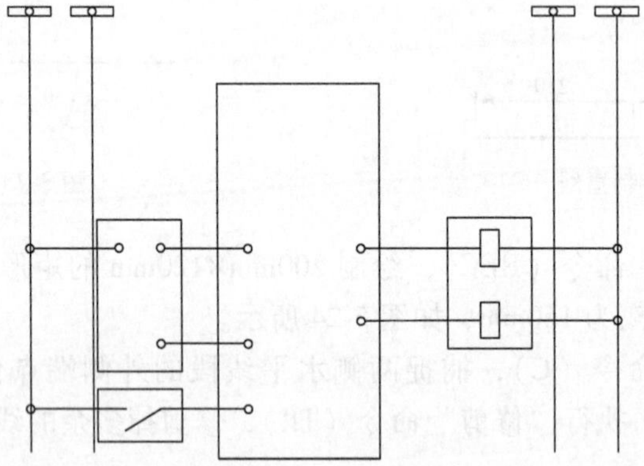

图 5-27 绘制矩形

步骤 03 执行“圆”命令（C），捕捉上一步绘制的矩形左上角端点作为圆心，绘制半径为 10mm 的圆，如图 5-28 所示

步骤 04 执行“移动”命令（M），选择上一步绘制的圆对象，以圆心为移动的基点，输入相对坐标“@60，-65”，如图 5-29 所示。

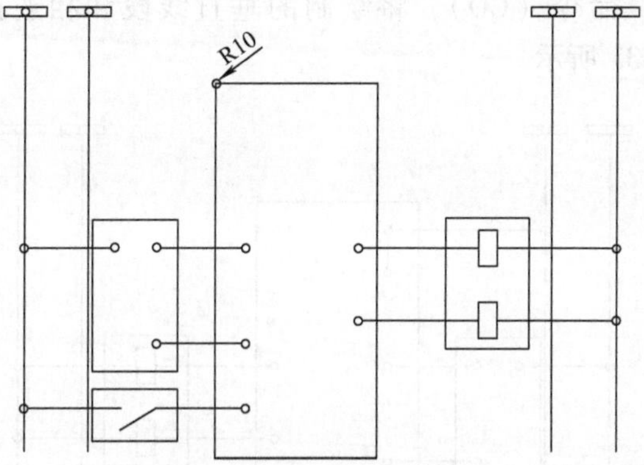

图 5-28　绘制圆

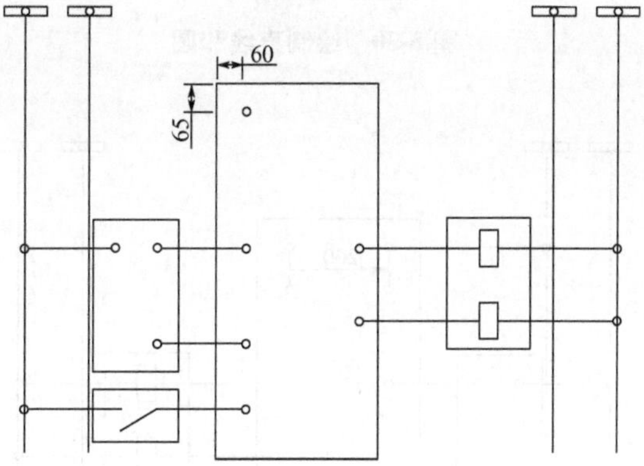

图 5-29　移动圆

技巧提示

用户也可以将圆直接绘制到指定位置，操作提示如下：

命令:_circle 指定圆的圆心或[三点(3P)/两点(2P)/切点、切点、半径(T)]:from	
	//输入 from 并按<Enter>键
基点:	//指定 400mm×900mm 矩形的左上角点
<偏移>:	@60,-65//输入相对坐标
指定圆的半径或[直径(D)]<5.0000>:10	//按<Enter>键确认

步骤 05 执行“直线”命令（L），捕捉移动后圆的左象限点作为直线的起点，向左绘制一条水平线段，与前面的接线端子线垂直相交。

步骤 06 执行“直线”命令（L），捕捉圆的下象限点作为直线的起点，向下绘制一条长 95mm 的垂直线段。

步骤 07 执行“圆”命令（C），捕捉前两步两条线段的端点作为圆心，绘制半径 10mm 的圆对象，在执行“修剪”命令（TR），修剪掉多余的线段，如图 5-30 所示。

步骤 08 执行“复制”命令（CO），将绘制的垂直线段和相连接的两圆对象向右复制 260mm 的距离，如图 5-31 所示。

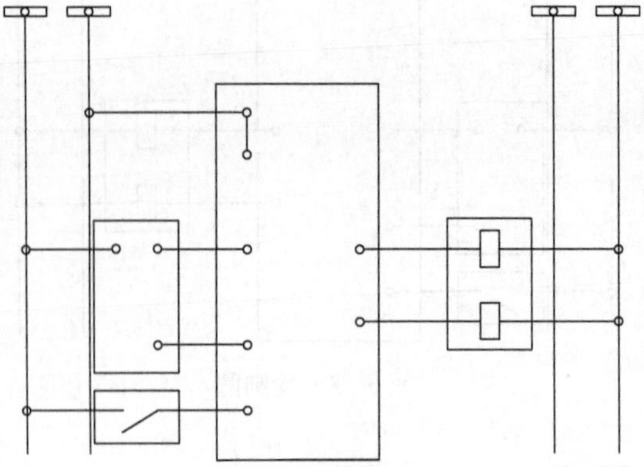

图 5-30　绘制直线和圆

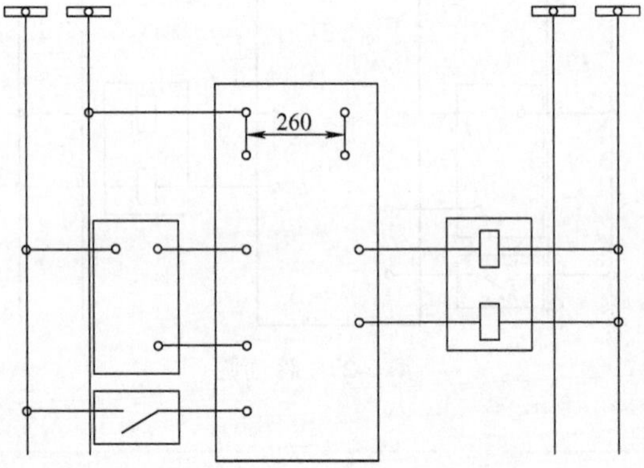

图 5-31　复制对象

步骤 09 执行“直线”命令（L），捕捉复制后圆的右象限点作为直线的起点，向右绘制一条水平线段，与右侧的接线端子线互相垂直。

步骤 10 执行“圆”命令（C），捕捉上一步所形成的交点作为圆心，绘制半径为 10mm 的圆对象，如图 5-32 所示。

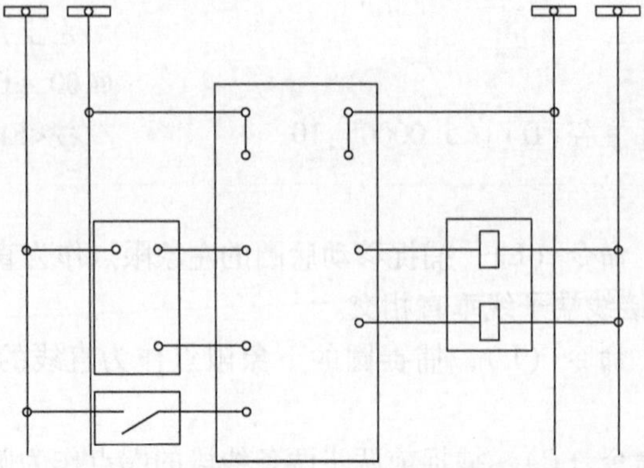

图 5-32　绘制直线和圆

步骤 11 执行“复制”命令（CO），将相应的两个圆向上复制 100mm 的距离，如图 5-33 所示。

步骤 12 执行“直线”命令（L），捕捉上一步两圆的左右象限点进行直线的连接操作，并在交点处绘制圆，如图 5-34 所示。

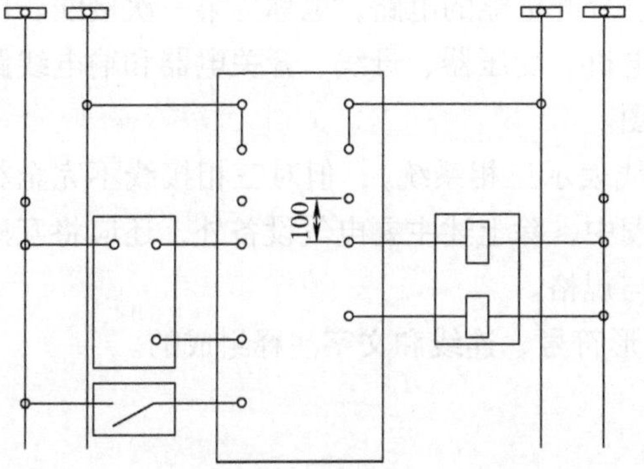

图 5-33　复制圆

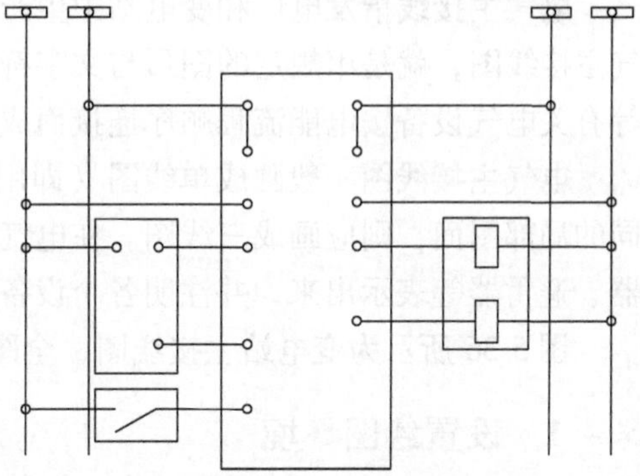

图 5-34　组合图形

5.3.4　添加文字注释

输电工程图的绘制已经完成，下面分别在相应的位置处添加文字注释，并设置文字样式，利用“单行文字”命令进行文字注释操作。

步骤 01 选择“格式”/“文字样式”菜单命令，在弹出的“文字样式”对话框中，单击“新建”按钮，新建一个“样式 1”，设置字体为“宋体”，高度为 25mm，如图 5-35 所示，然后分别单击“应用”“置为当前”和“关闭”按钮。

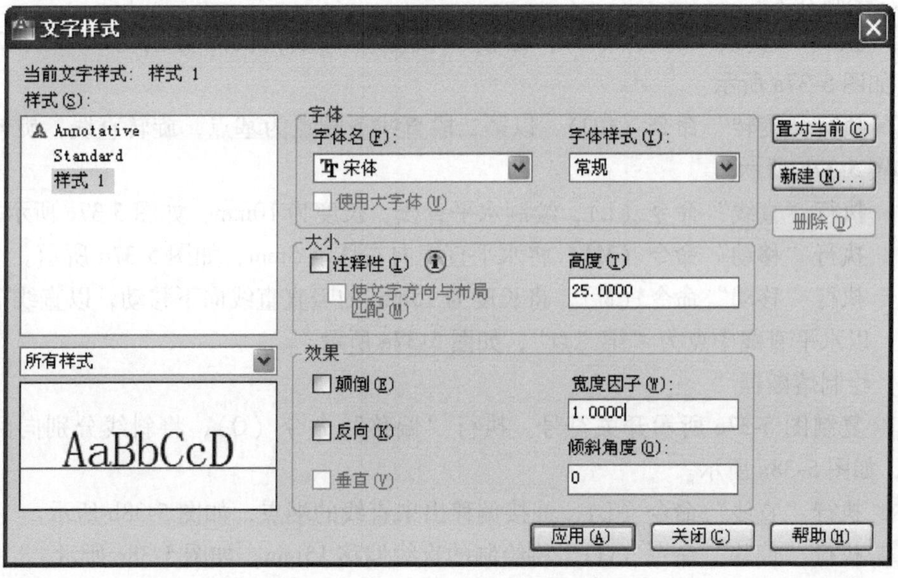

图 5-35“文字样式”对话框

步骤 02 执行“单行文字”命令（DT），在图中相应位置输入相关的文字说明，已完成输电工程图的文字注释最终效果如图 5-6 所示。

至此，该输电工程图的绘制已经完成，按<Ctrl+S>键进行保存。

5.4 变电站主接线图的绘制

电气主接线指发电厂和变电站中生产、传输、分配电能的电路，也称为第一次接线。电气主接线图，就是用规定的图形与文字符号将发电机、变压器、母线、开关电器和输电线路等有关电气设备按电能流程顺序连接而成的电路图。

电气主接线图一般画成单线图（即用单相接线表示三相系统），但对三相接线不完全相同的局部图面，则应画成三线图。在电气主接线图中，除上述主要电气设备外，还应将互感器、避雷器等表示出来，并注明各个设备的型号与规格。

图 5-36 所示为变电站主接线图，全图是由图形符号、连线和文字注释组成的。

5.4.1 设置绘图环境

步骤 01 建立新文件。正常启动 AutoCAD 2014 软件，系统自动创建一个空白文件，在快速访问工具栏上单击“保存”按钮，将其保存为“案例 CAD \ 05 \ 变电站主接线图 . dwg”文件。

步骤 02 设置工具栏。在任意工具栏中右击，在打开的快捷菜单中选择“标准”“图层”“对象特性”“绘图”“修改”和“标注”等 6 个命令，调出这些工具栏，并将它们移到绘图窗口适当的位置。也可以直接选择 AutoCAD 经典模式，并调出常用工具栏。

5.4.2 绘制图形符号

（1）绘制开关

步骤 01 执行“直线”命令（L），绘制 3 段竖直直线，长度分别为 20mm、20mm 和 15mm，如图 5-37a 所示。

步骤 02 执行“旋转”命令（RO），以第二段直线下端点为基点，旋转直线，旋转角度为 30°，如图 5-37b 所示。

步骤 03 执行“直线”命令（L），绘制水平直线，长度为 10mm，如图 5-37c 所示。

步骤 04 执行“移动”命令（M），将水平直线向右移动 5mm，如图 5-37d 所示。

步骤 05 执行“移动”命令（M），将长度为 15mm 的竖直直线向下移动，以直线下端点为“基点”，以水平直线中点为“第二点”，如图 5-37e 所示。

（2）绘制熔断器

步骤 01 复制图 5-37e 所示开关符号。执行“偏移”命令（O），将斜线分别向两侧偏移 1.5mm，如图 5-38a 所示。

步骤 02 执行“直线”命令（L），连接偏移出来直线的端点，如图 5-38b 所示。

步骤 03 执行“偏移”命令（O），将绘制的直线偏移 15mm，如图 5-38c 所示。

步骤 04 执行“修剪”命令（TR），修剪直线，完成的熔断器如图 5-38d 所示。

（3）绘制断路器符号

步骤 01 复制图 5-37e 所示开关符号。执行“旋转”命令（RO），以水平直线与竖直直线交点为基点旋转 45°，如图 5-39a 所示。

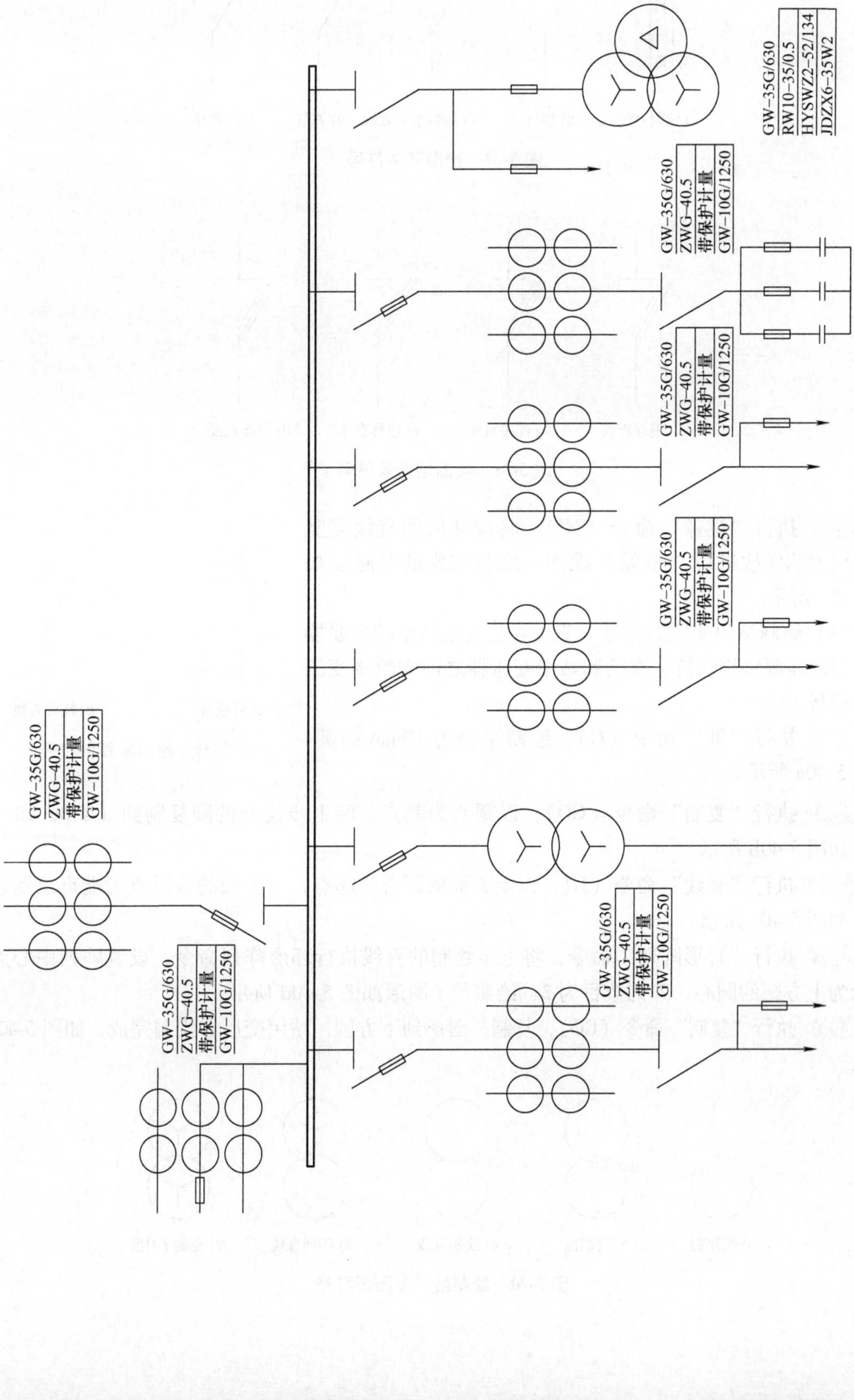

图 5-36　变电站主接线图

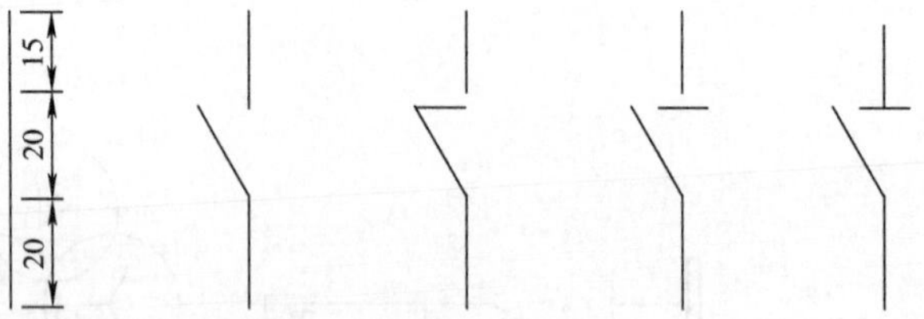

a) 绘制直线　b) 旋转　c) 绘制水平直线　d) 右移　e) 移动

图 5-37　绘制开关符号

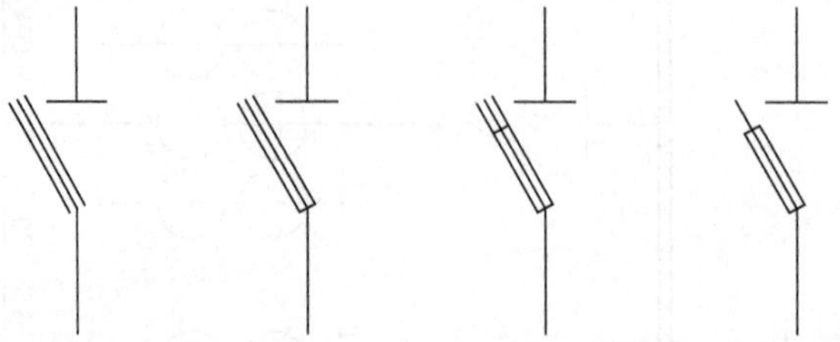

a) 偏移直线　b) 连接直线　c) 偏移直线　d) 修剪直线

图 5-38　绘制熔断器符号

步骤 02 执行“镜像”命令（MI），将旋转后的直线以竖直直线为镜像线进行“镜像”操作，绘制完成的断路器如图 5-39b 所示。

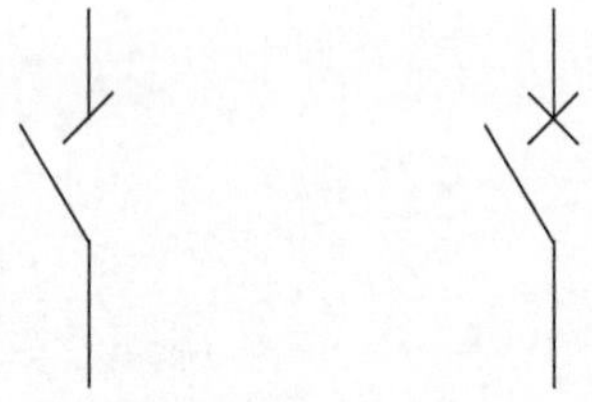

a) 旋转直线　b) 镜像直线

图 5-39　绘制断路器符号

（4）绘制站用变压器符号　变压器是变电站中的重要器件，对此需要特别注意，在绘制站用变压器之前先绘制变压器的符号。

步骤 01 执行“圆”命令（C），绘制半径为 10mm 的圆，如图 5-40a 所示。

步骤 02 执行“复制”命令（CO），以圆心为基点，将上步绘制的圆复制到（@0，18），结果如图 5-40b 所示。

步骤 03 执行“直线”命令（L），以上方圆的圆心为起点，下方圆的象限点为端点绘制直线，如图 5-40c 所示。

步骤 04 执行“环形阵列”命令，将上步绘制的直线执行环形阵列命令，设置阵列中心点坐标为上方圆的圆心，阵列数目为 3，绘制的Y图形如图 5-40d 所示。

步骤 05 执行“复制”命令（CO），复制Y图形到下方圆，站用变压器绘制完成，如图 5-40e 所示。

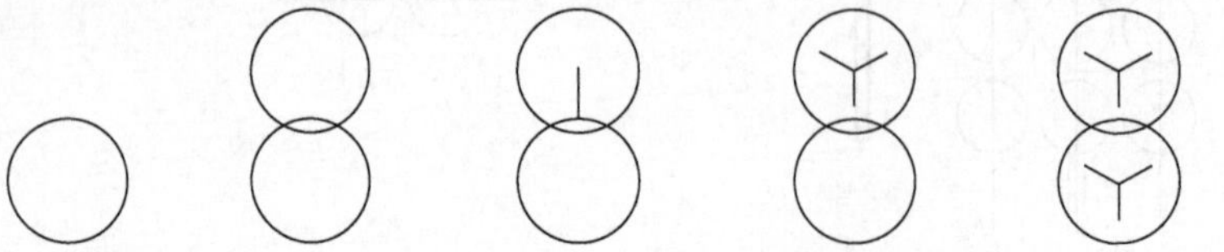

a) 绘制圆　b) 复制圆　c) 绘制直线　d) 阵列直线　e) 复制Y图形

图 5-40　绘制站用变压器符号

(5) 绘制电压互感器

步骤 01 复制站用变压器符号，如图 5-41a 所示。执行“圆”命令（C），以“两点（2P）”方式绘制圆，选取站用变压器符号圆的交点为第一点，第二点坐标输入“@ 20, 0”，绘制结果如图 5-41b 所示。

步骤 02 执行“正多边形”命令（POL），在上步绘制的圆中绘制正三角形，尺寸自定，如图 5-41c 所示。

步骤 03 执行“直线”命令（L），捕捉圆的象限点，绘制两条竖直直线，如图 5-41d 所示。

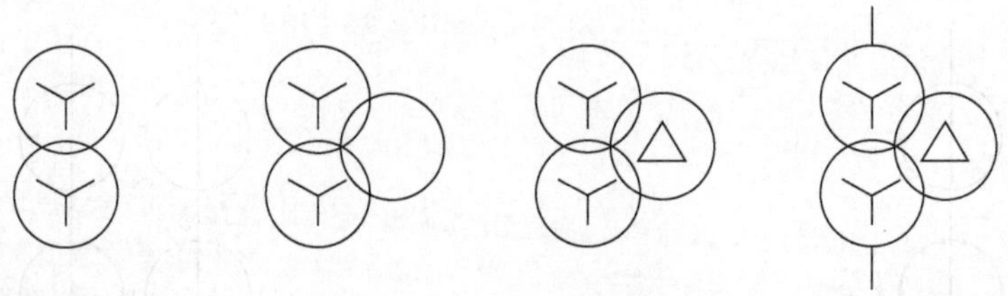

a) 复制站用变压器　b) 绘制圆　c) 绘制正三角形　d) 绘制直线

图 5-41　绘制电压互感器符号

5.4.3　绘制主接线图

步骤 01 绘制母线。执行“直线”命令（L），绘制一条长为 300mm 的直线；执行“偏移”命令（O），偏移直线，距离为 1.5mm；将直线两头连接，并设置线宽为 0.3mm，如图 5-42 所示。

图 5-42　母线

技巧提示

用户也可直接绘制 300mm×1.5mm 的矩形，然后执行“分解”（X）命令。

步骤 02 执行“圆”命令（C），绘制半径为 5mm 的圆；执行“复制”命令（CO），将圆向下复制，距离为 15mm，如图 5-43 所示。

步骤 03 执行“直线”命令（L），以上方圆的上边象限点为起点，竖直向下绘制长度为 35mm 的直线，如图 5-44 所示。

步骤 04 执行“移动”命令（M），将直线向上移动 5mm，如图 5-45 所示。

步骤 05 执行“复制”命令（CO），复制图形距离为 12mm，复制两次，结果如图 5-46 所示。

步骤 06 插入符号组合图形。执行“插入块”命令（I），弹出“插入”对话框，单击“浏览”按钮，找到“熔断器”“开关”“电阻”，插入图中；执行“多段线”命令（PL），绘制箭头，起点宽度为 0，端点宽度为 3mm，长度为 4mm；将符号连接起来，如图 5-47 所示。

步骤 07 执行“复制”命令（CO），复制出相同的主变支路，如图 5-48 所示。

步骤 08 绘制母线上方器件。执行“镜像”命令（MI），镜像最左边支路中的“主变器”

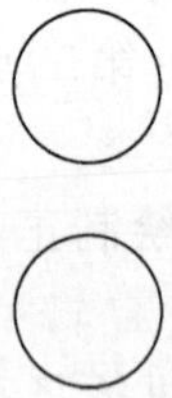

图 5-43 绘制和复制圆

图 5-44 绘制直线

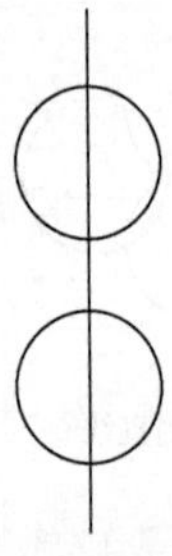

图 5-45 移动直线

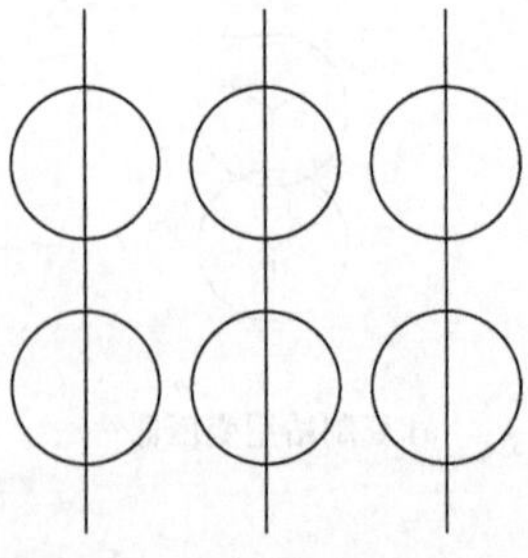

图 5-46 复制图形

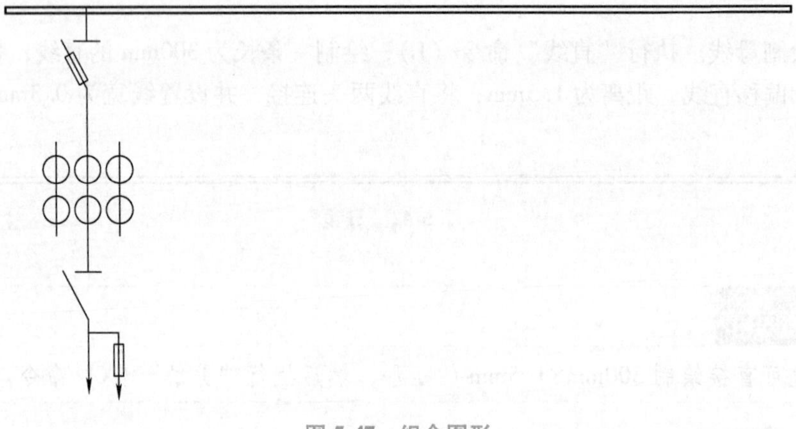

图 5-47 组合图形

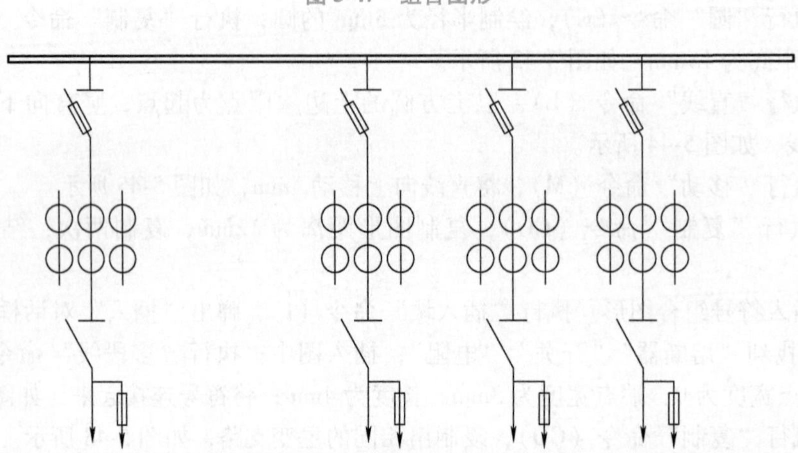

图 5-48 复制主变支路

和“熔断器”，以母线上边线为镜像线；执行“移动”命令（M），将镜像出来的部分向右平移 25mm，如图 5-49 所示。

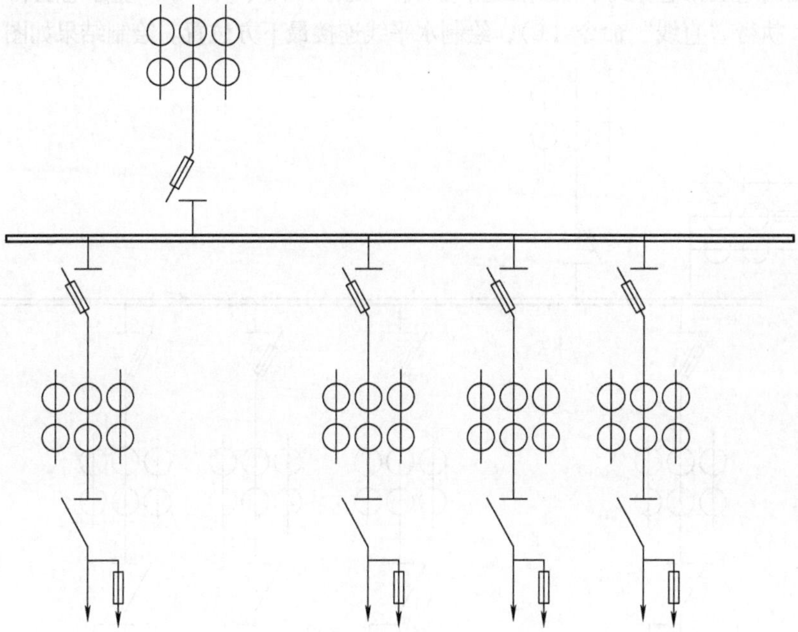

图 5-49　绘制母线上方器件

步骤 09 执行“复制”命令（CO），复制主变器；执行“旋转”命令（RO），旋转主变器；执行“移动”命令（M），将图形移动到合适位置；执行“矩形”命令（REC），绘制矩形；执行“直线”命令（L），连接图形。如图 5-50 所示。

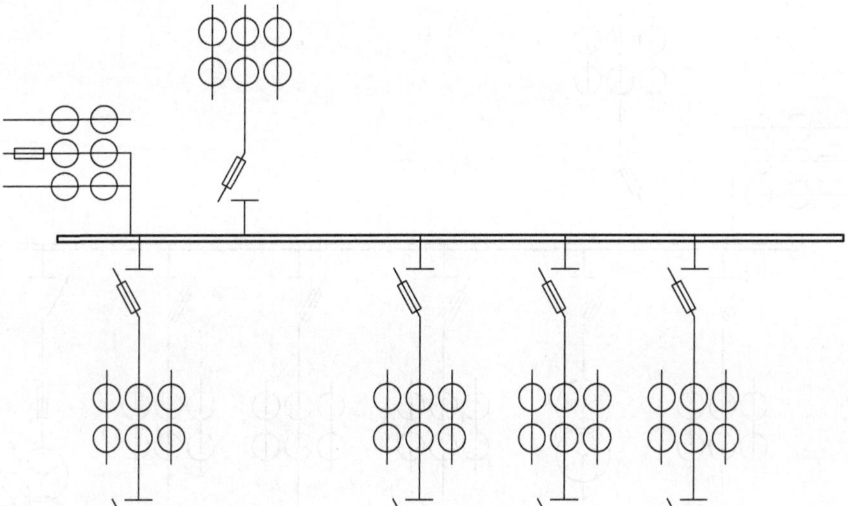

图 5-50　绘制器件

步骤 10 修改最右侧主变支路。执行“删除”命令（E），删除最右侧主变支路箭头；执行“插入块”命令（I），插入电容符号；执行“分解”命令（X），将电阻分解；执行“复制”命令（CO），复制电阻和电容到中性线位置；执行“镜像”命令（MI），镜像电阻和电容，以中性线为镜像线；执行“直线”命令（L），绘制水平线连接最下方位置。绘制结果如图 5-51 所示。

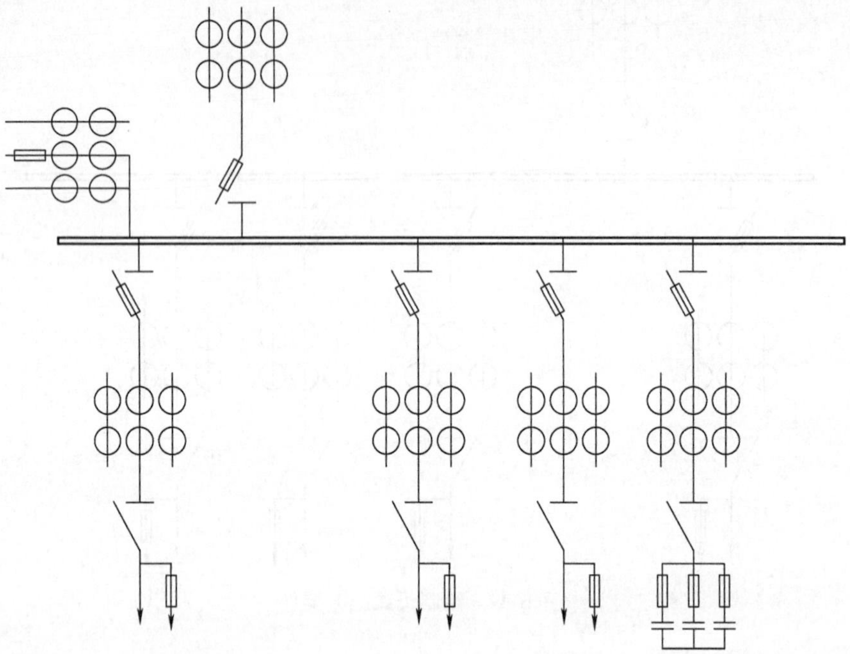

图 5-51 修改最右侧主变支路

步骤 11 执行“插入块”命令（I），插入“站用变压器”“熔断器”“电压互感器”“电阻”和“开关”，组合图形，结果如图 5-52 所示。

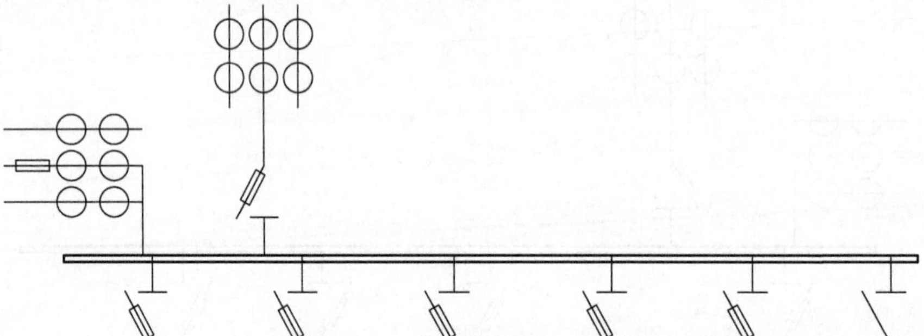

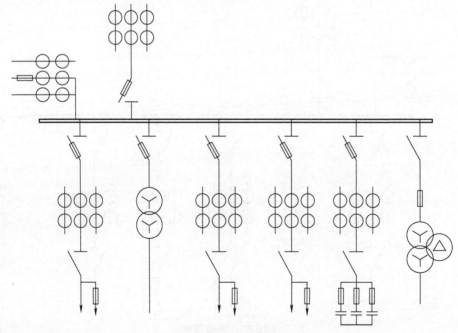

图 5-52 插入块并组合图形

步骤 12 执行“直线”命令（L），在电压互感器所在的支路上绘制一条折线；执行“矩形”命令（REC），绘制矩形并将其放置下在直线上；执行“多段线”命令（PL），在矩形下方绘制一个箭头，如图 5-53 所示。

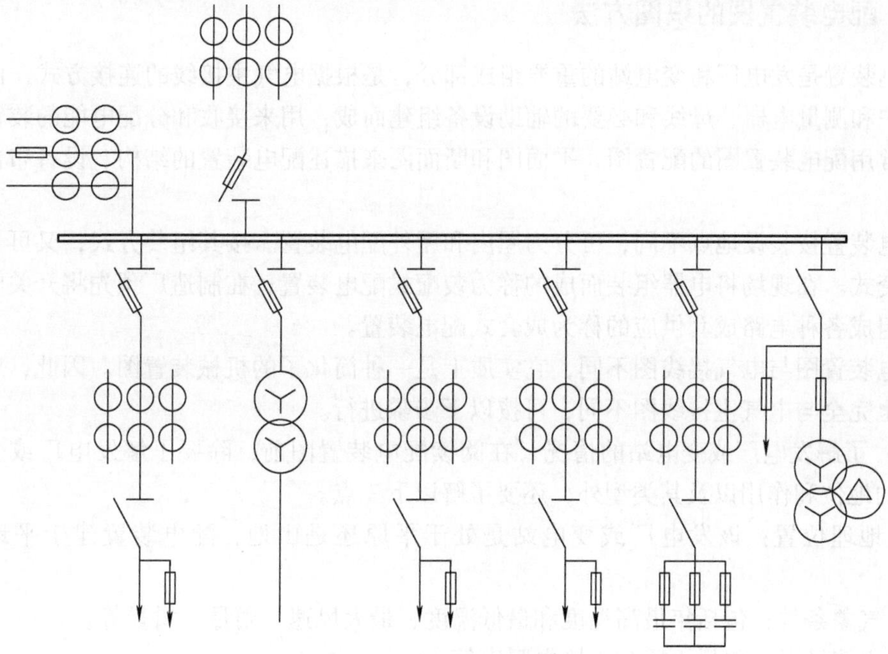

图 5-53　绘制支路图形

步骤 13 执行“多行文字”命令（T），在需要注释文字的地方画出一个区域，在弹出的多行文字编辑器中输入文字，单击“确定”按钮。

步骤 14 执行“直线”命令（L），绘制文字框，如图 5-54 所示。

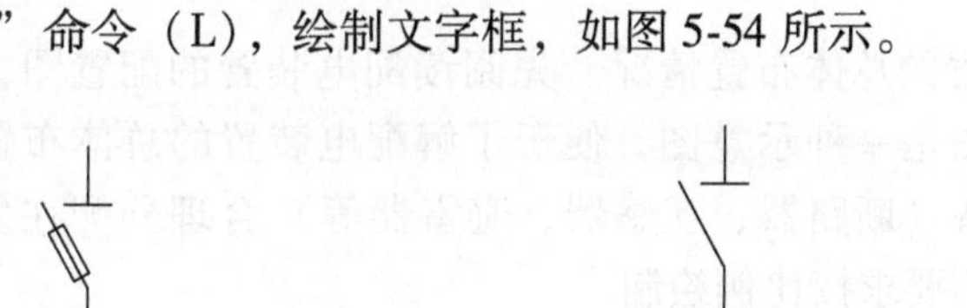

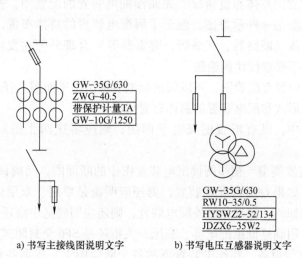

a) 书写主接线图说明文字　　b) 书写电压互感器说明文字

图 5-54　添加注释文字

至此，该输电工程图的绘制已经完成，按<Ctrl+S>键进行保存。

5.5 配电装置断面图的识图与绘图

5.5.1 配电装置图的识图方法

配电装置是发电厂和变电站的重要组成部分，是根据电气主接线的连接方式，由开关电器、保护和测量电器、母线和必要的辅助设备组建而成，用来接收和分配电能的装置。电气工程中常用配电装置图的配置图、平面图和断面图来描述配电装置的结构、设备布置和安装情况。

配电装置按装设地点不同，可分为屋内和屋外配电装置。按其组装方式，又可分为装配式和成套式。在现场将电器组装而成的称为装配式配电装置；在制造厂预先将开关电器、互感器等组成各种电路成套供应的称为成套式配电装置。

配电装置图与电气接线图不同，它实质上是一种简化了的机械装置图。因此，对它的读图方法也完全与电气主接线图不同，可按以下步骤进行。

(1) 了解发电厂或变电站的情况　在阅读配电装置图前，除要了解发电厂或变电站在系统中的地位和作用以及其类型外，还要了解以下三点。

1) 地理位置：该发电厂或变电站是处于平原还是山地，配电装置建于平地还是山坡上。

2) 气象条件：包括年最高温度和最低温度、最大风速、雨量、雪量等。

3) 土壤情况：包括土质和土壤电阻率等。

(2) 了解发电厂或变电站电气主接线和设备配置情况　在阅读配电装置图前，还要根据发电厂或变电站的电气主接线图，了解发电厂或变电站各个电压等级的主接线基本形式，对发电机、变压器、出线等单元的互感器、避雷器的配置情况，也要事先有所了解。

(3) 弄清配电装置的总体布置情况　先阅读配电装置的配置图，就能弄清配电装置的总体布置情况。配置图是一种示意图，便于了解配电装置的总体布置，按选定的主接线方式，将所有的电气设备（断路器、互感器、避雷器等）合理分配在发电机、变压器、出线等各个间隔内，但并不要求按比例绘制。

如果配电装置图中没有配置图，可以阅读配电装置图的平面图。仔细阅读平面图，也可以弄清主接线的基本形式和配电装置的总体布置情况。

如果配电装置图中，既有配置图又有平面图，则应将这两张图对照阅读，就更容易看懂。

(4) 明确配电装置类型　初步阅读配电装置图中的断面图，明确该配电装置是屋内的、屋外的还是成套的。如果是屋内配电装置，则还应明确是单层、双层还是三层，有几条走廊，各条走廊的用途如何；如果是屋外配电装置，则还应明确是中型还是半高型；如果是成套配电装置，则还应明确是低压配电屏、高压开关柜还是SF6全封闭式组合电器。

(5) 查看所有电气设备　在配电装置图的各个断面图上，依据各种电气设备的轮廓外形，查看所有的电气设备，包括以下几个方面。

1) 认出变压器、母线、间隔开关、断路器、电流互感器、电压互感器和避雷器，并判断出它们各自的类型。

2）弄清各个电气设备的安装方法，它们所用构架和支架都用的什么材料。

3）如果是有母线连接，要弄清楚是单母线还是双母线，是不分段的还是分段的；如果有旁路母线，要弄清旁路母线是在主母线的旁边还是上方。

（6）查看电气设备之间的连接　根据配电装置图的断面图，参阅配置图或平面图，查看各个电气设备之间的相互连接情况，看连接是否正确，有无错误之处。查看时，可按电能输送方向顺序逐个进行，这样比较清楚，也不易有所遗漏。

（7）查核有关的安全距离　配电装置的断面图上都标有水平距离和垂直距离，有些地方还标有弧形距离。要根据这些距离和标高，参考配电装置的最小安全净距要求，查核安全距离是否符合要求。查核的重点有以下几点。

1）带电部分至接地部分之间。

2）不同相的带电部分之间。

3）平行的、不同时检修的无遮拦裸导体之间。

4）设备运输时，其外廓至无遮拦带电部分之间。

（8）综合评价　对配电装置图综合评价包括以下几个方面。

1）安全性。对配电装置的安全性分析，主要从以下三点来考虑，一是安全距离是否足够；二是设备的安装方式是否符合要求；三是防火措施是否齐全。

2）可靠性。配电装置是否可靠，一要看主接线的接线方式是否合理，二要看电气设备的安装质量是否符合要求。

3）经济性。在分析配电装置的经济性时，不仅要考虑造价的高低，还要考虑占用农田的多少，以及消耗钢材的多少。

4）方便性。分析配电装置的方便性时，主要分析操作方便和维护方便的问题。这就不仅要看是否有足够的操作走廊和维护走廊，是否有足够的操作和维护用的通道，还要看运行人员在巡视时所走的路程是否较短，设备运输是否比较方便等。

220kV 双母线进出线带旁路、合并母线架、断路器单列布置的配电装置断面图如图 5-55 所示。该装置采用 GW4-220 型隔离开关和少油断路器，除避雷器外，所有电气设备均布置在 2~2.5m 的基础上；母线及旁路母线的边相，距离隔离开关较远，其引下线设有支持绝缘子。

如图 5-55 所示，所用的配电装置均为普通中型屋外式，布置比较清晰，不宜误操作，运行可靠，施工和维修都比较方便，构架高度较低，抗震性较好，所用钢材较少，造价较

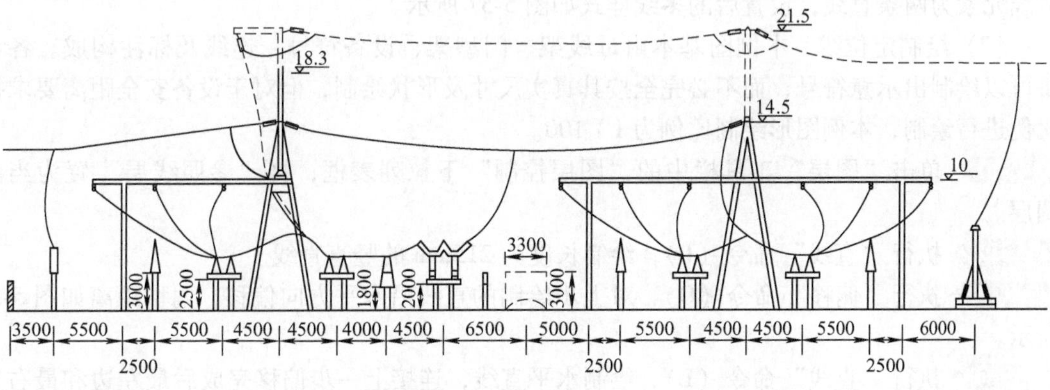

图 5-55　220kV 双母线进出线带旁路、合并母线架、断路器单列布置的配电装置断面图

低。对安全距离核查，完全符合标准。如果占地面积在允许范围内，该配电装置是一个比较好的方案。

5.5.2　配电装置断面图的绘制

（1）设置绘图环境

步骤 01 建立新文件。正常启动 AutoCAD 2014 软件，系统自动创建一个空白文件，在快速访问工具栏上单击“保存”按钮，将其保存为“案例 CAD \ 05 \ 配电装置断面图 . dwg”文件。

步骤 02 设置工具栏。在任意工具栏中右击，在打开的快捷菜单中选择“标准”“图层”“对象特性”“绘图”“修改”和“标注”等 6 个命令，调出这些工具栏，并将它们移到绘图窗口适当的位置。也可以直接选择 AutoCAD 经典模式，同时调出常用工具栏。

步骤 03 在“图层”面板中单击“图层特性”按钮，打开“图层特性管理器”，新建“标注层”“参照线层”“进线层”“框架层”“连接线层”“设备层”等图层，其中“进线层”的线型选择为点画线，如图 5-56 所示。

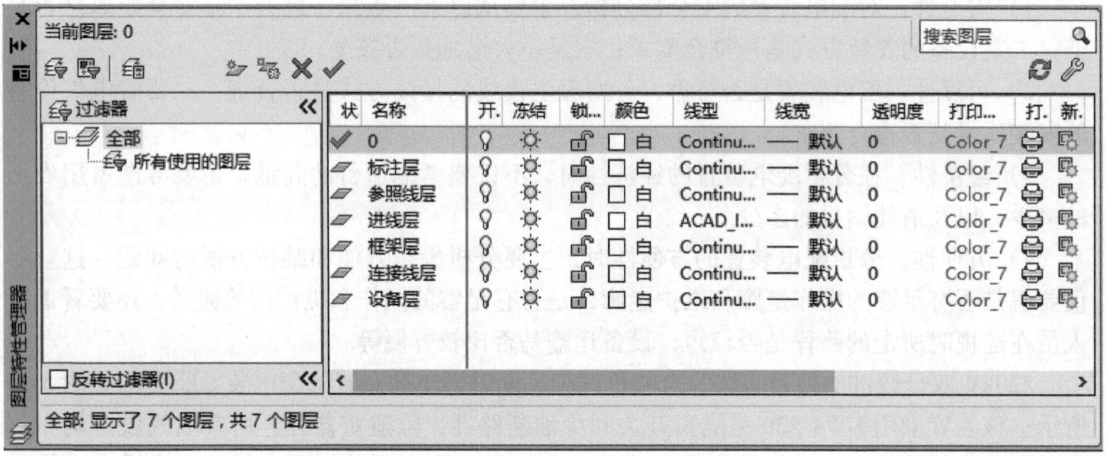

图 5-56　图层的设置

步骤 04 建立多线样式。单击下拉菜单“格式”/“多线样式”，出现“多线样式”对话框，选择当前的多线样式，单击“新建”命令按钮，设置多线起点和端点的封口为直线，设置多线元素为两条直线，设置后的多线样式如图 5-57 所示。

（2）绘制定位线　本例图基本由母线架、门型架、设备符号、连线及标注构成。各设备可以绘制出示意符号，而不必完全按其真实尺寸及形状绘制，但对于设备安全距离要求按比例进行绘制，本例图形绘制比例为 1∶100。

步骤 01 单击“图层”工具栏中的“图层控制”下拉列表框，将“参照线层”置为当前图层。

步骤 02 执行“直线”命令（L），绘制长度为 215mm 的竖直直线。

步骤 03 执行“偏移”命令（O），对上步绘制的直线沿水平方向偏移，偏移距离如图 5-58 所示。

步骤 04 执行“直线”命令（L），绘制水平直线，连接上一步偏移完成后最左边和最右边竖直直线的端点。

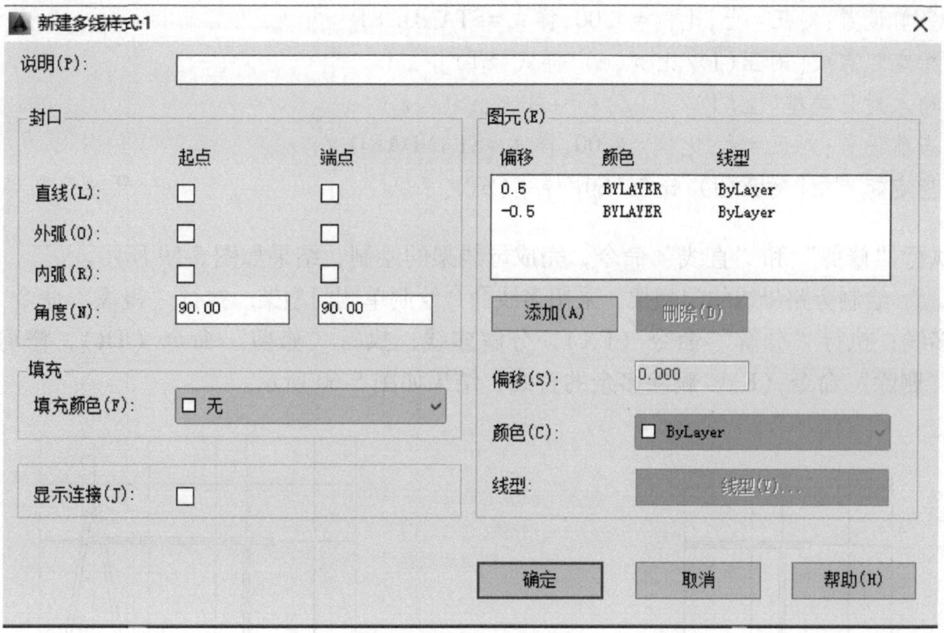

图 5-57　设置多线样式

步骤 05 执行“偏移”命令（O），对上步绘制的直线沿竖直方向偏移，偏移后的定位线如图 5-58 所示。

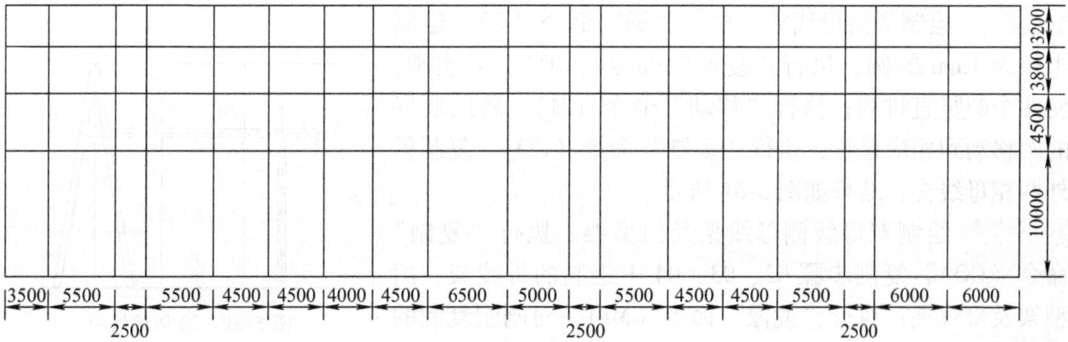

图 5-58　绘制定位线

（3）绘制母线架和门型架

步骤 01 单击“图层”工具栏中的“图层控制”下拉列表框，将“框架层”置为当前图层。

步骤 02 绘制旁路母线的母线架。单击下拉菜单“绘图”/“多线”，根据命令行的提示绘制多线，命令提示如下：

```
命令:_mline
当前设置:对正=上,比例=20.00,样式=STANDARD
指定起点或[对正(J)/比例(S)/样式(ST)]:  s                    //设置比例
输入多线比例<20.00>:  4                                     //多线比例为 4
```

```
当前设置:对正=上,比例=4.00,样式=STANDARD
指定起点或[对正(J)/比例(S)/样式(ST)]:  j
输入对正类型[上(T)/无(Z)/下(B)]<上>:  z
当前设置:对正=无,比例=4.00,样式=STANDARD
指定起点或[对正(J)/比例(S)/样式(ST)]:                  //开始绘制母线架
```

执行“修剪”和“直线”命令，完成母线架的绘制，结果如图 5-59 所示。

步骤 03 绘制旁路母线的门型架。采用多线命令绘制单侧门型架。执行“镜像”命令（MI），镜像多线；执行“分解”命令（EX），分解多线；执行“修剪”命令（TR），修剪图形；执行“删除”命令（E），删除多余的直线，结果如图 5-60 所示。

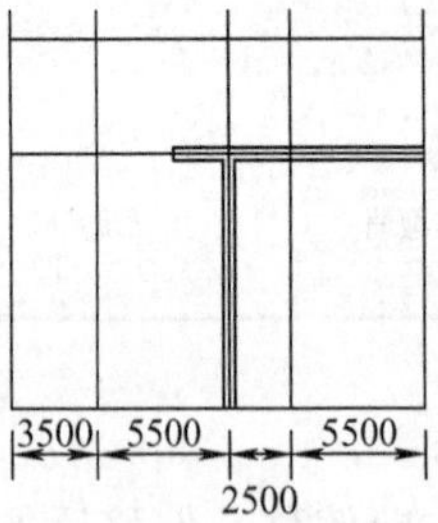

图 5-59　绘制母线架

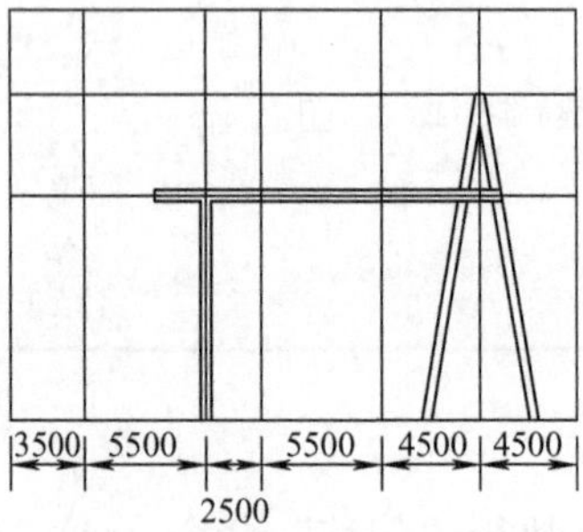

图 5-60　绘制门型架

步骤 04 绘制旁路母线夹。执行“圆”命令（C），绘制半径为 1mm 的圆；执行“复制”命令（CO），复制圆，使两个圆竖直排列；执行“移动”命令（M），将绘制好的圆移动到相应位置；执行“复制”命令（CO），复制另外两相母线夹，结果如图 5-61 所示。

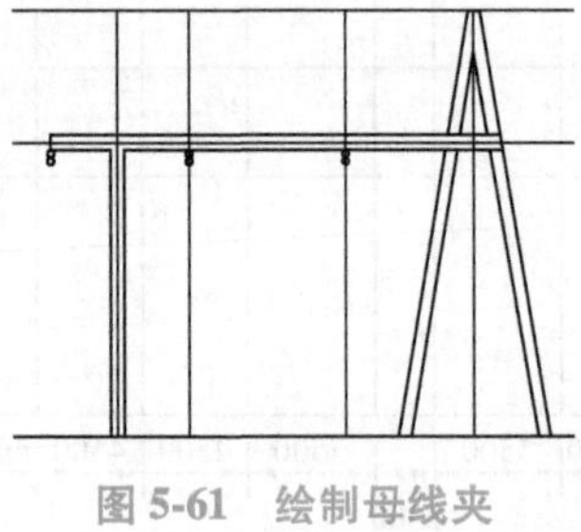

图 5-61　绘制母线夹

步骤 05 绘制双母线侧母线架及门型架。执行“复制”命令（CO），复制步骤 02、03、04 中绘制的母线架、门型架及母线夹；执行“镜像”命令（MI），对刚刚复制的母线架、门型架及母线夹以门型架轴线为镜像线进行镜像，结果如图 5-62 所示。

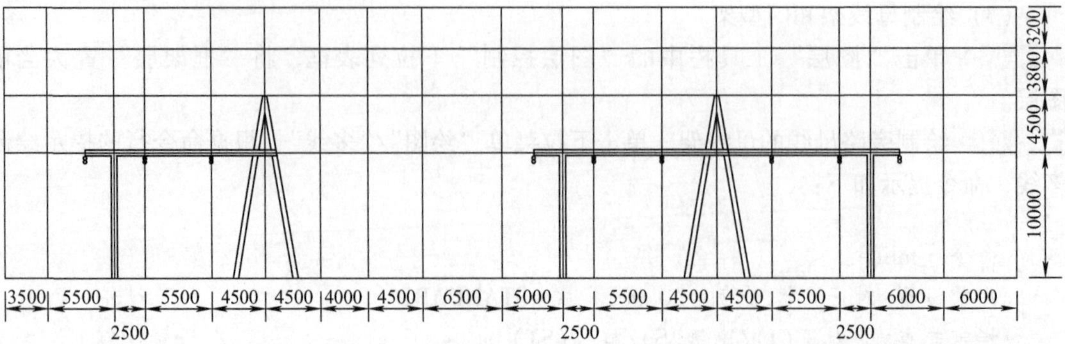

图 5-62　绘制双母线侧母线架及门型架

(4) 绘制设备

步骤 01 单击“图层”工具栏中的“图层控制”下拉列表框，将“设备层”置为当前图层。

步骤 02 设备形状示意图没有确定大小，可根据图形的美观程度，进行大小的调整。绘制结果如图 5-63 所示。

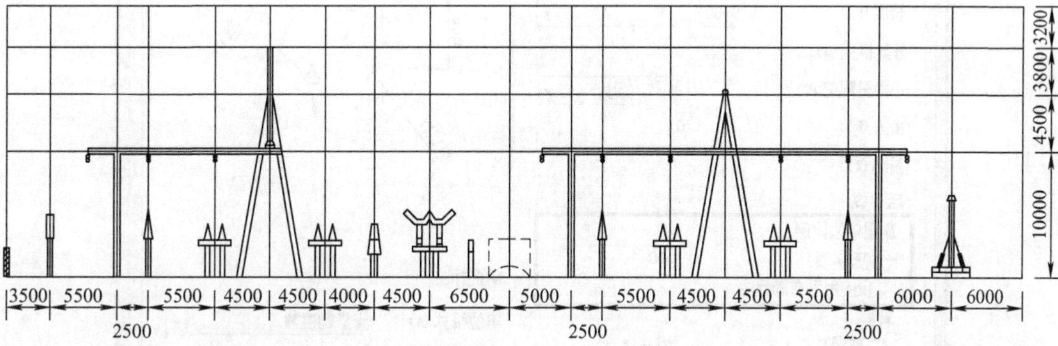

图 5-63 绘制设备

(5) 绘制连接线及进线

步骤 01 单击“图层”工具栏中的“图层控制”下拉列表框，将“连接线层”置为当前图层。

步骤 02 执行“样条曲线”命令（SPL），绘制连接线。

步骤 03 单击“图层”工具栏中的“图层控制”下拉列表框，将“进线层”置为当前图层；执行“样条曲线”命令（SPL），完成绘制；同时完成绝缘子串的绘制，如图 5-64 所示。

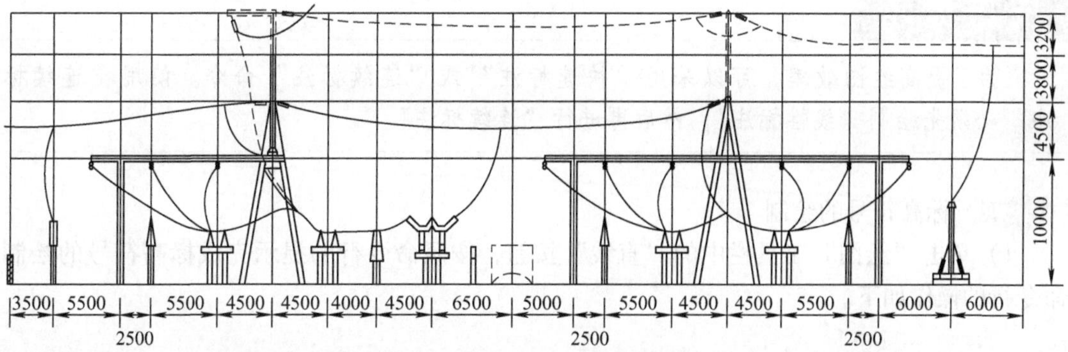

图 5-64 绘制连接线及进线

(6) 标注图形

步骤 01 单击“图层”工具栏中的“图层控制”下拉列表框，将“标注层”置为当前图层。

步骤 02 尺寸标注要用到“线性标注”命令、“连续标注”命令、“快速标注”命令，由于本图是采用 1∶100 的比例进行绘制的，所以需要调整标注的特征比例因子为 100。改变标注特征比例因子的方法如下：单击下拉菜单“格式”/“标注样式”，出现“标注样式管理器”对话框，单击“修改”按钮，出现如图 5-65 所示“修改标注样式”对话框，修改“测量单位比例”项为100。

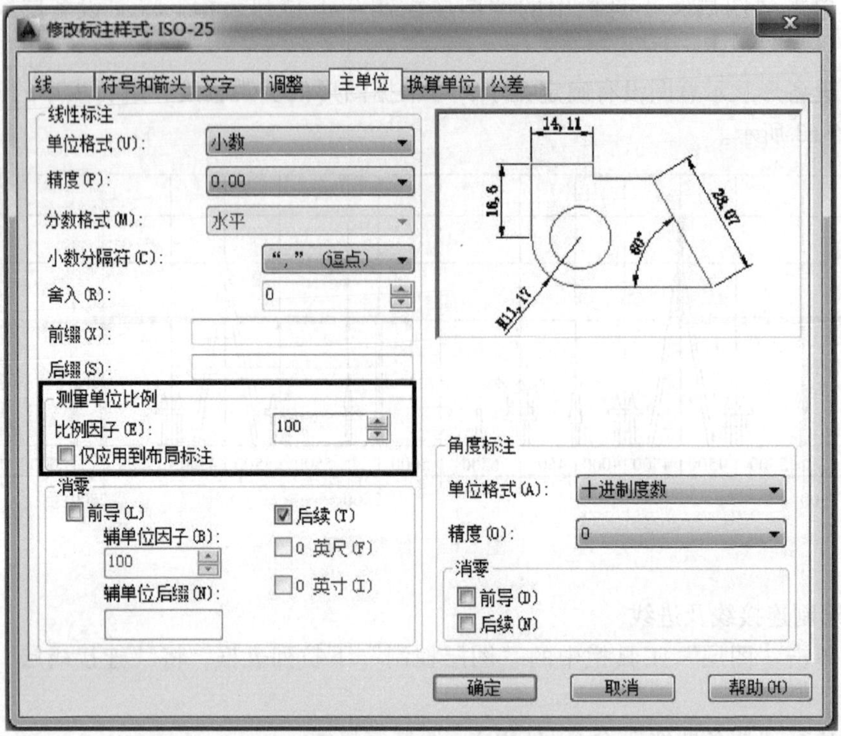

图 5-65 修改标注“测量单位比例”

步骤 03 绘制定位线上的标注可采用“线性标注”命令。

技巧提示

为了提高绘图效率，可以采用“快速标注”或“连续标注”命令。使用“连续标注”必须先绘制“线性标注”，然后再进行“连续标注”。

步骤 04 标高符号的绘制

1）单击“绘图”工具栏中的“直线”按钮，按照命令行的提示完成标高符号的绘制。命令行的操作如下。

```
命令:_line 指定第一点:                        //需要标注标高的位置拾取一点
指定下一点或[放弃(U)]:10                      //正交向左
指定下一点或[放弃(U)]:@2,-2
指定下一点或[闭合(C)/放弃(U)]:@2,2
指定下一点或[闭合(C)/放弃(U)]:(回车)
```

绘制结果如图 5-66a 所示。

2）单击“绘图”工具栏中的“直线”按钮，绘制长度为8mm的水平线，绘制结果如图 5-66b 所示。

3）单击“绘图”工具栏中的“多行文字”按钮，输入 18. 3，字高为 1mm. 绘制结果如图 5-66c 所示。

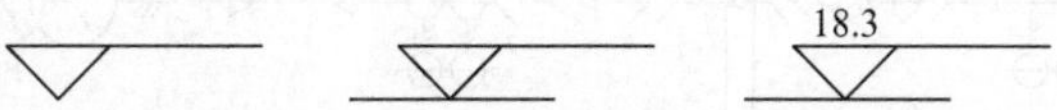

a) 绘制标高符号　　b) 绘制直线　　c) 绘制文字

图 5-66　绘制标高符号步骤

4）绘制图上其余部分标高，结果如图 5-67 所示，至此本例已完成，按<Ctrl+S>键进行保存。

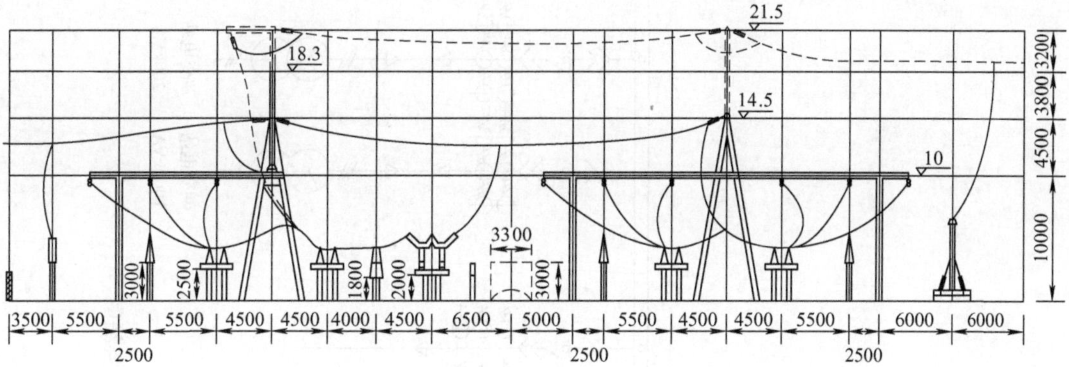

图 5-67　配电装置图

5.6 实例演练

5.6.1　绘制变电站电气主接线图

如图 5-68 所示，操作提示：

1）设置绘图环境。

2）绘制线路图。

3）组合图形。

4）添加文字说明。

5.6.2　绘制输电工程图

如图 5-69 所示，操作提示：

1）设置绘图环境。

2）绘制各种电气元器件。

3）绘制连接导线。

4）添加文字说明。

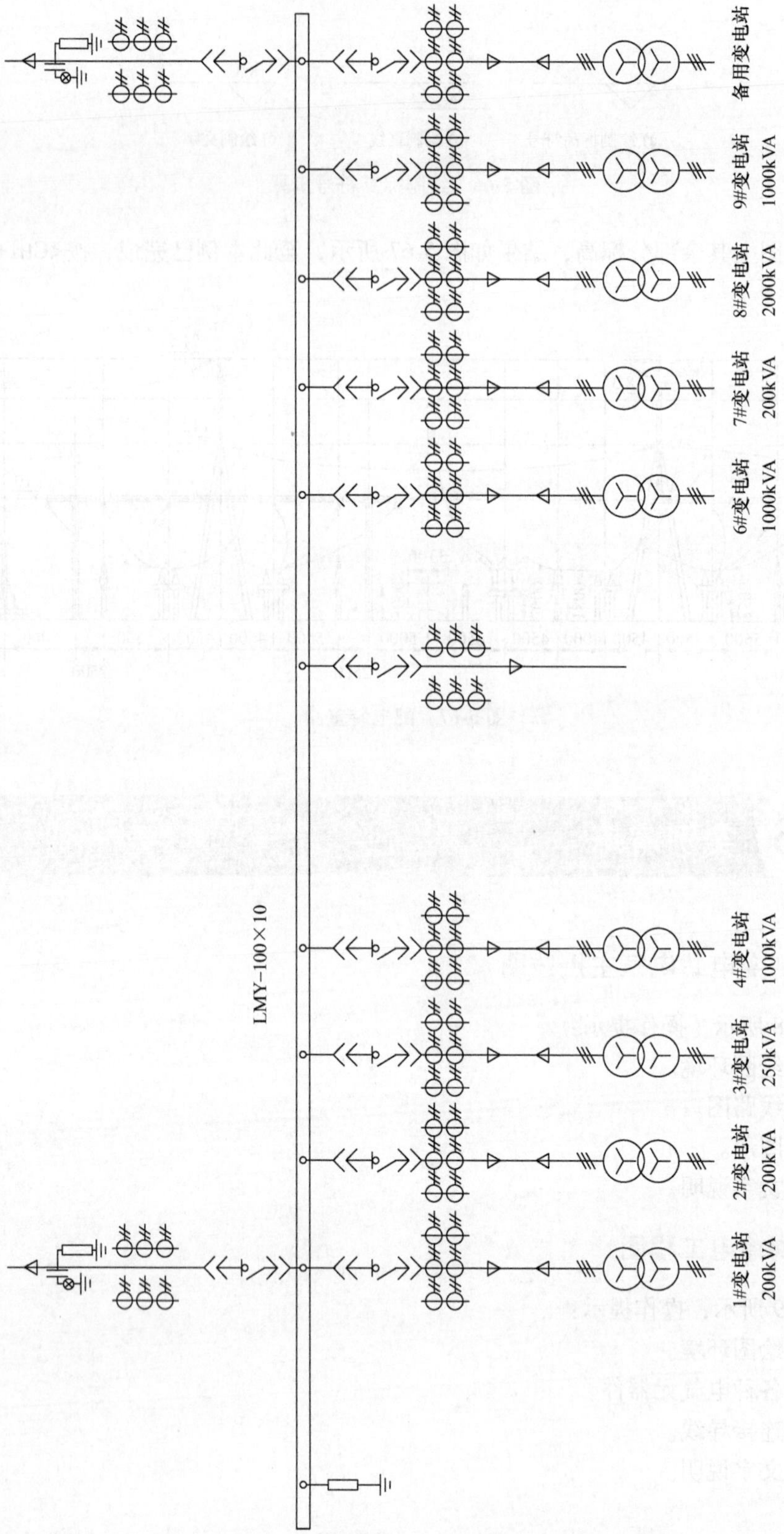

图 5-68 变电站电气主接线图

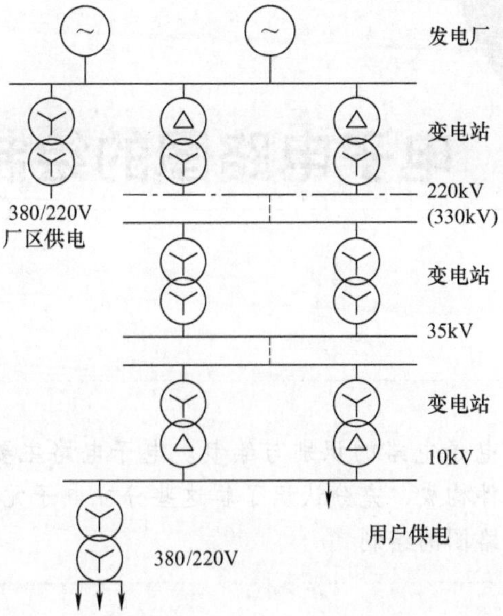

图 5-69　输电工程图

【拓展活动】

电力系统是由发电厂、送变电线路、供配电所和用户等环节组成的电能生产与消费系统。电能经输电、变电和配电供应到各用户。

我国的电力系统从 20 世纪 50 年代开始迅速发展，经过几代人的不懈努力，我国特高压技术从无到有，从落后到先进，飞速发展之后终成世界引领者。在绿色节能意识的驱动下，智能电网已成为世界各国竞相发展的一个重点领域。

请查阅资料，阐述发展智能电网的战略意义。

第6章 电子电路图的绘制

本章概述

本章主要介绍常用电子电路的识别与绘制。电子电路主要由电阻、电容、电感、晶体管等分立电子元器件构成，充分认识了解这些分立电子元器件，能更好地完成一些中小规模电子设备电路图的绘制

本章内容

- 直流稳压电源、录音机电路图的绘制
- 声控式防盗报警、警笛报警器电路图的绘制
- 声控音乐彩灯、声控调频送话器电路图的绘制
- 实例演练
  - ◇ 绘制音调调整电路
  - ◇ 绘制低频功率放大电路

6.1 直流稳压电源电路图的绘制

语音放大器若要正常工作，直流稳压电源是不可缺少的。实际上，凡是电子设备都必须要有电源才能正常工作。电源提供电压、电流，就像一个人的心脏向全身供给所需的血液一样。在实际应用中，直流稳压电源的作用是将交流电转变为直流电并采取稳压措施来获得电子设备所需要的直流电压。

由稳压二极管 VS 和限流电阻 R 所组成的稳压电路加上整流滤波电路是一种最简单的线性直流稳压电源，如图 6-1 所示。

图 6-1 是由电容、电阻、稳压二极管、变压器等多种元器件组成的。下面介绍其绘图操作步骤。

6.1.1 设置绘图环境

在开始绘图之前，需要对绘图环境进行设置，具体操作步骤如下。

步骤 01 正常启动 AutoCAD 2014 软件，系统自动创建一个空白文件，在快速访问工具栏上

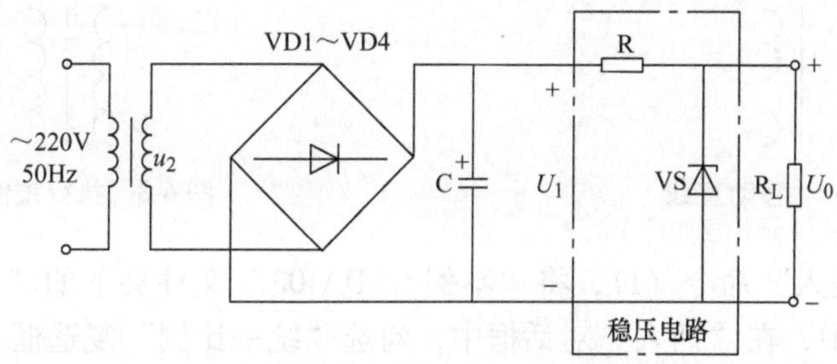

图 6-1　线性直流稳压电源电路图

单击“保存”按钮，将其保存为“案例 CAD \ 06 \ 线性直流稳压电源电路图 . dwg”文件。

步骤 02 设置工具栏。在任意工具栏中右击，在打开的快捷菜单中选择“标准”“图层”“对象特性”“绘图”“修改”和“标注”等 6 个命令，调出这些工具栏，并将它们移到绘图窗口适当的位置。也可以直接选择 AutoCAD 经典模式，同时调出常用工具栏。

步骤 03 在文件中新建“实体符号”“导线”和“文字说明”3 个图层，并将“实体符号”设置为当前图层。

步骤 04 开启栅格。鼠标光标移至屏幕最下面的状态栏，单击“栅格”按钮，开启栅格。在状态栏右击选择“设置”，按“确定”按钮；或者输入“SE”命令，设置栅格间距。栅格间距设为 2. 5mm。

技巧提示　图层有什么用处

合理利用图层，可以事半功倍。从开始画图层时，就预先设置一些基本层，每层有自己的专门用途，这样做的好处是只需画出一份图形文件，就可以组合出许多需要的图形，需要修改时也可以针对图层进行。

6. 1. 2　绘制电路元器件

（1）变压器

步骤 01 执行“插入”命令（I），将“案例 CAD \ 03”文件下的“电感 . dwg”插入图形中，在“插入”对话框中，单击“统一比例”和“分解”复选框，并设置旋转角度为 90°，比例为 1.5。

步骤 02 执行“直线”命令（L），打开“对象捕捉”功能捕捉上下圆弧的端点进行直线连接。

步骤 03 执行“移动”命令（M），将上一步绘制的垂直线段水平向左移动 5mm，如图 6-2 所示。

步骤 04 执行“镜像”命令（MI），将插入的图形以移动后的线段端点作为镜像的第一端点和第二端点，进行水平镜像复制操作，如图 6-3 所示。

（2）整流桥的绘制

步骤 01 执行“矩形”命令（REC），绘制 23mm×23mm 的矩形对象。

步骤 02 执行“旋转”命令（RO），将绘制好的矩形进行 45°旋转操作，如图 6-4 所示。

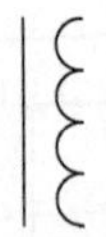

图 6-2　移动直线

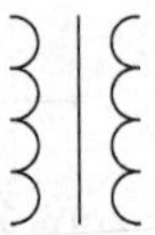

图 6-3　执行镜像命令

步骤 03 执行“插入”命令（I），将“案例 CAD \ 03”文件夹下的“二极管 . dwg”插入到图 6-5 所示位置中，在“插入”对话框中，勾选“统一比例”复选框，比例为 1. 5。

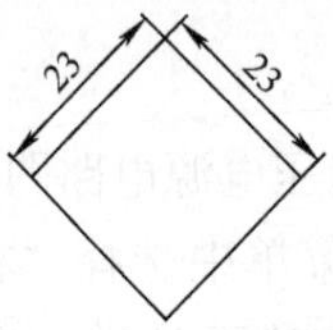

图 6-4　旋转矩形

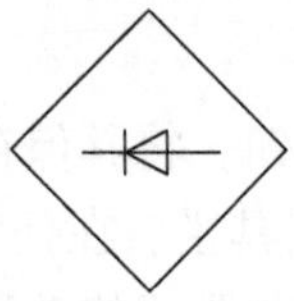

图 6-5　插入二极管

步骤 04 执行“修剪”命令（TR），将上一步骤中插入的二极管修剪到合适大小。

（3）稳压二极管的绘制

步骤 01 执行“插入”命令（I），将“案例 CAD \ 03”文件夹下的“二极管 . dwg”插入到图形中。

步骤 02 执行“旋转”命令（RO），将二极管逆时针旋转 90°，如图 6-6 所示。

步骤 03 执行“直线”命令（L），在正三角的端点右侧的 3mm 直线段端点处垂直向下绘制一条长为 1mm 的线段，如图 6-7 所示。

图 6-6　旋转二极管

图 6-7　绘制直线

至此稳压二极管已经绘制完成，单击“保存”按钮将图形保存到“案例 CAD \ 06 \ 稳压二极管 . dwg”文件夹。

6. 1. 3　插入其他元器件符号

单击工具栏上的“插入”按钮，分别将“案例 CAD \ 03”文件夹下的“电阻 . dwg”“电容 . dwg”等文件作为图块插入到当前图形中，并通过“旋转”命令（RO），调整相应方向。

6. 1. 4　组合图形

在“图层控制”的下拉列表中，将“导线”设置为当前图层。将前面绘制好的元器件符号进行拼接组合，根据放置位置绘制连接导线。

步骤 01 执行“圆”命令（C），在空白处绘制半径为 1. 5mm 的圆，执行“复制”命令（CO），将已经绘制好的圆垂直下拉复制 30mm，如图 6-8 所示。

步骤 02 打开“正交”功能，执行“直线”命令（L），绘制如图 6-9 所示的直线段。

步骤 03 执行“移动”命令（M），将前面绘制好的“变压器”图形移动到如图 6-10 所示位置，执行“直线”命令（L）并绘制相连接的导线。

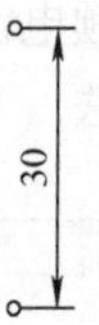

图 6-8　绘制两个圆

图 6-9　分别绘制直线

步骤 04 执行“移动”命令（M），将前面绘制好的“整流桥”图形移动到如图 6-11 所示位置，执行“直线”命令（L）并绘制相连接的导线。

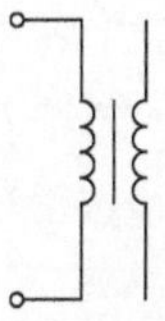

图 6-10　插入变压器

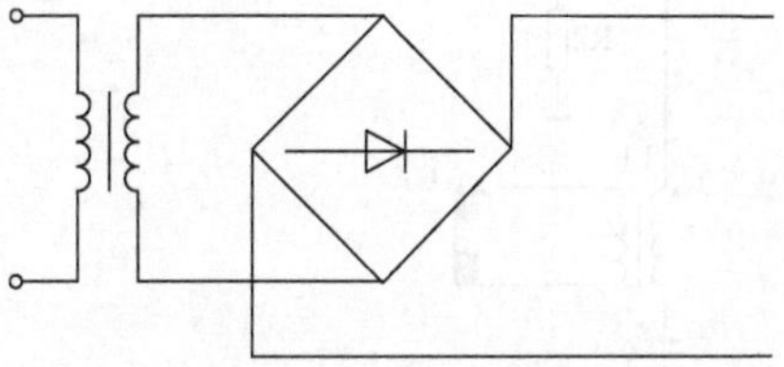

图 6-11　插入整流桥图形

步骤 05 通过“移动”“旋转”“复制”“缩放”等命令，将“电容 . dwg”“电阻 . dwg”以及之前绘制的“稳压二极管 . dwg”复制到相应的位置，并调整相应元器件的大小。再执行“直线”命令（L）并绘制相连接的导线，如图 6-12 所示。

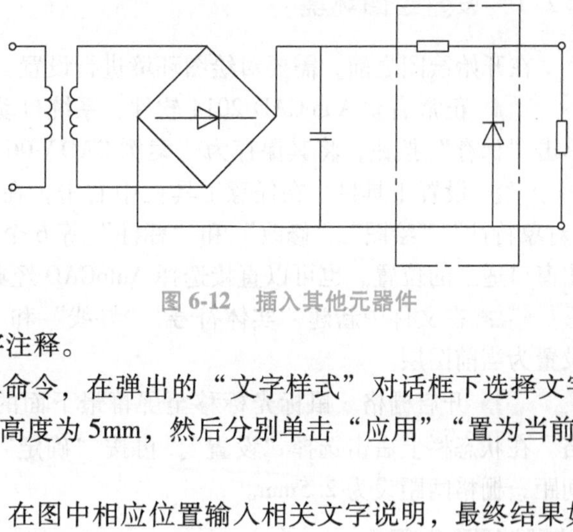

图 6-12　插入其他元器件

6.1.5　添加文字注释

前面已经完成了线性直流稳压电源电路图的绘制，下面利用“单行文字”命令（DT）给电路图相应的位置添加文字注释。

步骤 01 选择“格式”/“文字样式”菜单命令，在弹出的“文字样式”对话框下选择文字的样式为“Standard”，设置字体为宋体，高度为 5mm，然后分别单击“应用”“置为当前”和“关闭”按钮。

步骤 02 执行“单行文字”命令（DT），在图中相应位置输入相关文字说明，最终结果如图 6-1 所示。

至此，电路图已绘制完成，单击“保存”按钮保存该文件。

6.2　录音机电路图的绘制

录音机（电路图如图 6-13 所示）主要由机内送话器、放大电路、录放磁头、磁带、扬声器、传动机构等部分组成。录音时，声音使送话器中产生随声音而变化的感应电流，音频电流经放大电路放大后，进入录音磁头的线圈中，在磁头的缝隙处产生随音频电流变化的磁场，磁带紧贴着磁头缝隙移动，磁带上的磁粉层被磁化，在磁带上就记录下了声音的磁信号。放音是录音的逆过程，放音时，磁带紧贴着放音磁头的缝隙移动，磁带上变化的磁场使放音磁头线圈产生感应电流，感应电流的变化和记录下的磁信号对应，所以线圈中产生的是音频电流，这个电流经放大电路放大后，送到扬声器，扬声器把音频电流还原成声音，这样录音机便可以放出声音了。本节将详细介绍录音机电路图的绘制方法。

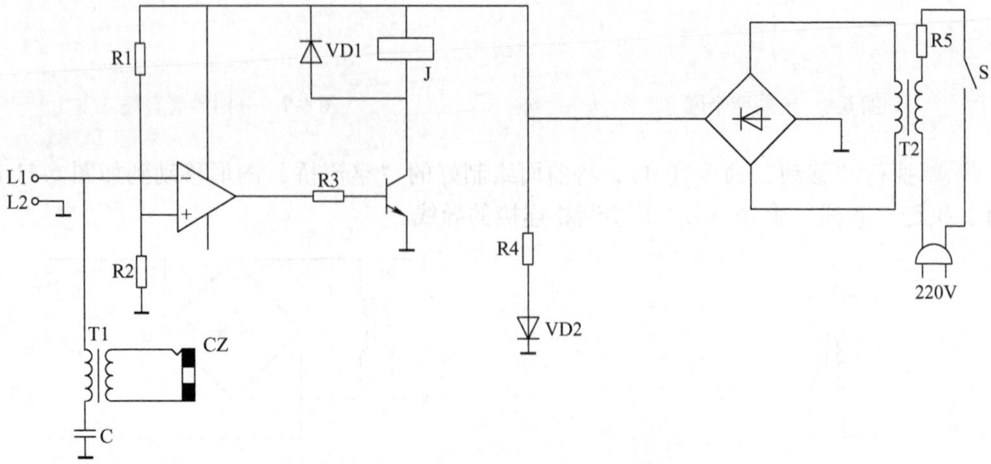

图 6-13　录音机电路图

6.2.1　设置绘图环境

在开始绘图之前，需要对绘图环境进行设置，具体操作步骤如下。

步骤 01 正常启动 AutoCAD 2014 软件，系统自动创建一个空白文件，在快速访问工具栏上单击“保存”按钮，将其保存为“案例 CAD \ 06 \ 录音机电路图 . dwg”文件。

步骤 02 设置工具栏。在任意工具栏中右击，在打开的快捷菜单中选择“标准”“图层”“对象特性”“绘图”“修改”和“标注”等 6 个命令，调出这些工具栏，并将它们移到绘图窗口适当的位置。也可以直接选择 AutoCAD 经典模式，并调出常用工具栏。

步骤 03 在文件中新建“实体符号”“导线”和“文字说明” 3 个图层，并将“实体符号”设置为当前图层。

步骤 04 开启栅格。鼠标光标移至屏幕最下面的状态栏，单击“栅格”按钮，开启栅格。在状态栏上右击选择“设置”，再按“确定”按钮；或者输入“SE”命令，设置栅格间距，栅格间距设为 2. 5mm。

技巧提示　如何快速变换图层

单击“Object Propertys（关系属性）”工具条上的“Make object layer current”（工具条上最左面的按钮)，然后在绘图区选择要变换的图层上的任一图形，当前层立刻变换到选取图层的所在层。

6.2.2　绘制电路元器件

（1）电压比较器

步骤 01 执行“多边形”命令（POL)，绘制内接于圆的正三角形对象，输入半径值为 20mm。

步骤 02 执行“旋转”命令（RO），将绘制的三角形旋转 30°。

步骤 03 执行“直线”命令（L），绘制一条与三角形左边直线长度相同的垂直直线，再进行“偏移”命令（O），将绘制的直线移动到三角形左边直线右侧 15mm 处，结果如图 6-14 所示。

步骤 04 打开“正交”功能，执行“直线”命令（L），捕捉偏移后的对象与三角形的两个交点作为直线的起点，向左分别绘制长 30mm 的两条水平线段，如图 6-15 所示。

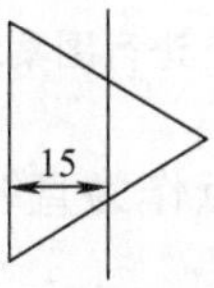

图 6-14　绘制直线并偏移

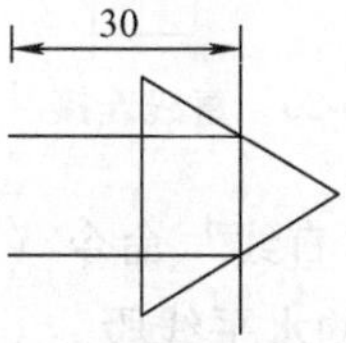

图 6-15　绘制水平线段

步骤 05 打开对象捕捉功能，执行“修剪”命令（TR），修剪掉三角形的多余线段，再执行“直线”命令（L），捕捉三角形右脚点作为直线的起点，向右绘制一条长 10mm 的水平线段，如图 6-16 所示。

步骤 06 选择“格式”/“文字样式”菜单命令，在弹出的“文字样式”对话框下选择文字的样式为默认样式，设置字体为宋体，高度为 5mm，然后单击“应用”“置为当前”和“关闭”按钮。

步骤 07 执行“多行文字”命令（MT），设置文字高度为 2. 5mm；在图形相应位置进行文字注释“-”和“+”，结果如图 6-17 所示。

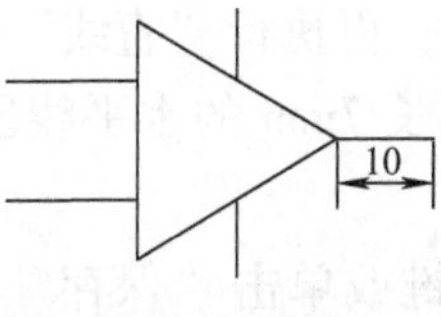

图 6-16　向右绘制直线

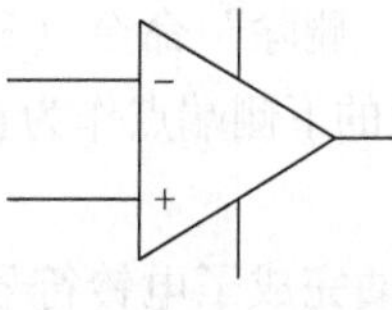

图 6-17　进行文字注释

（2）绘制信号输出装置

步骤 01 执行“多边形”命令（POL），在视图任意处绘制内接于圆的三角形对象，使其半径为 4mm。

步骤 02 执行“修剪”命令（TR），将上侧水平线进行修剪操作，如图 6-18 所示。

步骤 03 执行“直线”命令（L），捕捉上侧两端点作为直线的起点，向两边分别绘制两条水平线段，左长右短（参考值：左边 10mm，右边 8mm）。

步骤 04 选择右端 8mm 的线段执行“复制”命令（CO），在右侧水平线下端 8mm 处进行复制，共复制三次，操作结果如图 6-19 所示。

图 6-18　修剪后结果

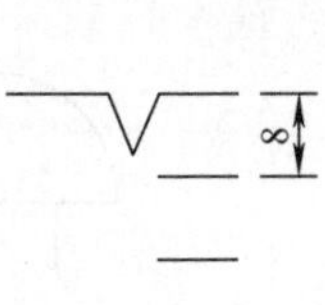

图 6-19　复制直线

步骤 05 执行“直线”命令（L），捕捉对应的端点进行直线连接，如图 6-20 所示。

步骤 06 执行“图案填充”命令（H），在功能区将自动显示“图案填充创建”选项以及相应的填充设置面板，在“图案”面板中设置图案为“SOLID”，在相应位置处进行图案填充操作，如图 6-21 所示。

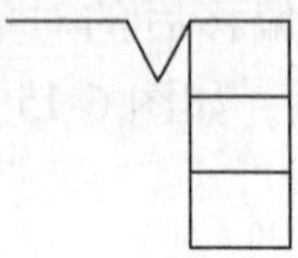

图 6-20 直线连接

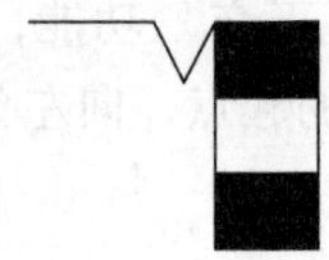

图 6-21 进行图案填充

步骤 07 执行“直线”命令（L），捕捉上一步长方形左侧下端点作为直线的起点，向右绘制一条长 10mm 的水平线段。

（3）绘制插座符号

插座符号可以在电铃符号的基础上来完成绘制。

步骤 01 执行“插入”命令（I），将“案例 CAD \ 03”文件夹下的“电铃”作为图块插入到图形中。打开“正交”功能，执行“直线”命令（L），绘制一条长 16mm 的水平线段，如图 6-22a 所示。

步骤 02 执行“圆弧”命令（A），以直线的中点作为圆弧的圆心，以直线的两端点作为圆弧的起点和端点，绘制圆弧对象，如图 6-22b 所示。

步骤 03 执行“直线”命令（L），捕捉水平直线的中点作为直线的起点，向下绘制一条长 4mm 的垂直线段，如图 6-22c 所示。

步骤 04 执行“偏移”命令（O），将垂直线段向两侧各偏移 4mm，如图 6-22d 所示。

步骤 05 执行“删除”命令（E），删除掉中间的垂直线段；再执行“直线”命令（L），捕捉两条垂直线段的下侧端点作为直线的起点，分别向外绘制长 7mm 的水平线段，如图 6-22e 所示。

步骤 06 至此便完成了电铃符号的绘制，按<Ctrl+S>组合键或单击“保存”按钮，将该文件保存为“案例 CAD \ 06 \ 电铃 . dwg”文件，以便在以后的画图中使用。

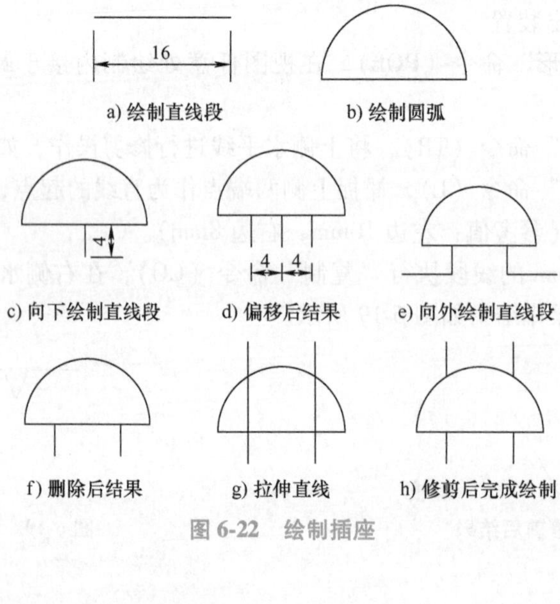

图 6-22 绘制插座

步骤 07 执行“删除”命令（E），将多余的线段进行删除操作，如图 6-22f 所示。

步骤 08 执行”拉伸“命令（S），将图中的两条垂直线段向上各拉伸 16mm，如图 6-22g 所示。

步骤 09 执行”修剪“命令（TR），将多余的线段进行修剪操作，如图 6-22h 所示。至此便完成了插座符号的绘制。

6.2.3　插入其他元器件符号

单击工具栏上的“插入”按钮，分别将“案例 CAD \ 03”文件夹下面的“电阻 . dwg”“电容 . dwg”“晶体管 . dwg”和“二极管 . dwg”等文件作为图块插入当前图形中，并通过旋转命令，调整相应的方向。

6.2.4　组合图形

将前面绘制好的电气元器件符号进行拼接组合，根据放置位置绘制导线连接。

步骤 01 执行“圆”命令（C），在空白处绘制半径为 1. 5mm 的圆。执行“复制”命令（CO），将已经绘制好的圆垂直下拉复制 10mm，如图 6-23 所示。

步骤 02 打开“正交”功能，执行“直线”命令（L），绘制出如图 6-24 所示直线段。

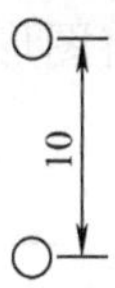

图 6-23　绘制圆并复制

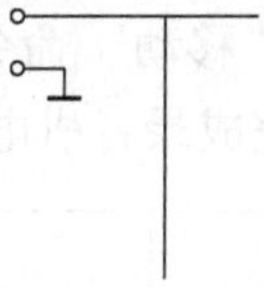

图 6-24　绘制直线

步骤 03 执行“移动”命令（M），将前面已绘制好的“电压比较器”移动到合适的位置。执行“移动”和“旋转”等命令，将之前绘制的“变压器”“信号输出装置”和“电容”移动到合适的位置；执行“直线”命令（L），绘制相连接的导线。通过“移动”“旋转”“复制”“缩放”等命令，将“晶体管”“电阻”“二极管”等元器件复制到相应的位置，并调节大小，如图 6-25 所示。

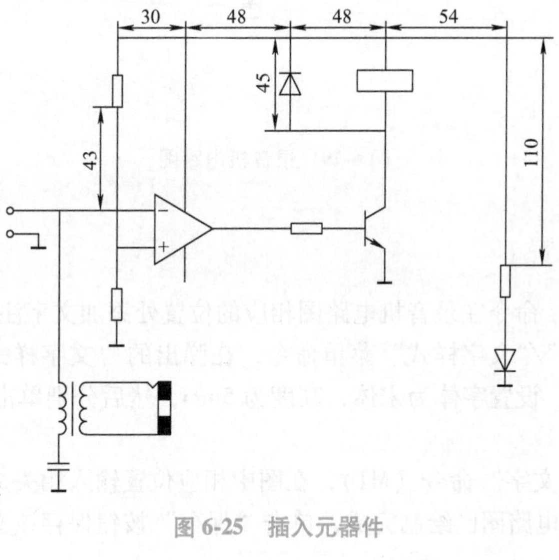

图 6-25　插入元器件

步骤 04 执行“矩形”命令（REC），绘制 24mm×24mm 的矩形，再执行“旋转”命令（RO），将绘制好的矩形进行 45°旋转，执行“复制”命令（CO）和“旋转”命令（RO），将“二极管”复制到矩形内，执行“修剪”命令（TR），将二极管两边修剪到合适长度，如图 6-26 所示。

步骤 05 执行“复制”命令（CO），将“电感器”复制到如图 6-27 所示位置。

步骤 06 通过复制、旋转、移动和缩放等命令，依次将电阻、单极开关和插座等元器件，复制到相应位置并绘制连接导线，如图 6-28 所示。

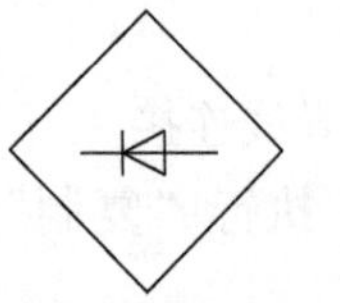

图 6-26 插入二极管

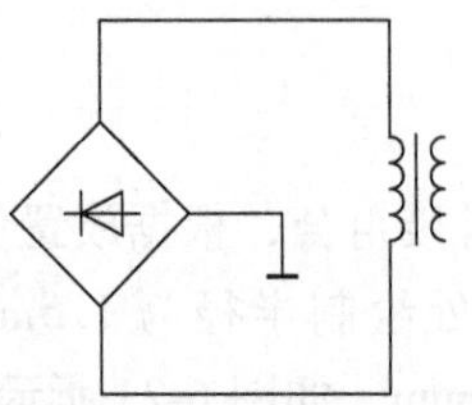

图 6-27 复制电感器

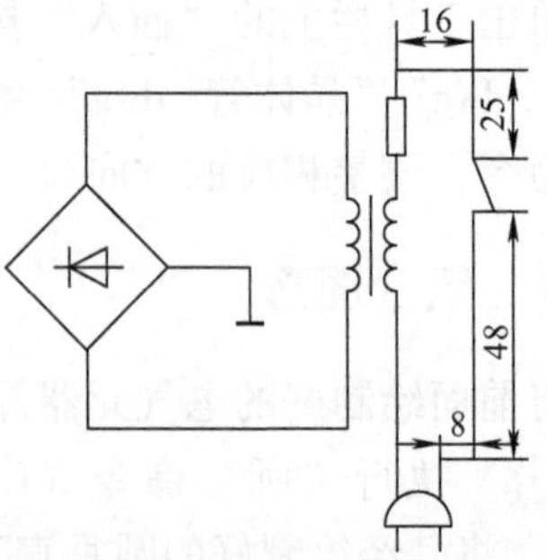

图 6-28 插入元器件并绘制连接导线

步骤 07 执行“移动”命令（M）和执行“直线”命令（L），将图形组合并绘制导线，如图 6-29 所示，完成录音机电路图的绘制。

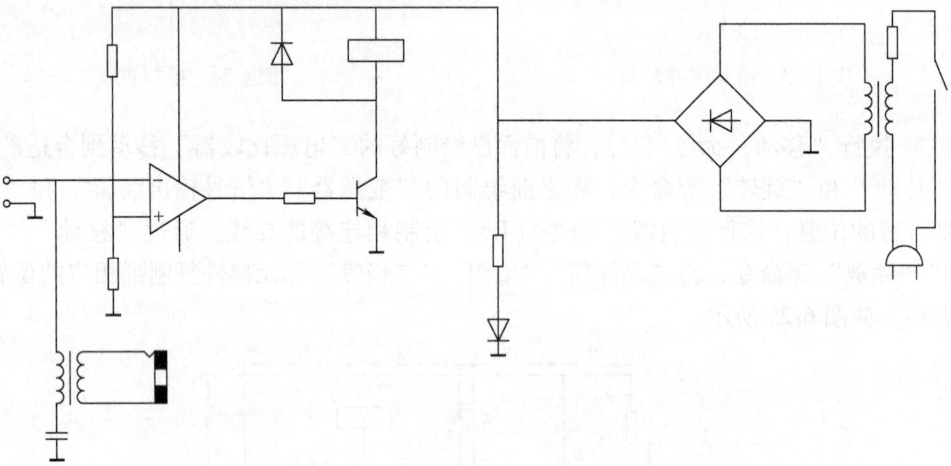

图 6-29 录音机电路图

6.2.5 添加文字注释

利用“多行文字”命令在录音机电路图相应的位置处添加文字注释。

步骤 01 选择“格式”/“文字样式”菜单命令，在弹出的“文字样式”对话框下选择文字的样式为“Standard”，设置字体为宋体，高度为 5mm，然后分别单击“应用”“置为当前”和“关闭”按钮。

步骤 02 执行“多行文字”命令（MT），在图中相应位置输入相关文字说明。

步骤 03 至此录音机电路图已绘制完成，单击“保存”按钮保存该文件，如图 6-13 所示。

6.3 声控式防盗报警电路图的绘制

图 6-30 所示为声控式防盗报警电路图，它是利用声音（脚步声、物体的振动声、撞击声等）作为触发信号的报警器，可用于果园、库房、菜园等场所的防盗报警。

该声控式防盗报警器由声控放大电路、单稳态触发器电路和多谐振荡器组成，声控放大电路由电压鸣片 BC、电阻器 R1 ~ R3、电容器 C1、电位器 RP 和场效应晶体管 VF 组成。单稳态触发电路由时基集成电路 IC1（左），电阻器 R4 和电容器 C2、C3 组成。多谐振荡器由时基集成电路 IC1（右），电阻器 R5、R6 和电容器 C4 组成。

BC 为音频传感器，用来检测盗情。在 BC 未检测到声音信号时，单稳态触发电路处于稳态，IC1 的 3 脚输出低电平，多谐振荡器不振荡，扬声器不发声。当有窃贼走近 BC 的监控区域行窃时，BC 将检测的声音信号变换为电信号，此信号经 VF 放大后产生触发信号，使单稳态触发器电路受触发而翻转，由稳态变为暂稳态，IC1 的 3 脚由低电平变为高电平，多谐振荡器振荡工作，BL 发出报警声。

与此同时，C5 通过 IC1 的 7 脚内的电路快速放电后，又经 R4 充电。当 C5 充电结束（约 2min）后，多谐振荡器停振，BL 停止发声，报警器又进入警戒状态。调整 RP 的阻值可改变声控的灵敏性。本节将详细介绍图 6-30 的绘制方法。

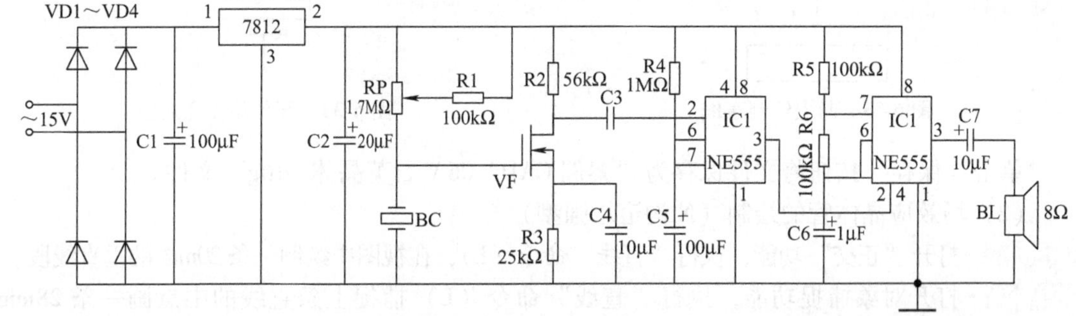

图 6-30 声控式防盗报警电路图

6.3.1 设置绘图环境

在开始绘图之前，需要对绘图环境进行设置，具体操作步骤如下。

步骤 01 正常启动 AutoCAD 2014 软件，系统自动创建一个空白文件，在快速访问工具栏上单击“保存”按钮，将其保存为“案例 CAD \ 06 \ 声控式防盗报警电路图 . dwg”文件。

步骤 02 设置工具栏。在任意工具栏中右击，在打开的快捷菜单中选择“标准”“图层”“对象特性”“绘图”“修改”和“标注”等 6 个命令，调出这些工具栏，并将它们移到绘图窗口适当的位置。也可以直接选择 AutoCAD 经典模式，同时调出常用工具栏。

步骤 03 在文件中新建“实体符号”“导线”和“文字说明”3 个图层，并将“实体符号”设置为当前图层。

步骤 04 开启栅格。鼠标光标移至屏幕最下面的状态栏，单击“栅格”按钮，开启栅格。输入“SE”命令设置栅格间距，栅格间距设为 2. 5mm。

6.3.2　绘制元器件

（1）石英晶体的绘制

步骤 01 打开“正交”功能，执行“矩形”命令（REC），在视图中绘制 20mm×5mm 矩形对象，如图 6-31 所示。

步骤 02 执行“直线”命令（L），在矩形的正上方 3mm 处绘制一条长为 10mm 的水平线段，如图 6-32 所示。

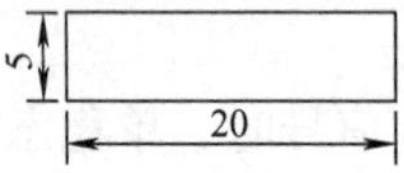

图 6-31　绘制矩形

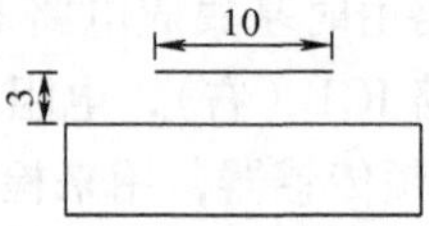

图 6-32　偏移后结果

步骤 03 打开“正交”和“对象捕捉”功能，执行“直线”命令（L），捕捉水平线段的中点向上绘制一条长为 10mm 的垂直线段，如图 6-33 所示。

步骤 04 执行“直线”命令（L），在矩形正下方绘制一条水平和垂直直线，方法同步骤 02 和步骤 03，最终结果如图 6-34 所示。

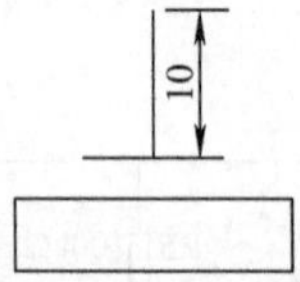

图 6-33　向上绘制直线

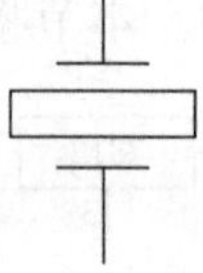

图 6-34　石英晶体完成图

单击“保存”按钮将文件保存为“案例 CAD \ 06 \ 石英晶体 . dwg”文件。

（2）场效应晶体管的绘制（N 沟道增强型）

步骤 01 打开“正交”功能，执行“直线”命令（L），在视图中绘制一条 20mm 的垂直线段。

步骤 02 打开对象捕捉功能，执行“直线”命令（L）捕捉上条直线的中点画一条 28mm 的垂直线段，执行“偏移”命令（O），将直线向右偏移 3mm 的距离，如图 6-35a 所示。

步骤 03 打开“正交”功能，执行“直线”命令（L），在第二条直线的上、下各六分之一处，绘制两条 10mm 水平线段，之后再向上、下绘制 20mm 长的垂直线段，如图 6-35b 所示。

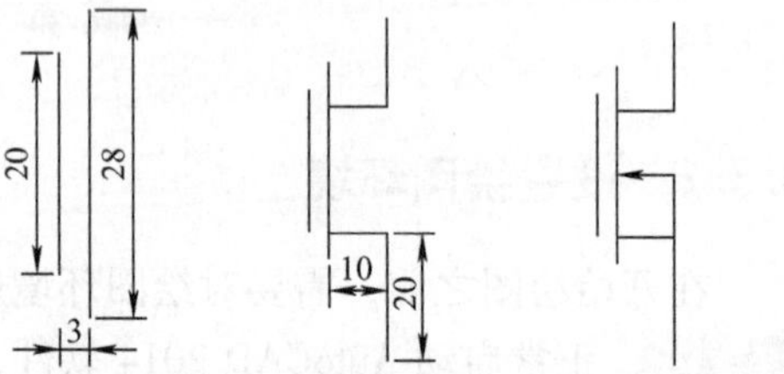

a) 绘制直线并偏移　b) 绘制直线　c) 最终结果图

图 6-35　场效应晶体管的绘制过程

步骤 04 打开“对象捕捉”功能，捕捉右侧垂线线段中点，绘制一个长度小于 10mm 的箭头，将上一步中下面的垂直直线拉伸至与箭头相交，执行“修剪”命令（TR），修剪多余的线段，这样便完成了场效应晶体管的绘制，最终结果如图 6-35c 所示。

（3）扬声器的绘制

步骤 01 执行“矩形”命令（REC），绘制 10mm×30mm 的矩形，如图 6-36a 所示。

步骤 02 执行“直线”命令（L），在矩形右侧 8mm 处绘制一条 40mm 的垂直线段，如图 6-36b 所示。

步骤 03 打开“对象捕捉”功能，执行“直线”命令（L），捕捉垂直线段的上端点与矩形右上方端点进行连接，如图 6-36c 所示。同样将矩形右下方端点与线段下端点进行连接，最终结果如图 6-36d 所示，这样便完成了扬声器的绘制。

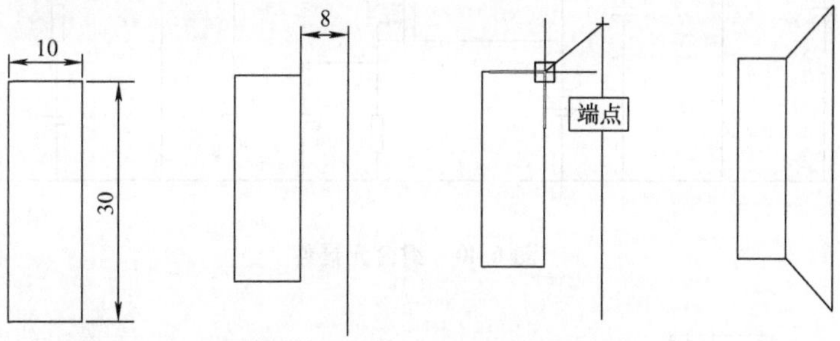

a) 绘制矩形　b) 绘制垂直线段　c) 连接两端点　d) 扬声器

图 6-36　扬声器的绘制

6.3.3　插入其他元器件符号

单击“插入”按钮，分别将“案例 CAD \ 03”文件夹下面的“二极管 . dwg”“电容 . dwg”“电阻 . dwg”等文件作为图块插入当前图形中。

6.3.4　组合图形

步骤 01 在“图层控制”下拉列表中，将“导线”图层设置为当前图层。

步骤 02 执行“圆”命令（C），在图形中绘制一个半径为 1.5mm 的圆对象，执行“复制”命令（CO）将绘制的圆对象垂直向下复制 10mm 的距离，如图 6-37 所示。

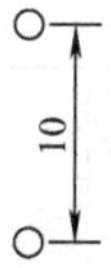

图 6-37　绘制圆并复制

步骤 03 通过“移动”“复制”“缩放”等命令将图中所需的“二极管”“电容”“电阻”等图形插入到如图 6-38 所示的位置。

步骤 04 执行“矩形”命令（REC）在如图 6-39 所示位置处绘制 30mm×70mm 的矩形。

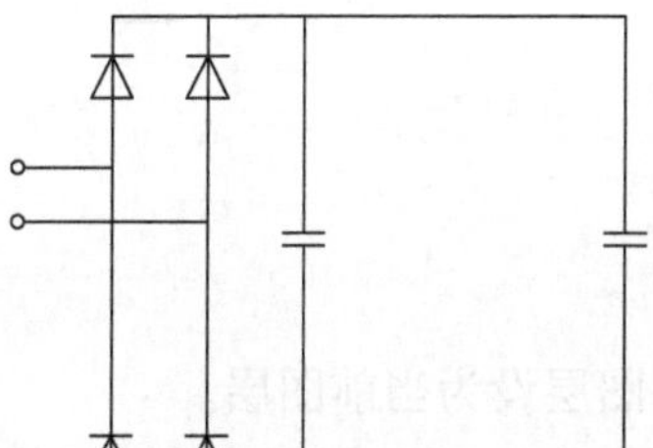

图 6-38　插入元器件

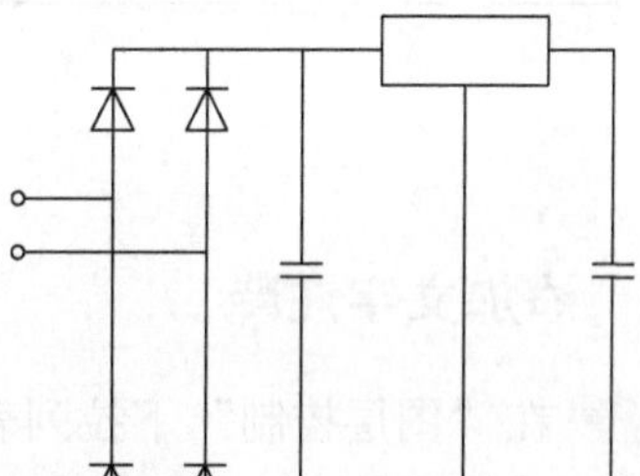

图 6-39　绘制矩形

步骤 05 同样通过“移动”“复制”“缩放”等命令将图中需要的“石英晶体”“场效应晶体管”等图形复制到相应的位置，如图 6-40 所示。

步骤 06 执行“矩形”命令（REC），在如图 6-41 所示位置处绘制 70mm×30mm 的两个矩形。

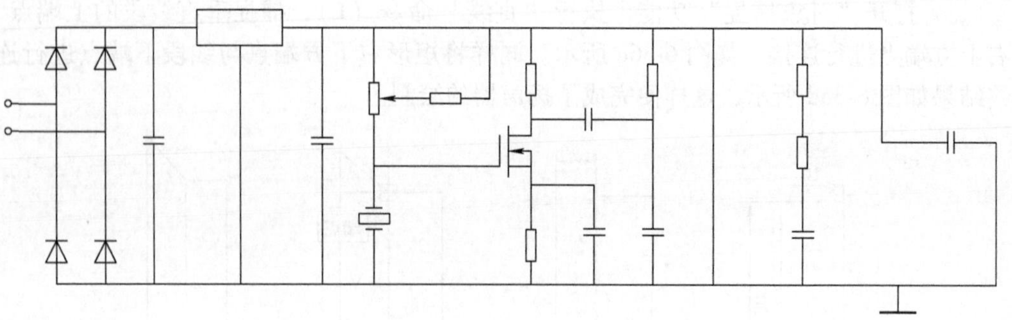

图 6-40　组合元器件

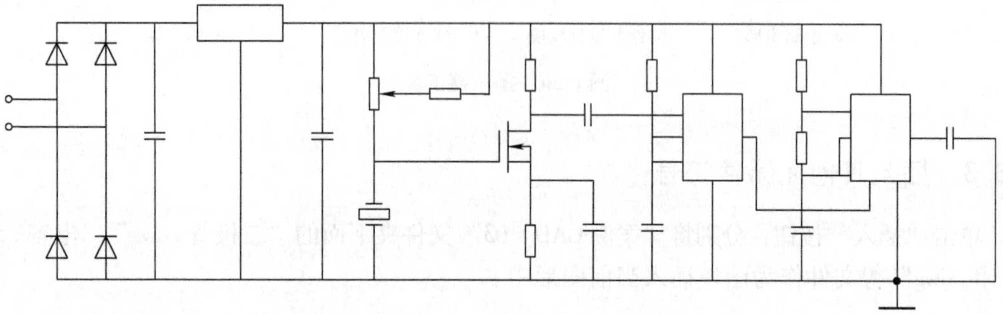

图 6-41　绘制矩形

步骤 07 将上文绘制的扬声器放置到如图 6-42 所示相应的位置。

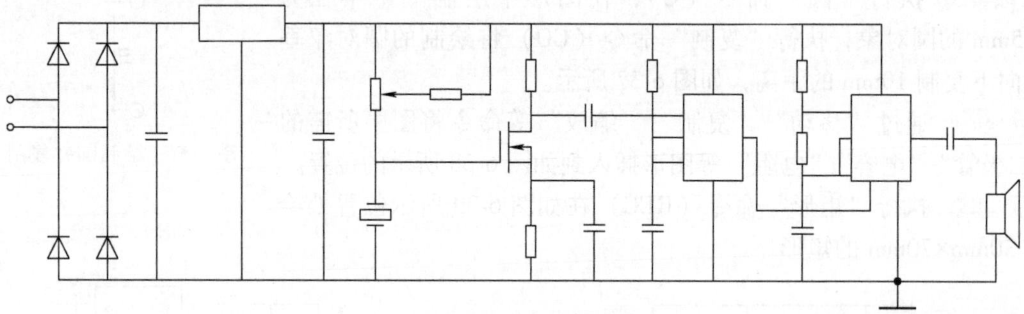

图 6-42　插入扬声器图形

6.3.5　添加文字注释

步骤 01 在“图层控制”下拉列表中，将“文字说明”图层设为当前图层。

步骤 02 选择“格式”/“文字样式”菜单命令，在弹出的“文字样式”对话框下选择文字的样式为“Standard”，设置字体为宋体，高度为 8mm，然后分别单击“应用”“置为当前”和“关闭”按钮。

步骤 03 执行“单行文字”命令（DT），在图中相应位置输入相关文字说明，最终结果如图 6-30 所示。

至此，声控式防盗报警电路图的绘制已经完成，单击“保存”按钮，保存该文件为“案例 CAD \ 06 \ 声控式防盗报警电路图 . dwg”。

技巧提示　保存文件时减少文件大小

在图形完稿时，执行“清理”（PURGE）命令，清理掉多余的数据，如无用的块、没有实体的图层、未用的线型、字体、尺寸样式等，可以有效减少文件大小。

6.4　警笛报警器电路图的绘制

报警器是一种为防止或预防某事件造成的后果，以声音、光、气压等形式来提醒或警示我们应当采取某种行动的电子产品。报警器分为机械式报警器和电子报警器。随着科技的进步，机械式报警器越来越多地被先进的电子报警器代替，电子报警器经常应用于系统故障、安全防范、交通运输、医疗救护、应急救灾、感应检测等领域，与社会生活密不可分。本节将详细介绍图 6-43 所示警笛报警器电路图的绘制方法。

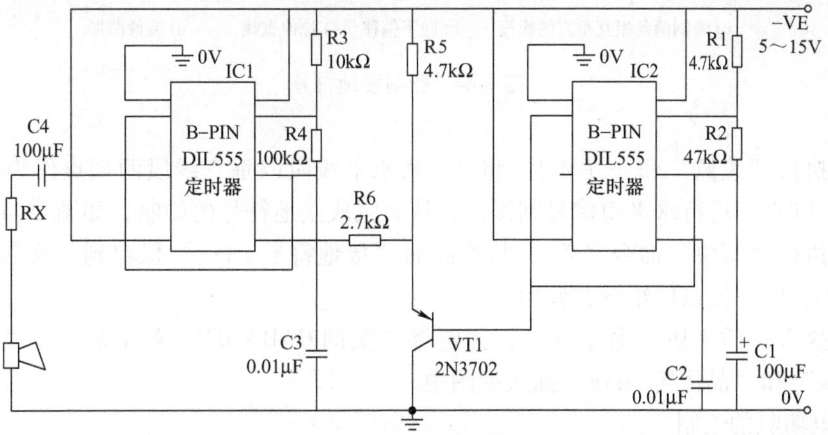

图 6-43　警笛报警器电路图

6.4.1　设置绘图环境

在开始绘图之前，需要对绘图环境进行设置，具体操作步骤如下。

步骤 01 正常启动 AutoCAD 2014 软件，系统自动创建一个空白文件，在快速访问工具栏上单击“保存”按钮，将其保存为“案例 CAD \ 06 \ 警笛报警器电路图 . dwg”文件。

步骤 02 设置工具栏。在任意工具栏中右击，在打开的快捷菜单中选择“标准”“图层”“对象特性”“绘图”“修改”和“标注”等 6 个命令，调出这些工具栏，并将它们移到绘图窗口适当的位置。也可以直接选择 AutoCAD 经典模式，同时调出常用工具栏。

步骤 03 在文件中新建“实体符号”“导线”和“文字说明”3 个图层，并将“实体符号”设置为当前图层。

步骤 04 开启栅格。鼠标光标移至屏幕最下面的状态栏单击“栅格”按钮，开启栅格。输入“SE”命令设置栅格间距，栅格间距设为 2. 5mm。

6.4.2　绘制电气元器件

（1）绘制接地符号

步骤 01 执行“直线”命令（L），在视图任意处绘制一条长为 10mm 的垂直线段。重复“直线”命令（L），捕捉垂线段的下端点作为直线的起点，向右绘制一条长为 4mm 的水平线段，如图 6-44a 所示。

步骤 02 执行“复制”命令（CO），打开“正交”功能，将水平线段复制到如图 6-44b 所示位置。

步骤 03 将第一条复制的水平线段和第二条水平线段分别向左拉伸，如图 6-44c 所示。

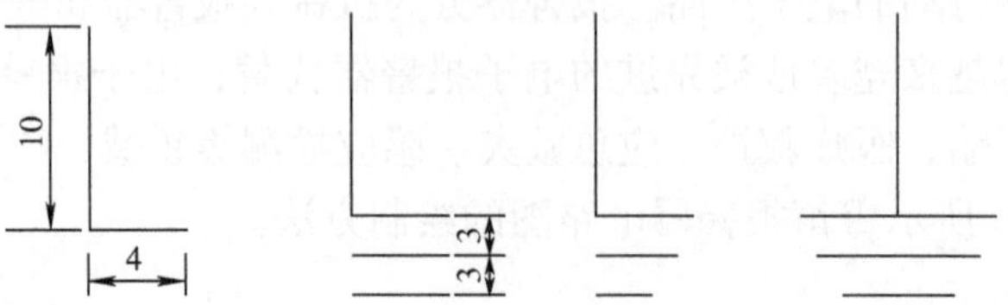

a) 绘制两条相互垂直的线段　b) 向下偏移　c) 拉伸直线　d) 镜像图形

图 6-44　绘制接地符号

步骤 04 执行“镜像”命令（MI），将这三条水平线段以垂直线段两端点作为镜像的第一端点和第二端点，进行水平镜像复制操作，从而完成接地符号的绘制，如图 6-44d 所示。

步骤 05 执行“写块”命令（W），将绘制的“接地符号 . dwg”保存到“案例 CAD \ 06”文件夹下面，以方便以后绘图时调用。

步骤 06 执行“插入块”命令（I），分别将“案例 CAD \ 03”文件夹下的“电阻 . dwg”“电容 . dwg”和“晶体管 . dwg”插入视图中。

（2）电喇叭的绘制

步骤 01 执行“插入块”命令（I），将“案例 CAD \ 03 \ 电阻 . dwg”文件插入视图中，执行“分解”命令（X），将插入的电阻符号进行分解操作。

步骤 02 执行“定数等分”命令（DIV），选择矩形右侧的垂直线段，输入等分的数目为 3，如图 6-45a 所示绘制出等分点。

步骤 03 打开“极轴追踪”功能，并设置追踪角度值 10°和-10°。执行“直线”命令（L），捕捉上侧点。作为直线的起点，将光标向右上侧移动且采用极轴追踪的方式，待出现追踪角度值 10°，并且出现极轴追踪虚线时，输入斜线段的长度 30mm，从而绘制斜线段对象，如图 6-45b 所示。

步骤 04 按同样的方法绘制另一条长 35mm，角度为-10°的斜线段，如图 6-45c 所示。

步骤 05 执行“直线”命令（L），捕捉斜线段的端点进行直线连接；再执行“删除”命令（E），删除掉点对象，如图 6-45d 所示。

至此，电喇叭图形已经绘制完成了，单击“保存”按钮保存图形，方便以后绘图时调用。

（3）绘制线路结构图

步骤 01 在“图层控制”下拉列表中，选择“导线”图层设置为当前层。

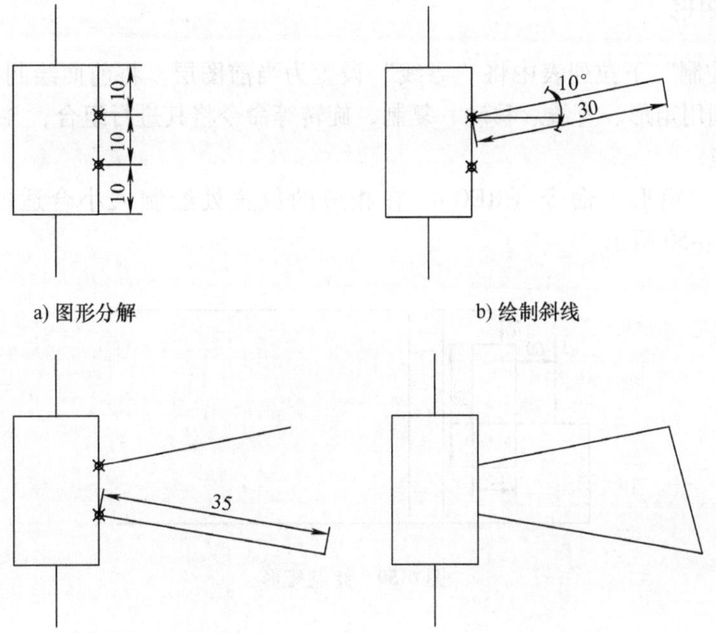

a) 图形分解　　b) 绘制斜线

c) 绘制另一条斜线段　　d) 端点连接

图 6-45　电喇叭的绘制过程

步骤 02 打开“正交”功能，执行“直线”命令（L），在视图中绘制一条长为 560mm 的水平线段和一条长为 275mm 的垂直线段，使水平线段的左端点与垂直线段下端点重合，如图 6-46 所示。

步骤 03 执行“偏移”命令（O），将绘制的水平线段向上依次偏移 135mm、140mm，如图 6-47所示。

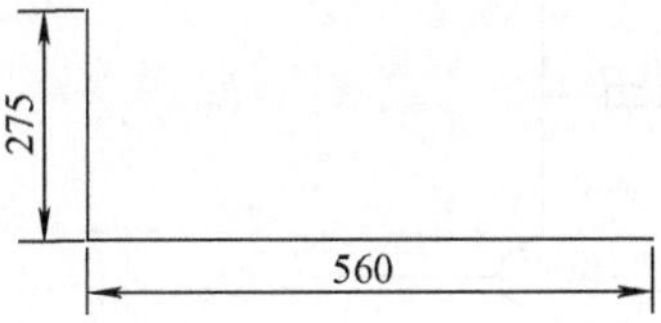

图 6-46　绘制两条相互垂直的线段

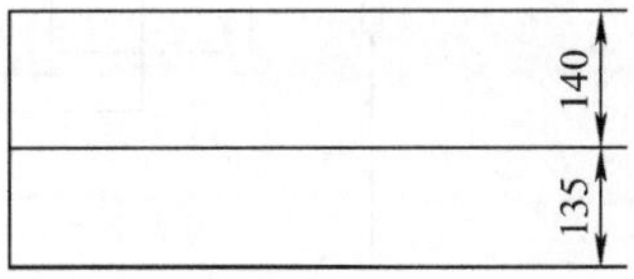

图 6-47　水平线段向上偏移

步骤 04 执行“偏移”命令（O），将绘制的垂直线段向右依次偏移 50mm、175mm、50mm 的距离，如图 6-48 所示。

步骤 05 执行“修剪”命令（TR），修剪掉多余的对象，如图 6-49 所示。

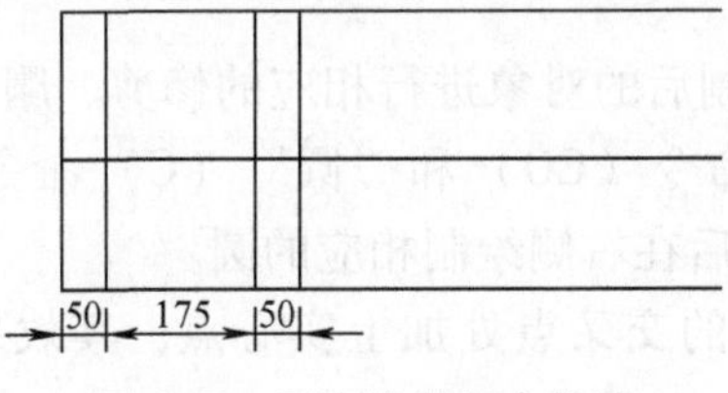

图 6-48　垂直线段向右偏移

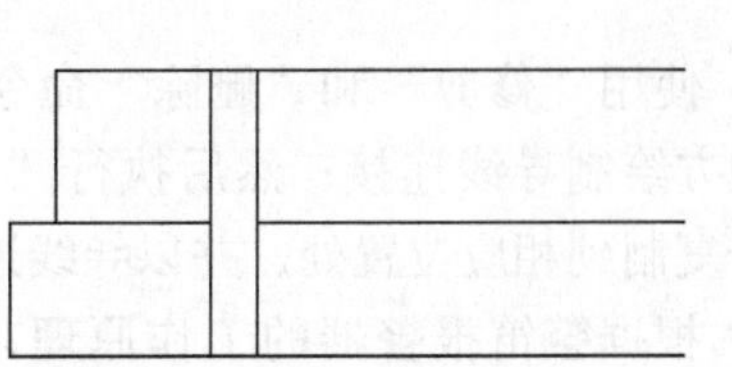

图 6-49　修剪多余线段

6.4.3　组合图形

在“图层控制”下拉列表中将“导线”设置为当前图层。将前面绘制好的电气符号和线路结构图，利用矩形、直线、移动、复制、旋转等命令将其进行组合，并根据该电路图的原理加上实心点。

步骤 01 执行“矩形”命令（REC），在相应的位置处绘制大小合适的矩形（65mm×130mm），如图 6-50 所示。

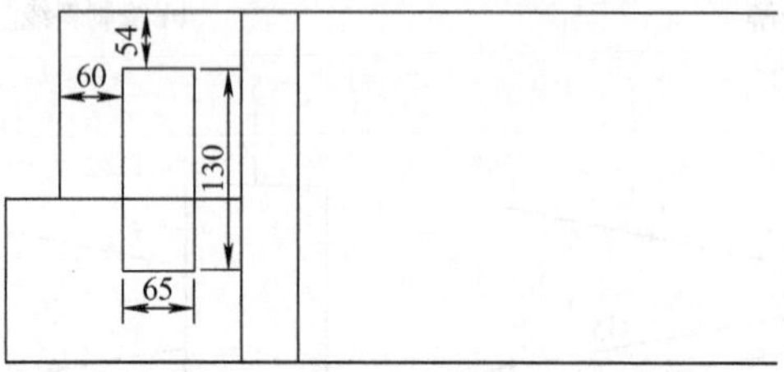

图 6-50　绘制矩形

步骤 02 执行“插入”命令（I），将“案例 CAD/03”文件夹下的电阻、晶体管、电容等插入图形中，通过移动、复制、旋转、缩放等命令，将电气符号布置到相应的位置，并绘制相应的导线以连接，如图 6-51 所示。

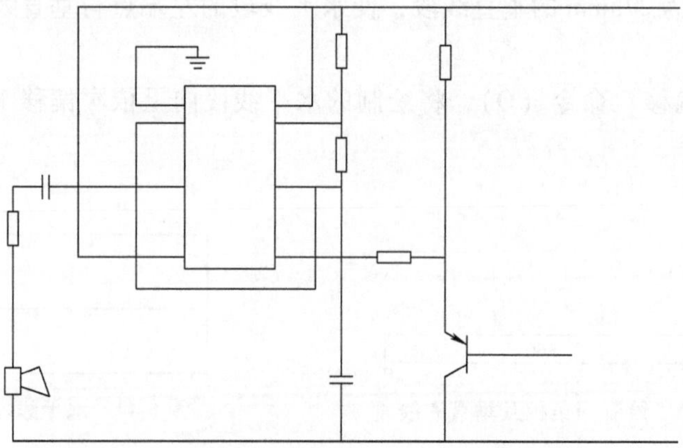

图 6-51　插入元器件并绘制导线

步骤 03 执行“复制”命令（CO），将图形中相应对象水平向右复制一定的距离，如图 6-52 所示。

步骤 04 使用“修剪”和“删除”命令，将复制后的对象进行相应的修剪、删除操作，在相应的地方绘制导线连接；然后执行“复制”命令（CO）和“圆”（C）命令，将接地、电容符号复制到相应位置处，并以导线连接，然后在右侧绘制相应的圆。

步骤 05 根据警笛报警器的工作原理，在适当的交叉点处加上实心点，其效果如图 6-53 所示。

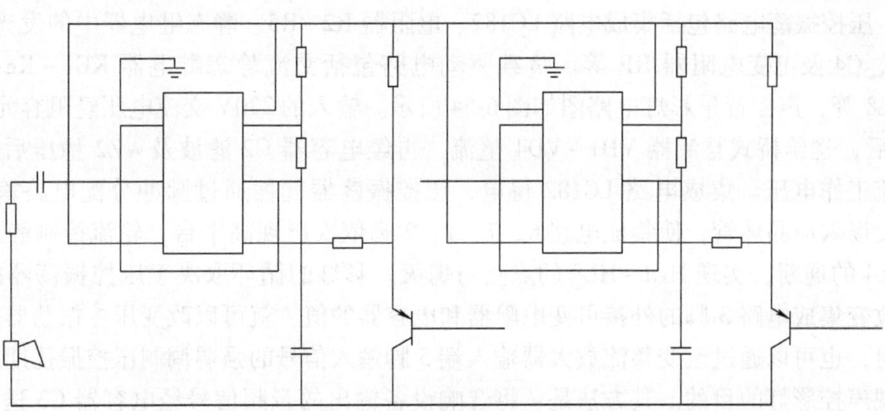

图 6-52　复制图形

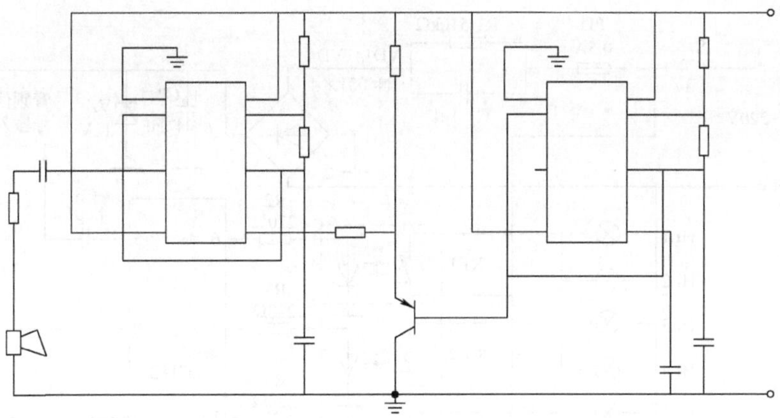

图 6-53　加入实心点

6.4.4　添加文字注释

前面已经完成了警笛报警器电路图的绘制，下面利用“单行文字”命令给录音机电路图相应的位置处添加文字注释。

步骤 01 在“图层控制”下拉列表中，选择“文字说明”图层设置为当前层。

步骤 02 选择“格式”/“文字样式”菜单命令，在弹出的“文字样式”对话框下选择文字的样式为“Standard”，设置字体为宋体，高度为 8mm，然后分别单击“应用”“置为当前”和“关闭”按钮。

步骤 03 执行“单行文字”命令（DT），在图中相应位置输入相关文字说明，最终结果如图 6-43 所示。

至此，警笛报警器电路图的绘制已经完成，单击“保存”按钮保存该文件为“案例 CAD \ 06 \ 警笛报警器电路图 . dwg”。

6.5 绘制声控音乐彩灯电路图

声控音乐彩灯电路由交—直流变换电路、压控振荡电路和负载驱动电路等组成。交—直流变换电路包括电阻器 R1、电容器 C1、桥式整流器 VD1 ~ VD4、滤波电容 C2 及稳压二极管

VZ2 等。压控振荡电路包括集成电路 LC182、电阻器 R2～R5、静态继电器中的发光二极管、电容 C3、C4 及可变电阻器 RP 等。负载驱动电路包括交流静态继电器 KE1～KE4 及彩灯 HL1～HL8 等，声控音乐彩灯电路图如图 6-54 所示。输入的 220V 交流电压经阻容元件 R1 和 C1 降压后，送给桥式整流器 VD1～VD4 整流，再经电容器 C2 滤波及 VZ2 稳压后为 LC182 提供直流工作电压。集成电路 LC182 得电，压控振荡器起振通过脉冲分配电路输出信号，分别触发场效应晶体管，使集成电路 6、7、1、2 脚依次出现高平台，轮流控制静态继电器 KE1～KE4 的通断，实现 HL1～HL8 的点亮与熄灭。彩灯的循环取决于压控振荡器的振荡频率，仅改变集成电路 3 脚的外接可变电阻器和电容器的值，就可以改变压控振荡器的振荡频率。同时，也可以通过改变整流放大器输入端 5 脚输入信号的强弱调制压控振荡期的工作频率，实现声控彩灯的目的。其方法是：将音响设备输出的音频信号经电容器 C3 送入 LC182 的 5 脚，开启音响设备后，彩灯将随音响设备的输出，按音乐节奏闪亮。

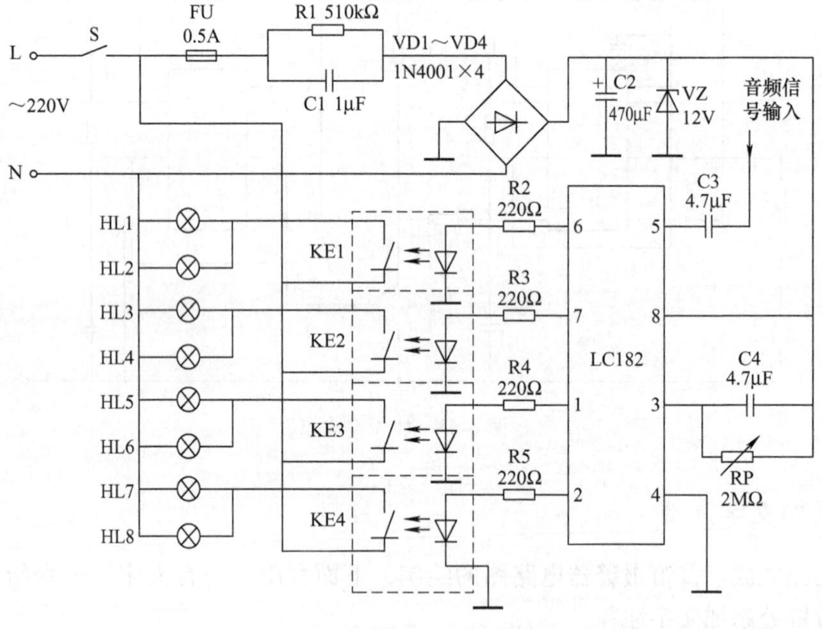

图 6-54　声控音乐彩灯电路图

6.5.1　设置绘图环境

在开始绘图之前，需要对绘图环境进行设置，具体操作步骤如下。

步骤 01 正常启动 AutoCAD 2014 软件，系统自动创建一个空白文件，在快速访问工具栏上单击“保存”按钮，将其保存为“案例 CAD \ 06 \ 声控音乐彩灯电路图 . dwg”文件。

步骤 02 设置工具栏。在任意工具栏中右击，在打开的快捷菜单中选择“标准”“图层”“对象特性”“绘图”“修改”和“标注”等 6 个命令，调出这些工具栏，并将它们移到绘图窗口适当的位置。也可以直接选择 AutoCAD 经典模式，同时调出常用工具栏。

步骤 03 在文件中新建“实体符号”“导线”和“文字说明”3 个图层，并将“实体符号”设置为当前图层。

步骤 04 开启栅格。鼠标光标移至屏幕最下面的状态栏单击“栅格”按钮，开启栅格。

输入“SE”命令设置栅格间距，栅格间距设为 2. 5mm。

6. 5. 2　绘制元器件

（1）灯符号　灯符号由圆和直线组成，其绘图步骤如下：

步骤 01 执行“圆”命令（C），绘制半径为 10mm 的圆对象，如图 6-55a 所示。

步骤 02 执行“直线”命令（L），捕捉圆的象限点绘制一条水平线段和一条垂直线段，如图 6-55b所示。

步骤 03 执行“旋转”命令（CO），以圆心作为旋转的基点，将上一步绘制的两条线段进行 45°的旋转操作，如图 6-55c 所示。

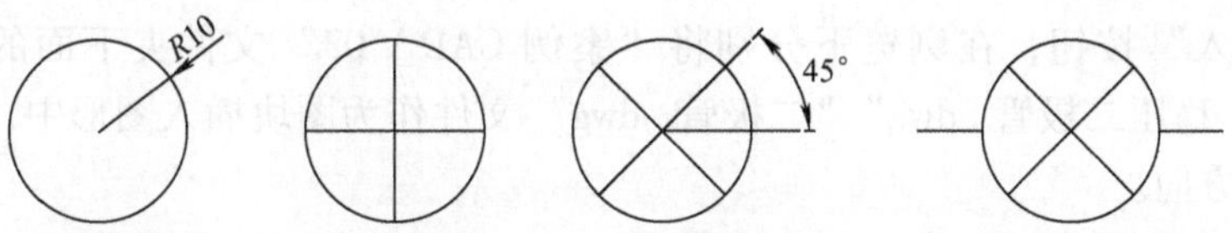

a) 绘制圆　b) 绘制水平线段和垂直线段　c) 旋转图形　d) 向外绘制直线

图 6-55　绘制灯符号过程

步骤 04 打开“正交”功能，执行“直线”命令（L），捕捉圆的左右象限点，分别向外绘制两条长 10mm 的水平线段，如图 6-55d 所示。

步骤 05 单击“保存”按钮保存该文件为“案例 \ 06 \ 灯 . dwg”文件。

（2）绘制发光二极管　发光二极管可以在二极管的基础上来绘制。操作步骤如下：

步骤 01 执行“插入”命令（I）将“案例 CAD \ 03”文件夹下的“二极管 . dwg”插入图形中，在“插入”对话框中勾选“统一比例”复选框，并设置旋转角度为 90°，比例为 1. 5。

步骤 02 执行“多段线”命令（PL），在三角形左上角绘制一条斜线，当命令行提示“制定下一点［圆弧(A)/闭合(C)/半宽(H)/长度(L)放弃(V)/宽度(W)］”时选择“宽度(W)”项，设置起点宽度为 0. 5mm，端点宽度为 0，选择长度（L），输入 1. 5mm，如图 6-56a 所示。

步骤 03 按同一个方法绘制另一个箭头图形，如图 6-56b 所示。

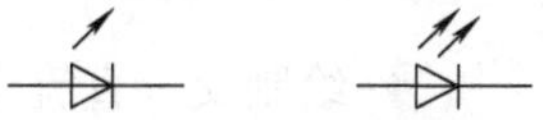

a) 插入图形并绘制箭头　b) 绘制箭头

图 6-56　绘制发光二极管过程

（3）可变电阻的绘制

步骤 01 执行“插入”命令（I），将“案例 CAD \ 03”文件夹的“电阻 . dwg”文件插入图形中，在“插入”对话框中，勾选统一比例复选框，比例为 1. 5，如图 6-57a 所示。

步骤 02 打开“正交”功能，执行“多段线”命令（PL），当命令行提示制定下一点时，输出下一点的值 35mm，输入起点宽度为 2mm，端点宽度值 0，输出下一点值 10mm 按空格键结束，如图 6-57b 所示。

步骤 03 关闭“正交”功能，选择上一步绘制的多段线，执行“旋转”命令（RO），指定左端点为旋转基点，输入角度为 45°，将箭头图形旋转 45°，如图 6-57c 所示。

步骤 04 执行“移动”命令（M），将旋转后的对象移动如图 6-57d 所示位置上。

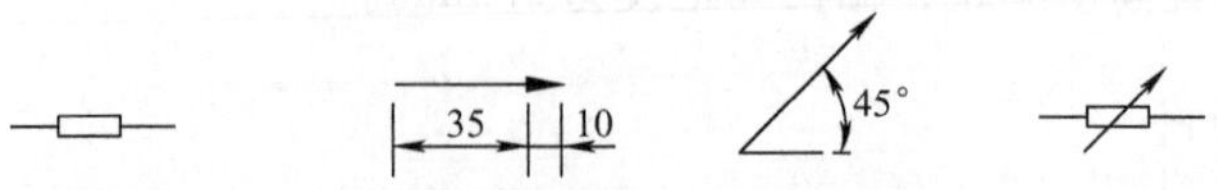

a) 插入电阻图形　b) 绘制箭头图形　c) 旋转箭头　d) 移动图形

图 6-57　绘制可变电阻

至此，可调电阻图形已经绘制完成了，单击“保存”按钮保存文件为“案例 CAD \ 06 \ 可变电阻 . dwg”

6.5.3　插入其他元器件符号

单击“插入”按钮，在浏览下分别将“案例 CAD \ 03”文件夹下面的“电阻 . dwg”“电容 . dwg”“稳压二极管 . dwg”“二极管 . dwg”文件作为图块插入图形中，并通过旋转命令调整相应的方向。

6.5.4　组合图形

在“图层控制”下拉列表中，将“导线”设置为当前图层。

步骤 01 执行“圆”命令（C），在视图中绘制半径为 1.5mm 的圆对象。

步骤 02 执行“复制”命令（CO），将绘制的圆对象垂直向下复制 10mm 的距离，如图 6-58 所示。

步骤 03 执行“矩形”命令（REC）绘制 24mm×24mm 的矩形对象，再执行“旋转”命令（RO），将绘制的矩形进行 45°旋转操作，执行“复制”命令和“旋转”命令（RO），将前面插入的“二极管”复制到如图 6-59 所示位置，这样便完成了桥式整流器的绘制。

图 6-58　绘制圆并复制

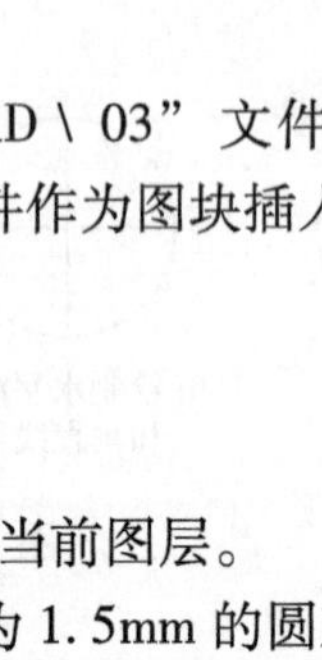

图 6-59　绘制整流器

步骤 04 绘制交—直流变换电路。通过“移动”和“旋转”等命令将单极开关、电阻、电容、稳压二极管和桥式整流器移动到如图 6-60 所示位置，再执行“直线”命令（L），绘制相应的导线。

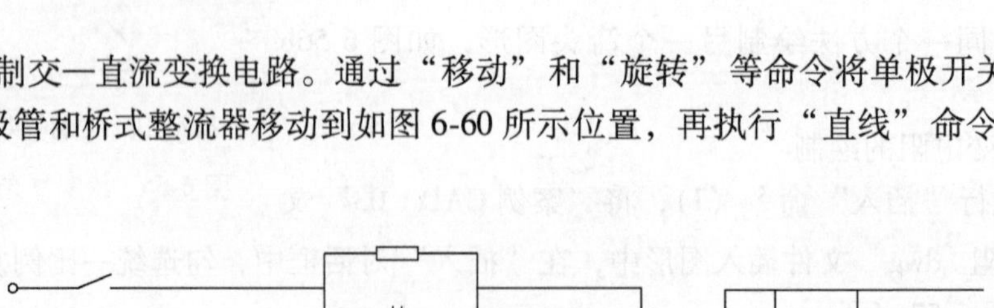

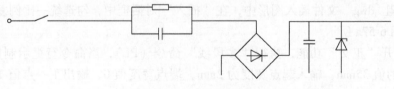

图 6-60　插入元器件

步骤 05 执行“直线”命令（L），在桥式整流器左下方绘制一条长为 10mm 的水平线段，并绘制相应的导线与左端点相连，如图 6-61 所示。

步骤 06 执行“直线”命令（L），在稳压二极管下端以及与之相邻的电容器的下端分别绘制长为 10mm 的水平线段，如图 6-62 所示。

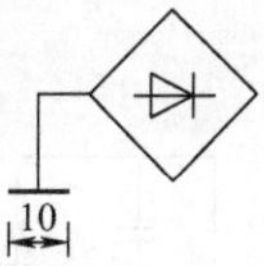

图 6-61　绘制直线

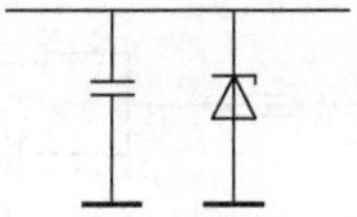

图 6-62　绘制水平线段

步骤 07 执行“矩形”命令（REC），在如图 6-63 所示位置绘制 6mm×20mm 的矩形，完成熔断器的绘制。

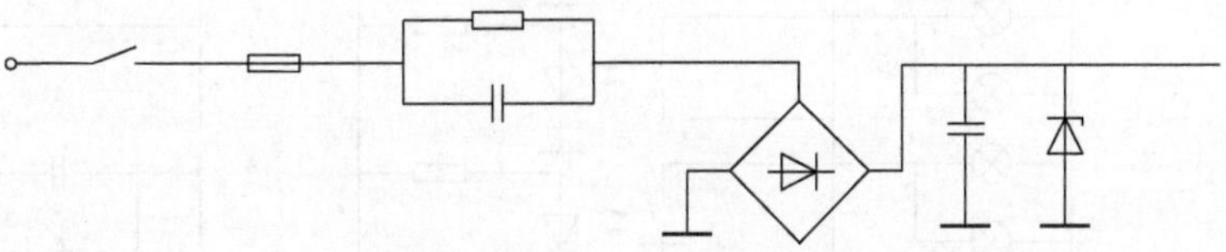

图 6-63　绘制熔断器

步骤 08 执行“矩形”命令（REC），绘制大小为 30mm×70mm 的矩形。

步骤 09 压控振荡电路的绘制。通过“复制”“移动”“缩放”等命令将图中的“发光二极管”“电阻”“电容”“可变电阻”等元器件置于图中相应位置同时调整元器件的大小并绘制相应的导线。

步骤 10 执行“复制”命令（CO）将之前绘制的矩形复制到相应位置，并根据过程的需要绘制与其他元器件相连接的导线。

步骤 11 参照步骤 05 和步骤 06 的方法，在上一步所绘图形相应的位置绘制接地符号，如图 6-64 所示。

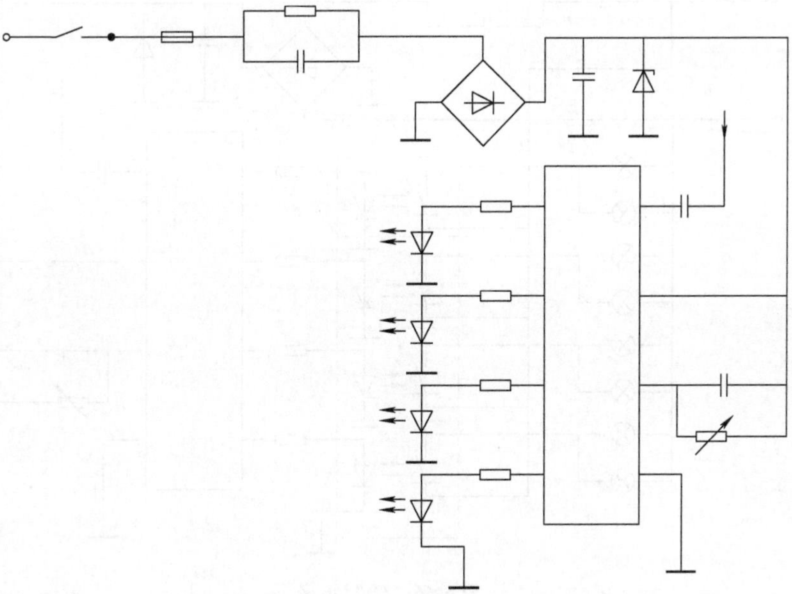

图 6-64　插入元器件并绘制相应导线

步骤 12 负载驱动电路的绘制。同样通过“移动”“旋转”“复制”“缩放”等命令，将图中的“灯”“单极开关”等元器件复制到相应的位置，并调整相应元器件的大小，根据过程的需要绘制相应的导线，如图 6-65 所示。

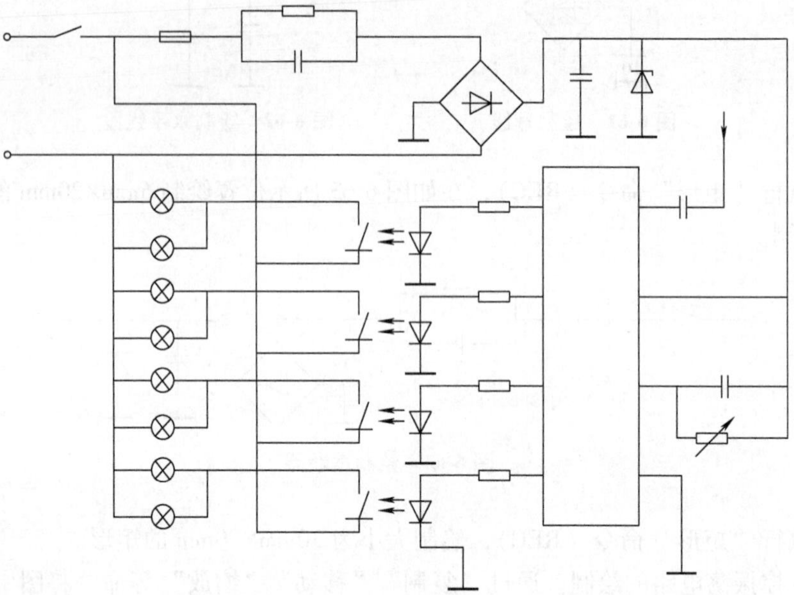

图 6-65 插入其他图形

步骤 13 在特性菜单中，选中“线型”中的“其他”选项，在弹出的对话框中选中“加载”之后选择虚线（ACAD ISO0IW100）选项。

步骤 14 执行“直线”命令（L），在如图 6-66 相应位置绘制大小为 35mm×80mm 的矩形。

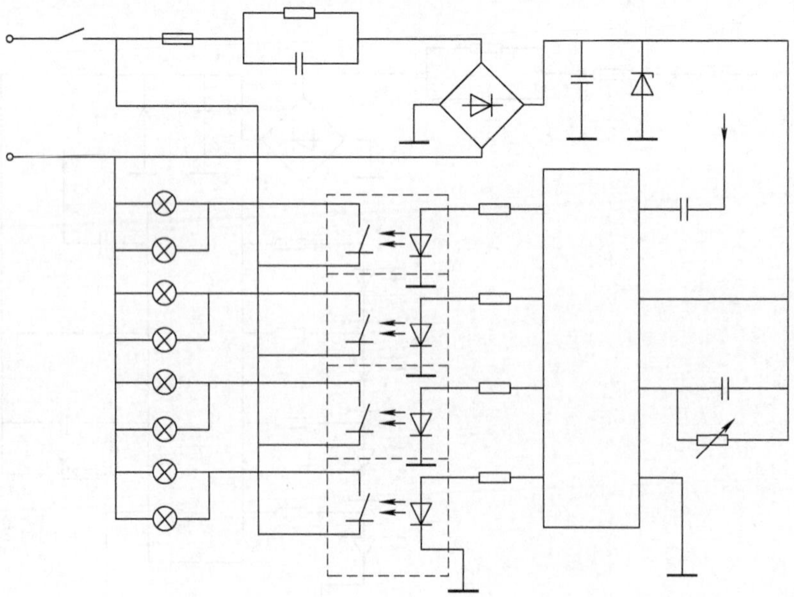

图 6-66 绘制矩形

6.5.5 添加文字注释

步骤 01 在“图层控制”下拉列表中选择“文字说明”图层设为当前图层。

步骤 02 选择“格式”/“文字样式”菜单命令，在弹出的“文字样式”对话框下选择文字的样式为“Standard”，设置字体为宋体，高度为8mm，然后分别单击“应用”“置为当前”和“关闭”按钮。

步骤 03 执行“单行文字”命令（DT），在图中相应位置输入相关文字说明，最终结果如图6-54所示。

至此，声控音乐彩灯电路图的绘制已经完成，单击“保存”按钮保存该文件为“案例CAD\06\声控音乐彩灯电路图.dwg”。

6.6 声控调频送话器电路图的绘制

声控调频送话器电路是由功放电路TA733构成，如图6-67所示，具有声控自动发射功能，适用于无线侦听、婴儿监护、舞台送话器等场合。该电路是由前置放大电路IC1（TA7330）、功放电路IC2（TA7331）、发射电路IC3（BA1404）、电子开关电路IC4（TWH8778）、驻极体送话器MIC组成。声控调频送话器电路的工作原理如下。

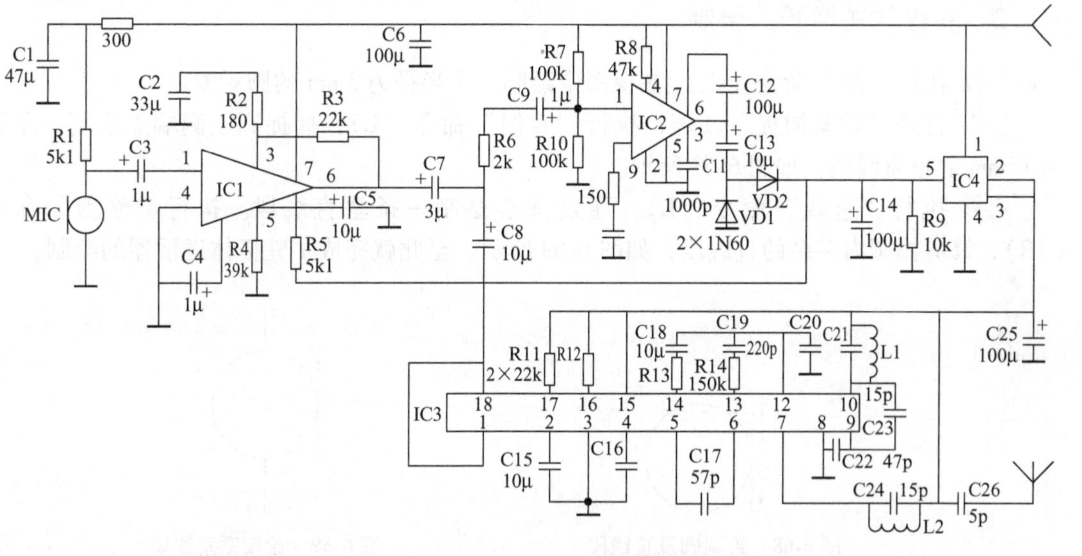

图6-67 声控调频送话器电路图

注：图中电阻的单位Ω省略，电容的单位F省略。

（1）信号流程图 由MIC送话器拾取的信号，经C3电容耦合加到IC1 1脚，经过放大后从6脚输出，又经过C7电容耦合后分为两路：一路是经R6、C9、加到IC2 1脚，经功率放大后从6脚输出，由C13耦合，VD1与VD2整流，C14滤波后加到IC4 5脚，触发IC4导通，从其2与3脚输出，给发射电路供电，使其得电工作；另一路是由C8耦合加到IC3的18与1脚，经过对信号的调制后从7脚输出，经LC回路从天线发射出去。

（2）延时电路 C14电容在电路中即起到滤波作用，又与R9并联构成放电延时回路。

当无信号之后，C14 通过与 R9 进行放电，约几秒后，控制电压低于 IC4 5 脚的导通触发电压时，发射电路会自动断电。

（3）自动增益控制电路　为防止声音信号过强而产生过调，提高电路的稳定性，VD2 整流、C14 滤波后的直流电压加到 IC4 5 脚，对 IC1 的增益进行自动控制。

本节将详细介绍声控调频送话器电路图的绘制方法。

6.6.1　设置绘图环境

在开始绘图之前，需要对绘图环境进行设置，具体操作步骤如下。

步骤 01 正常启动 AutoCAD 2014 软件，系统自动创建一个空白文件，在快速访问工具栏上单击“保存”按钮，将其保存为“案例 CAD \ 06 \ 声控调频送话器电路图 . dwg”文件。

步骤 02 设置工具栏。在任意工具栏中右击，在打开的快捷菜单中选择“标准”“图层”“对象特性”“绘图”“修改”和“标注”等 6 个命令，调出这些工具栏，并将它们移到绘图窗口适当的位置。也可以直接选择 AutoCAD 经典模式，同时调出常用工具栏。

步骤 03 在文件中新建“实体符号”“导线”和“文字说明”3 个图层，并将“实体符号”设置为当前图层。

步骤 04 开启栅格。鼠标光标移至屏幕最下面的状态栏单击“栅格”按钮，开启栅格。输入“SE”命令设置栅格间距，栅格间距设为 2. 5mm。

6.6.2　驻极体送话器的绘制

步骤 01 执行“圆”命令（C），在视图中绘制一个半径为 5mm 的圆对象。

步骤 02 打开“对象捕捉”功能，执行“直线”命令（L），捕捉圆左侧端点绘制一条长为 15mm 的垂直线段，如图 6-68 所示。

步骤 03 执行“直线”命令（L），通过圆心绘制一条垂直线段。执行“修剪”命令（TR），修剪掉圆内多余的直线段，如图 6-69 所示。至此就完成了驻极体送话器的绘制。

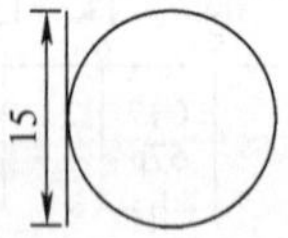

图 6-68　绘制圆及直线段

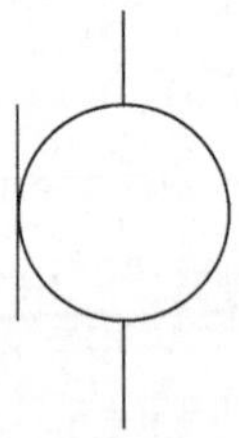

图 6-69　绘制垂直线段

6.6.3　插入其他元器件符号

执行“插入”命令（I），将“案例 CAD \ 03”文件夹下的“电阻 . dwg”“电容 . dwg”“电感 . dwg”“二极管 . dwg”等文件插入到当前视图中。

6.6.4　绘制线路结构图

步骤 01 在“图层控制”下拉列表中选择“导线”设为当前图层。

步骤 02 打开“正交”功能，执行“直线”命令（L），在视图中绘制一条长 800mm 的水平线段和一条 280mm 的垂直线段，使水平线段的左端点与垂直线段的下端点重合，如图 6-70a所示。

步骤 03 执行“偏移”命令（O），将绘制的水平线段向上依次偏移 120mm、100mm，如图 6-70b所示。

步骤 04 执行“偏移”命令（O），将绘制的垂直线段向右依次偏移 175mm、50mm 的距离，如图 6-70c 所示。

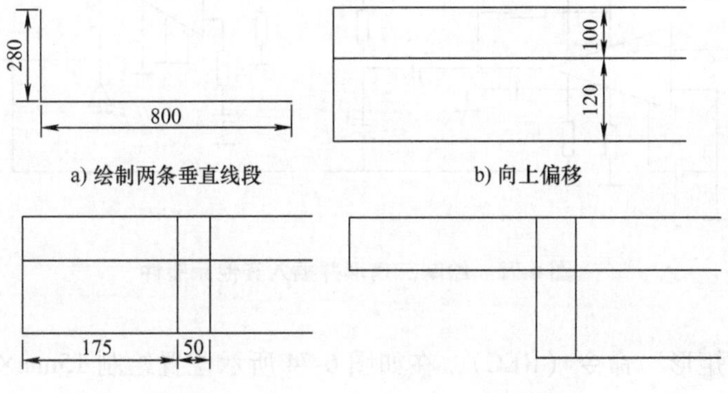

a) 绘制两条垂直线段　b) 向上偏移　c) 向右偏移　d) 修剪图形

图 6-70　绘制线路结构图

步骤 05 执行“修剪”命令（TR），修剪掉多余的对象，如图 6-70d 所示。

6.6.5　组合图形

在“图层控制”下拉列表中，将“导线”设置为当前图层。

步骤 01 执行“多边形”命令（POL），按命令行的提示，绘制多边形数值为 3，内接于圆，半径值为 20mm 的三角形对象。

步骤 02 执行“旋转”命令（RO），将绘制的三角形向左进行 30°的旋转操作。

步骤 03 执行“复制”命令（CO），将绘制的三角形复制到如图 6-71 所示的位置。

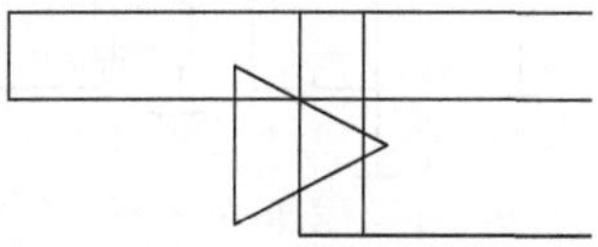

图 6-71　绘制三角形并插入图形中

步骤 04 通过移动、复制、旋转和缩放等命令，将视图中需要的电阻、电容、驻极体送话器等元器件布置到相应的位置并绘制图中需要的导线，如图 6-72 所示。

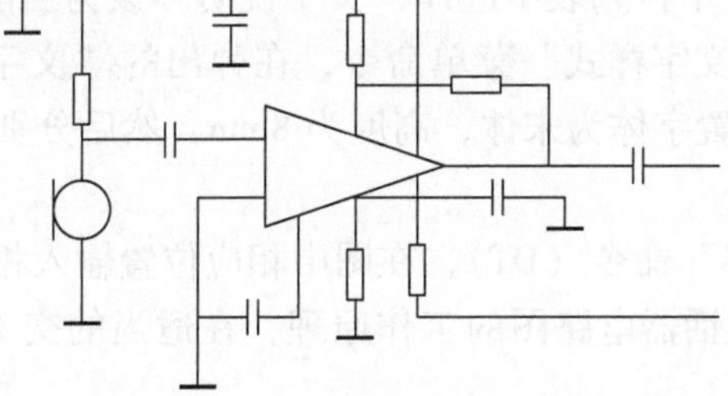

图 6-72　插入元器件并绘制导线

步骤 05 同样执行“多边形”命令（POL），绘制如图 6-73 右面位置的另一个三角形，同时通过移动、复制、旋转、缩放等命令将视图中需要的电阻、电容、二极管等元器件布置到相应的位置，并根据需要绘制导线。

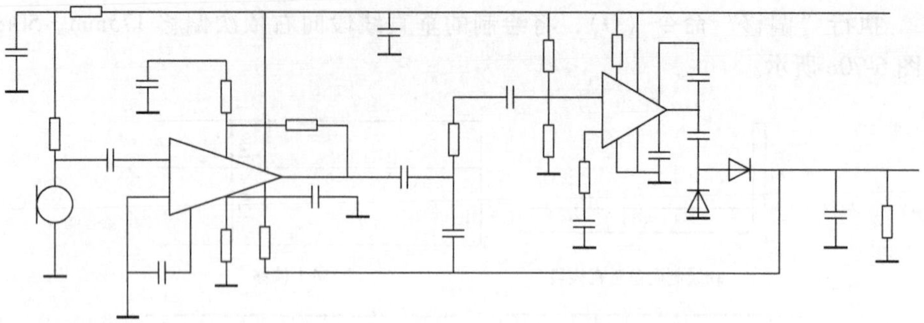

图 6-73 绘制三角形并插入其他元器件

步骤 06 执行“矩形”命令（REC），在如图 6-74 所示位置绘制 15mm×15mm 的矩形，并绘制相应的导线。

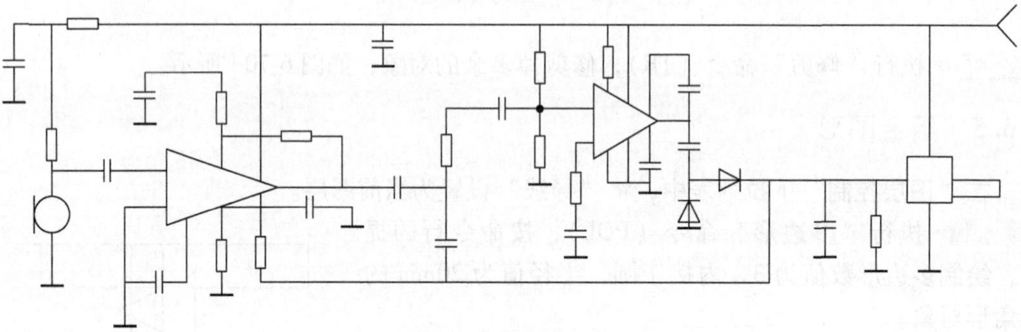

图 6-74 绘制矩形 1

步骤 07 执行“矩形”命令（REC），在如图 6-75 所示的位置绘制 10mm×120mm 的矩形，同样通过复制、移动、旋转、缩放等命令将电阻、电容、电感等元器件复制到相应的位置，并根据视图中的需要绘制相应的导线。

6.6.6 添加文字注释

步骤 01 在“图层控制”下拉列表中选择“文字说明”设为当前图层。

步骤 02 选择“格式”/“文字样式”菜单命令，在弹出的“文字样式”对话框下选择文字的样式为“Standard”，设置字体为宋体，高度为 8mm，然后分别单击“应用”“置为当前”和“关闭”按钮。

步骤 03 执行“单行文字”命令（DT），在图中相应位置输入相关文字说明。

步骤 04 根据声控调频送话器电路图的工作原理，在适当的交叉点处加上实心圆，最终结果如图 6-67 所示。

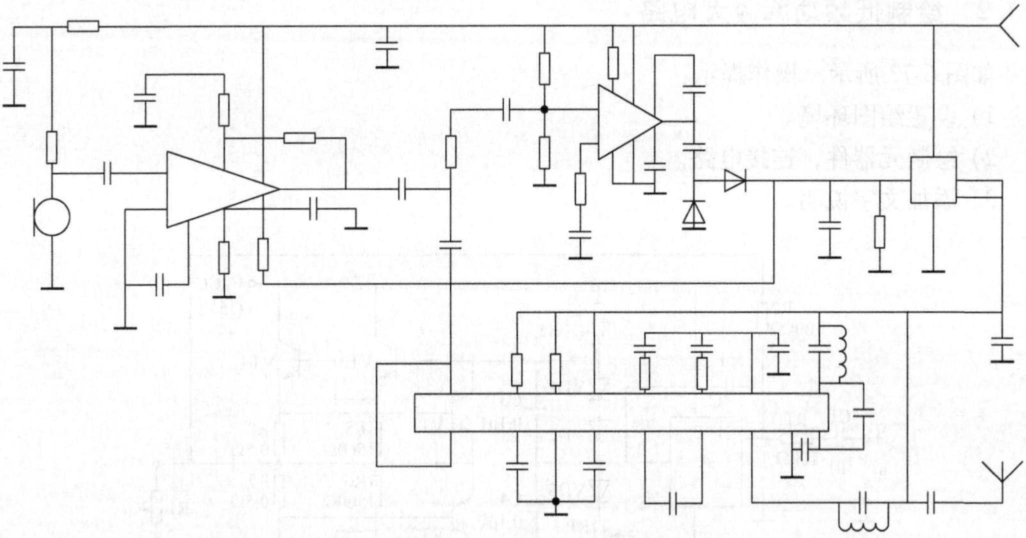

图 6-75　绘制矩形 2

至此，声控调频送话器电路图的绘制已经完成，单击“保存”按钮保存该文件为“案例 CAD \ 06 \ 声控调频送话器电路图 . dwg”。

6.7　实例演练

6.7.1　绘制音调调整电路

如图 6-76 所示。操作提示：

1）设置绘图环境。

2）绘制元器件，连接电路。

3）添加文字说明。

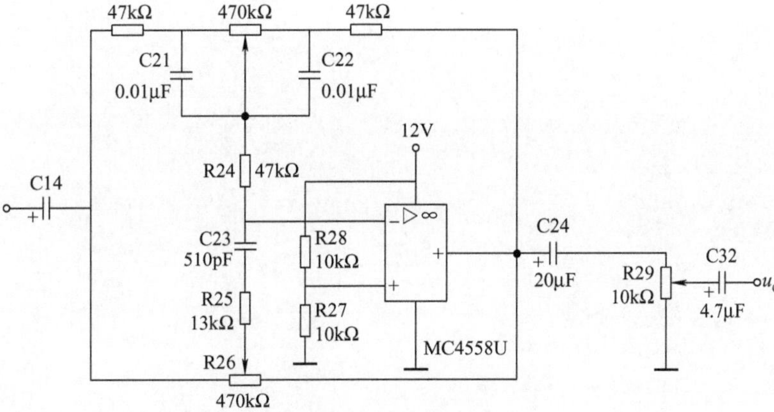

图 6-76　音调调整电路图

6.7.2　绘制低频功率放大电路

如图 6-77 所示。操作提示：

1）设置绘图环境。

2）绘制元器件，连接电路。

3）添加文字说明。

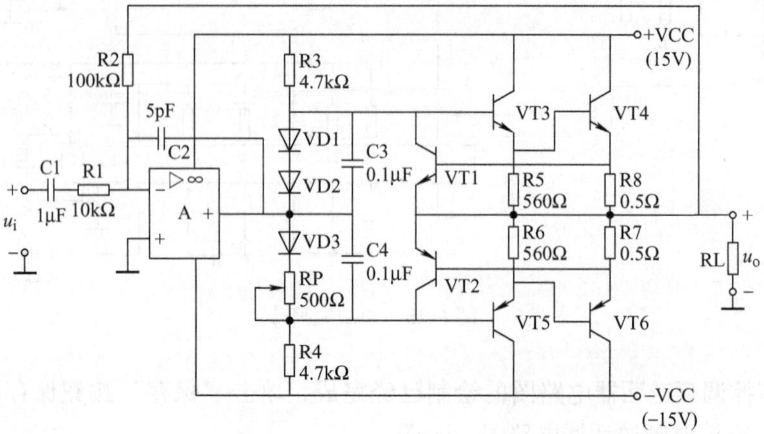

图 6-77　低频功率放大电路图

【拓展活动】

电子、通信设备线路图中主要有电阻、电容、电感、晶体管等分立电子元器件，是中小规模电子设备线路图。1947 年，著名的贝尔实验室成功地研制出了晶体管；1958 年 9 月，杰克·基尔比成功研制出第一个集成电路；小规模集成电路（SSI）时代始于 20 世纪 60 年代早期，中规模集成电路（MSI）时代始于 20 世纪 60 年代晚期，大规模集成电路和超大规模集成电路时代始于 20 世纪 80 年代早期。

请查阅资料，分组讨论我国在集成电路产业有哪些短板和不足。

第 7 章 照明控制电路图的绘制

本章概述

电气照明早已成为生产、生活中不可缺少的重要部分，随着人们生活水平的提高，生产和工作环境的改善，对电气照明的要求不仅局限于能够提供充分、良好的光照条件，而且要能够起到装饰和美化环境的作用。

在本章中，首先让用户掌握照明控制电路的功能、应用和组成，同时要求用户掌握照明灯、开关、继电器等实物及其外形，然后绘制了不同情况下的照明电路图，包括配电箱照明系统二次原理图的绘制、声控照明电路图的绘制、触摸开关控制照明电路图的绘制等

本章内容

- 照明控制电路的分类及原理
- 配电箱照明系统二次原理图的绘制
- 声控照明电路图的绘制
- 触摸开关控制照明电路图的绘制
- 实例演练
  - ◇ 双控开关照明电路图的绘制
  - ◇ 光控路灯电路图的绘制

7.1 照明控制电路的分类及原理

照明控制电路是由各种类型的照明灯具、开关、插座和配电箱设备等组成的电路。

7.1.1 照明控制电路的分类

照明控制电路按其基本功能分类，可分为：触摸式照明电路、声光控制照明电路、红外遥控照明电路、延时照明电路、调光灯应用电路、路灯控制应用电路、吊灯控制应用电路和多种 LED 驱动电路等。

7.1.2　照明控制电路的原理

（1）声控照明电路　其主要利用了电子学和声学的原理，即用声音传感器将声音信号转换成电流信号，从而推动触发器的触发来使电路接通进行工作。

一个智能化声控照明电路应该具有以下功能：

1）能在周边声音的控制下实现电路的连接和断开。

2）声音的发出应是多方面的，如物体打击声、动物吠声、脚步声等。

3）电路反应的时间应越快越好。

（2）光控照明电路　其主要的原理是利用了光敏元件随着光照强度的变化，其阻抗发生变化的特点，去控制电信号的强和弱，再由传感器将变化的电信号传递给触发器，只要电信号强度达到一定的程度就将触发器开始工作。

（3）延时照明电路　其主要是利用了电子计数器的原理，可以实现定时功能。

7.2　配电箱照明系统二次原理图的绘制

图 7-1 为配电箱照明系统二次原理图，正常工作时，本地和远程可同时控制。控制方式有自动与手动控制两种，通过 SC 转换开关转换。各回路的接触器 KM 平时处于常开状态，设置于配电箱内，系统设为自动控制状态。

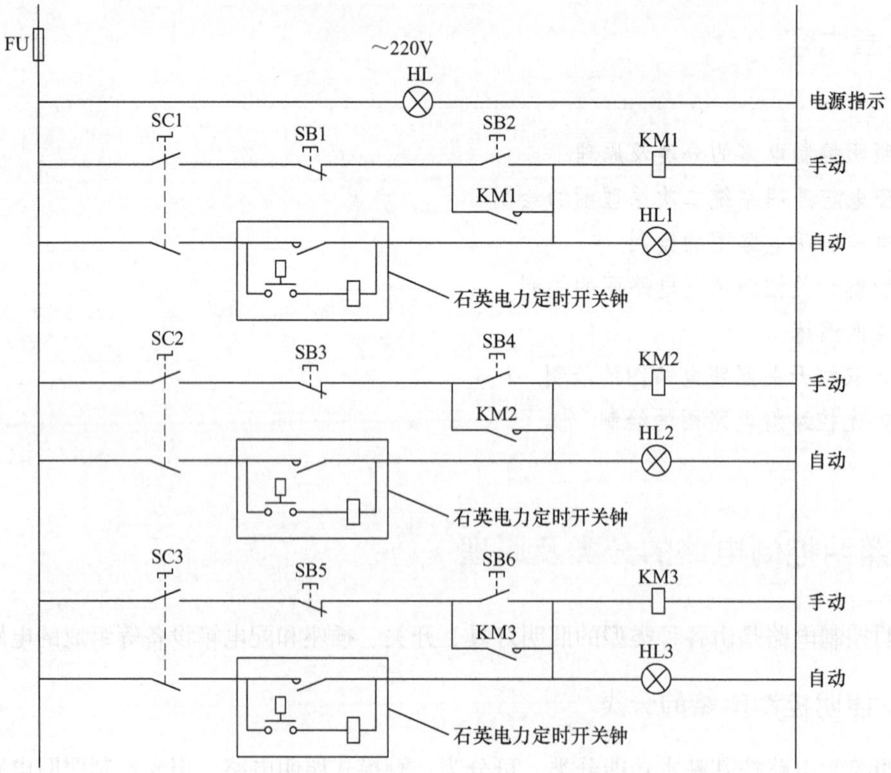

图 7-1　配电箱照明系统二次原理图

7.2.1 设置绘图环境

步骤 01 建立新文件。正常启动 AutoCAD 2014 软件，系统自动创建一个空白文件，在快速访问工具栏上单击“保存”按钮，将其保存为“案例 CAD \ 07 \ 配电箱照明系统二次原理图 . dwg”文件。

步骤 02 设置工具栏。在任意工具栏中右击，在打开的快捷菜单中选择“标准”“图层”“对象特性”“绘图”“修改”和“标注”等 6 个命令，调出这些工具栏，并将它们移到绘图窗口适当的位置。也可以直接选择 AutoCAD 经典模式，同时调出常用工具栏。

步骤 03 在“图层”面板中单击“图层特性”按钮，打开“图层特性管理器”，新建“导线”“电气元器件”“文字”3 个图层，然后将“导线”图层设置为当前图层，如图 7-2 所示。

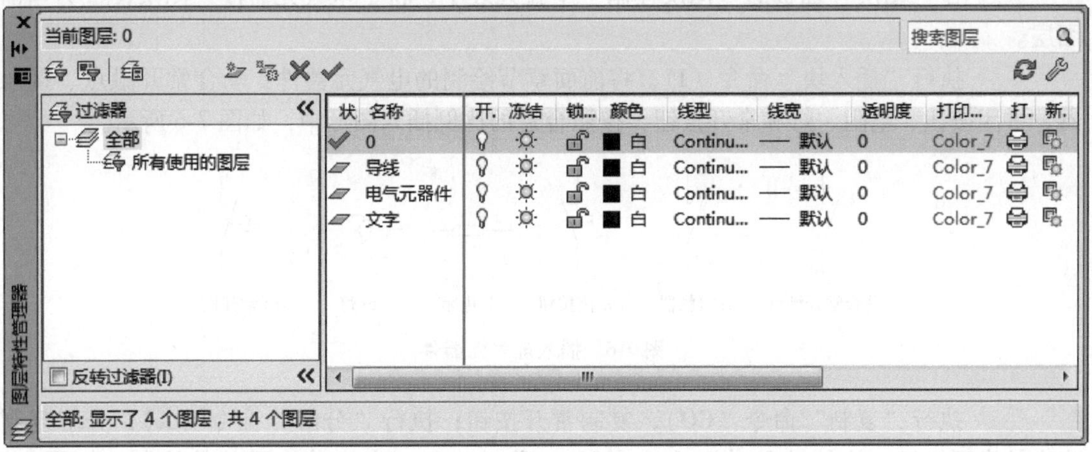

图 7-2 图层设置

7.2.2 绘制主连接线

该原理图是由主连接线和电气元器件组成的，下面介绍主连接线的绘制，利用 AutoCAD 中的直线、移动、偏移等命令进行该图形的绘制。

步骤 01 在“图层”面板的“图层控制”下拉列表中，将“导线”图层设置为当前图层。

步骤 02 执行“直线”命令（L），绘制长度为 122mm 的水平线段和 120mm 的竖直线段，如图 7-3 所示。

步骤 03 执行“偏移”命令（O），将竖直线段向右偏移 122mm，将水平线段依次向下偏移 15mm、11mm 和 12mm，如图 7-4 所示。

步骤 04 执行“删除”命令（E），删除第一条长度为 122mm 的线段，如图 7-5 所示。

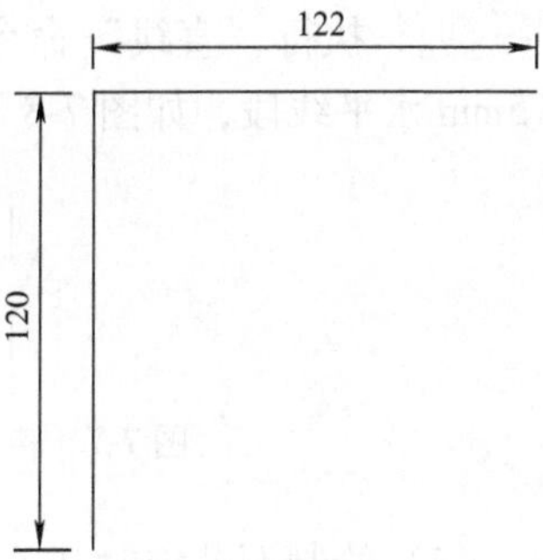

图 7-3 绘制线段

图 7-4　偏移线段

图 7-5　删除线段

7.2.3　绘制电气元器件符号

（1）插入电气元器件符号

步骤 01 在“图层”面板的“图层控制”下拉列表中，将“电气元器件”图层设置为当前图层。

步骤 02 执行“插入块”命令（I），将前面章节绘制的电气元器件：动合常开触点、接触器、常闭按钮、电阻、灯和常开按钮，按照合适的比例插入图形中，如图 7-6 所示。

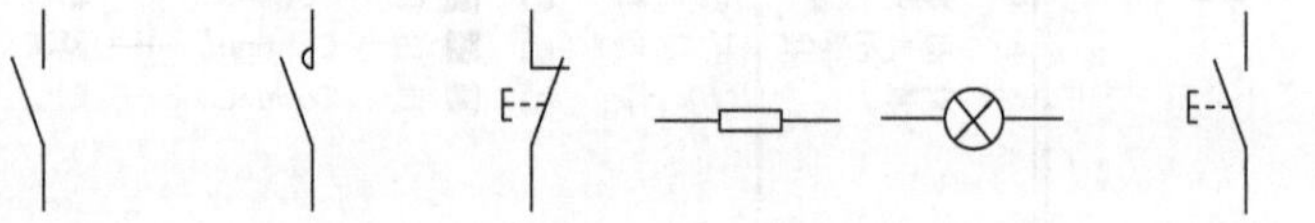

a) 动合常开触点　b) 接触器　c) 常闭按钮　d) 电阻　e) 灯　f) 常开按钮

图 7-6　插入电气元器件

步骤 03 执行“复制”命令（CO），复制常开按钮；执行“分解”命令（X），分解复制出来的常开按钮；执行“移动”命令（M），移动线段，完成转换开关的绘制，如图 7-7 所示。

（2）绘制交流接触器符号

步骤 01 执行“矩形”命令（REC），绘制 2mm×4mm 的矩形。

步骤 02 执行“直线”命令（L），捕捉矩形右侧竖直边中点作为直线起点，向右绘制长 2. 5mm 水平线段。

步骤 03 执行“直线”命令（L），捕捉矩形左侧竖直边中点作为直线起点，向左绘制长 2. 5mm 水平线段，如图 7-8 所示。

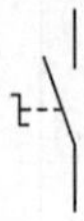

图 7-7　转换开关

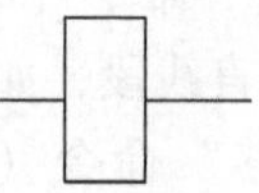

图 7-8　交流接触器符号

（3）绘制石英定时开关

步骤 01 执行“矩形”命令（REC），绘制 1. 5mm×2. 5mm 的矩形。

步骤 02 执行“直线”命令（L），捕捉矩形下侧边中点作为直线起点，向下绘制长 1. 2mm

竖直线段，再向右绘制 2. 5mm 水平线段。

步骤 03 执行“圆”命令（C），捕捉水平线段右侧端点，以“2 点”方式绘制直径为 1mm 的圆，如图 7-9 所示。

步骤 04 执行“镜像”命令（MI），将圆和水平线段以竖直线为镜像线，镜像对象，如图 7-10所示。

步骤 05 执行“移动”命令（M），将圆竖直向下移动 1. 3mm，如图 7-11 所示。

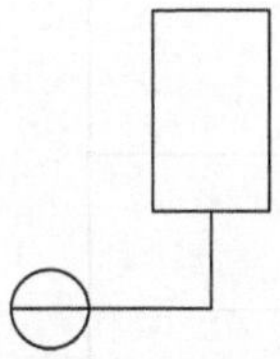

图 7-9　绘制圆

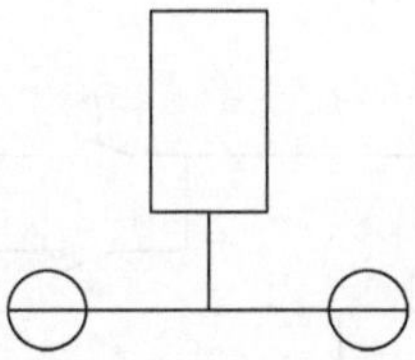

图 7-10　镜像图形

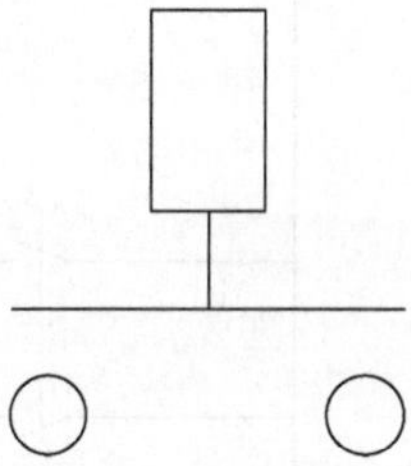

图 7-11　移动圆

7. 2. 4　组合图形

步骤 01 执行“移动”命令（M）、“复制”命令（CO）、“旋转”命令（RO）和“缩放”命令（SC），将电气元器件符号移动至线路相应的位置。

步骤 02 执行“修剪”命令（TR）、“延伸”命令（EX），修整图形，如图 7-12 所示。

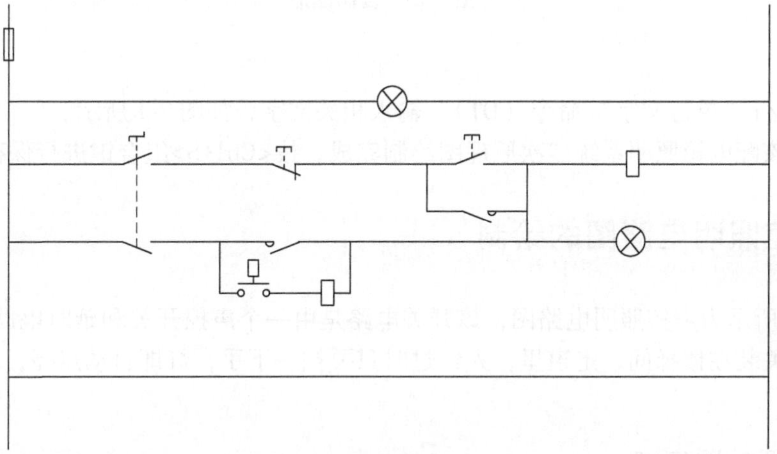

图 7-12　组合图形并修整

步骤 03 执行“复制”命令（CO），将重复部分竖直向下复制，距离依次为 34mm、68mm，并进行相应的图形修整，如图 7-13 所示。

7. 2. 5　添加文字注释

步骤 01 在“图层”面板的“图层控制”下拉列表中，将“文字”图层设置为当前图层。

步骤 02 执行“文字样式”命令，打开文字样式对话框，样式选择默认样式“Standard”，字体为“宋体”，文字高度为 2. 5mm，然后分别单击“应用”“置为当前”和“关闭”

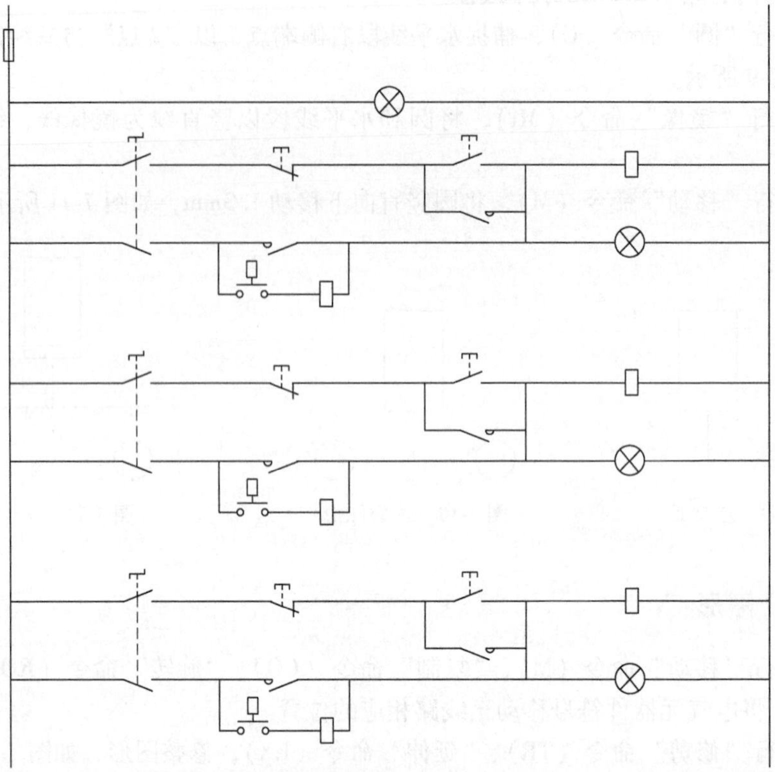

图 7-13　复制图形

按钮。

步骤 03 执行“单行文字”命令（DT），输入相关文字，如图 7-1 所示。

至此，该配电箱照明系统二次原理图绘制完成，按<Ctrl+S>组合键进行保存。

7.3 声控照明电路图的绘制

图 7-14 所示为声控照明电路图，该开关电路是由一个声控开关和延时电路组合而成的。若将这种开关装在楼梯间、走道里，人经过时只要拍一下手，灯即自动点亮，过段时间又会自动熄灭。

7.3.1 设置绘图环境

步骤 01 建立新文件。正常启动 AutoCAD 2014 软件，系统自动创建一个空白文件，在快速访问工具栏上单击“保存”按钮，将其保存为“案例 CAD \ 07 \ 声控照明电路图 . dwg”文件。

步骤 02 设置工具栏。在任意工具栏中右击，在打开的快捷菜单中选择“标准”“图层”“对象特性”“绘图”“修改”和“标注”等 6 个命令，调出这些工具栏，并将它们移到绘图窗口适当的位置。也可以直接选择 AutoCAD 经典模式，同时调出常用工具栏。

步骤 03 在“图层”面板中单击“图层特性”按钮，打开“图层特性管理器”，新建“导

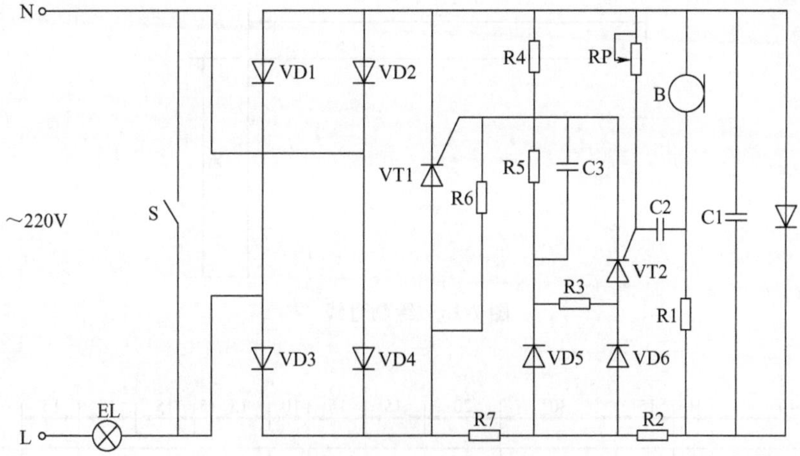

图 7-14　声控照明电路图

线”“电气元器件”“文字”3 个图层，然后将“导线”图层设置为当前图层，如图 7-15 所示。

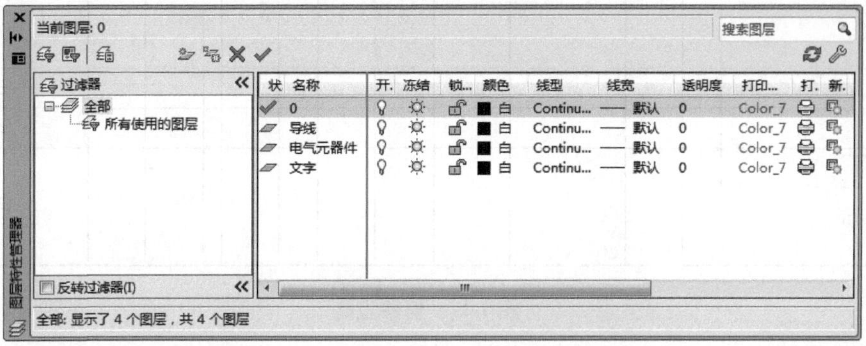

图 7-15　图层设置

7.3.2　绘制电路结构

步骤 01 在“图层”工具栏的“图层控制”下拉列表中，将“导线”图层设置为当前图层。

步骤 02 执行“直线”命令（L），绘制长度为 220mm 和 120mm 的直线，如图 7-16 所示。

步骤 03 执行“偏移”命令（O），根据声控照明电路图的要求对上步所绘垂直线段进行从右至左依次偏移 15mm、15mm、15mm、5mm、15mm、10mm、15mm、15mm、20mm、30mm、15mm、10mm，然后再将水平线段从上至下依次偏移 30mm、10mm、30mm、10mm、10mm、30mm，如图 7-17 所示。

步骤 04 执行“修剪”命令（TR）和“删除”命令（E），将多余线条修剪和删除掉，如图 7-18 所示。

步骤 05 执行“直线”命令（L），连接 ab 点，如图 7-19 所示。

步骤 06 执行“旋转”命令（RO），以 ab 线段中点为基点将直线旋转 60°。同时执行“旋

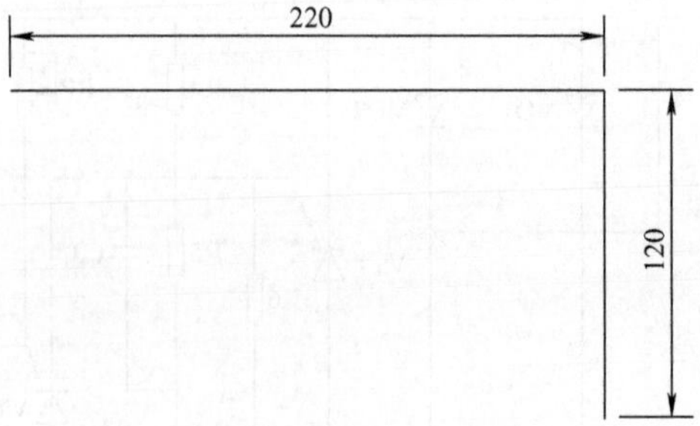

图 7-16 绘制直线

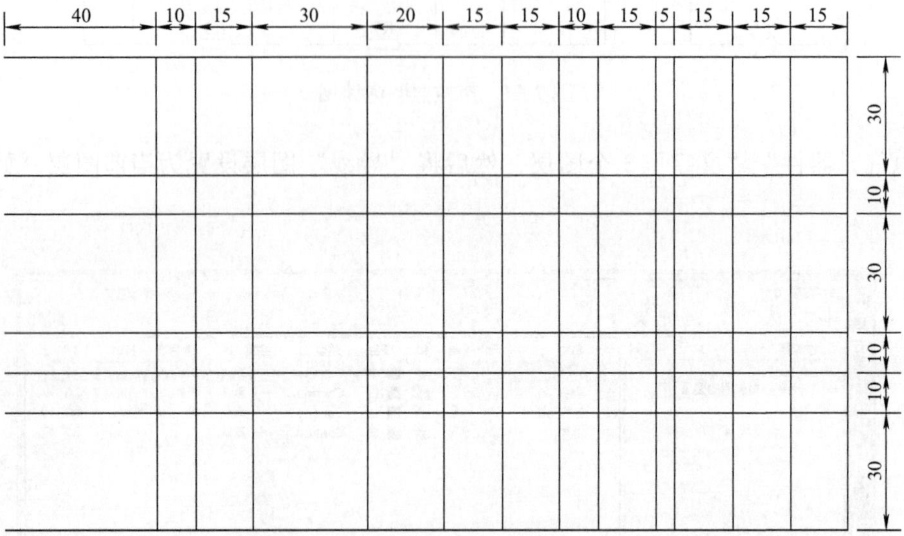

图 7-17 偏移直线

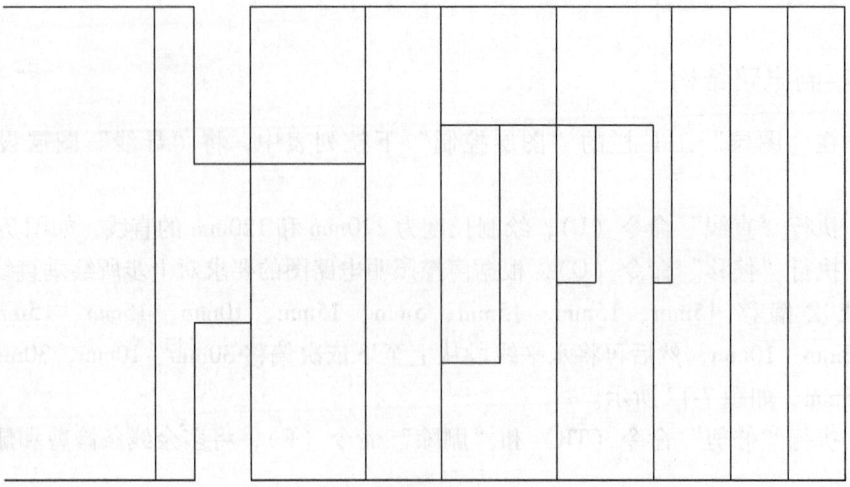

图 7-18 修剪和删除直线

转”命令（RO），以 c 点为基点将直线旋转 60°，如图 7-20 所示。

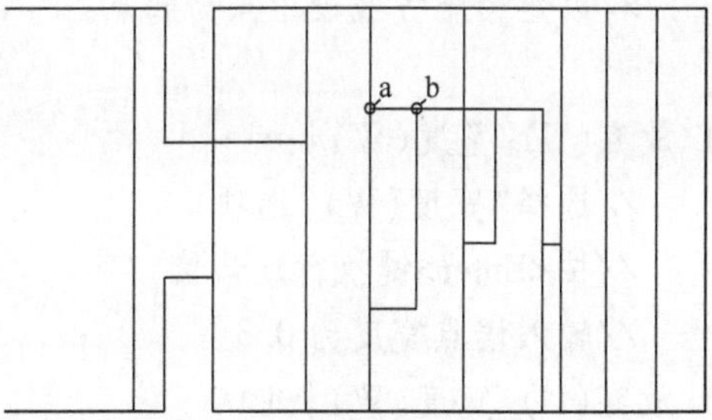

图 7-19　绘制直线

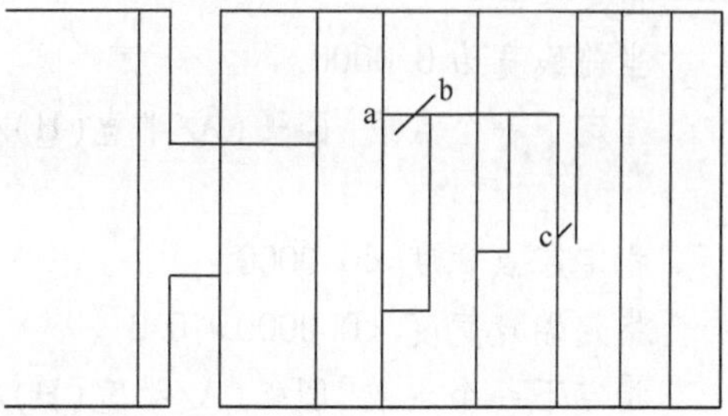

图 7-20　旋转直线

步骤 07 执行“修剪”命令（TR）和“延伸”命令（EX），修剪和延伸线段，如图 7-21 所示。

步骤 08 执行“圆”命令（C），绘制半径为 2mm 的圆，如图 7-22 所示。

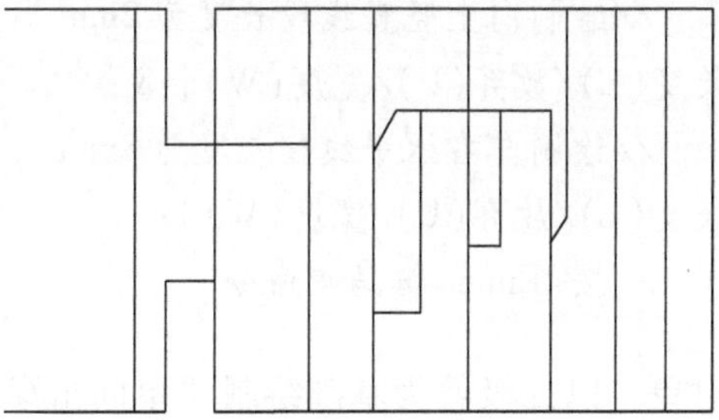

图 7-21　修剪及延伸线段

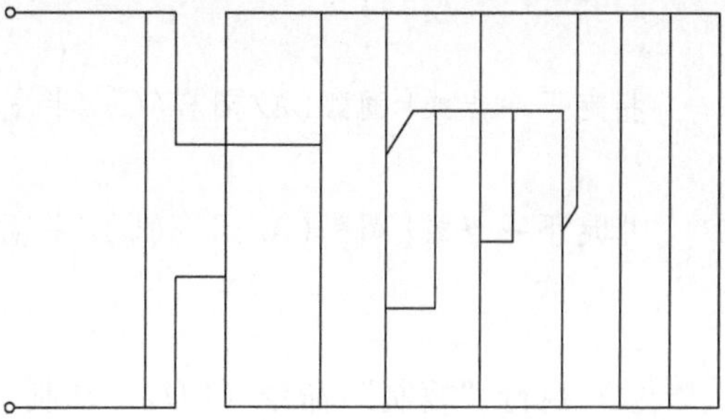

图 7-22　绘制圆

7.3.3　绘制电气元器件

步骤 01 在“图层”工具栏的“图层控制”下拉列表中，将“电气元器件”图层设置为当前图层。

步骤 02 执行“插入块”命令（I），将前几章绘制的电气元器件：二极管、电阻、电容和灯按照合适的比例插入图形中，如图 7-23 所示。

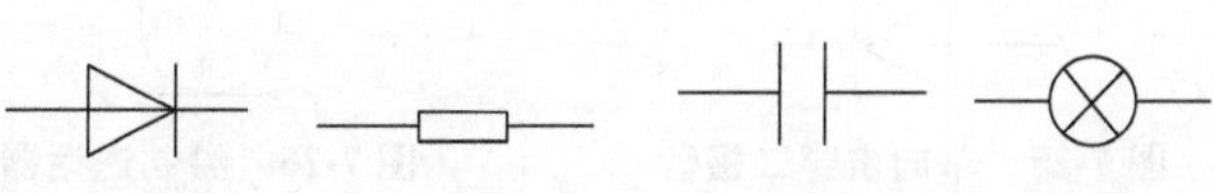

a) 二极管　b) 电阻　c) 电容　d) 灯

图 7-23　插入电气元器件

步骤 03 执行“复制”命令（CO），复制电阻对象，以电阻为基础绘制“滑动变阻器”。

步骤 04 执行“多段线”命令（PL），根据如下命令提示以矩形上边中点为起点绘制箭头。效果如图 7-24 所示。命令提示如下：

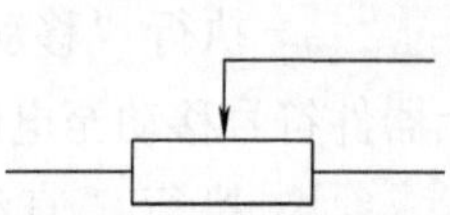

图 7-24　滑动变阻器

```
命令:_pline                                              //执行“多段线”命令
指定起点:                                                //以矩形上方线段中点为起点
当前线宽为 0.0000
指定下一个点或[圆弧(A/半宽(H)/长度(L)/放弃(U)/宽度(W)]:w
                                                         //选择“宽度(W)”选项
指定起点宽度 <0.0000>:                                   //按<Enter>键执行默认值
指定端点宽度 <0.0000>:0.3                                //输入端点宽度为 0.3
指定下一个点或[圆弧(A/半宽(H)/长度(L)/放弃(U)/宽度(W)]:1
                                                         //输入箭头长度为 1
指定下一点或[圆弧(A/闭合(C)/半宽(H)/长度(L)/放弃(U)/宽度(W)]:w
                                                         //选择“宽度(W)”选项
指定起点宽度 <1.0000>:0                                  //输入起点宽度为 0
指定端点宽度 <0.0000>:0                                  //输入端点宽度为 0
指定下一点或[圆弧(A/闭合(C)/半宽(H)/长度(L)/放弃(U)/宽度(W)]:2
                                                         //绘制向上竖直线段长度为 2mm
指定下一点或[圆弧(A/闭合(C)/半宽(H)/长度(L)/放弃(U)/宽度(W)]:8
                                                         //绘制向右水平线段长度为 8mm
指定下一点或[圆弧(A/闭合(C)/半宽(H)/长度(L)/放弃(U)/宽度(W)]:
                                                         //按<Enter>键结束命令
```

步骤 05 执行“复制”命令（CO），复制二极管对象，以二极管为基础绘制“单向击穿二极管”。

步骤 06 执行“直线”命令（L），以垂直线段的下端点为起点，向左绘制一条长 1mm 的直线，如图 7-25 所示。

步骤 07 绘制“送话器”。执行“圆”命令（C），绘制一个半径为 4mm 的圆。

步骤 08 执行“直线”命令（L），绘制一条为 8mm 的水平线段。

步骤 09 执行“移动”命令（M），移动线段，基点选择线段的“中点”，第二点选择圆下方的“象限点”，如图 7-26 所示。

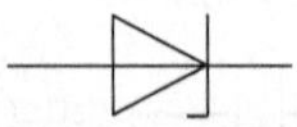

图 7-25　单向击穿二极管

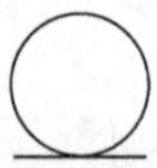

图 7-26　绘制送话器

7.3.4　组合电路图

步骤 01 执行“移动”命令（M）、“复制”命令（CO）和“旋转”命令（RO），将电气元器件符号移动至电路相应的位置，如图 7-27 所示。

步骤 02 执行“直线”命令（L），连接电气元器件端点线路；再执行“修剪”命令（TR），将多余的线段删除，如图 7-28 所示。

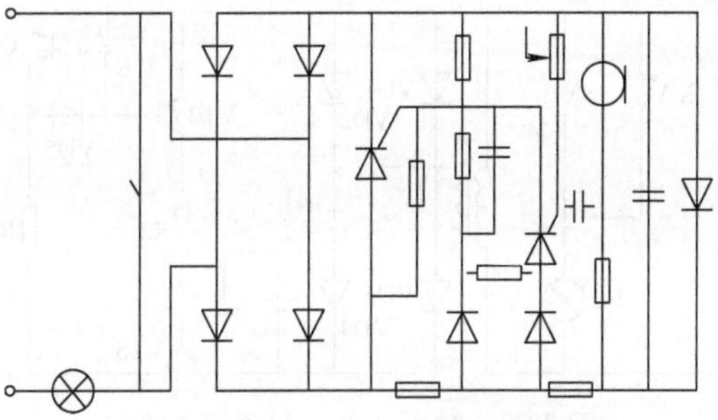

图 7-27 组合图形

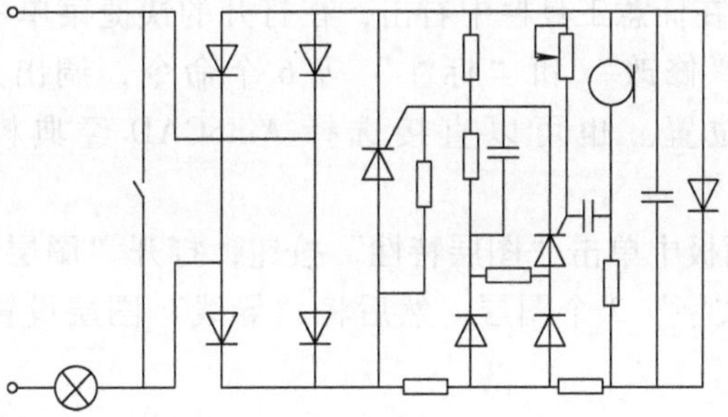

图 7-28 绘制直线并修剪图形

7.3.5 添加文字注释

步骤 01 在“图层”工具栏的“图层控制”下拉列表中，将“文字”图层设置为当前图层。

步骤 02 执行“单行文字”命令（DT），设置字高为 3.5mm，在图形中输入相应的文字，如图 7-14 所示。

至此，该声控照明电路图绘制完成，按<Ctrl+S>组合键进行保存。

7.4 触摸开关控制照明电路图的绘制

触摸开关控制照明电路图如图 7-29 所示，触摸开关是指当用手去接触开关时，就能控制照明灯的点亮或熄灭的一种开关。根据这一特点，将其应用于台灯、门灯等的开关电路，给我们的日常生活带来了极大的方便。如图 7-29 所示，当手触摸到金属片 b 时，由于人体感应，VT2、VT3 导通而 VT1 截止，继电器 KA 的线圈得电吸合，其常用触点 KA 闭合，灯泡 EL 点燃；当手触摸金属片 a 时，人体感应产生电压，导致 VT1 导通，使 VT2、VT3 截止而灯灭。

7.4.1 设置绘图环境

步骤 01 正常启动 AutoCAD 2014 软件，系统自动创建一个空白的文件，在快速访问工具栏上单击“保存”按钮，将其保存在“案例 CAD \ 07 \ 触摸开关控制照明电路图 .dwg”

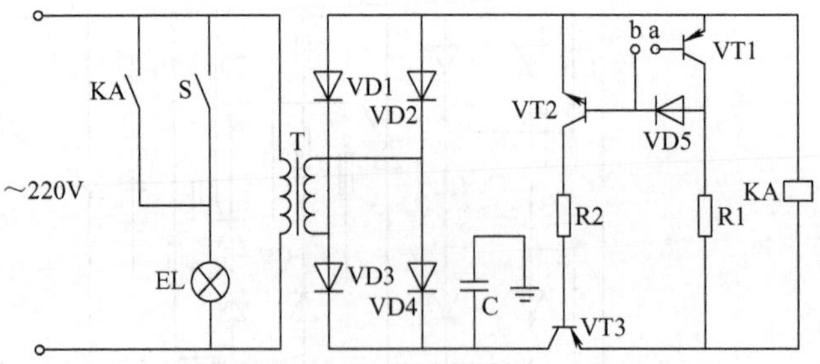

图 7-29　触摸开关控制照明电路图

文件。

步骤 02 设置工具栏。在任意工具栏中右击，在打开的快捷菜单中选择“标准”“图层”“对象特性”“绘图”“修改”和“标注”等 6 个命令，调出这些工具栏，并将它们移到绘图窗口适当的位置。也可以直接选择 AutoCAD 经典模式，同时调出常用工具栏。

步骤 03 在“图层”面板中单击“图层特性”按钮，打开“图层特性管理器”，新建“导线”“电气元器件”“文字”3 个图层，然后将“导线”图层设置为当前图层，如图 7-30 所示。

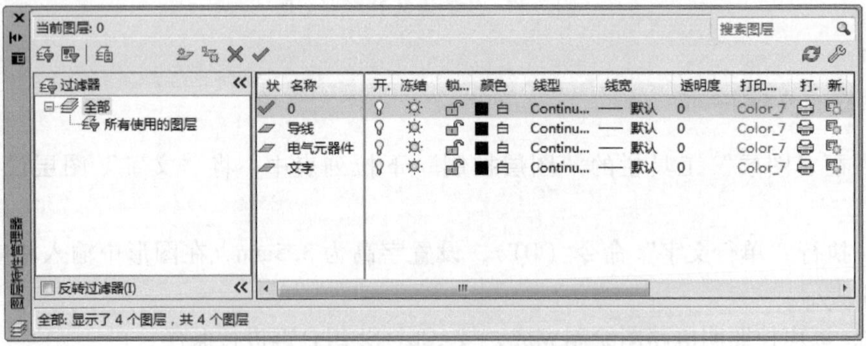

图 7-30　图层设置

7.4.2　绘制电路结构

步骤 01 在“图层”工具栏的“图层控制”下拉列表中，将“导线”图层设置为当前图层。

步骤 02 执行“直线”命令（L），绘制长度为 160mm 和 70mm 的直线，如图 7-31 所示。

步骤 03 执行“偏移”命令（O），将上步绘制的水平线段从上至下依次偏移 20mm、10mm、10mm、30mm，然后再将垂直线段从右至左依次偏移 20mm、30mm、30mm、20mm、10mm、15mm、15mm、20mm，如图 7-32 所示。

步骤 04 执行“修剪”命令（TR）和“删除”命令（E），将多余线条修剪和删除掉，如图 7-33 所示。

步骤 05 执行“圆”命令（C），绘制半径为 1.5mm 的圆，如图 7-34 所示。

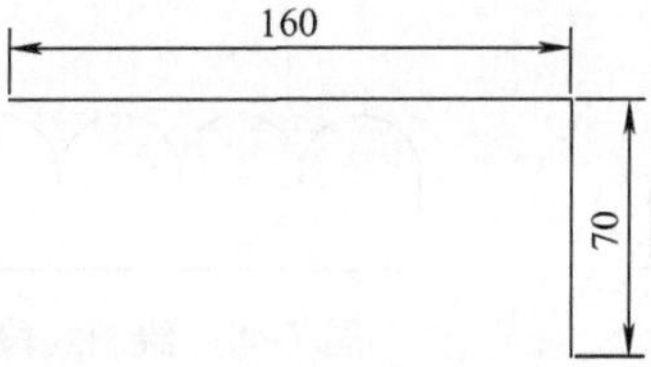

图 7-31　绘制直线

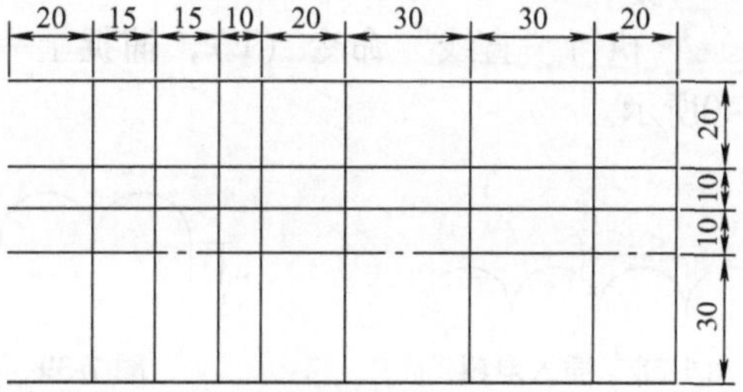

图 7-32　偏移线段

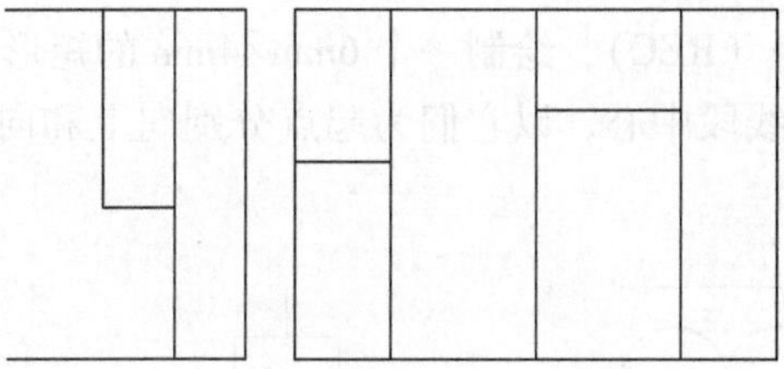

图 7-33　修剪、删除线段

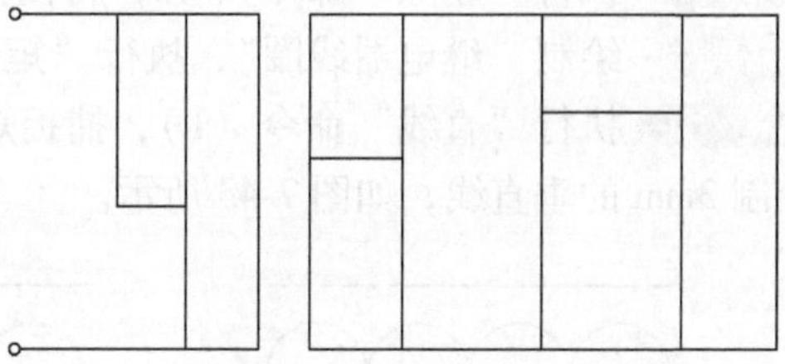

图 7-34　绘制圆

7.4.3　绘制电气元器件

步骤 01 在“图层”工具栏的“图层控制”下拉列表中，将“电气元器件”图层设置为当前图层。

步骤 02 绘制“接地一般符号”。执行“直线”命令（L），绘制一条长度为 10mm 的水平直线。

步骤 03 执行“直线”命令（L），捕捉直线中点向上绘制一条长度为 10mm 的垂直线，如图 7-35 所示。

步骤 04 执行“偏移”命令（O），将水平直线向下依次偏移 3mm、3mm，得到直线 1 和直线 2，如图 7-36 所示。

步骤 05 执行“缩放”命令（SC），选择直线 1，并捕捉直线 1 的中点为基点，输入缩放比例因子 0.8，将直线 1 缩短；按空格键重复命令，然后同时再捕捉直线 2 的中点为基点，输入缩放比例因子 0.5，将直线 2 缩短。接地一般符号的效果如图 7-37 所示。

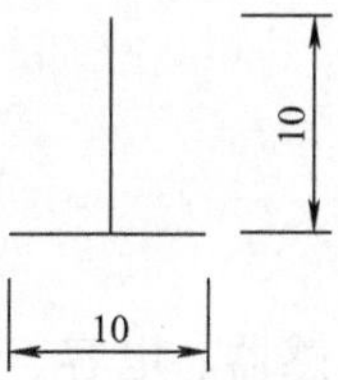

图 7-35　绘制线段

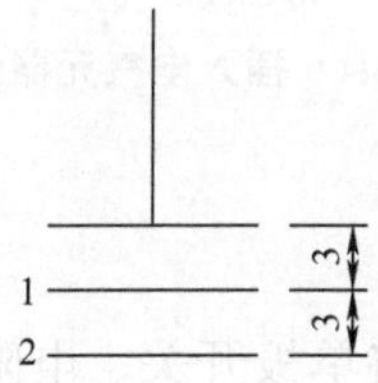

图 7-36　偏移线段

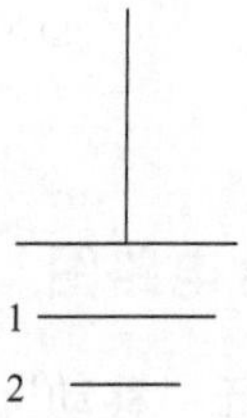

图 7-37　接地一般符号

步骤 06 绘制“带磁心的电感器”。执行“插入块”命令（I），将第 3 章绘制的“电感”插入图形中，如图 7-38 所示。

步骤 07 执行“直线”命令（L），捕捉电感器两边圆弧端点分别向下绘制 3mm 的垂直线，如图 7-39 所示。

步骤 08 执行“直线”命令（L），捕捉上一步绘制的两条垂直线下方端点进行连接，如图 7-40所示。

图 7-38　插入电感

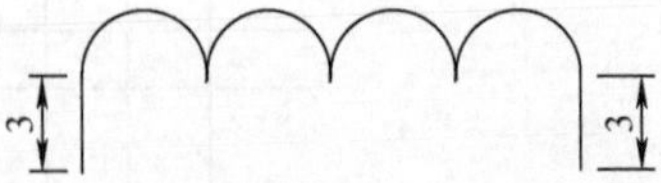

图 7-39　绘制线段

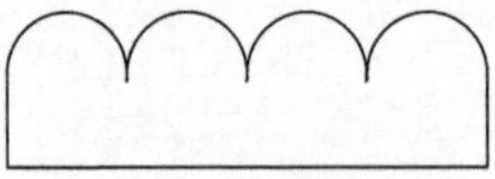
图 7-40　绘制线段

步骤 09 执行“偏移”命令（O），将连接线段水平向上偏移 8mm，如图 7-41 所示。

步骤 10 执行“删除”命令（E），将偏移的源对象删除，如图 7-42 所示。

步骤 11 绘制“继电器线圈”，执行“矩形”命令（REC），绘制一个 6mm×4mm 的矩形。

步骤 12 执行“直线”命令（L），捕捉矩形上下线段中心，以它们为起点分别向上和向下绘制 3mm 的垂直线，如图 7-43 所示。

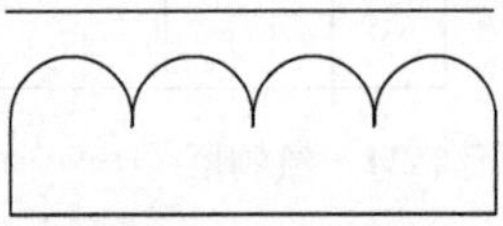
图 7-41　偏移直线

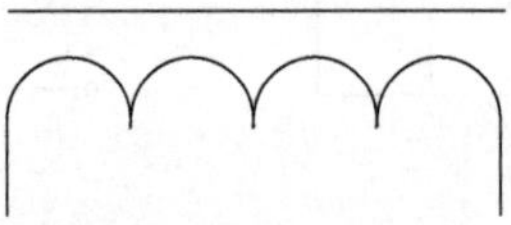
图 7-42　带磁心的电感器

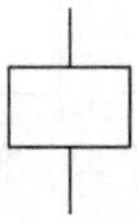
图 7-43　继电器线圈

步骤 13 执行“插入”命令（I），将前几章绘制的电气元器件：单极开关、电阻、灯、电感器、电容、PNP 型晶体管、NPN 型晶体管和二极管，按照合适的比例插入图形中，如图 7-44所示。

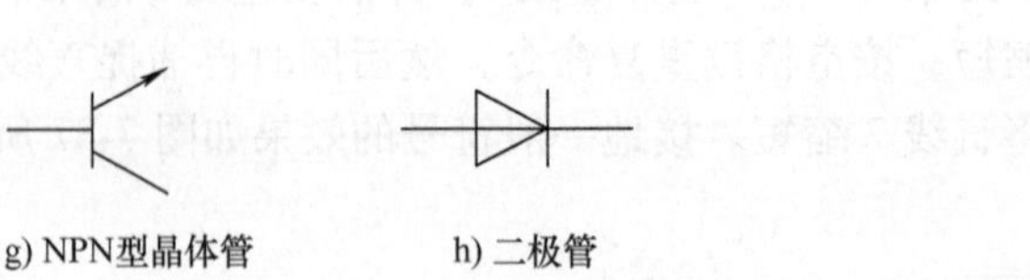

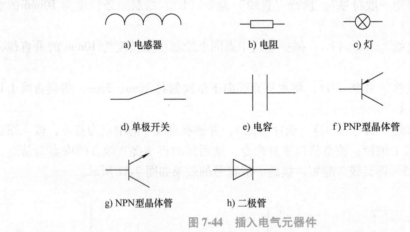

图 7-44　插入电气元器件

7.4.4　组合电路图

步骤 01 执行“移动”命令（M），将单极开关、电阻、灯、电感器、电容、PNP 型晶体管、NPN 型晶体管、二极管、接地一般符号、继电器线圈及带磁心的电感器放置到图形相应位置，如图 7-45 所示。

步骤 02 执行“修剪”命令（TR），将图形内部多余的线段删除，如图 7-46 所示。

步骤 03 执行“直线”命令（L），将电容和接地一般符号进行连接，然后在图形内部右上

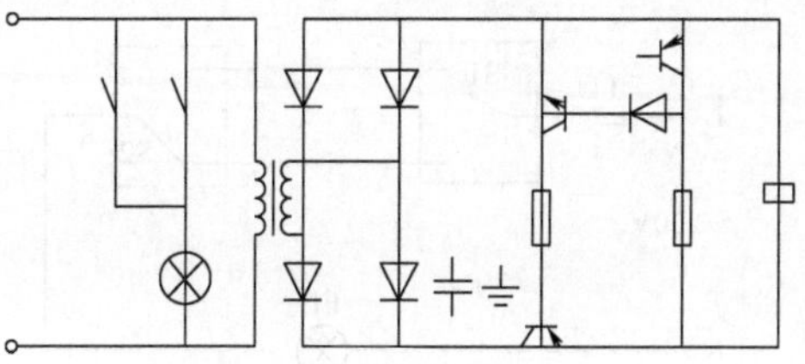

图 7-45　放置电气元器件

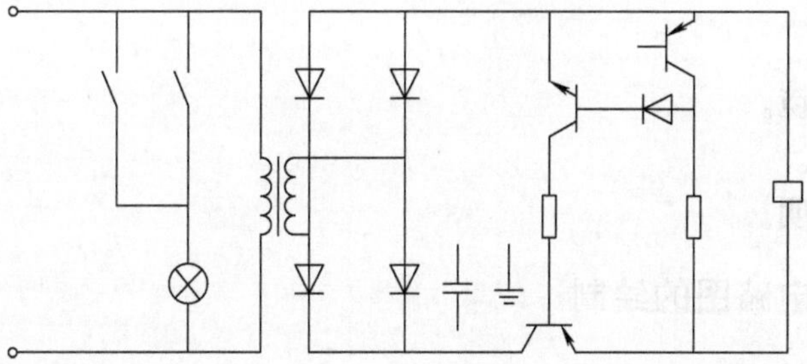

图 7-46　修剪线段

方绘制一条长度为 12mm 的垂直线。

步骤 04 执行“圆”命令（C），在图形内部相应位置绘制半径为 1mm 的圆，如图 7-47 所示。

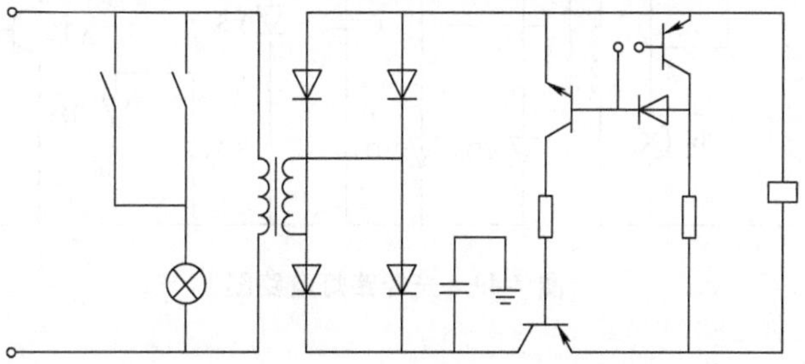

图 7-47　绘制直线和圆

7.4.5　添加文字注释

步骤 01 在“图层”工具栏的“图层控制”下拉列表中，将“文字”图层设置为当前图层。

步骤 02 执行“单行文字”命令（DT），设置字高为 2.5mm，在图形相应位置输入单行文字，如图 7-29 所示。

至此，该触摸开关控制照明电路图绘制完成，按<Ctrl+S>组合键进行保存。

7.5　实例演练

7.5.1　双控开关照明电路图的绘制

双控开关照明电路图如图 7-48 所示。

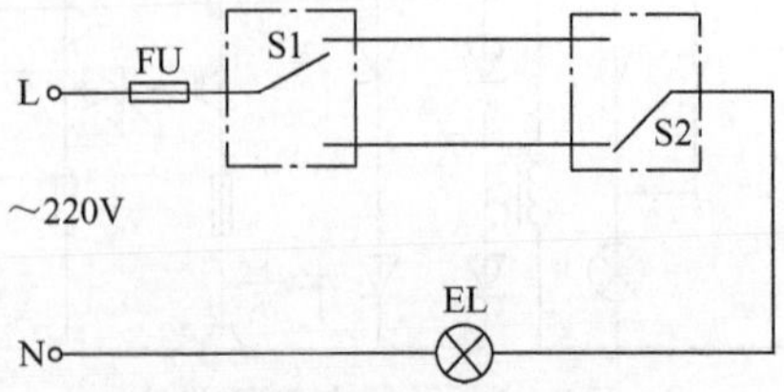

图 7-48　双控开关照明电路图

操作提示：

1）设置绘图环境。

2）绘制电路图。

3）添加文字说明。

7.5.2　光控路灯电路图的绘制

光控路灯电路图如图 7-49 所示。

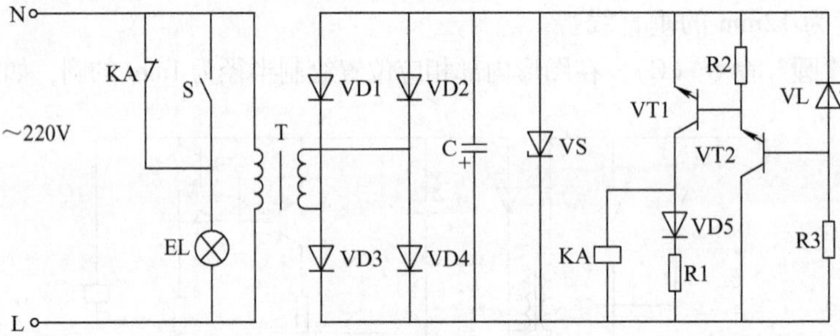

图 7-49　光控路灯电路图

操作提示：

1）设置绘图环境。

2）绘制主动电路。

3）绘制控制电路。

4）绘制照明电路。

5）添加文字说明。

【拓展活动】

结合照明控制电路的行业现状，请大家谈一谈当代青年肩负怎样的重任，应该树立什么样的理想信念。

第 8 章 建筑电气工程图的绘制

本章概述

建筑电气设计是基于建筑设计和电气设计的一个交叉科学。建筑电气图一般又分为建筑电气平面图和建筑电气系统图。本章将着重讲解建筑电气平面图和系统图的绘制方法与技巧

本章内容

- 建筑电气工程图基本知识
- 车间电力平面图的绘制
- 网球场配电系统图的绘制
- 实例演练
  - ◇ 绘制机房强电布置平面图
  - ◇ 绘制实验室照明平面图
  - ◇ 绘制办公楼照明系统图
  - ◇ 绘制多媒体工作间综合布线系统图

8.1 建筑电气工程图基本知识

8.1.1 概述

现代工业与民用建筑中，为满足一定的生产生活需求，都要安装许多各种不同功能的电气设施，如照明灯具、电源插座、电视、电话、消防控制装置、各种工业与民用的动力装置、控制设备、智能系统、娱乐电气设施及避雷装置等。电气工程或设施，都要经过专业人员专门设计表达在图纸上，这些相关图纸就可称为电气工程图。

各种电气设施，需要表达在图纸中，其主要涉及两方面内容：一是供电、配电线路的规格与敷设方式；二是各类电气设备与配件的选型、规格与安装方式。而导线、各种电气设备及配件等本身在图纸中多数并不采用其投影制图，而是用统一规定的图例、符号及文字表示，可参见相关标准规定的图例说明，也可在图纸中予以详细说明，并将其标绘在按比例绘

制的建筑结构的各种投影图中（系统图除外），这也是电气工程图的一个特点。

8.1.2　建筑电气工程项目的分类

建筑电气工程满足了不同的生产生活以及安全等方便的功能，这些功能的实现又涉及了多项更详细具体的功能项目。这些项目环节共同组建以满足整个建筑电气的整体功能，建筑电气工程一般可包括以下一些项目。

（1）外线工程　包括室外电源供电线路、室外通信线路等，涉及强电和弱电，如电力线路和电缆线路。

（2）变配电工程　包括变压器、高低压配电柜、母线、电缆、继电保护与电气计量等设备组成的变配电装置。

（3）室内配线工程　主要有线管配线、桥架线槽配线、瓷绝缘子配线、瓷夹配线、钢索配线等。

（4）电力工程　包括各种风机、水泵、电梯、机床、起重机，及其他工业与民用、人防等动力设备、控制器与动力配电箱。

（5）照明工程　照明电器、开关、插座和照明配电箱等相关设备。

（6）接地工程　包括各种电气设备的工作接地、保护接地系统。

（7）防雷工程　包括建筑物、电气装置和其他构筑物、设备的防雷设施，一般需经由有关气象部门防雷中心检测。

（8）发电工程　包括各种发电动力装置等。

（9）弱电工程　包括智能网络系统、通信系统（广播、电话、闭路电视系统）、消防报警系统、安保检测系统等。

8.1.3　建筑电气工程图的基本规定

工业与民用建筑的各个环节均离不开图纸的表达，建筑设计单位设计、绘制图纸，建筑施工单位按图纸组织工程施工，图纸成为双方信息表达交换的载体，所以图纸必须有设计和施工等部门共同遵守的一定的格式及标准。这些规定包括建筑电气工程自身的规定，另外也需遵循机械制图、建筑制图等相关工程方面的一些规定。

建筑电气工程图制图时一般可参见 GB/T 50001—2017《房屋建筑制图统一标准》及 GB/T 18135—2008《电气工程 CAD 制图规则》等。

电气工程图中涉及的图例符号、文字符号及项目代号可参照标准 GB/T 4728—2018、2022《电气简图用图形符号》、GB/T 5465—2008、2009《电气设备用图符号》等。

同时，应认识理解电气工程中的一些常用术语，方便识图。此外，我国的相关行业标准和国际上通用的“IEC”标准，都比较严格地规定了电气工程图的有关名词术语的概念，这些名词术语是电气工程图制图及阅读所必需的，读者可根据需要查阅相关文献资料。

8.1.4　建筑电气工程图的特点

建筑电气工程图的内容主要通过系统图、位置图、电路图、接线图、端子接线图等图纸表达。建筑电气工程图不同于机械图、建筑图，掌握了解建筑电气工程图的特点，将会对建筑电气工程图制图及识图提供很多方便。建筑电气工程图有如下一些特点：

1）建筑电气工程图大多是在建筑图上采用统一的图形符号，并加注文字符号绘制出来的。绘制和阅读建筑电气工程图，首先就必须明确和熟悉这些图形符号、文字符号及项目代号所代表的内容和物理意义，以及它们之间的相互联系。关于图形符号、文字符号及项目代号的含义可查阅相关标准，如《电气简图用图形符号》。

2）任何电路均为闭合回路，一个合理的闭合回路一定包括四个基本元素，即电源、用电设备、导线和开关控制设备。正确读懂图样，还必须了解各种设备的基本结构、工作原理、工作程序、主要性能和用途。

3）电路中的电气设备、电气元器件等，彼此之间通过导线连接，构成一个整体。识图时，可将各有关的图样联系起来，相互参照，应通过系统图、电路图联系电气设备及元器件，通过布置、接线图找位置，交叉查阅，可达到事半功倍的效果。

4）建筑电气工程施工通常是与土建工程及其他设备安装工程施工相互配合进行的。故识读建筑电气工程图时应与有关的土建工程图、管道工程图等对应、参照起来阅读，仔细研究电气工程的各施工流程，提高施工效率。

5）有效识读电气工程图也是编制工程预算和施工方案必须具备的一个基本能力，其能有效指导施工、指导设备的维修和管理。同时在识图时，还应熟悉有关规范、规程及标准的要求，才能真正读懂、读通图纸。

8.2 车间电力平面图的绘制

图 8-1 是某车间电力平面图，这种电力平面图是在建筑图的基础上绘制出来的。该建筑物主要由 3 个房间组成，建筑物采用尺寸数字定位（未画出定位轴线）。该图比较详细地表示了各电力配电线路、配电箱、各电动机等的平面布置及其相关内容。本图的绘制思路是先绘制建筑平面图，然后绘制配电干线，最后写各种代号和型号。

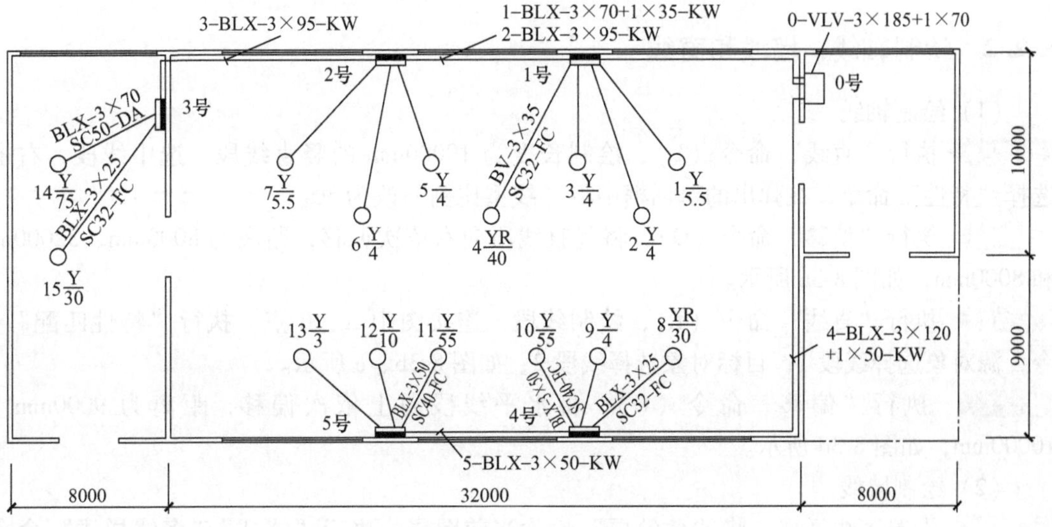

图 8-1 车间电力平面图

8.2.1 设置绘图环境

步骤 01 建立新文件。正常启动 AutoCAD 2014 软件，系统自动创建一个空白文件，在快速访问工具栏上单击“保存”按钮，将其保存为“案例 CAD \ 08 \ 车间电力平面图 . dwg”文件。

步骤 02 设置工具栏。在任意工具栏中右击，在打开的快捷菜单中选择“标准”“图层”“对象特性”“绘图”“修改”和“标注”等 6 个命令，调出这些工具栏，并将它们移到绘图窗口适当的位置。也可以直接选择 AutoCAD 经典模式，同时调出常用工具栏。

步骤 03 设置图层。在“图层”面板中单击“图层特性”按钮，打开“图层特性管理器”，新建“电气层”“建筑层”“图框层”“文字层”“轴线层”，然后将“轴线层”颜色设置为红色，线型设置为“点画线”，并将该图层设置为当前图层，如图 8-2 所示。

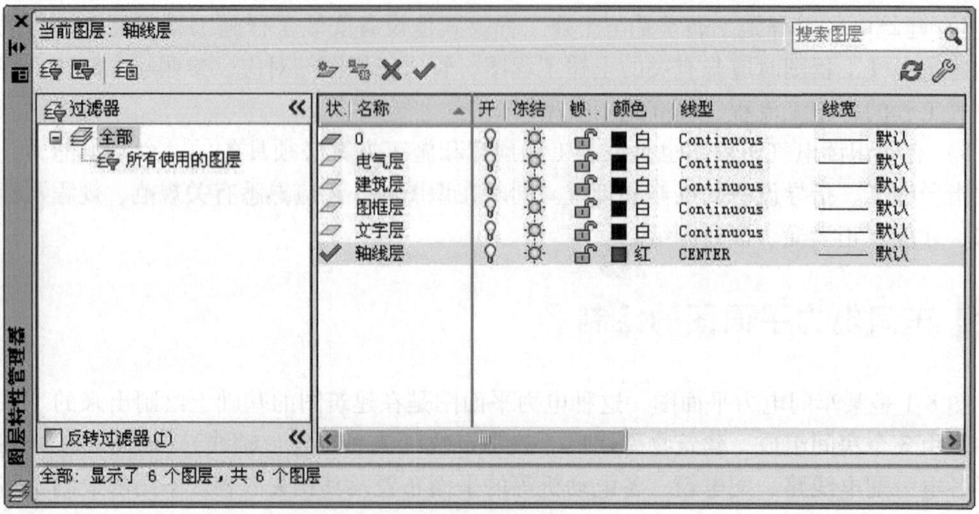

图 8-2　图层设置

8.2.2　绘制轴线、墙线和窗线

（1）绘制轴线

步骤 01 执行“直线”命令（L），绘制长度为 19000mm 的竖直线段，选中线段，右击，选择“特性”命令，在弹出的对话框中将“线型比例”改为 50。

步骤 02 执行“偏移”命令（O），将竖直线段向右依次偏移，距离为 8000mm、32000mm 和 8000mm，如图 8-3a 所示。

步骤 03 执行“直线”命令（L），绘制线段，连接图中 A、B 点，执行“特性匹配”命令，源对象选择线段 1，目标对象选择线段 2，如图 8-3b、c 所示。

步骤 04 执行“偏移”命令（O），将水平线段向上依次偏移，距离为 9000mm 和 10000mm，如图 8-3d 所示。

（2）绘制墙线

步骤 01 设置多线样式，将“建筑层”设为当前图层。执行“格式”/“多线样式”命令，打开“多线样式”对话框，如图 8-4 所示。

步骤 02 在“多线样式”对话框中，单击“新建”按钮，打开“创建新的多线样式”对话框，如图 8-5 所示。在“新样式名”文本框中输入 240，单击“继续”按钮，打开“新建多线样式：240”对话框，参数设置如图 8-6 所示，单击“确定”按钮。

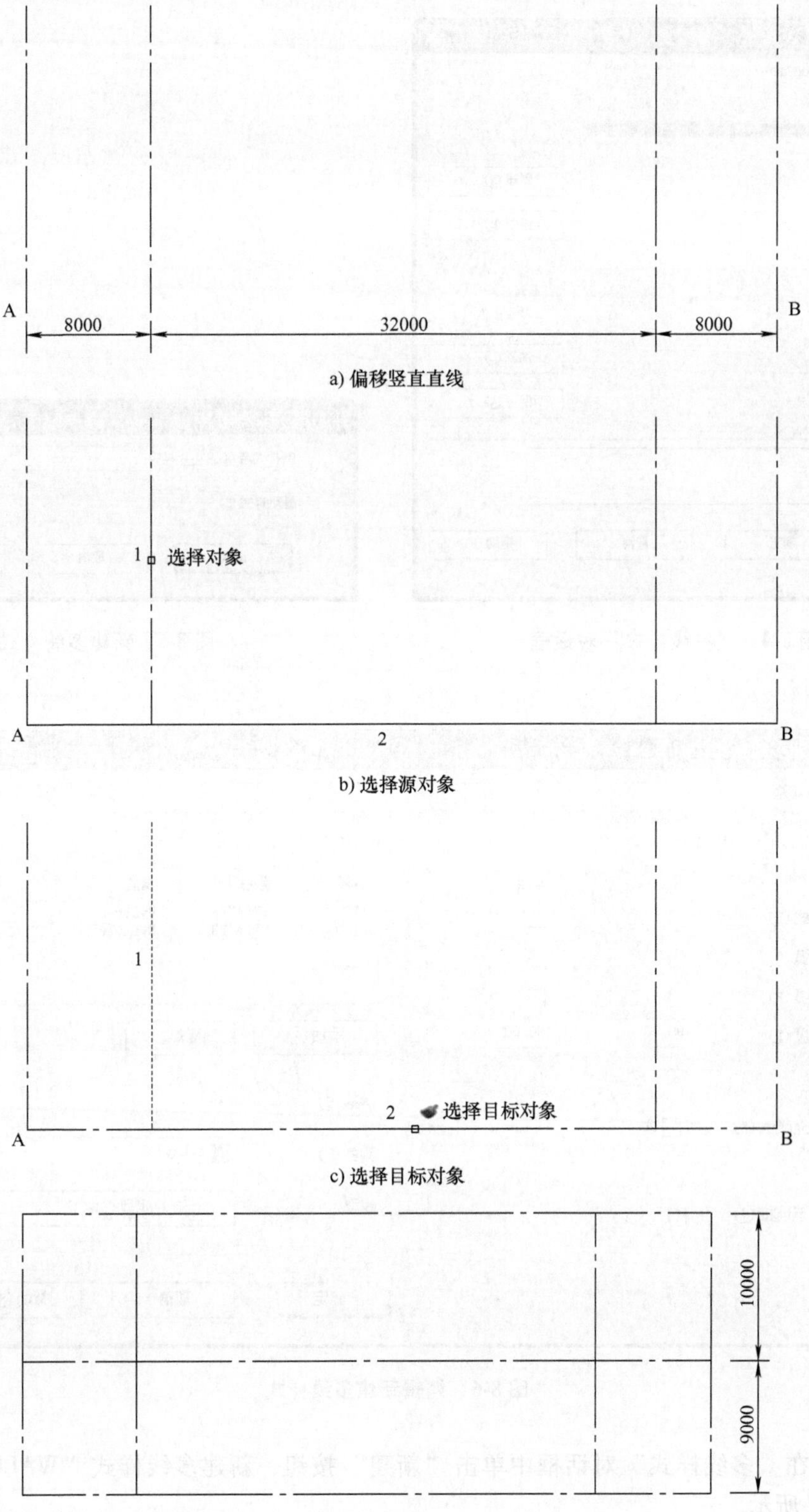

a) 偏移竖直直线

b) 选择源对象

c) 选择目标对象

d) 偏移水平线

图 8-3　绘制轴线

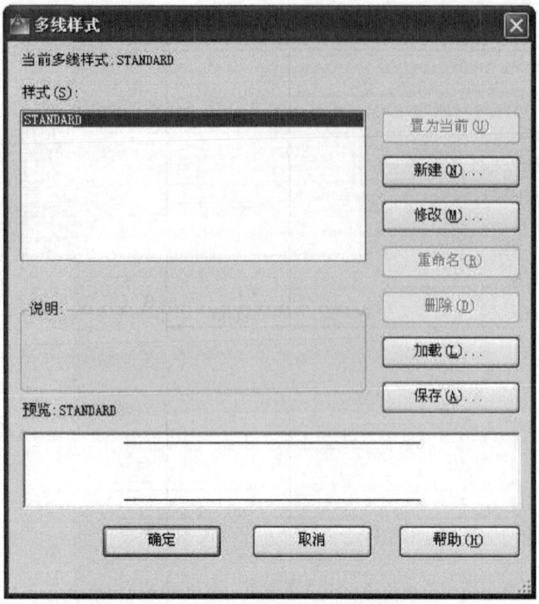

图 8-4　“多线样式”对话框

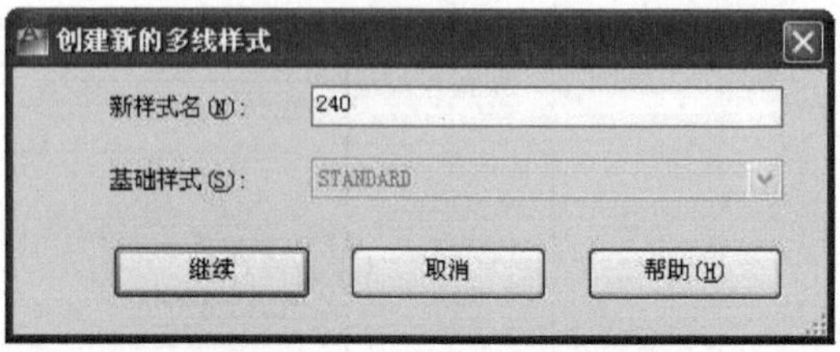

图 8-5　新建多线样式

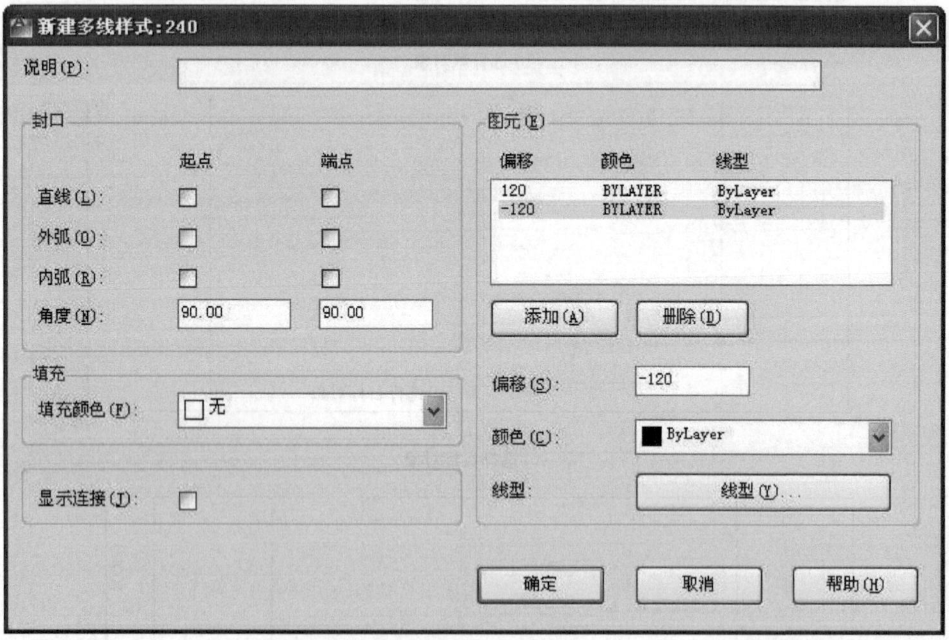

图 8-6　编辑新建多线样式

步骤 03 在“多线样式”对话框中单击“新建”按钮，新建多线样式“WALL”，参数设置如图 8-7 所示。

步骤 04 选择菜单栏“绘图”中的“多线”按钮，绘制多线。按如下命令提示完成墙线的绘制，如图 8-8 所示。

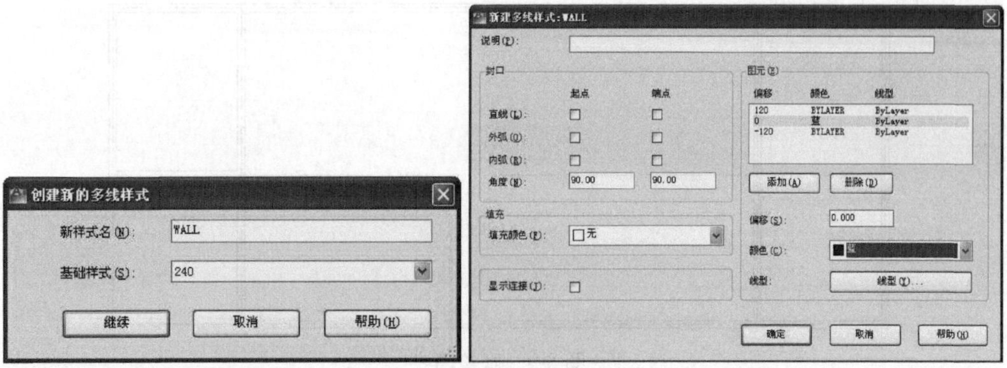

a)新建多线样式　　　　b)编辑新建多线样式

图 8-7　新建多线样式“WALL”

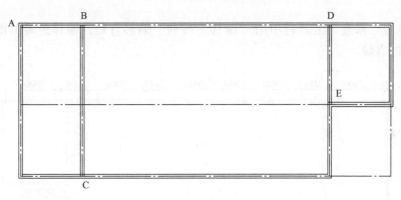

图 8-8　绘制墙线

```
命令:_mline
当前设置:对正=无,比例=1.00,样式=STANDARD
指定起点或[对正(J)/比例(S)/样式(ST)]: st          //设置多线样式为 240
输入多线样式名或[?]: 240
当前设置:对正=无,比例=1.00,样式=240
指定起点或[对正(J)/比例(S)/样式(ST)]: j           //设置对正类型
输入对正类型[上(T)/无(Z)/下(B)]<无>: z
当前设置:对正=无,比例=1.00,样式=240
指定起点或[对正(J)/比例(S)/样式(ST)]:             //沿着轴线绘制多线
指定下一点:
指定下一点或[放弃(U)]: ↙
```

步骤 05 选择菜单栏中“修改”/“对象”/“多线”按钮，在“多线编辑工具”对话框中选择“角点结合”对图 8-8 中 A 点处进行修整；选择“T 形打开”对图中 B、C、D 处进行修整；单击“修改”工具栏中的“分解”按钮，将绘制的多线分解，选择“修剪”按钮对 E 点处进行修整，修整结果如图 8-9 所示。

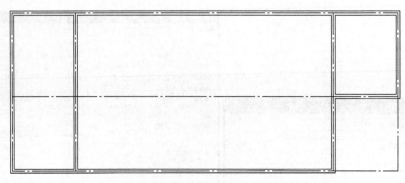

图 8-9　修整墙线

（3）绘制窗线

步骤 01 打开“图层特性管理器”对话框，将“轴线层”关闭，轴线在图形中被隐藏起来。

步骤 02 单击“修改”工具栏中的“偏移”按钮，偏移直线，偏移距离如图 8-10 所示，并修剪多余的直线。

图 8-10　偏移直线

步骤 03 单击“修改”工具栏中的“修剪”按钮，修剪图形，如图 8-11 所示。

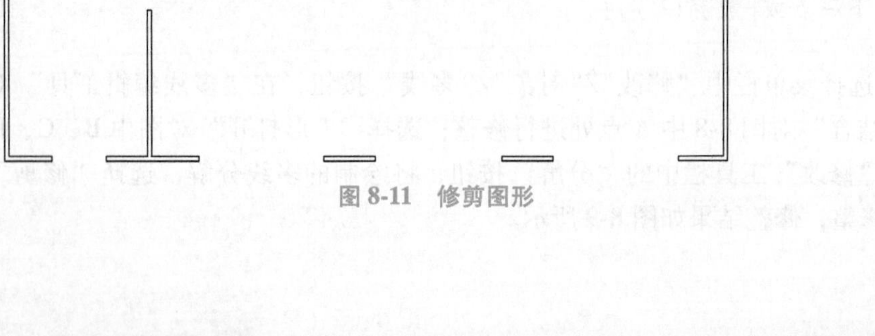

图 8-11　修剪图形

步骤 04 选择菜单栏中“绘图”/“多线”按钮，绘制窗线，结果如图 8-12 所示。命令提示如下：

```
命令:_mline
当前设置:对正=无,比例=1.00,样式=240
指定起点或[对正(J)/比例(S)/样式(ST)]: st          //设置多线样式为 WALL
输入多线样式名或[?]: WALL
当前设置:对正=无,比例=1.00,样式=WALL
指定起点或[对正(J)/比例(S)/样式(ST)]:             //选择一个窗体的左侧中点
                                                    位置
指定下一点:                                         //选择同一个窗体的右侧中
                                                    点位置
指定下一点或[放弃(U)]:↙
```

图 8-12 绘制窗线

8.2.3 绘制配电干线

(1) 绘制配电箱

步骤 01 单击“绘图”工具栏中的“矩形”按钮，绘制一个 500mm×1500mm 的矩形，如图 8-13a 所示。

步骤 02 单击“绘图”工具栏中的“直线”按钮，捕捉矩形水平边中点，绘制竖直直线，将矩形一分为二，如图 8-13b 所示。

步骤 03 单击“绘图”工具栏中的“图案填充”按钮，用 SOLID 图案填充图形，如图 8-13c所示。

步骤 04 移动配电箱。单击“修改”工具栏中的“移动”按钮，将绘制好的配电箱移动到如图 8-14 所示的位置。

步骤 05 复制配电箱。单击“修改”工具栏中的“复制”按钮，复制移动配电箱；单击“修改”工具栏中的“旋转”按钮，旋转移动配电箱；单击“修改”工具栏中的“镜像”按钮，镜像其余的配电箱，配电箱最终如图 8-15 所示。

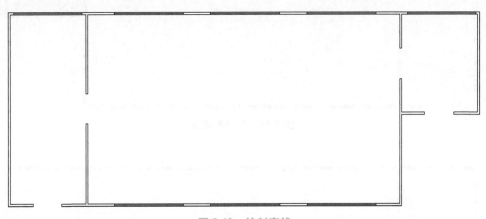

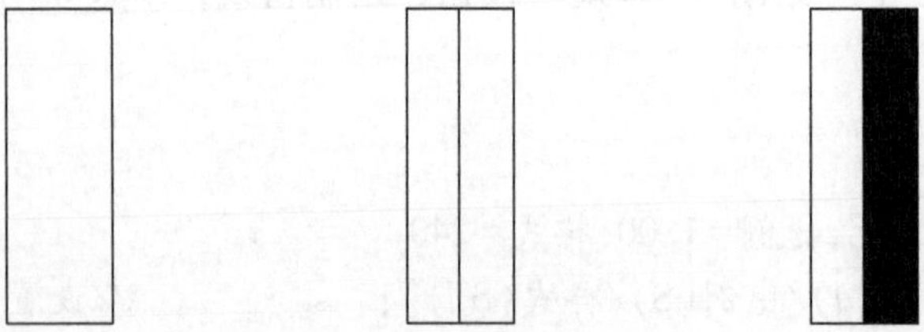

a) 绘制矩形　　b) 绘制直线　　c) 填充图形

图 8-13　绘制配电箱

图 8-14　移动配电箱

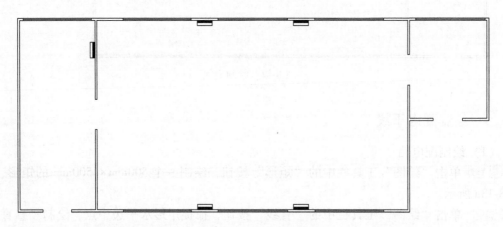

图 8-15　复制配电箱

（2）绘制配电柜

步骤 01 单击“绘图”工具栏中的“矩形”按钮，绘制一个 1000mm×1500mm 的矩形。

步骤 02 单击“修改”工具栏中的“移动”按钮，将矩形移动到如图 8-16 所示的位置。

（3）绘制电动机并连线

步骤 01 绘制电动机。单击“绘图”工具栏中的“圆”按钮，绘制半径为 400mm 的圆作为电动机的示意图，如图 8-17 所示。

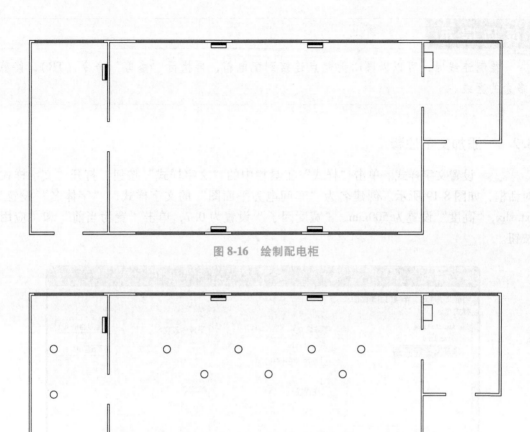

图 8-16　绘制配电柜

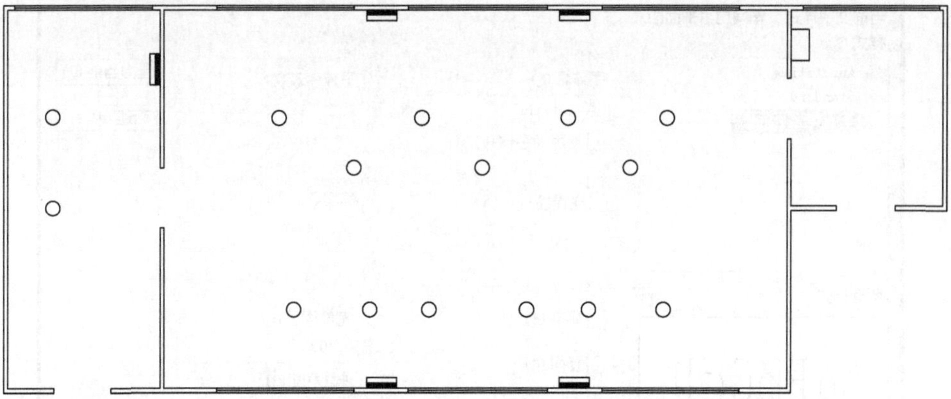

图 8-17　绘制电动机符号

步骤 02 绘制连线。单击“绘图”工具栏中的“直线”按钮，绘制配电柜与配电箱之间、各配电箱与电动机之间的连线，如图 8-18 所示。

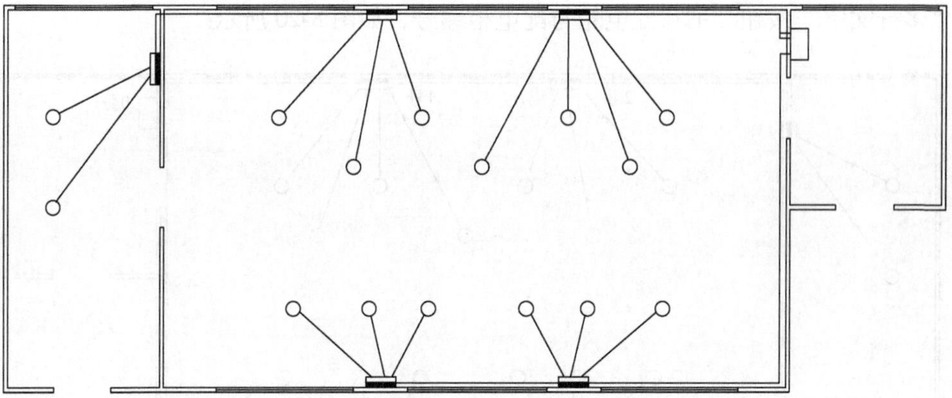

图 8-18　绘制连线

技 巧 提 示

绘制连线时，可以以圆心为起点连接到配电箱，再执行“修剪”命令（TR），修剪多余的直线。

8.2.4　添加文字注释

步骤 01 设置文字样式。单击“样式”工具栏中的“文字样式”按钮，打开“文字样式”对话框，如图 8-19 所示。创建名为“车间电力平面图”的文字样式，“字体名”设置为 txt. shx，“高度”设置为 500mm，“宽度因子”设置为 0.7，单击“置为当前”和“应用”按钮。

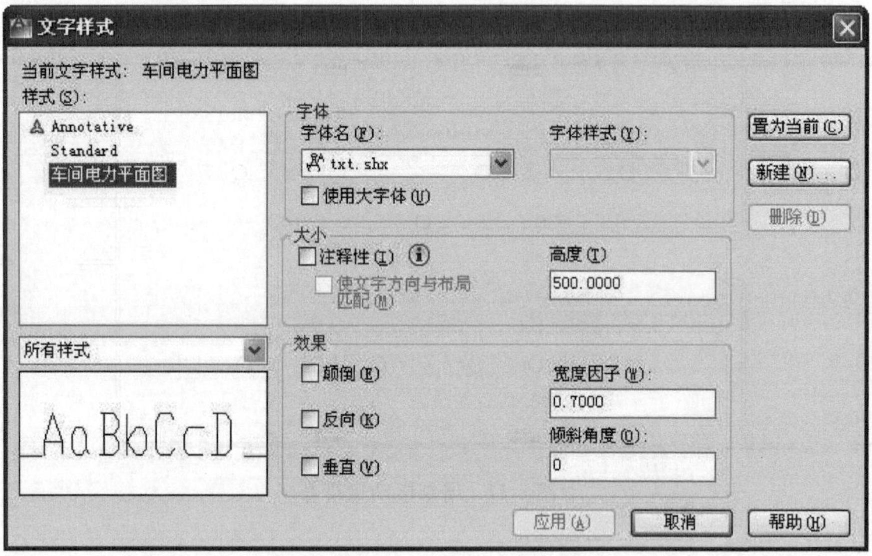

图 8-19　“文字样式”对话框

步骤 02 书写配电箱与配电柜编号。将“文字层”设置为当前图层，单击“绘图”工具栏中的“多行文字”按钮，书写配电箱与配电柜编号，如图 8-20 所示。

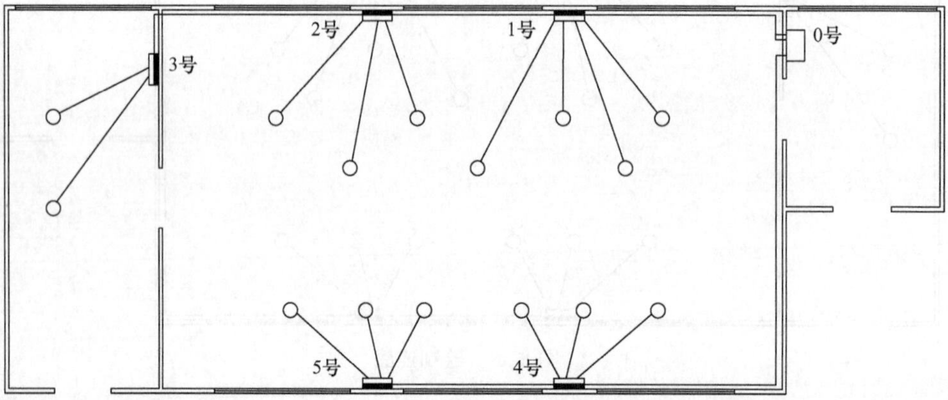

图 8-20　书写配电箱与配电柜编号

步骤 03 书写各电动机编号。单击“绘图”工具栏中的“多行文字”按钮，书写各电动机编号，如图 8-21 所示。

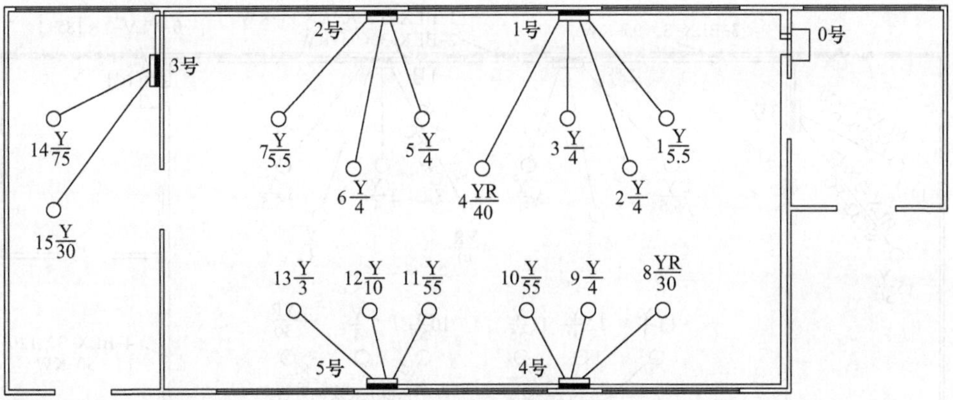

图 8-21　书写各电动机编号

步骤 04 书写 2 号配电箱的出线型号。单击“绘图”工具栏中的“多行文字”按钮，书写 1 号和 2 号配电箱出线型号“2-BLX-3×95-KW”。单击“绘图”工具栏中的“直线”按钮，绘制引出斜线，如图 8-22 所示。

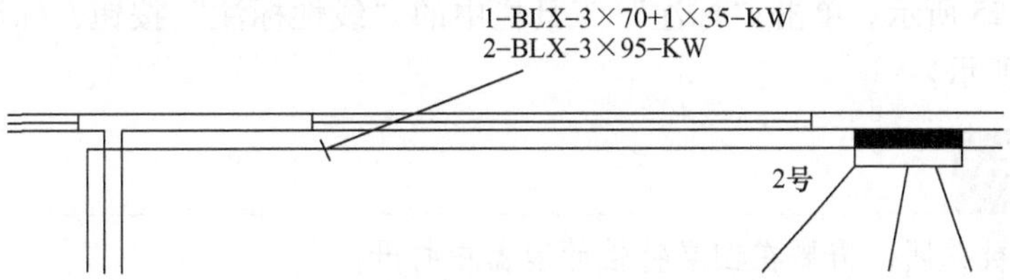

图 8-22　书写配电箱出线型号

步骤 05 书写其他配电箱的出线和入线型号。使用“多行文字”命令，书写其他配电箱的出线型号和配电柜的入线型号，如图 8-23 所示。

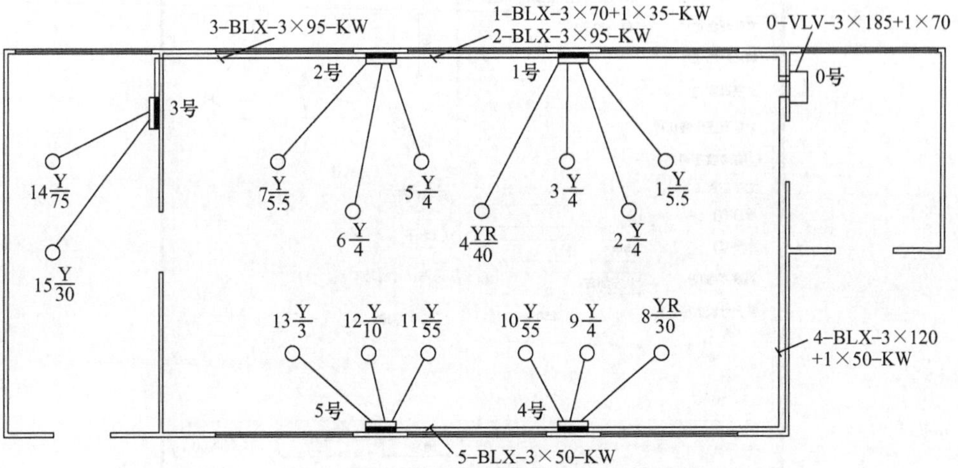

图 8-23　书写出线和入线型号

步骤 06 书写配电箱与电动机连线型号。使用“多行文字”命令，书写配电箱与电动机连线型号。使用“移动”和“旋转”命令，使文字与连线方向一致，如图 8-24 所示。

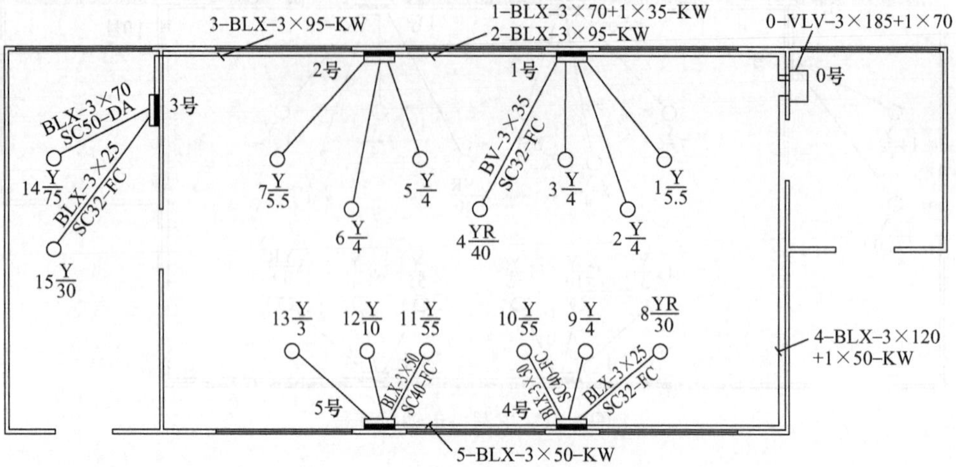

图 8-24 书写配电箱与电动机连线型号

步骤 07 标注图形。单击“样式”工具栏中的“标注样式”按钮，打开“标注样式管理器”对话框，创建名为“车间电力平面图”的标注样式，其文字样式设置为“车间电力平面图”，如图 8-25 所示。单击“标注”工具栏中的“线性标注”按钮，标注轴线之间的距离，如图 8-26 所示。

技巧提示

轴线图层被关闭，需要在图层特性管理器中打开。

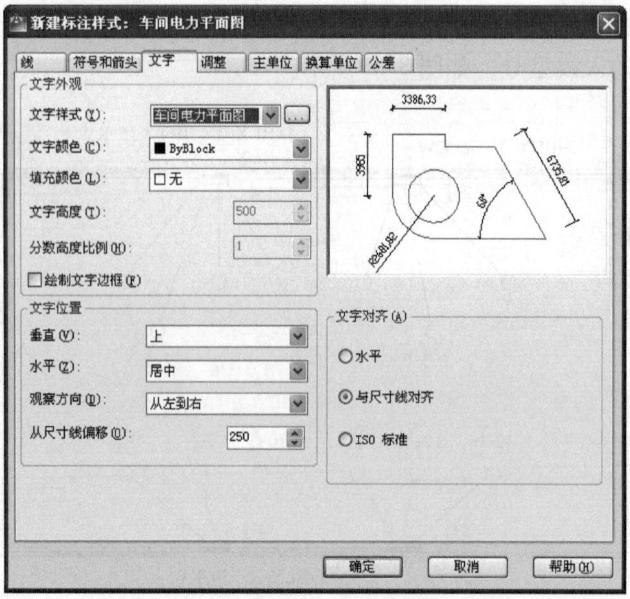

图 8-25 新建标注样式

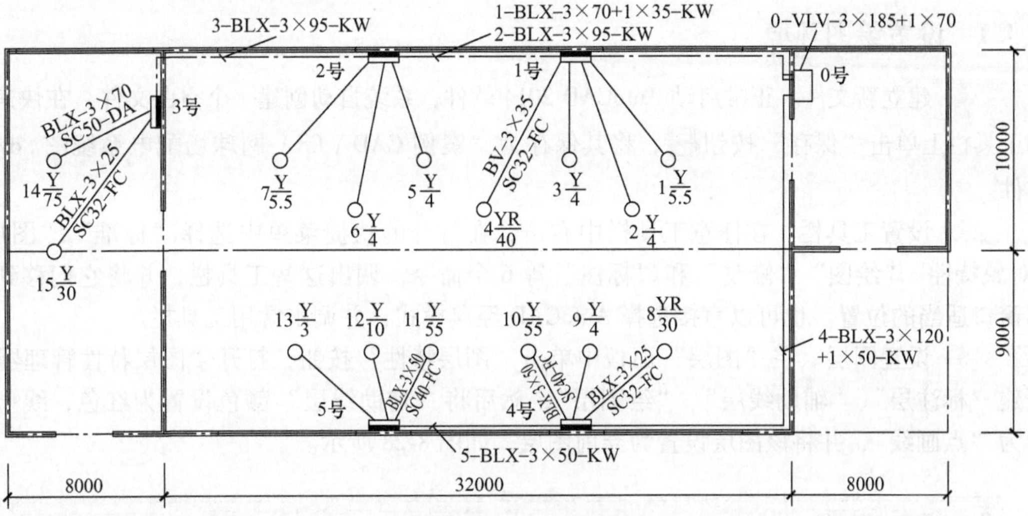

图 8-26　标注结果

至此，车间电力平面图绘制完毕。

8.3　网球场配电系统图的绘制

建筑电气系统图和建筑电气平面图相比，对尺寸的要求不太严格，而更讲究图形的布局。图 8-27 所示为某网球场的配电系统图，此图中需要复制的部分较多，因此灵活使用“复制”和“阵列”命令可以简化绘制图形的过程，使图形清晰、整洁。绘制本图形时应先绘制定位辅助线，然后分为左右两个部分分别绘制。

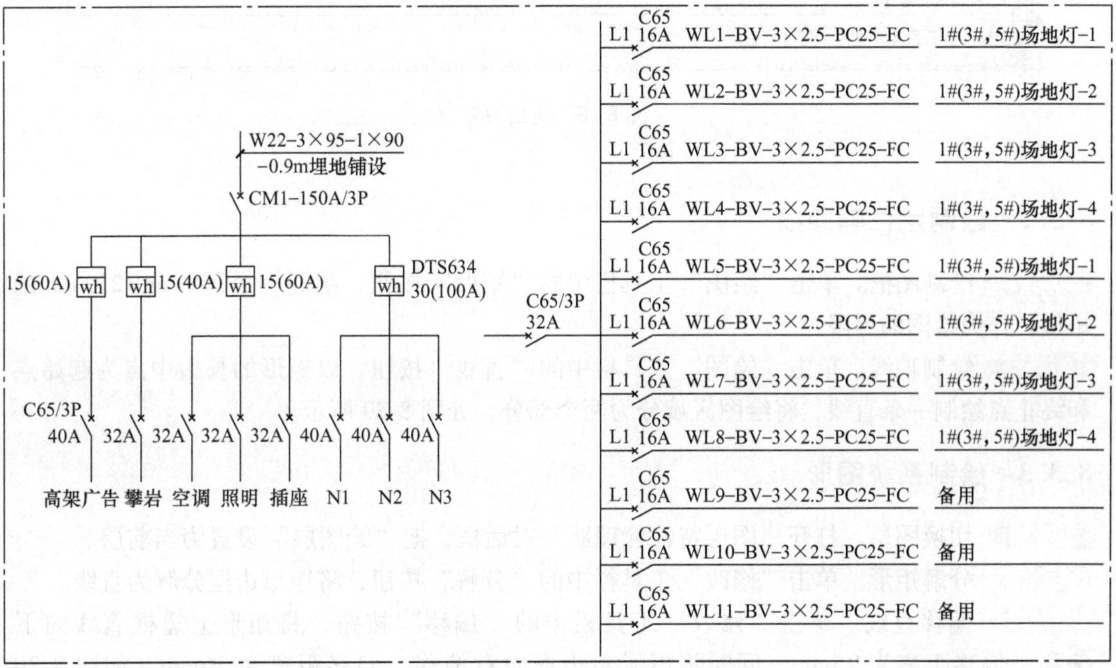

图 8-27　网球场配电系统图

8.3.1　设置绘图环境

步骤 01 建立新文件。正常启动 AutoCAD 2014 软件，系统自动创建一个空白文件，在快速访问工具栏上单击“保存”按钮，将其保存为“案例 CAD \ 08 \ 网球场配电系统图 . dwg”文件。

步骤 02 设置工具栏。在任意工具栏中右击，在打开的快捷菜单中选择“标准”“图层”“对象特性”“绘图”“修改”和“标注”等 6 个命令，调出这些工具栏，并将它们移到绘图窗口适当的位置。也可以直接选择 AutoCAD 经典模式，并调出常用工具栏。

步骤 03 设置图层。在“图层”面板中单击“图层特性”按钮，打开“图层特性管理器”，新建“标注层”、“辅助线层”、“绘图层”，然后将“辅助线层”颜色设置为红色，线型设置为“点画线”，并将该图层设置为当前图层，如图 8-28 所示。

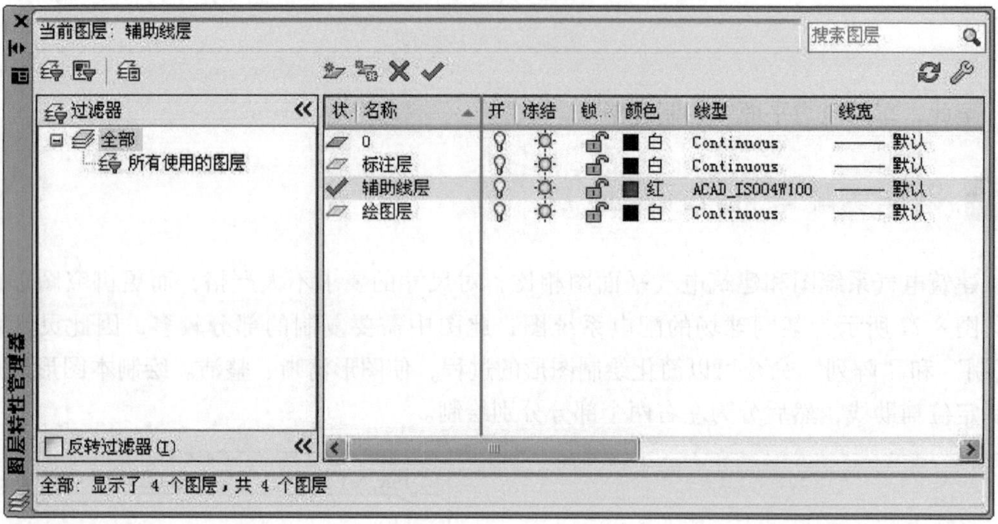

图 8-28　图层设置

8.3.2　绘制定位辅助线

步骤 01 绘制图框。单击“绘图”工具栏中的“矩形”按钮，绘制一个 370mm×250mm 的矩形，作为绘图的界限。

步骤 02 绘制轴线。单击“绘图”工具栏中的“直线”按钮，以矩形的长边中点为起始点和终止点绘制一条直线，将绘图区域分为两个部分，如图 8-29 所示。

8.3.3　绘制系统图形

步骤 01 切换图层。打开“图层特性管理器”对话框，把“绘图层”设置为当前层。

步骤 02 分解矩形。单击“修改”工具栏中的“分解”按钮，将矩形边框分解为直线。

步骤 03 偏移直线。单击“修改”工具栏中的“偏移”按钮，将矩形上边框直线向下偏移，偏移距离为 95mm，同时将矩形左边框向右偏移，偏移距离为 36mm，如图 8-30 所示。

图 8-29　绘制定位辅助线

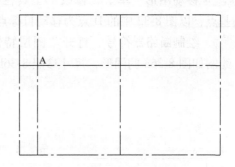

图 8-30　偏移直线

步骤 04 绘制直线。单击“绘图”工具栏中的“直线”按钮，以 A 点作为起点，向右绘制长度为 102mm 的直线 AB，向下绘制长度为 82mm 的直线 AC。单击“修改”工具栏中的“删除”命令，将两条垂直的辅助线删除，效果如图 8-31 所示。

步骤 05 偏移直线。单击“修改”工具栏中的“偏移”按钮，将直线 AB 向下偏移，依次偏移距离为 11mm 和 67mm，效果如图 8-32 所示。

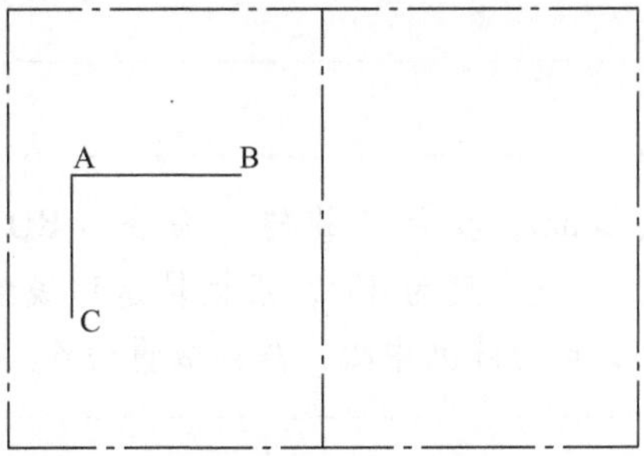

图 8-31　绘制直线

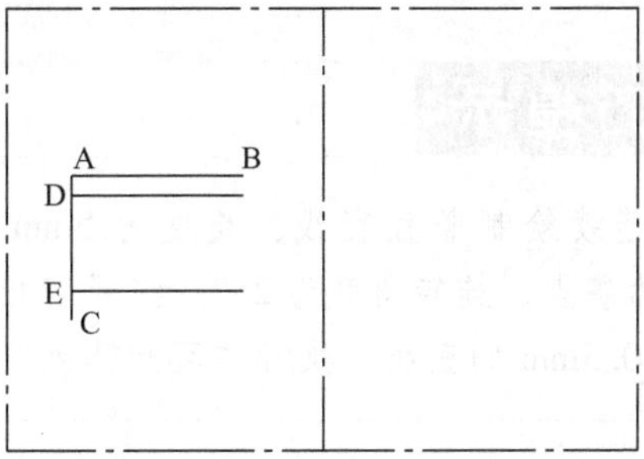

图 8-32　偏移直线 AB

步骤 06 绘制矩形并分解。单击“绘图”工具栏中的“矩形”按钮，绘制尺寸为 9mm×9mm 的矩形。单击“修改”工具栏中的“分解”按钮，将绘制的矩形边框分解为直线。

步骤 07 偏移直线。单击“修改”工具栏中的“偏移”按钮，将矩形的上边框向下偏移，偏移距离为 2.7mm，效果如图 8-33 所示。

步骤 08 添加文字。打开“图层特性管理器”对话框，将“标注层”设置为当前图层。单击“绘图”工具栏中的“多行文字”按钮，设置样式为 Standard，文字高度设为 5mm，效果如图 8-34 所示。

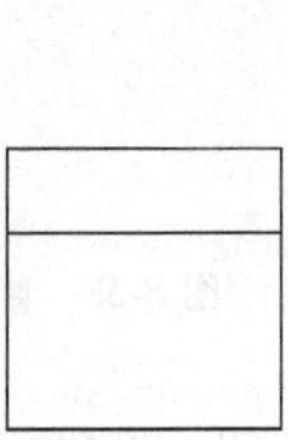

图 8-33　绘制矩形并偏移直线

图 8-34　添加文字

步骤 09 移动图形。单击“修改”工具栏中“移动”按钮，以图 8-34 所示上边框中点为移动基点，以图 8-32 中的 D 点为移动目标点，移动结果如图 8-35 所示。

步骤 10 绘制断路器符号。打开“图层特性管理器”对话框，把“绘图层”设置为当前层。绘制如图 8-36a 的图形，尺寸参照 8-36b 所示。

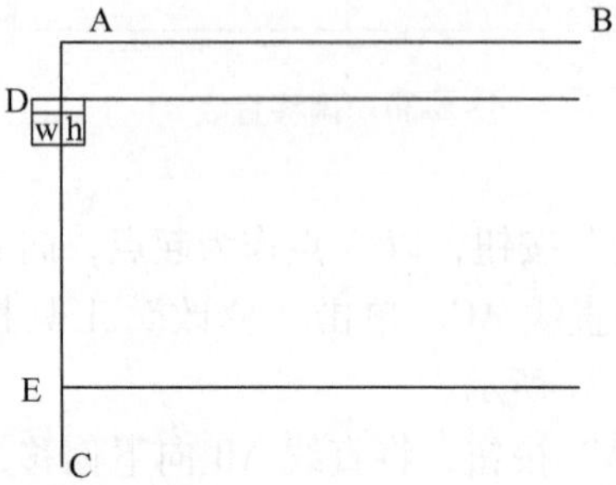

图 8-35 移动图形

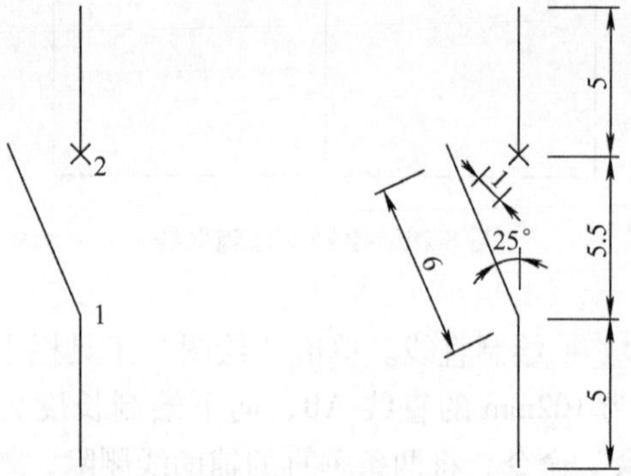

a) 原始图形 b) 尺寸参照

图 8-36 绘制断路器

技巧提示

连续绘制竖直直线，长度为 5mm、5. 5mm、5mm，执行“旋转”命令（RO），以 1 点为基点，旋转角度为 25°。打开“极轴追踪”，设置角度为 45°，沿极轴追踪线绘制长度为 0. 5mm 的直线，执行“环形阵列”命令，以 2 点为阵列中心，阵列数量为 4。

步骤 11 单击“修改”工具栏中的“移动”按钮，以图 8-36a 中的端点 1 为移动基点，图 8-35中的 E 点为移动目标点，移动结果如图 8-37 所示。

步骤 12 修剪图形。单击“修改”工具栏中的“修剪”按钮，修剪掉多余直线，修剪结果如图 8-38 所示。

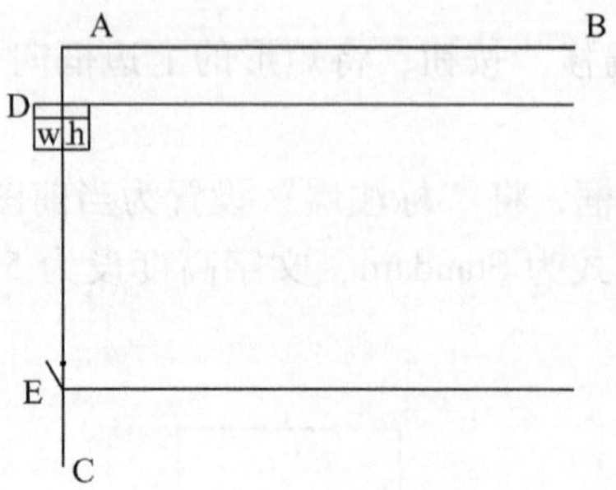

图 8-37 移动图形

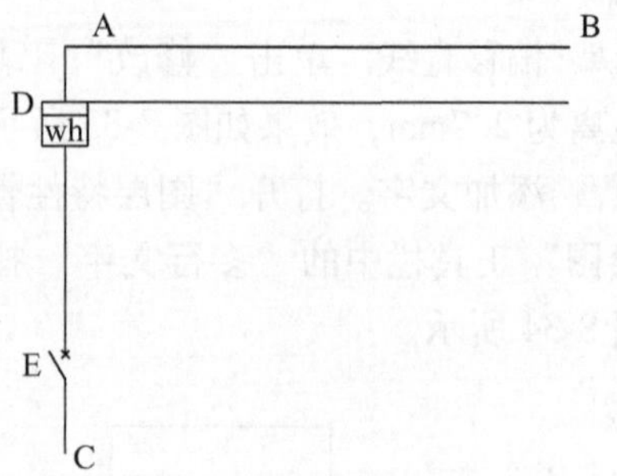

图 8-38 修剪图形

步骤 13 阵列图形。单击修改工具栏中的“矩形阵列”按钮，设置行数为 1，列数为 8，间距为 17mm，水平线以下对象为阵列对象，结果如图 8-39 所示。命令提示如下：

命令:_arrayrect
选择对象:指定对角点:找到 13 个
选择对象:
类型=矩形关联=是
为项目数指定对角点或[基点(B)/角度(A)/计数(C)]<计数>:c
输入行数或[表达式(E)]<4>:1
输入列数或[表达式(E)]<4>:8
指定对角点以间隔项目或[间距(S)]<间距>:s
指定列之间的距离或[表达式(E)]<14.9815>:17
按 Enter 键接受或[关联(AS)/基点(B)/行(R)/列(C)/层(L)/退出(X)]<退出>:

步骤 14 修整图形。单击“修改”工具栏中的“偏移”按钮，将图 8-39 中的直线 AB 向下偏移，偏移距离为 33mm，选中直线右夹点向右拉长 17mm，如图 8-40 所示。单击“修改”工具栏中的“分解”“修剪”和“删除”按钮，分解阵列对象并修剪、删除多余的图形，效果如图 8-41 所示。

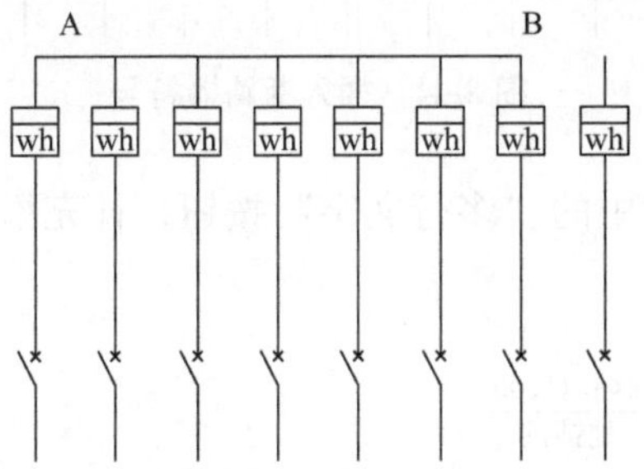

图 8-39 阵列对象

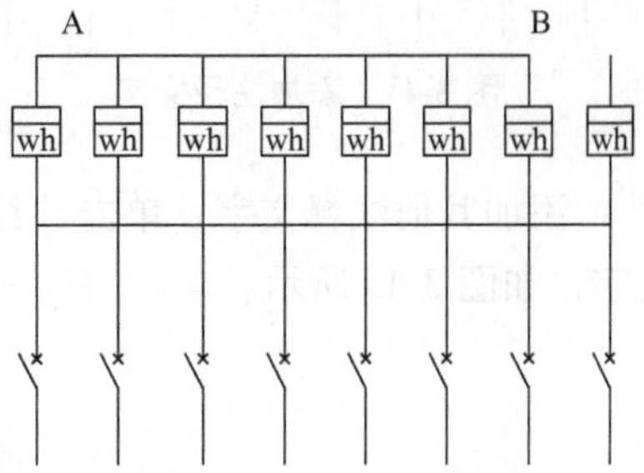

图 8-40 偏移直线

步骤 15 绘制直线。单击“绘图”工具栏中的“直线”按钮，以 F 点为起始点，竖直向上绘制长度为 37.5mm 的直线 1，以直线 1 的上端点为起点，向右绘制长度为 50mm 的水平直线 2。单击“修改”工具栏中的“移动”按钮，将直线 2 向下移动 7.8mm。单击“绘图”工具栏中的“直线”按钮，绘制短斜线，效果如图 8-42 所示。

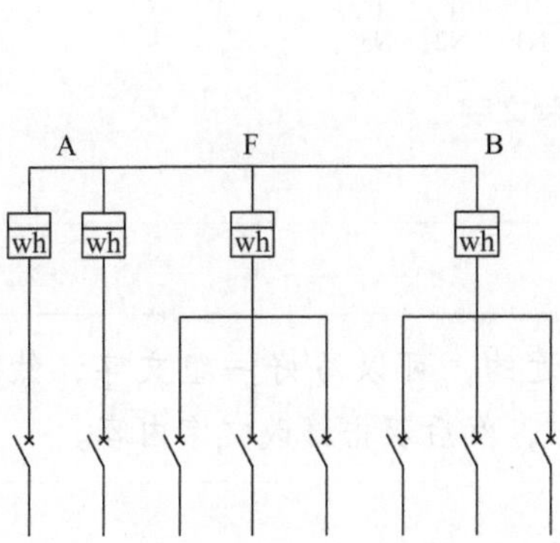

图 8-41 修剪图形

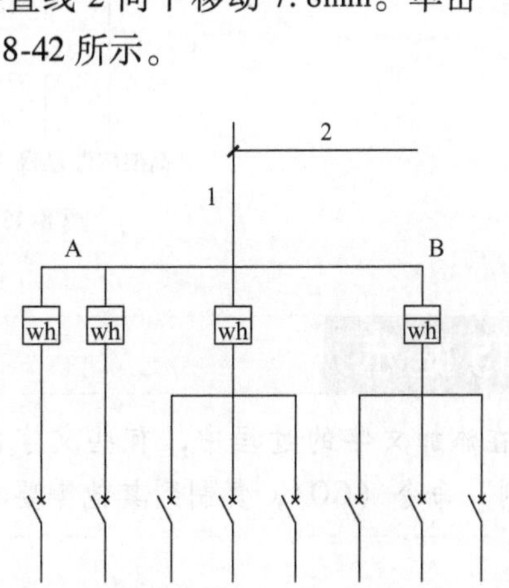

图 8-42 绘制直线

步骤 16 添加注释文字。打开“图层特性管理器”对话框，把“标注层”设置为当前层。单击“绘图”工具栏中的“多行文字”按钮，设置样式为 Standard，文字高度为 4，添加注释文字，如图 8-43 所示。

步骤 17 插入断路器符号。单击“修改”工具栏中的“复制”按钮，将断路器符号插入到图 8-44 所示的位置；单击“修改”工具栏中的“修剪”按钮，修剪掉多余的线段；单击“绘图”工具栏中的“多行文字”按钮，添加注释文字，如图 8-44 所示。

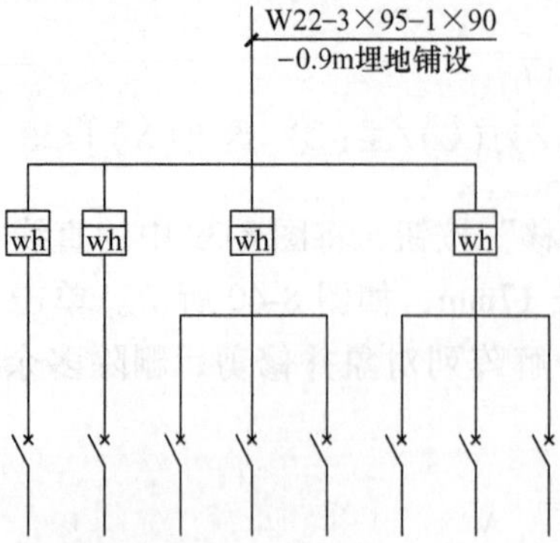

图 8-43 添加注释文字

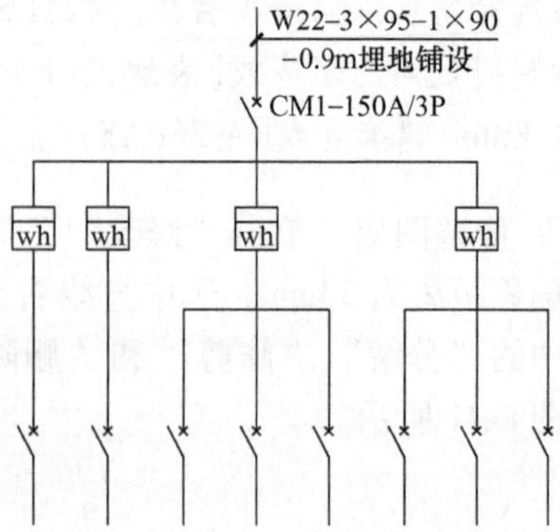

图 8-44 插入断路器符号

步骤 18 添加其他注释文字。单击“绘图”工具栏中的“多行文字”按钮，补充添加其他注释文字，如图 8-45 所示。

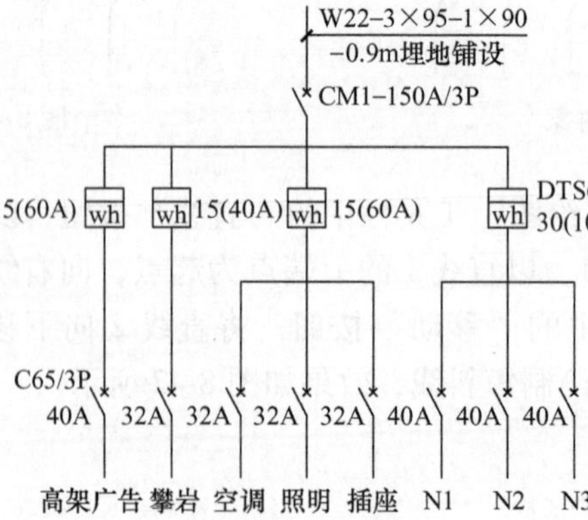

图 8-45 添加其他注释文字

技巧提示

在添加文字的过程中，有些文字的内容是相近的，可以写好一组文字，然后执行“复制”命令（CO），复制到其他需要写文字的地方，然后双击修改文字内容。

步骤 19 偏移直线。单击“修改”工具栏中的“偏移”按钮，将定位辅助线的上边框向下偏移 34mm，轴线向右偏移 27mm，如图 8-46 所示。

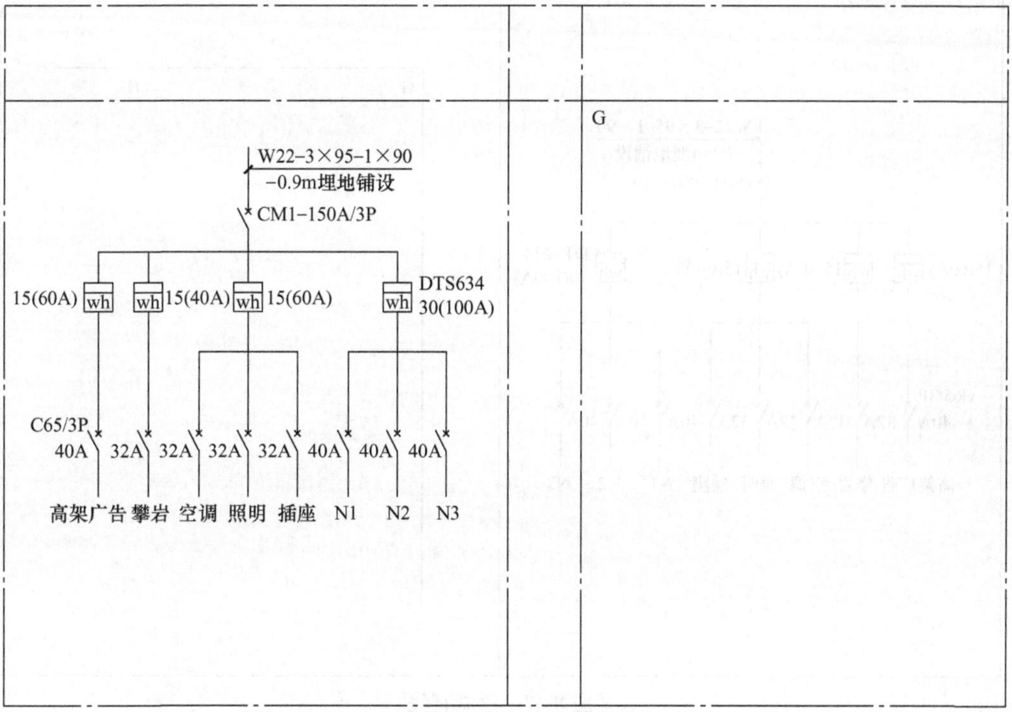

图 8-46　偏移直线

步骤 20 绘制直线。打开“图层特性管理器”对话框，把“绘图层”设置为当前图层。单击“绘图“工具栏中的“直线”按钮，以图 8-46 中的 G 点为起点，竖直向下绘制长度为 190mm 的直线，水平向右连续绘制长度为 103mm、5mm 和 30mm 的三段直线，单击“修改”工具栏的“删除”按钮，删除长度为 5mm 的直线以及定位辅助线，如图 8-47 所示。

步骤 21 插入断路器符号。单击“修改”工具栏的“旋转”按钮，将断路器符号旋转 90°；单击“修改”工具栏中的“移动”按钮，将断路器符号插入到直线 GH 上，单击“修改”工具栏中的“修剪”按钮，修剪掉多余的直线，如图 8-48 所示。

步骤 22 添加注释文字。打开“图层特性管理器”对话框，把“标注层”设置为当前图层。单击“绘图”工具栏中的“多行文字”按钮，添加注释文字，如图 8-49 所示。

步骤 23 移动图形。单击“修改”工具栏中的“移动”按钮，选择图 8-49 中绘制好的一个回路及注释文字作为移动对象，以其左端点作为移动基点，向下移动 10mm。

步骤 24 阵列图形。单击“修改”工具栏中的“矩形阵列”按钮，设置行数为 11，列数为 1，间距为-17mm，选择一个回路及注释文字，阵列结果如图 8-50 所示。

步骤 25 修改文字。双击要修改的文字，在编辑对话框中输入要修改的内容，然后按<Enter>键即可，修改结果如图 8-51 所示。

步骤 26 绘制直线。打开“图层特性管理器”对话框，把“绘图层”设置为当前图层。单击“绘图”工具栏中的“直线”按钮，选择配电箱的中部，以其为起点，水平向左绘制长度为 42mm 的直线。

步骤 27 插入断路器符号。操作方法同上，结果如图 8-52 所示。

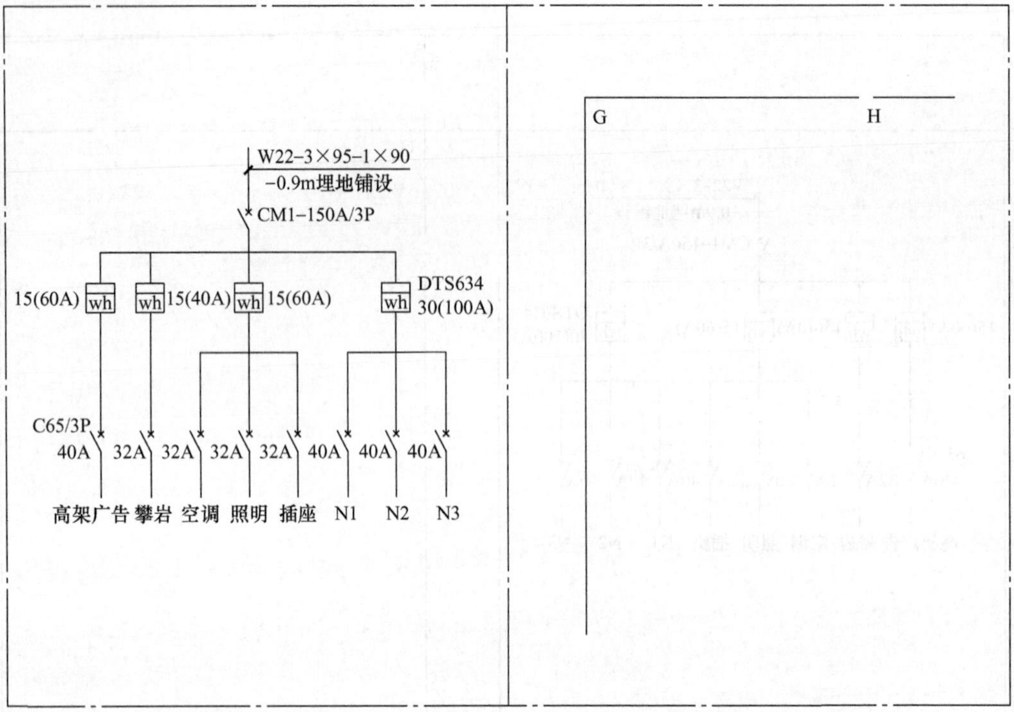

图 8-47 绘制直线

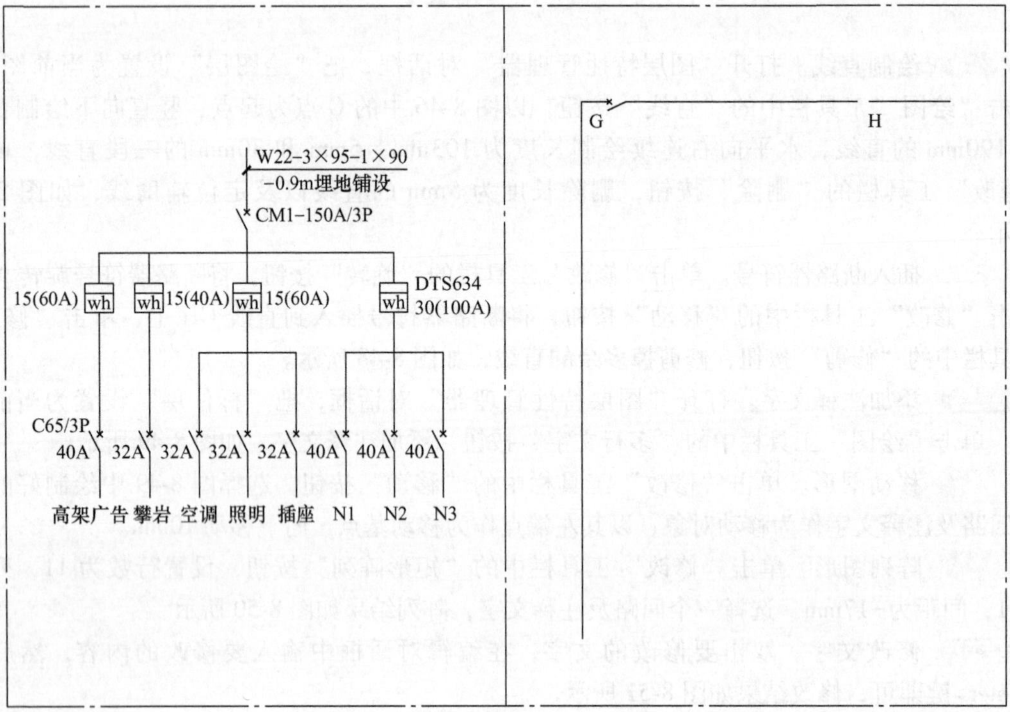

图 8-48 插入断路器符号

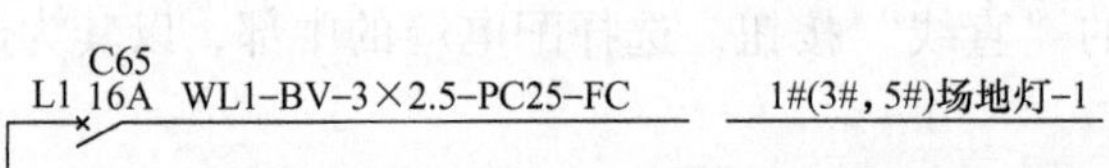

图 8-49 添加注释文字

图 8-50　阵列结果

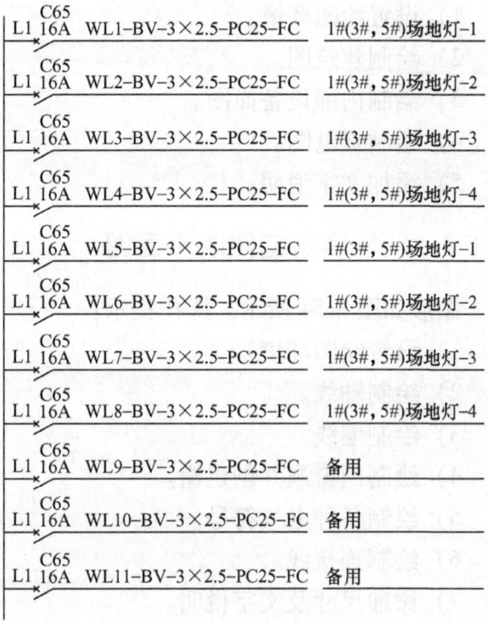

图 8-51　修改文字

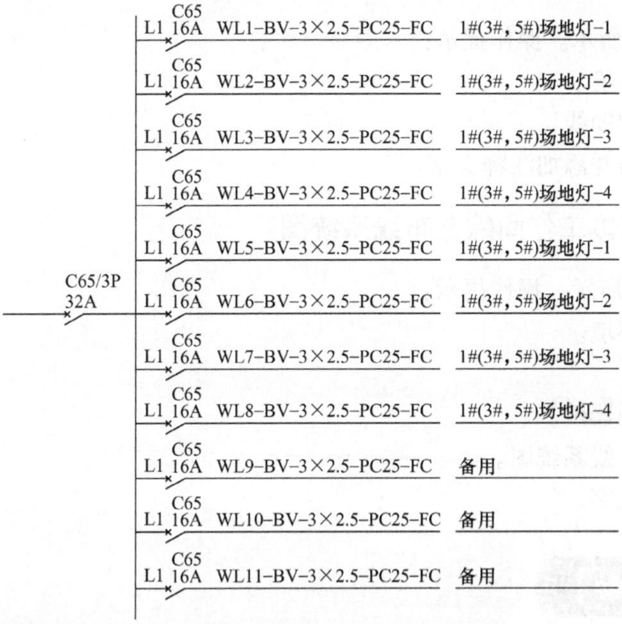

图 8-52　插入断路器符号

至此，网球场配电系统图绘制完毕，最终结果如图 8-27 所示。

8.4　实例演练

8.4.1　绘制机房强电布置平面图

图形如图 8-53 所示。操作提示：

1）设置绘图环境。
2）绘制建筑图。
3）绘制内部设备简图。
4）绘制强电图。
5）添加文字说明。

8.4.2　绘制实验室照明平面图

图形如图 8-54 所示。操作提示：
1）设置绘图环境。
2）绘制轴线。
3）绘制墙线。
4）绘制门窗洞并创建窗。
5）绘制各种电气符号。
6）绘制连接线。
7）添加尺寸及文字说明。

8.4.3　绘制办公楼照明系统图

图形如图 8-55 所示。操作提示：
1）设置绘图环境。
2）绘制定位辅助线。
3）绘制系统图并添加注释文字。

8.4.4　绘制多媒体工作间综合布线系统图

图形如图 8-56 所示。操作提示：
1）设置绘图环境。
2）绘制轴线。
3）绘制各种元器件。
4）绘制综合布线系统图。
5）添加注释文字。

【拓展活动】

电气设备施工图又称为强弱电图样，主要说明房屋的电气设备、线路走向等构造，包括平面图、系统图、详图和消防系统的电消防部分，内容综合且复杂，考验制图者的专业能力和职业素养等。

课堂内容只是相关的基础知识和技能，请同学们结合行业需求，阐述树立终身学习理念的意义。

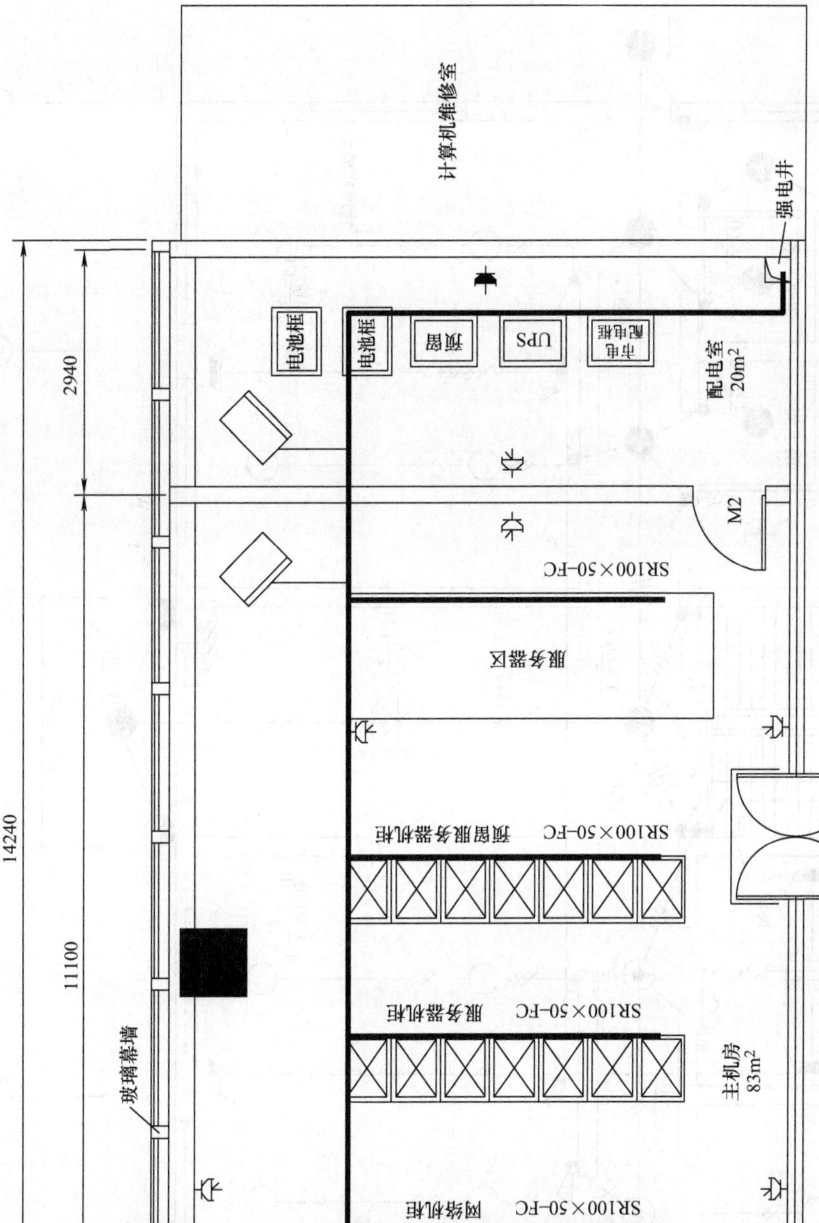

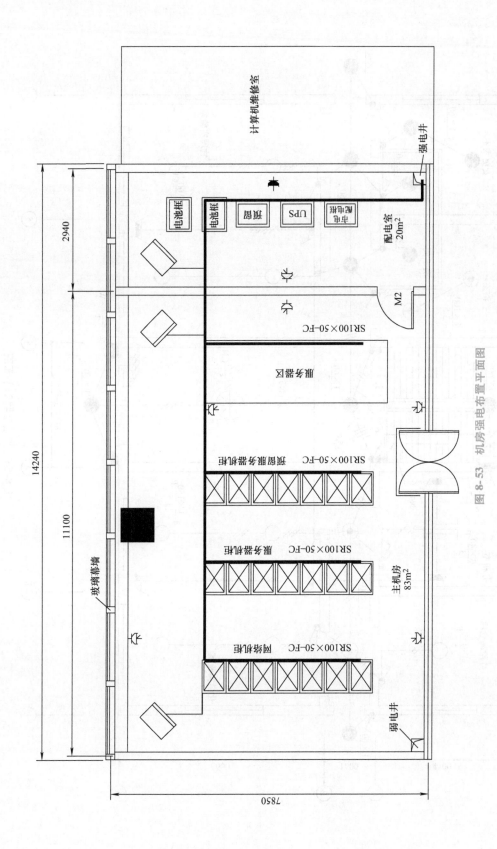

图 8-53　机房强电布置平面图

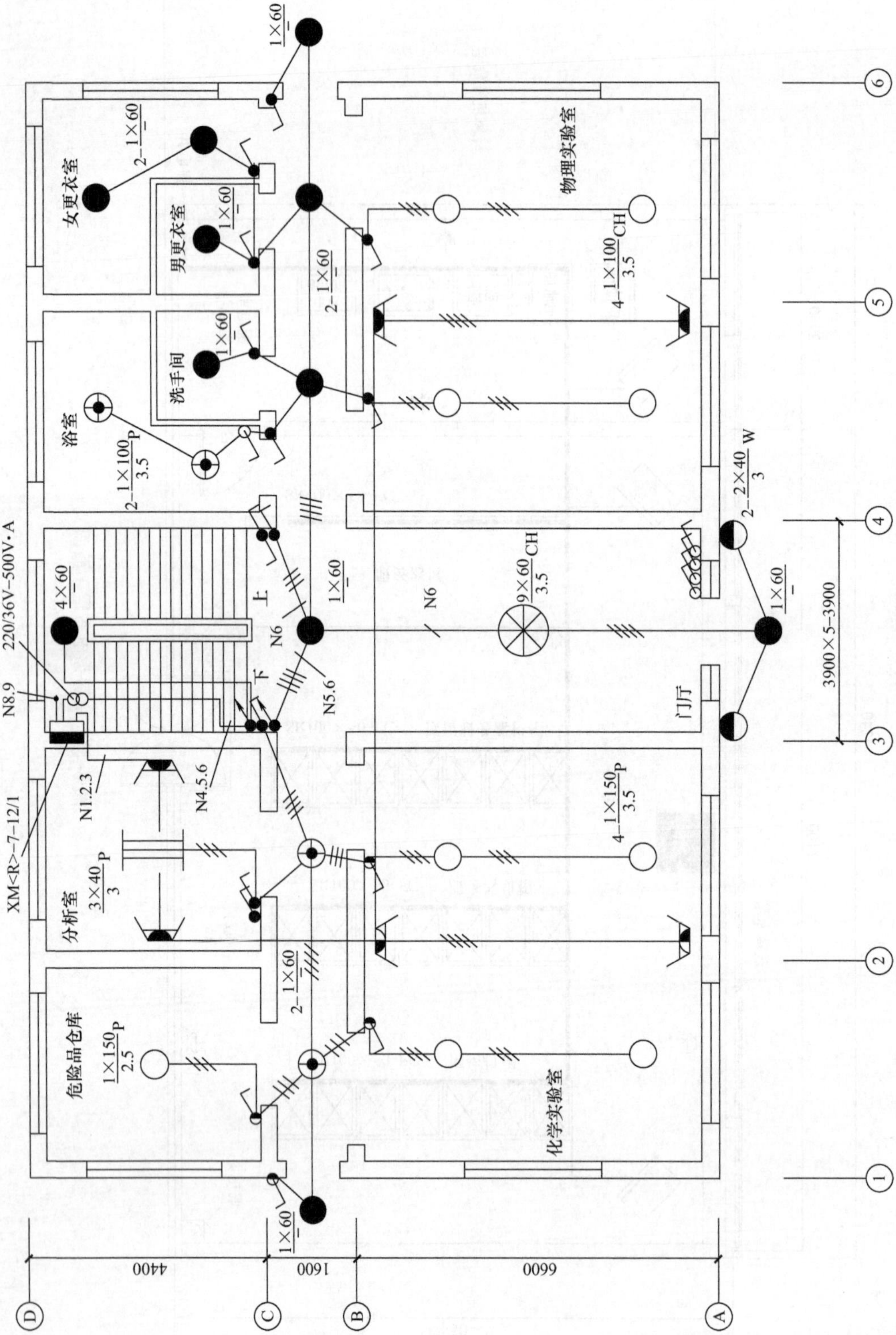

图 8-54　实验室照明平面图

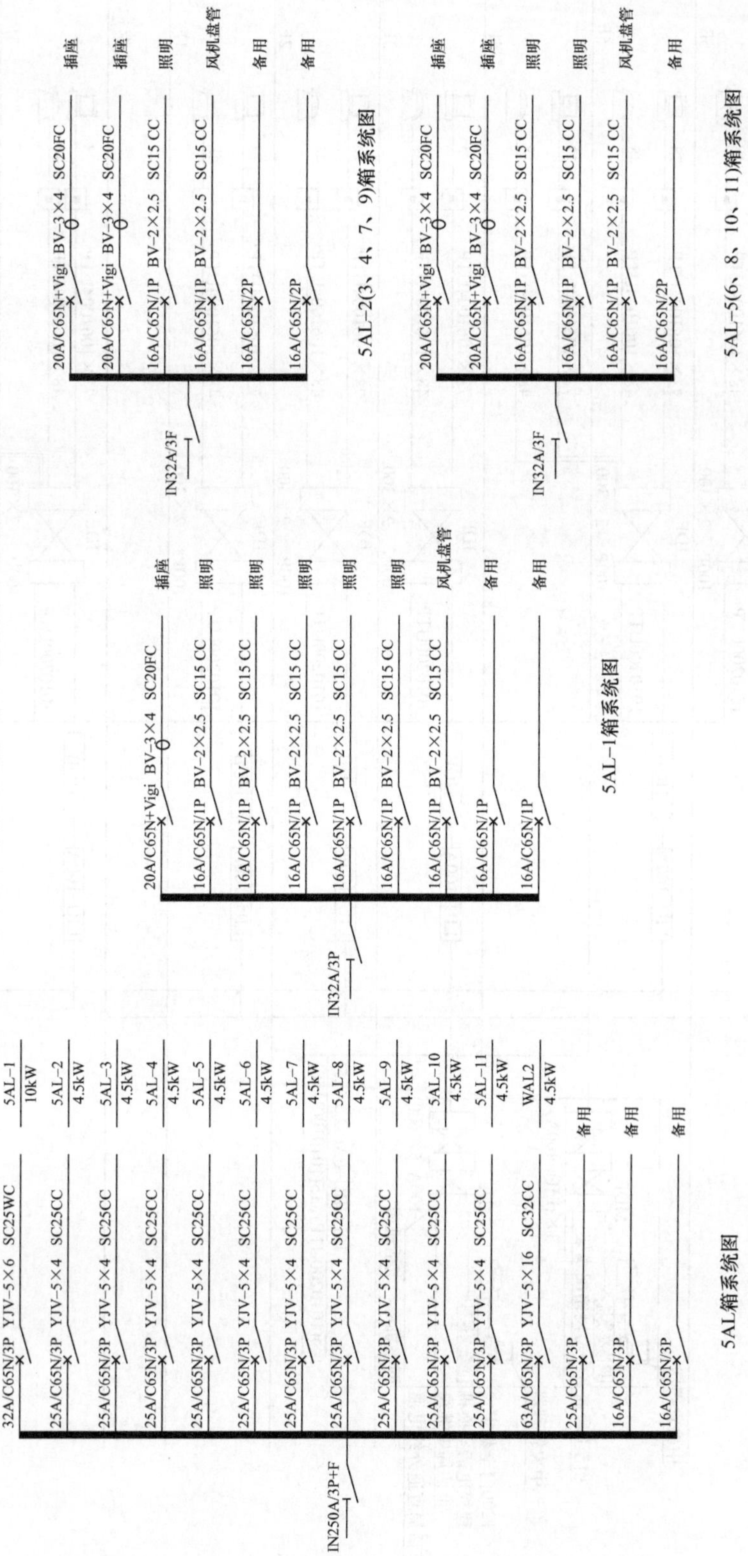

图 8-55　办公楼照明系统图

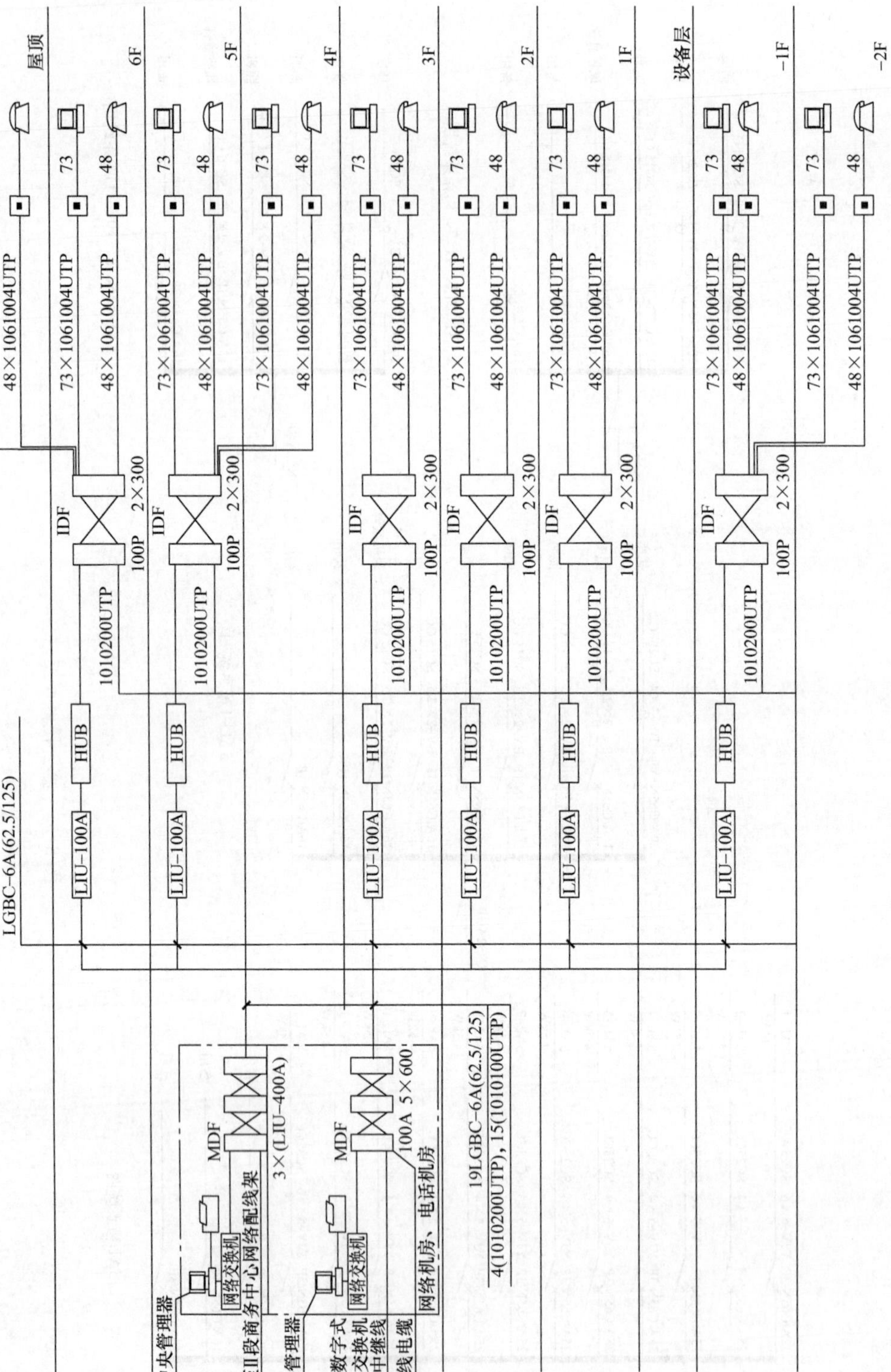

图 8-56　多媒体工作间综合布线系统图

参考文献

[1] 李波，等. AutoCAD 2014 电气设计技巧精选 [M]. 北京：电子工业出版社，2015.
[2] 李波，等. 轻松学 AutoCAD 2015 电气工程制图 [M]. 北京：电子工业出版社，2015.
[3] 王辉，李诗洋. AutoCAD 2014 电气设计从入门到精通 [M]. 北京：电子工业出版社，2013.
[4] 雍丽英. AutoCAD 电气工程制图 [M]. 北京：电子工业出版社，2019.